哲学文库

PHILOSOPHY

罗国杰 著

传统伦理与现代社会

TRADITIONAL ETHICS AND CONTEMPORARY SOCIETY

中国人民大学出版社

·北京·

哲学文库编委会

总　序

　　时光已悄然走到了 21 世纪的第二个十年。哲学这门古老的思想技艺在蜿蜒曲折的历史长河中屡经淘漉，在主题、方法和形态上不断发生着深刻的变化；然而，在自身中对自由精神的追求，在思想中对智慧境界的探寻，在反思中对历史与现实的把握，却是她一以贯之、经久不衰的品格。正是这些品格，使每个时代杰出的哲学思想成为时代精神的精华。

　　我们正处在风云际会的全球化时代，纷繁复杂的时代变迁既为理智生活提供了足够丰富的思想材料，也向哲学提出了极其严峻的挑战：如何描述我们的生活世界？如何刻画我们实际的生存境域？如何让驰骛于外物的内心生活重新赢得自足的根基？如何穿越各种技术统治的壁垒，实现自由而全面的发展？

　　我们也站在古今中西的十字路口，源流各异却又殊途同归的各种思想资源既为哲学提供了丰富的滋养，也让哲学面对数不清的艰难抉择：如果哲学真的是带着乡愁寻找家园的冲动，那么梦想中的家园是在古老的期盼中，还是在今日的创造中？既然以往的哲学已经提供了形形色色的安身立命和改造世界的指南，确立了各个层面的观念批判和社会批判的原则，当今的哲学又如何在继承、革新和创造中描画自身的范式？

　　这些问题，这些挑战，已然引发了多种多样的回应。这些回应方式接续着哲学长河中的伟大传统，举其卓有成效者，或以经典文本为研究对象，与哲学大师晤对，与时代问题对接；或直面哲学问题，以锐利才思洞幽烛微，以当代立场梳理剖析；或在反思中考问现实哲学问题，举凡伦理人生谜题、宗教信仰困境、科技生态难题，皆以哲思相发明，力求化危机为契机。

在回应这些挑战的学者中，既有涵泳覃思的学界耆宿，也有意气风发的中青年才俊。以新一代中青年学者之佼佼者而言，视野开阔而不故步自封，沉着稳健而能破门户之见，多能将本土资源与异域资源相贯通，将才气与襟怀相融会，管窥锥指，亦能以小见大，旧瓶装新酒，未必不能化腐朽为神奇。

为了让这些当代的回应更充分地发出自己的声音，展示当代学者特别是中青年学者的研究成果，哲学文库编委会与中国人民大学出版社合作，遴选佳作，荟萃英华，推出"哲学文库"系列研究丛书，以期回应哲学应当直面的各种挑战，应当反思的各种难题，力图敞开更广泛的理论视域，力求奠定更深厚的思想地基。假以时日，集腋成裘，汇成系列，对当代中国的哲学研究当大有裨益，亦能于国际学界赢得一席之地。

是所望焉。谨序。

哲学文库编委会

2010 年 1 月 1 日

序　言

由我主编的《中国伦理思想史》出版后，当时就萌生了一个想法，就是把我关于中国传统伦理思想及其对现代社会深远影响的思考进行系统的梳理，作为我近50年来学习和研究中国传统伦理思想和中国传统道德的心得与体会的记录。

我对中国传统伦理思想和传统道德，自幼就有着特殊的爱好，对中国历史上的一些著名的思想家、政治家、道德家等的生平事迹，总是牢记在心，把他们当做自己学习的榜样。1960年进入中国人民大学后，开始从事伦理学的教学工作，对我来说，更是一个认真学习伦理学的好机会。我对中国传统伦理思想和中国传统道德的系统学习和研究，大体上可分为两个阶段。第一个阶段从1985年到1990年，大约有5年之久，这个时期，主要是因为承担了主编《中国伦理思想史》的任务，在工作期间和业余的大部分时间，都用来学习中国古代先秦两汉的哲学家、伦理学家的著作，其中最主要的就是孔子、老子、墨子、庄子、荀子、韩非等思想家的著作，先后撰写出了他们的伦理思想。这一段的学习，使我进一步地认识、了解和领悟了中国古代思想家们深邃的伦理学思考，使我得出了一个自己的结论，这就是，中国古代的哲学家们，都有着极其丰富的伦理思想，对伦理学都有着特殊的兴趣和爱好，而中国古代的伦理学家们，也都非常善于哲学地思考，即便是在讨论所谓的"形而下"的伦理道德的具体问题，他们也都没有停止从本体论上探讨这些问题的根源性。这种现象，可以说是中国哲学的特点，也可以说是中国哲学和中国伦理学同西方哲学和伦理学的一个重要的区别。

　　我学习中国传统伦理思想和传统道德的第二个阶段，是从 1993 年到 1996 年这近 3 年的时间。这段时期，由于我接受了主编由当时的国家教委组织编写的《中国传统道德》的任务，不得不放弃手头应完成的许多重要的任务，包括所承担的国家社科基金项目，集中精力，吸纳了几乎全国的从事中国伦理学史和传统道德研究的同志，集中在中国人民大学，集思广益，共同撰写了五卷本的《中国传统道德》。如果说，80 年代对中国伦理思想史的学习的重点，主要是先秦和两汉伦理思想家的伦理思想，那么，90 年代对中国传统伦理思想的学习，则主要侧重于中国传统道德的规范以及如何继承和弘扬中国的优良道德传统。这后一阶段的学习，使我对坚持正确的思想导向，全面地观察、把握和运用这些思想，科学地、有分析地、正确地认识、理解和把握这些思想，为更好地加强我国社会主义道德建设和社会主义精神文明建设贡献自己的力量，有了更迫切的要求。

　　正是由于上述个人的专业兴趣，也因为这个专题有着重要的现实意义，我才决定，把这些年来有关中国伦理思想和传统道德的思考进行梳理，形成这部著作，也希望自己对于中国伦理思想和传统道德的看法，能够得到专家的指正。

罗国杰
2012 年 6 月

目 录

第一章

导　论

第一节　关于中国伦理思想的若干问题

中国是世界上文明发达最早的国家之一，具有悠久的历史和光辉灿烂的文化。它以"文明古国"、"礼仪之邦"著称于世，因而比世界其他各国，具有更加丰富而别具特色的伦理思想和道德观念。中国历史上遗留下来的浩如烟海的史料，从不同角度反映着不同时代和不同社会的风俗习惯、社会道德状况，表现着思想家们不同的伦理思想。今天，在世界科技革命潮流和东西方文化交流的背景下，在社会主义现代化建设事业中，研究中国伦理思想和中华民族的道德传统，不仅对继承我国文化的优秀遗产，建立中国特色马克思主义伦理学，而且对建设中国特色社会主义精神文明，提高社会道德水平，改善社会风气，进而推动整个现代化建设事业，都具有重要意义。

一、中国伦理思想史的研究对象

伦理思想史是关于各种道德观念和伦理学说产生、发展、相互关系及其发展规律的历史。道德观念和伦理学说，都是伦理思想的重要内容，二者既有联系，又有区别。从根源上来说，它们都来源于人类社会生活，是人们对自身道德关系的反思；但伦理学说比较深刻、全面，有一定的理论体系，而道德观念则比较简单、零碎，多散见于历史叙述、文艺思想、宗教思想、政治思想和法律思想中。

研究中国伦理思想史，不能简单地罗列各种道德观念和伦理学说的产生、发展及其相互关系，而是要进一步寻找其中固有的必然联系，考察这些观念和学说是如何在一定的经济结构和政治制度的影响下发生、发展的，即它们之间如何相互斗争、彼此影响、相互吸收、前后承袭及其逻辑的、必然的发展轨迹。一部伦理思想史，不仅应当有强烈的历史感，而且要有鲜明的伦理学特色，要能够详细地反映出道德观念和伦理学说在历史进程中相互斗争、相互吸收、前后相承、不断发展的历史面貌和内在规律。

在很长的历史时期内，中国伦理思想一直同哲学、文学、宗教、历史、政治、法律等思想融为一体。直到 19 世纪末 20 世纪初，中国学术一直以经、史、子、集分类，而未形成相对明确的学科划分，也不可能形成相对独立的伦理学学科。尽管经、史、子、集中的不少内容，都深刻地论述了有关人生价值、人性善恶、道德原则和品德陶冶的各个方面，但直到辛亥革命以前，中国却始终没有以"道德学"或"伦理学"命名的专著。《论语》和《孟子》，在一定意义上可以看做中国伦理学史上最早的两部伦理学著作，但其中也包含着大量的社会政治思想。朱熹的《小学》可以算是一本道德教育专著（他自称这本书是要回答"做人的样子"这个问题的）。宋明以后，学术思想在总体上更加倾向于探讨如何做人的问题（即如何"成贤成圣"），或者由探讨如何做人入手研究如何治世，哲学越来越伦理学化，理学家著作中的本体论、认识论也都服从于伦理学。从一定意义上也可以说，理学研究的内容就是道德，但这种道德理论仍然同政治和哲学等结合在一起。虽然《礼记》中就出现过"伦理"这一概念，但长期以来在中国伦理思想史上却未能建立起专属于伦理学的术语和范畴。1910 年前后，刘师培参照西方伦理学著作，结合中国古代伦理思想，写成《伦理学教科书》，但依旧不成体系。而西方却早在公元前 4 世纪至公元前 3 世纪即亚里士多德时代，就已经形成了独立的、系统的伦理学体系。中国是一个以文明礼仪著称于世的国家，伦理思想一直同各种思想融为一体，在学科上未能形成相对独立的理论系统，这是同中国传统思想的特点相联系的。这不能不说是中国思想史上的一个特殊现象。这个特点也在一定程度上增加了中国伦理思想史研究的难度。如果不能从众多的历史资料中寻找、挖掘、探索和剥离出各种伦理思想和道德观念，从而建立起一个合乎内在逻辑的中国伦理思想的框架体系，我们就不能在这一领域内取得重大的成果。除了从所谓的"经"、"史"、"子"、"集"中，从众多的中国思想家们的著作中来研究以外，还必须从我国的历史著作如二十四史，以及政治、法律著作中，来探讨和总结中国伦理思想。

　　学习和研究中国伦理思想史，还要特别注意它同中国哲学史的区别和联系。哲学史是人们对于整个客观世界和人类思维运动的最一般规律的认识的历史。它的研究是为了汲取人类认识史的经验教训，阐明和发扬真理。伦理思想史是人类对于自身的道德关系和社会道德现象的认识的历史，它有自己的特殊性。由于哲学史和伦理思想史研究对象不同、重点不同，结论有时也不同。本体论是唯心主义的，因而在认识论上往往会混淆、抹杀以致颠倒主观与客观的关系，但中国伦理思想却包含着丰富的有价值的内容。如果只看到哲学史和伦理思想史的共同点，而看不到其不同点，就势必会把哲学史的框框套到伦理思想史上，从而得出不符合事实的结论；同样，如果只强调二者的区别而看不到它们的联系，使伦理思想完全同人们的世界观和认识论割裂开来，又会走向另一个极端。这两种倾向对于伦理思想史的研究都是有害的，应该避免。如果只是从哲学史中孤立地摘取某些思想家们关于社会、政治和道德的思想，然后把它们综合起来，以为就掌握了中国伦理思想史，这种想法当然也是错误的。学习和研究中国伦理思想史，必须揭示中国伦理思想的发展规律，揭示每一个伦理思想家的思想结构体系和理论贡献，特别是要对每一种伦理思想在历史上的发生、发展、演变及其相互影响等，作出科学的实事求是的说明。

　　为了更明确地理解中国伦理思想史和中国哲学史的区别，我们试举几例加以说明。比如，陆王心学非常强调"心"的重要作用。从认识论上来看，由于他们否认了客观世界是人们认识的来源，因而在认识过程中往往要导致错误的结果。但是，强调"心"的作用，在伦理学研究中是有重要意义的。伦理学研究的重要的道德现象之一就是"良心"，从伦理学的研究来看，人们至今还没有揭示出"心"即人的"良心"的深奥微妙，良心是伦理学中一个重要的研究领域。英国18世纪著名的伦理学家巴特勒认为，伦理学应该从良心开始研究，没有良心就无法进行道德评价和道德选择。德国著名的伦理学家费尔巴哈的幸福论亦用很大力量来解释良心。中国伦理学家们也以极大工夫来研究良心或本心。王阳明讲"知行合一"，从哲学本体论和认识论上来看，确实在某些时候是把认识和实践混为一体，但是实际上，他提出这个命题的"立言宗旨"不是要讨论哲学问题，而是要探讨道德意识与道德行为的关系问题。他反复强调要懂得他的"立言宗旨"，即一个人要有道德，必须言行一致。如"知孝"必须与"行孝"统一起来，才是真正"知孝"。再如，孟子讲的养"浩然之气"，也不能从本体论的意义上去理解。"至大至刚"、可以"塞于天地之间"的"浩然之气"，是通过了解"义理"，通过长期的道德修养形成的一种无愧无怍、无私无畏、勇往直前的精神状态。正是这种堂堂正气培育了后世无数的民族英雄。因此，我们研究中国伦理思想史，必须注意伦理学的概念、范畴同一般哲学范畴的联系与区别，注意一个命题所具有的伦理意义与一般哲学意义的联系与区别。同时，对于中国哲学史上的很多问题，要注意其"立言宗旨"，并从伦理学角度来考察，不能用哲学结论来套伦理思想史。

　　学习和研究中国伦理思想史还必须特别注意，要在整个世界的格局中来考察中国的情况，在同世界各国伦理思想的比较中探索、概括中国伦理思想的民族特点，并以科学的态度分析、厘清其中的糟粕和精华。这不仅是为了总结过去，更重要的是为了指导现在和未来。

　　当前，我们正在努力建设中国特色的马克思主义伦理学体系。但是，什么是中国特色？在很多方面有待于我们进一步研究。因此，我们特别强调，要在研究中注意中华民族的特殊的独有的道德传统、民族习俗和民族心理，通过中西比较揭示中华民族伦理思想的发展规律。恩格斯在《反杜林论》中曾经指出："善恶观念从一个民族到另一个民族、从一个时代到另一个时代变更得这样厉害，以致它们常常是互相直接矛盾的。"[①] 这里所说的善恶观念，实际上可以看做是伦理思想的总称。各个民族、各个时代都有其对善恶的特殊理解和把握。

_____

① 《马克思恩格斯选集》，2版，第3卷，433～434页，北京，人民出版社，1995。

过去的一段历史时期内，我们比较多地注意到不同时代善恶观念的差别，注意到阶级社会中不同阶级善恶观念的不同，这当然是正确的；但是，在从历史发展、阶级区分来研究历史上的伦理学说、道德观念的同时，却往往忽略了道德观念和伦理学说的民族特性，这就是片面的了。

我们知道，民族是历史上形成的一个有共同语言、共同地域、共同经济生活以及表现于共同文化上的共同心理素质的稳定的共同体。尽管每一个民族大体上都要经历原始社会、奴隶社会、封建社会和资本主义社会，而且每个社会、每个阶级都可能有大体相同的经济制度和政治思想，但是，各民族都有其特殊的发展过程，形成了特殊的语言、心理素质和传统习惯，因而也就形成了特殊的民族道德。中国传统道德和伦理思想，是中华民族在特定的经济、政治、社会历史条件下形成的，研究、总结其不同于其他民族伦理思想的特殊性及其发展规律，是我们学习中国伦理思想史所必须特别注意的。

近年来人们强调中西伦理思想比较，表现出了思想的活跃和视野的扩大。确实，不了解西方伦理思想的发展及其主要理论，就不可能在更高的层次上来概括和总结中国的伦理思想。因此，通过中西伦理思想史的比较研究，可以更深刻、更准确地认识中国伦理思想的特点和价值。但是对中西文化、特别是中西伦理的比较，必须从发扬中华民族的优秀文化、伦理传统出发，采取历史的、辩证的、科学的态度和方法，而不能采取褒西贬中、崇洋媚外的历史虚无主义的态度和方法。在比较中，要看到中国伦理思想在我国漫长的封建社会中，不可避免地有着维护封建统治、束缚人们个性的方面；同时，也要看到其中所包含的富有生命力的精华。我们之所以要进行中西伦理思想的比较研究，其主要目的就是为了更准确、更完整、更全面地概括我国伦理思想的规范和范畴及其特点，以期建构起富有民族特色的、能推动中华民族走向现代化、走向世界、走向未来的伦理学体系。

二、中国伦理思想史的分期

关于中国伦理思想史的分期①，本书根据中国伦理思想产生、发展、演变的历史特点和逻辑规律，大体上将其划分为八个时期：殷商至春秋，春秋战国至秦，两汉，魏晋至隋唐，北宋至明中叶，明中叶至鸦片战争，鸦片战争至五四运动，五四运动至中华人民共和国成立。

第一个时期，即前孔子时期，是中国道德观念和伦理思想的发端期。由于史料不足，目前对这个时期的伦理思想还研究得很不够。

第二个时期，即春秋战国至秦。这一时期，主要是我国封建伦理思想奠基和形成的时期，在我国伦理思想发展中，是一个有重要意义的时期。

第三个时期，为两汉时期。这一时期是封建伦理思想的系统化及其统治地位进一步确立的时期。

第四个时期，即魏晋至隋唐。这一时期是封建伦理思想的演变时期，包括玄学伦理思想对封建正统伦理思想的冲击以及儒道佛伦理思想的相互斗争和相互渗透。

第五个时期，北宋至明中叶。这一时期是封建伦理思想的深化和成熟时期。

第六个时期，明中叶至鸦片战争。这一时期是封建伦理思想的衰落和近代早期启蒙伦理思想的萌芽时期。

第七个时期，鸦片战争至五四运动。这一时期是中国近代资产阶级伦理思想形成和发展的时期。

第八个时期，五四运动至中华人民共和国成立。这一时期是马克思主义伦理思想在中国传播、发展以及同地主资产阶级伦理思想斗争的时期。

---

① 关于奴隶制和封建制的分期，我们采取战国封建说，主张此说的主要有郭沫若、白寿彝、吴大琨、杨宽、田昌五等，其理论依据参见郭沫若：《中国古代史的分期问题》（见《郭沫若全集》，历史编，第 3 卷，5～8 页，北京，人民出版社，1984）。此说认为春秋战国之交，是由奴隶制向封建制过渡的转化时期。关于中国社会从封建社会向资本主义社会过渡的问题，本书认为明末清初已经有了资本主义萌芽。

三、中国伦理思想家们研究的主要问题

中国的思想家们，由于中华民族生存、发展的特殊条件，形成了他们对道德思考的特别兴趣。我们可以清楚地看到，中国哲学，就其起源来说，就与古希腊不同，它不执著于首先去探索世界万物的起源，不过分寻求人们自身的享乐，而是以其特有的精神，探索人生的意义和价值，探索道德在人类社会发展中的重要作用。中国伦理思想家们从一开始就强调"以德配天"的重要性，他们强调公义，反对私利，强调仁爱，重视诚敬，从个体道德修养入手，以一定的规范体系作为人们所必须遵循的戒律，寻求修身、齐家、治国、平天下的道理。中国伦理思想家们所涉及的问题，主要可以概括为以下十个方面。

（一）道德原则同物质利益的关系问题，简称为道德同利益的关系问题

这个问题是中国伦理思想史上的一个基本问题，它大体上可以分为两个方面。道德同利益关系的第一个方面是关于道德的根源、本质、社会作用和发展规律问题。中国古代不少思想家对此进行过比较深入的探讨，他们不同程度地揭示了道德对人们物质生活的依赖关系，把改善人民物质生活看做是提高人民道德水平的基础。如管仲说："仓廪实则知礼节，衣食足则知荣辱。"（《管子·牧民》）孔子一方面主张要"因民之所利而利之"（《论语·尧曰》），即根据老百姓的要求，使他们的正当的个人利益能够尽可能地得到满足；另一方面他又强调，在老百姓富庶之后，还必须要对他们进行教育。孔子所说的教育，就其主要内容来说，就是一种道德感化。韩非认为："饥岁之春，幼弟不饷；穰岁之秋，疏客必食。非疏骨肉爱过客也，多少之实异也。"（《韩非子·五蠹》）王充又进一步做了发展，认为："让生于有余，争起于不足，谷足食多，礼义之心生；礼丰义重，平安之基立矣。""为善恶之行，不在人质性，在于岁之饥穰。由此言之，礼义之行，在谷足也。"（《论衡·治期》）这些思想都从不同的方面、不同程度地强调了人们的道德水平同物质生活的关系，有着合理的因素。当然，如果只是把人们的道德水平同物质生活机械地联系起来，还不是辩证的和科学的，但比起那些把道德的根源归

之于理性、上帝的唯心主义观点来说，则是大大前进了一步。

　　道德同利益关系的第二个方面，主要涉及个人利益与整体利益的关系问题。对这个问题的回答，决定着某一道德体系的道德规范的原则、道德价值的标准、道德活动的方向和方法。在中国伦理思想史上，先秦关于这个问题出现过义利之争，儒、墨、道、法等家，各有自己不同的利益观。儒家重义轻利，把义利之分看做评价个人道德境界高低的标准，强调道德的重要性，轻视"利"的作用。在儒家看来，"义"主要是指一定社会的道德原则，"利"主要是指个人的私利。孔子说："君子喻于义，小人喻于利。"（《论语·里仁》）孟子说："王何必曰利？亦有仁义而已矣。"（《孟子·梁惠王上》）正是在这一意义上，孟子把利和恶等同起来，把义和善等同起来，认为："鸡鸣而起，孳孳为善者，舜之徒也；鸡鸣而起，孳孳为利者，跖之徒也。欲知舜与跖之分，无他，利与善之间也。"（《孟子·尽心上》）墨家主张"兼相爱，交相利"（《墨子·兼爱中》），是一种义和利并重的思想。墨子明确提出"万事莫贵于义"（《墨子·贵义》），同时又指出"义，利也"（《墨子·经上》），把广大小生产者、劳动人民的利益作为最大的义。法家重利轻义，认为人都是自私自利的，都有"自为心"，因此，统治阶级要善于利用人们的这种自私心，以达到自己的目的。与儒、墨、法三家不同，道家则是义利全抛，超越利益和道德，反对儒、墨、法三家的义利之争。到了宋明时代，义利之争又演变为理欲之辨。"天理"、"理"往往被统治阶级的思想家看做是"公"，是最高的道德，而把人欲和私欲看成是最大的私，是与道德不相容的。正是在这种理论前提下，道学家才提出了所谓要"存天理、灭人欲"的原则。清代中期反理学的思想家戴震认为，"理存于欲中"，"善源于欲内"，从而提出了"欲既不可去，亦不可穷，而应当节"的理论。由于古代思想家对于"欲"的含义没有确切的界说，因而引起很大争论。理欲关系问题，实际上就是国家、社会利益同个人利益、个人幸福的关系问题。中国古代伦理思想家们对这个问题的讨论，牵涉到更广泛的方面，有更丰富的内容和更独特的方式。

　　（二）道德的最高理想问题

　　道德的最高理想就是人生的最高准则，也可以说是人生所追求的最高境界。孔子把"仁"作为道德的最高理想，墨子把"兼爱"视作道德的最高理想，老庄把"无为"视作道德的最高理想，《中庸》把"诚"作为道德的最高理想。在他们看来，只要实现了道德的最高理想，达到了道德的最高境界，就是"圣人"、"仁人"、"至人"、"真人"。中国古代的伦理思想家们认为，人们为学的目的就在于变化气质，陶冶性情，以便最终成为圣人或真人。道德的最高理想和道德的最高原则有着紧密的联系，它们共同构成一个伦理学说体系的核心。

（三）人性问题

这是中国古代伦理思想家们特别关注的问题。几乎所有重要的伦理思想家，都对人性问题进行过研究。人性问题，一般包括三个方面的内容：人性的主导倾向或性质是怎样的？就是说，人性是善的，还是恶的？人性是先天的，还是后天的？人性是普遍相同的，还是分品的？中国伦理思想家们之所以特别注意研究人性问题，主要同他们特别注意培养人们的道德品质相联系。关于人性问题的讨论，同时也是对人之所以异于禽兽、人的本质是什么以及人类的本性与社会伦理道德规范之间有着怎样的关系的探讨（其中也包含着如何提高人的价值的内容）。在中国伦理思想史上，人性善恶的根源问题，又往往涉及道德的起源和本质，伦理思想家对人性的看法，又常常影响到他的政治主张。因此，对人性问题的研究，有着很重要的意义。

（四）道德修养问题

中国伦理思想家们，从孔子开始，就极其重视克己、内讼、慎独和内省，强调反省、修身和"澡身"，到宋代更形成"修养"的概念。因此，在中国古代伦理思想家的伦理思想体系中，修养论占有更重要的地位。重视行为和践履，重视性情陶冶和品德涵养，这是几千年的中国伦理思想的重要内容之一。在长期的发展过程中，这种修养论又和有关心理的研究、教育的研究和政治人才的培养相结合，对于中国社会的发展和封建制度的巩固曾发挥过特殊的作用。

（五）道德品质的形成问题

与道德修养论相联系，道德品质的研究，也是中国古代伦理思想家们特别注意的问题之一。道德品质的研究同道德理想人格的培养相辅相成，有时候往往融为一体。比如，忠、孝、节、义在伦理学说中是一种道德品质，在一定意义上又是人们在道德实践中形成的理想人格的重要组成部分。中国的伦理思想家们，自古以来就很强调智、仁、勇的重要性，重视恭、宽、信、敏、惠这样一些为人处世的德目，强调谦虚、中庸、严于律己、宽以待人，强调勤劳、朴实、正直、廉洁等，这都可以说是做人所应该具备的道德品质。当然，剥削阶级的思想家们，总是对这些道德品质予以维护统治阶级利益的解释，给它们打上剥削阶级的深刻的烙印。历史上的伦理思想家们关于道德品质问题的论述，有封建糟粕，但也包含着民族性、人民性的精华，我们应当发掘这些精华，为今天所用。

（六）道德评价问题

道德评价的标准是什么？这也是中国伦理思想史中长期争论的问题。孔子明确提出，判断善恶的标准是义和利，并把它视为区别"君子"和"小人"的惟一原则。此外，在动机和效果问题上，墨子最早提出了"合其志功而观焉"（《墨子·鲁问》）的观点，把"志"和"功"两个概念结合起来。孟子也讲"志"、"功"，既强调"志"，也强调"功"，分别不同情况有所侧重。《左传》（又称《春秋左氏传》或《左氏春秋》）记述了许多有关道德评价的具体事例，也都是既重视动机又重视效果的。例如，鲁宣公二年"赵盾弑其君"，昭公九年"许止弑其君"，都是强调效果的例子。董仲舒片面地强调动机，所以两汉时期有所谓"原心定罪"，即"意恶功遂，不免于诛"（《汉书·薛宣朱博传》）。所谓"君子原心"，就是在道德评价问题上，主要依据动机。他们还提出"心"、"意"和"行"、"迹"的对立，隋朝的王通在其《文中子》中更提出所谓"心迹之判"。这里的"志"、"心"、"意"，都是指动机，"功"、"行"、"迹"，都是指效果。

（七）人生的意义问题或人生的价值问题

一般来说，这个问题包括以下几个方面的意思：人为什么活着？人生是有意义的，还是没有意义的？如果人生是有意义或者有价值的，那么，这种意义和价值是什么？人们怎样看待生死问题？人的生命是有限的，如何才能使个人的价值尽可能地长久保持？如何才算是不朽？这也是中国伦理思想史上长期讨论的一个重要问题。《左传》中有所谓："大上有立德，其次有立功，其次有立言，虽久不废，此之谓三不朽。"（《左传·襄公二十四年》）"三不朽"在中国伦理思想史上被看成人生追求中等次不同的三种目标，对以后的思想家们有重要的影响。人们怎样对待享乐问题？怎样看待自己的情欲？是纵欲或是节欲，还是任其自然？人们应当不应当为国家、为社会（当然，这个国家不过是封建王朝，这个社会不过是封建社会）尽自己的义务？此外，人生应该是积极的还是消极的？人们一生的命运是由谁决定的？是天定的还是社会造成的，抑或是自我铸成的？这些问题，都是中国伦理思想家们十分注意的问题。努力研究和正确地解决这些问题，在今天仍有重要的意义。

（八）道德的必然和自由的关系问题

这个问题包括三个方面的含义。其一，道德行为与客观必然性的关系问题。孔子一方面讲"死生有命，富贵在天"（《论语·颜渊》），强调命定论，另一方面又特别强调"我欲仁，斯仁至矣"（《论语·述而》）的道德行为的自主能动的选择。孔子认为，"命"或"天"都是一种人所必然服从的力量，同时也还存在着自己发挥主动性而以后可以达到的事情。墨子明确提出，"力"与"命"是对立的，但人们依靠自己的主观能动性可以克服、改变命运的支配。庄子则认为，理想的圣人可以忘掉礼义，忘掉自身的存在，从而得到超出客观必然性的自由。其二，在同一情况下的多种可能的道德冲突中是否有道德选择的自由以及这种选择应当依据什么样的标准的问题，用孟子的话说，就是所谓"取舍"问题。一般来说，儒、墨、道各家，都强调这种道德行为选择中的能动作用。孔子说："志士仁人，无求生以害仁，有杀身以成仁。"（《论语·卫灵公》）孟子说："鱼，我所欲也，熊掌，亦我所欲也；二者不可得兼，舍鱼而取熊掌者也。生亦我所欲也，义亦我所欲也；二者不可得兼，舍生而取义者也。生亦我所欲，所欲有甚于生者，故不为苟得也；死亦我所恶，所恶有甚于死者，故患有所不辟也。"（《孟子·告子上》）这一论述包含着极其深刻的道德选择的理论。其三，道德的必然和自由还包含有统治阶级的道德规范同个人个性发展的关系，即人们是否必须受一定社会的道德规范约束的问题。在魏晋时期，曾经发生过所谓"名教"与"自然"的一场大争论。汉武帝独尊儒术以后，中国社会长期处在礼教即名教的束缚禁锢之下，所以这次争论可以看做是又一次思想转折。所谓"名教"，即有关社会各等级要安于自己名分和职位的教化，其内容就是关于人伦关系的道德规范。"自然"在魏晋玄学中，主要是指人性的自然状态。有些人认为，"名教"的教条不利于发展人的个性，而且残害人的个性，因此，要求重视人的本性，并由此引发了一连串的关于"名教"与"自然"的争论。过去有的思想家，把这场争论只看做是玄学对儒家的冲击，而没有注意到其中包含的必然与自由的关系问题，这种认识是不全面的。

（九）道德规范问题

每个时代的伦理思想家，都是从其所代表的时代要求和阶级利益出发，对本时代的道德活动和道德关系进行总结和概括，提出或制定出他们所代表的阶级所需要的行为规范体系，以调节各种社会关系和维持社会秩序。一般来说，在制定一套道德规范体系时，还往往要提出贯穿这些规范的总的原则。如孔子强调仁，又强调智、仁、勇、孝、悌、忠、信，还提出恭、宽、信、敏、惠等。孟子强调仁义，又提出父子有亲、君臣有义、夫妇有别、长幼有序、朋友有信，还提出仁、义、礼、智四端等。在中国伦理思想史上，不但伦理思想家们注意道德规范的研究，政治家们也很重视，甚至封建帝王还亲自主持讨论制定道德规范，并用颁布诏书的形式以至高无上的权威来宣传、推行符合统治阶级利益的道德规范。中国封建社会的最主要的道德规范"三纲五常"几乎是家喻户晓、人人皆知，成为人们的一切行为的准则。中国伦理思想家们对于一般的道德规范和婚姻、家庭等特殊领域的道德规范有着深刻的、全面的、系统的研究，对职业道德规范也有一定的探讨。道德规范在很大程度上体现着民族的特点和道德传统，体现着民族和社会的文明程度，因此，它应当成为我们着重研究的问题之一。

（十）德治和法治问题

这既是一个伦理道德问题，也是一个关于政治和法律的问题。维持社会秩序、巩固统治的最有力的手段是德治还是法治？如果刚柔并济、宽猛相辅，那么究竟应以何者为主？又如何配合？道德和法律各有怎样的社会作用？在中国伦理思想史上，对这个问题的回答，有道德决定论、道德与法律相济论、道德无用论等。但是，由于中国古代社会的一个重要特点是政治和道德合为一体，因而，常常是政治伦理化、伦理政治化。这样一来，几乎所有伦理思想家都把其伦理思想同社会政治问题联系起来，从中引申出治理国家、管理社会的方法；而大多数政治家也非常重视伦理道德问题，把它同法律、政治问题联系起来，把道德教育同法律约束结合起来，又往往把道德手段放在首位。中国古代史上，周朝总结商朝灭亡的原因，汉朝总结秦朝覆亡的教训，宋明时期讨论如何巩固没落时期的政治统治，这三次关于统治阶级如何更好地巩固自己统治的大反思，其结果都是认为"德治"优于"法治"。西周时期的思想家就开始提出"明德慎罚"的主张，后来的伦理思想家建立了"正心、诚意、修身、齐家、治国、平天下"的理论，把自身的道德修养看成是实施一种好的政治的基础。儒家认为，进行道德修养是为了达到孔子所说的"修己以安人"、"修己以安百姓"（《论语·宪问》）的目的。孔孟以后的儒家学派，有的还宣扬道德决定政治、社会、历史的理论，夸大德治的作用，走向了历史唯心主义。

上述十大问题，是中国古代伦理思想家们曾经着重探讨的问题。他们对这些问题的回答，有着我们民族的传统方式。这些问题在漫长历史中获得的各式各样的答案，体现着古人对自身、对社会中的道德关系和道德现象认识的不断深化。另外，我们可以看到，这些问题都是围绕着伦理学的基本问题即道德同利益的关系问题而展开的。它说明，中国古代思想家对伦理学的研究并不是零碎的、肤浅的，而是有系统的、深刻的，并且涉及面也是十分广泛的。

四、中国伦理思想的基本特点

中国伦理思想究竟有哪些基本特点？这是我们在研究中国伦理思想史中不能不认真研究的一个重要问题。

当前，我国正处在一个前所未有的经济、政治、文化、伦理的变革时期。经济体制改革、政治体制改革等，正在引起各方面的热烈讨论。与此相关，吸收外来文化，改造和发展中国的传统文化，或者说，如何使中国传统文化能适应中国今天发展的形势，更成了意识形态领域，特别是理论界所关注的一个问题。正是在这一时代背景下，从整个中国改革的格局中，从世界文化发展的联系上，从中西伦理道德思想的比较中，对中国传统的伦理道德进行一次较深入的反思和较全面的评估，对我们来说，尽管相当困难，但是有着重要的意义。

在研究中国传统伦理思想的过程中，我们认为有两种倾向是应当避免的。

一种倾向是，片面夸大中国伦理传统、民族心理的消极因素，认为中国传统伦理是糟粕多而精华少，应该基本否定或全盘否定。有的人认为，中国的传统伦理以至传统文化，都是阻碍中国改革的一种消极因素。这种思想是片面的。在我国强调对外开放、学习国外先进技术的同时，少数人产生了中国的一切都不如西方的民族自卑心理。他们甚至认为，西方文化是一个整体，要学习西方就要"大胆"、"全面"地学习。在这些人看来，除先进的科学技术外，西方的民主、自由以及婚姻、家庭等道德，都是我们应该学习的。有的人甚至自觉或不自觉地推崇西方的个性解放、个人奋斗、个人主义以及性自由等各种思想，认为中国的传统道德只能是束缚人的个性发展的桎梏，而不能高扬人们的主体性、能动性。这种思想虽然也看到了中国传统伦理思想的消极方面，认识到中国传统伦理思想在今天改革的形势下必须加以分析和批判，但是，他们忽视或抹杀了中国传统伦理思想的积极因素，因而是不全面的。

在对待中国传统伦理思想的问题上，还存在着另一种倾向。有些人认为，既然中国的传统伦理思想的核心是儒家的伦理思想，儒家伦理思想中有着东方独有的"人道精神"，那么，在当前的现实生活中，也只有儒家的思想才能救中国。在国外，资本主义世界在物质文明高度发展的同时，产生了所谓精神危机（凶杀、吸毒、卖淫以及所谓性解放等）。由于西方社会中所出现的离婚率增高、非婚生子大量出现、家庭破裂、青少年无人教育、社会道德败坏等社会危机，某些西方人也想从东方文明中找寻出路。在亚洲，儒家的仁义道德，正受到日本、韩国、新加坡等国的重视。这些国家为了维持自身的稳定，正举起儒家的"仁义礼智"等旗帜，并以此来协调他们的各种社会关系。因此，有些人认为，只要把"孔孟之道"重新实行起来，中国人的道德面貌和社会风尚就可以焕然一新。在一定意义上，这些活动，也可以称之为"儒学复兴"运动，或者称之为"新儒学"运动。我们认为，儒家伦理思想作为整体而言是与封建的社会经济关系相适应的，其中不乏优秀传统道德的精华，但以为"复兴儒学"就可以摆脱现代文明带来的精神危机，这种观点同样是片面的。

因此，为了正确地对待中国传统伦理思想，我们最好先找出中国伦理思想的特点（当然，这种特点总是要从比较中得出的），并对这些特点作出恰如其分的分析，然后才能讨论我们到底应如何来看待中国的传统伦理思想。

中国传统伦理思想到底有哪些最基本的特点？对这些特点应该怎样看待？

我们认为，从总的方面来看，中国传统伦理思想可以初步概括为六个方面的特点，即重人伦关系或人伦价值、重精神境界、重人道精神、重整体观念、重修养践履和重推己及人。

中国传统伦理思想的这六个方面的特点，是相互联系的，从而构成一个整体、自成一个系统。人伦关系或人伦价值是中国传统伦理思想的起点，精神境界是中国传统伦理思想的支柱，人道精神是中国传统伦理思想的核心，整体观念是中国传统伦理思想的归宿，修养践履是中国传统伦理思想的根本要求，而推己及人则是中国传统伦理思想的重要方法。

（一）同西方相比，中国传统伦理思想特别重视人伦关系

古希腊的思想家们也曾经谈到不同的人有不同的义务，提出过不同的人伦要求。如柏拉图就曾指出人分三等，神用金、银、铜、铁分别创造了立法者和监护者（即国家的统治者）、军人（保卫者）以及手工业者、农民和商人。柏拉图认为，立法者和监护者是第一等级；军人是第二等级；手工业者、农民和商人则属于第三等级。每个等级的人只能从事属于自己所应该做的事业，不能有所逾越。与此相对应，他认为智慧、勇敢、节制和正义四种品德，前三种各对应一种人，而"正义"就是"做你自己的事情，不要干涉别人的事"。苏格拉底、柏拉图、亚里士多德等人也谈到了父母、君臣、主奴等之间的关系，亚里士多德的《政治学》，曾对这种关系做了理论的叙述。但是，这种研究始终没有扩展到对社会各种人伦关系或者一般人伦关系的深入全面的考察，没有把人伦关系作为伦理学的重要内容来分析概括。中世纪以后，神和人的关系代替了人和人的关系，从而始终没有能够全面地提出，处在不同等级

的人们，或同一等级中处在不同关系中的人们，彼此之间应以何种关系相处。这是中西伦理传统的一个重要区别。

在中国的《尚书·舜典》中，就有关于人和人之间应当如何相处的最早记载。舜对他的大臣契说："契！百姓不亲，五品不逊。汝作司徒，敬敷五教，在宽。"这就是说：老百姓不够和睦团结，人和人的五种关系也不很和顺，现在让你担任司徒这种官职，对他们进行这五个方面的教育。在教育时，你一定要发扬宽厚的精神。这五种关系，就是以家族为本位的父、母、兄、弟、子五个方面的关系。在公元前两千年以前的虞舜时期，中国的传统思想中，已经提出了要处理人和人之间的这五个方面的关系。从此，在我国就有所谓"修其五教"（《左传·桓公六年》），并"布五教于四方"（《左传·文公十八年》），即在全国各地普遍进行五种教育，还进一步提出这五个方面所应承担的道德义务是"父义、母慈、兄友、弟恭、子孝"，以达到"内平外成"的目的。也就是说：只要做父亲的有道义，做母亲的能慈祥，做哥哥的能友爱，做弟弟的能恭敬，做儿子的能孝顺，家庭和社会就会和谐发展了。

此后，孔子的君君、臣臣、父父、子子的思想，把"孝"亲的观念更明确地加以扩大，使中国传统伦理思想中的人伦关系，更带上家族和等级制的尊卑贵贱色彩，从家庭伦理扩大到社会上人与人的关系。在《论语·学而》中有几段专讲人伦关系的话："子夏曰：'贤贤易色；事父母能竭其力，事君能致其身；与朋友交，言而有信。虽曰未学，吾必谓之学矣。'"这样，这段话涉及了夫妇、父子、君臣、朋友四种人伦关系。"曾子曰：吾日三省吾身。为人谋而不忠乎？与朋友交，而不信乎？传，不习乎？""子曰：弟子入则孝，出则弟，谨而信，泛爱众，而亲仁，行有余力，则以学文。"这两段话在一定意义上，也可以说是讲到了兄弟一伦。当然，在孔子那里，最重要的还是父子一伦，即所谓孝。在一切人伦关系中，尽管强调要"臣事君以忠"、"君使臣以礼"（《论语·八佾》），而且还明确地说，如果人们不能恪守君君、臣臣、父父、子子之道，就是有粮食，国君也是不能享受的："齐景公问政于孔子。孔子对曰：'君君臣臣，父父子子。'公曰：'善哉！信如君不君、臣不臣、父不父、子不子，虽有粟，吾得而食诸？'"（《论语·颜渊》）这里指出了孝亲忠君的意义，但孔子主要还是讲的"孝"。

孟子在提出自己的社会发展观的同时也指出，人类虽然脱离了动物界，学会稼穑，树艺五谷，但由于"逸居而无教，则近于禽兽"，因此，"圣人有忧之，使契为司徒，教以人伦"，即"父子有亲、君臣有义、夫妇有别、长幼有序、朋友有信"（《孟子·滕文公上》）。孟子所提出的五伦，是对封建社会人伦关系的最基本的概括，也可以说封建社会的一切人伦关系，都可以概括于这五伦之中，整部《孟子》就是对如何维持这五种人伦关系的探讨和论证。当然，这里似乎看不到个人对整体、对社会的关系，其实，孟子往往是用君臣关系包括了封建国家中的个人同整体、个人同社会、个人同国家的关系。"五伦"作为人和人之间的五种关系，每种关系都有对立的两个方面，它们都有一个处理两者之间关系的最高准则，依此准则，每一方都有自己的义务和责任。君臣关系，在孟子那里，并不像后来封建社会那样片面而且绝对，很有些民主思想。"民为贵，社稷次之，君为轻。"（《孟子·尽心下》）"君之视臣如手足，则臣视君如腹心；君之视臣如犬马，则臣视君如国人；君之视臣如土芥，则臣视君如寇雠。"（《孟子·离娄下》）"齐宣王问曰：'汤放桀，武王伐纣，有诸？'孟子对曰：'于传有之。'曰：'臣弑其君可乎？'曰：'贼仁者谓之贼，贼义者谓之残，残贼之人，谓之一夫。闻诛一夫纣矣，未闻弑君也。'"（《孟子·梁惠王下》）当然，君臣关系，本来就是剥削阶级社会中的一种特殊的政治伦理关系。从"事"和"使"这两个词本身，就说明了它标志着一种不平等的尊卑等级。这种君君、臣臣的尊卑等级关系，经过后世儒家和统治阶级的不断强化，已深入到社会的各个方面，以致在今天的某些人的思想中，家长统治、个人专断、等级观念、奴隶主义以至阿谀逢迎等旧的传统，还严重地影响着现代社会中人与人的关系，这也是我们应该注意的。

在孟子看来，人伦之教是最为重要的。他总结历史上夏、商、周三个朝代的学校教育的宗旨，认为这三个朝代，一千多年的传统教育的共同特点，就是对人民进行有关人伦的教育，所以他说："学则三代共之，皆所以明人伦也，人伦明于上，小民亲于下。"（《孟子·滕文公上》）又说："舜明于庶物，察于人伦，由仁义行，非行仁义也。"（《孟子·离娄下》）

确实，在探讨中国传统伦理思想的重人伦关系，即重人伦价值这一特点时，必须注意抛弃它的消极影响。在封建社会贵贱有别的森严的等级制度下，在宋明以后的时期中，不但君臣关系、父子关系、夫妇关系是不平等的，就是长幼关系，由于嫡子继承制的长期发展，也成了一种不平等的尊卑关系。这样，在全部人伦关系中，除朋友一伦还保存着平等的关系外，其他处于所有人伦关系中的人们，都被分化成两个极端。一端是至尊、至贵、至高，一端是至卑、至贱、至低。处于至卑、至贱、至低一端的人，在人和人的关系中，似乎从生到死都被注定了是一种从属物，是为对方而存在的，他不允许有自己的个性，不允许有自己的自由，也不允许有自己的特殊的需要。他应当牺牲一切，在他自己的等级分位内去尽伦尽职，这就是"天理"，而他作为一个人的正常的发展、必要的自由、正当的需求，则往往被说成是"人欲"，是违背人伦要求，是大逆不道。这种畸形的、变态的发展，是和封建等级制度相连的。在今天，尽管封建的等级制度已经不存在了，但其消极影响还是需要注意的。

（二）中国传统伦理思想的第二个重要特点就是重视精神境界，认为道德需要是人的一种最高的需要

从道德起源上来看，从人和动物的根本不同来看，西方的思想家们认为人是一种有理智的动物，人能够用理性来控制感情。人是万物的尺度，固然也可以说有人本主义的思想在内，但就其核心来说，是说人有理智，从而可以作为评价万物的标准。在中国传统思想中，把"人为万物之灵"作为人和动物相区别的根本标志，它强调的不是人的"理智"，而是人有高尚的道德品质。在古代思想家看来，人在早期之所以能脱离动物界，就是因为人有道德。人是怎么脱离动物界而成为人的？恩格斯说，劳动创造了人。恩格斯曾经比较过蜜蜂的劳动和人的劳动的不同，人类最高级的建筑师，有时候也要感叹不如蜜蜂的建筑技巧高明。但是，人的活动是有理智、有目的的活动，这却是任何动物，包括高等动物都不可能有的。孟子曾讲过人类社会的发展史，在他看来，人虽然有了劳动，有饭吃、有衣穿，但是，由于逸居而无教，仍然和禽兽没有区别。只有有了仁、义、礼、智、信这些道德观念，人们才算最终地脱离了动物界。正由于此，中国传统的伦理思想家们认为，在人的一切需要中，道德需要，是一种最高层次的需要，是一切需要中最高尚的需要。

如果说亚里士多德强调的是"人是社会的动物",苏格拉底、柏拉图强调的是"人是有理智的动物",那么,孔子和孟子强调的则是"人是有道德的动物"。在西方,笛卡尔曾经提出"我思故我在",费尔巴哈则提出"我欲故我在",那么,中国古代的思想家们则主张"我德故我在",即因为我有道德,我才存在。英国著名的17世纪思想家培根认为"知识就是力量",而中国的思想家们则强调:德性就是力量,认为人的德性是人从事一切事业的最主要的精神动力。

孟子认为,人的需要是有层次的,物质生活的需要,固然是人所不可缺少的,但道德的需要是更为重要的。在一定情况下,在相互冲突的道德选择的情况中,可以舍弃物质生活的需要,甚至可以舍弃自己的生命。我们知道,中国传统伦理思想,从周公姬旦开始,直到孔子、孟子,他们并不忽视人民群众的物质生活需要。孟子从管理国家的要求出发,强调老百姓必须有物质生活的满足。他认为,老百姓不但要吃饱穿暖,"仰足以事父母,俯足以畜妻子","乐岁终身饱,凶年免于死亡"(《孟子·梁惠王上》),而且每家都要有五亩宅基地,种上桑树养蚕,老年人都要穿上丝绸,每家还要养鸡养猪,以便保证老年人有肉吃。但是,孟子还认为,除了物质生活的需要,人们还有受一定文化教育的需要,还有其他动物所不可能有的伦理道德需要。他还认为,人们经过修养,就能够达到"尽其心"、"知其性"从而进入"知天"的境界。他特别强调个体道德修养的能动性,认为,人只要认识到人的最高需要是道德需要,最大价值是道德价值,那么,人们就可以不需要借助外力而自觉、自主、自动地进入一种最愉快的境地,也就是所谓"万物皆备于我矣。反身而诚,乐莫大焉"(《孟子·尽心上》)。孟子的"万物皆备于我矣",在很长一段时期内,只是被人们理解为一种主观吞并客观的主观唯心主义的唯我主义,而没有剥离出其中所包含的合理内核,因为它主要说的并不是本体论的问题,而是人的道德修养的主动性问题。

在中国伦理思想史上,对人性是善是恶的问题,进行了时间最长、涉及问题最多而且层次最深的讨论。绝大多数的思想家都主张人性善的理论。人为什么能有一种作为道德主体的为善的能动性?就是因为人的本性是善的。人为什么有这样一种最高级的需要?就是因为人的本性是善的。这种善的本性,是一种精神本能,它和人们的生理本能,同样是人的本能，都会产生人的需要。"人皆有不忍人之心"，即不忍别人受到伤害之心，也就是爱人、助人、同情人、关心人之心，也就是一种高尚的道德之心。孟子曰：

> 人皆有不忍人之心。先王有不忍人之心，斯有不忍人之政矣。以不忍人之心，行不忍人之政，治天下可运之掌上。所以谓人皆有不忍人之心者，今人乍见孺子将入于井，皆有怵惕恻隐之心，非所以内交于孺子之父母也，非所以要誉于乡党朋友也，非恶其声而然也。由是观之：无恻隐之心，非人也；无羞恶之心，非人也；无辞让之心，非人也；无是非之心，非人也。恻隐之心，仁之端也；羞恶之心，义之端也；辞让之心，礼之端也；是非之心，智之端也。人之有是四端也，犹其有四体也。有是四端而自谓不能者，自贼者也；谓其君不能者，贼其君者也。凡有四端于我者，知皆扩而充之矣，若火之始然，泉之始达。苟能充之，足以保四海；苟不充之，不足以事父母。（《孟子·公孙丑上》）

正是从这一前提出发，孟子认为，人们应该特别注意培养、发扬自己的这种善良本性，因为它是人的高级需要（道德需要）的基础和根源。正像水无有不下一样，人性没有不善的，"仁义礼智，非由外铄我也，我固有之也"（《孟子·告子上》），"人之所以异于禽兽者几希，庶民去之，君子存之"（《孟子·离娄下》），等等。正由于善的要求是人本身所固有的，依照中国伦理思想家们的意见，它也就成了人区别于动物的一种特殊需要。

（三）中国传统伦理思想的核心是一种具有民族特点的"爱人"思想，在一定意义上，也可以说是一种人本主义的精神

由于这种具有民族特点的"爱人"思想，是在奴隶社会和封建社会中得到发展和传播的，因此，带着很大的剥削阶级的烙印，并在很长时期内被严格的等级关系所制约，从而只能成为统治阶级用来统治人民和欺骗人民的一种虚幻的理论。然而，尽管在中国古代的奴隶社会中，奴隶不被当作人，却并没有出现诸如"奴隶只是会说话的工具"一类的理论。正当古希腊的许多思想家们认为"奴隶只是会说话的工具"时，中国的儒家和墨家，却都以"爱人"作为自己理论的重要原则来互争长

短。孔子提出"仁"作为他的学说的"一以贯之"的惟一原则。他的弟子曾子认为"忠恕"是他理论的惟一原则，原因可能是曾子把"忠恕"当作"仁"的内涵，其实质仍然还是一个"仁"字。孔子曾明白地解释说，"仁"就是"爱人"。他没有讲他所爱的"人"中也包括奴隶；但是，不论是从概念的范畴、理论的逻辑，还是从当时的文字使用和这一思想的内容来看，都得不出结论说他所说的人就不包括奴隶。应该说，尽管在实质上，他不会像爱奴隶主贵族一样去爱奴隶，但从一般意义上来看，他说的"人"是包括奴隶在内的一切人。孔子和儒家把"仁"当作最高的道德原则，就是要强调一种舍己利人和舍己爱人的无私精神。什么是"克己复礼为仁"呢？就是要克制、消除和战胜人们的利己、自私的心理，达到一种纯洁的爱人、利人的"仁"的境界。墨子尽管不同意孔子的某些主张，反对孔子所提出的"厚葬"、"久丧"以及爱有差等的思想，但他提出的"兼爱"原则，同样是一种人本主义的思想。墨子在提出"兼相爱"、"交相利"的同时，甚至还提出更为全面、更为彻底的"爱人"思想。他认为，人不但要爱人，而且要能够"爱人若爱其身"（《墨子·兼爱上》），即在爱别人的时候，要能够做到像爱自己一样去爱别人。他还认为，爱应该不分厚薄亲疏远近，给予所有人以同样的爱，而且要如同爱自己一样地去爱一切人。更值得指出的是，墨子认为，整个社会之所以产生祸乱，人际关系之所以发生各种纠纷，主要是因为人们彼此之间不能相爱的原因。为了兴天下之利和除天下之害，为了消除人类社会种种祸乱怨恨的根源，为了更好地调整人和人之间的各种关系，必须强调他所主张的对一切人的爱。墨子并不像孔子那样，把"爱人"的思想建筑在纯粹利他的动机上，而是从功利主义的思想出发，提出了"兼相爱"和"交相利"，提出了"爱人者，人必从而爱之；利人者，人必从而利之"（《墨子·兼爱中》）的思想，使自己的理论更能够为人们所接受。在今天看来，尽管它只能是一种无法实现的空想，但我们不能不说，它确实是中国古代一种最高层次的人道思想，有着合理的因素。在以后的历史发展中，尽管墨家的思想在很长时期内几乎处于泯灭状态，但它对中国传统伦理思想的影响是应当肯定的。自秦以后，墨家的人道思想未能广为流传，但儒家的人道思想（其中也包含着对墨家人道思想的吸收）在中国传统伦理思想中占有相当重要的地位，尽管这种思想是被统治阶级的政治家和思想家所严重扭曲了的。

（四）中国传统伦理思想就其个体与整体的关系来看，重"整体精神"、重"公私关系"是中国传统文化和民族心理的最高价值，一切价值目标都以是否能与其相一致为惟一标准

当然，在漫长的封建社会内，这一整体精神，在大多数的情况下，只能是以虚幻的内容，即以国家和社会的形式来掩盖其为一姓王朝谋利益的本质。

在中国长期的封建社会中，所谓整体，也就是社稷和国家，即所谓"公"或"公利"，因此，这种整体精神，又往往是和义利之辨或公私之辨相联系的。当然，这里所说的义利和公私同我们今天所说的义利、公私的意义是不同的。由于中国古代的思想家们没有很好地注意到概念的准确性，往往因使用概念的不同而造成许多误解。例如，尽管他们在义利问题上，存在着各种不同的看法，但他们都以不同的概念（或者是"义"或者是"利"）来强调整体精神的重要。孔子讲"君子喻于义，小人喻于利"（《论语·里仁》），孟子讲"王何必曰利，亦有仁义而已矣"（《孟子·梁惠王上》）。他们所说的义，就其实质来说，就包含着社会和国家的"公利"的意义。墨子明确地认为，"义者利也"，在他看来，符合于"义"的言论和行为，就必然会符合社会、国家和人民的公利。法家的主要代表人物商鞅和韩非等，公开提出要重利贱义，但他们所说的"利"，就其主要内容和本质来看，无非是要巧妙地利用人们的"自为心"和"自私心"，以达到发展生产、加强军备的整体利益的目的。法家公开地宣扬个体的自为、自私的心理，反对儒家的仁义礼智，其目的仍然是为了封建地主阶级的社稷和国家，即为了维护剥削阶级的"公利"。在中国伦理思想史上，只有老庄的义利皆抛（或超脱义利）的思想，才是一种从消极方面高扬个体作用，强调"贵己重生"，忽视以致否认整体精神的思想。由此可见，从先秦以来的儒墨道法四家来看，儒墨法的重视整体的精神到后来都统一在儒家的思想中，并得到了强化。

中国封建社会的政治思想家和伦理学家们，从维护封建制度出发，总是把所谓社会国家的利益，强调到至高无上的地位。怎样才算是为社会、为国家尽伦尽职呢？其最终要求就变成了对国君一人的忠诚。忠于国家、忠于民族，在封建专制社会中，同忠于皇帝成了同义语。整体精

神在实质上是虚幻的、虚假的、欺骗性的。

但是，也要看到，中国传统伦理思想中强调"义"的原则，认为在个人利益与整体利益矛盾时，应当"杀身成仁"、"舍生取义"，这一思想在中华民族的发展史上，既有着一定的历史局限性，更有积极的影响。南宋时期的著名民族英雄、爱国诗人文天祥，就是在儒家传统伦理思想的影响下，表现出他的不屈不挠的精神的。1283 年，文天祥最终被杀害，但人们从他的衣带中找到他生前写下的《绝笔自赞》上却写着："孔曰成仁，孟云取义，惟其义尽，所以仁至。读圣贤书，所学何事？而今而后，庶几无愧。"他的意思是说，孔子说要杀身成仁，孟子说要舍生取义，只有行为完全合乎正义，才能达到仁的境地，读了那么多古圣先贤的著作，到底要学的是什么？从今以后，我总算问心无愧了。而且，他在《过零丁洋》中，早已表现出了"人生自古谁无死，留取丹心照汗青"的精神（即使死了，也要让红心在史册上永远辉映），表现出了为民族整体利益而勇往直前的无私无畏的精神。有人说，中国文化是一种不讲是非、不懂是非、一味追求荣华的文化，又说中国文化是一种"明哲保身、安贫乐道"的文化，这是一种无知的、虚无主义的态度。这里需要强调指出的是，中国传统的伦理道德，是既有糟粕又有精华，而且二者往往是结合在一起的。因此对中国传统伦理思想的整体精神的认识，也绝不能采取简单的态度。

在西方，特别是从文艺复兴以来，虽然在法国唯物主义者那里，在英国功利主义者那里，伦理道德也都相当强调整体利益，但由于他们的整体利益，实质上是资产阶级一个阶级的利益，因而，在商品经济的发展和个人的民主、自由的要求下，并未形成强大的思想。相反，人们为了反对封建神学压迫，比较重视个人的自我发展，强调以不损害他人为原则的合理利己主义，强调以个人为中心的个人主义，强调个人利益和个人需要的获取的正当性，强调民主精神。这些思想，不但对资本主义的发展曾起过积极的作用，就是在当前西方的社会中，在某些情况下，也仍然可能会产生某些有利于社会协调的积极作用。可是，随着资本主义的发展，西方以自我为中心的利己主义和个人主义思想，愈来愈成为西方社会发展和协调人际关系的一个障碍。因此，有分析、有选择地吸收西方伦理传统的某些积极因素，用马克思主义的基本观点加以批判改造，对我们当前的现代化建设也是有好处的。但是，更应该看到，我们今天要建设的是中国特色社会主义，包括中国特色物质文明和精神文明，中国伦理传统的整体精神，它的公私之分和义利之辨，如果能抛弃其所积淀的陈旧内容，吸收其一般的道德原则和评价标准，以马克思主义的观点、立场和方法加以改造，应当说还是有重要意义的。

（五）从个体道德和群体道德的关系来看，中国传统文化和民族心理强调道德修养，或者说个体的道德修养

中国的传统伦理思想并不是不重视个体，而是同西方不同，从另一个方面来强调个体。中国传统伦理思想所说的道德修养，即以个体道德为起始点，强调个人的正心诚意，即"自天子以至于庶人，壹是皆以修身为本"（《礼记·大学》）的个体修养。在个人和整体、个体和社会的道德关系上，突出个体的为善的主动性，"我欲仁，斯仁至矣"，强调在个体道德主动性的发扬中来完善人格，来享受至高无上的精神幸福，从而达到至人、圣人、真人、完人的目标。中国的思想家们，从长期实践中认识到外在的、客观的道德规范，只有通过人们的良知，通过人们的认识、体验、内化以至融合到人们的思想情感之中，才能成为人们的一种品质。正是由于这种原因，中国古代的思想家们极力从人的善良本性出发，强调人的"本心"、"初心"、"良知"、"良能"的重要作用。高扬"良知"、发扬"本心"，宣扬性善、强调修身，成了中国传统伦理思想和民族心理的又一个特点。

中国传统伦理中的个体修养，是独具特色的。道德修养，是道德规范转化为人们道德品质的重要环节。古代的伦理思想家们既然特别强调整体精神、强调道德价值、强调人伦关系，认为人之所以异于禽兽，就在于有人伦以及建立在人伦之上的道德原则，因此，为了使人的本性能得到发展以至达到完美的纯德至善的境界，中国的伦理思想家们几乎都无例外地认为，必须加强人的修养活动。中国古人所说的"澡身"、"洁身"、"修身"等，就是指个体的道德修养。孟子的一个学生问他有什么特长，孟子说："我知言，我善养吾浩然之气。"（《孟子·公孙丑上》）这种浩然之气，究竟是什么呢？孟子认为："其为气也，至大至刚，以直养而无害，则塞于天地之间。其为气也，配义与道；无是，馁也。"（同上）长期以来，孟子的"浩然之气"被说成是神秘主义的主观唯心

论，因为他竟然把气说成是能"充塞于天地之间"的，这当然是很"荒唐"了。其实，这是对孟子的一种误解。孟子在谈到自己的"浩然之气"时，先谈了两个武士是怎样培养自己的勇气的，然后又谈到了他的这种具有最高道德价值的"浩然之气"是可以充塞宇宙、万古长存的。如何培养这种"浩然之气"呢？就是要"知道"和"集义"。"知道"，就是深刻理解道德价值在一切价值中所占的重要地位；"集义"，就是日积月累地实行道德践履。这二者的统一，就是"配义与道"。以后，宋儒更进一步发展了这种修养的功夫，认为只有经过这种修养后达到道德上的最高境界，才能把名利看得犹如浮云，才能达到一种"富贵不能淫，贫贱不能移，威武不能屈"的境界。宋明的理学家们，从一方面来看，他们死守那些忠孝节义等儒家教条，十分迂腐而可笑；另一方面，他们之中也确有一些人在严格地按照那些要求来进行修炼，使自己的品德尽量符合封建道德的要求。明代的黄绾，曾经用"黑豆、红豆"、"罚跪自击"以及"以册刻天理人欲藏袖中"等方法来修炼、践履自己的道德。清初思想家李颙在《四书反身录》中曾谈到吕原明晚年修养的体会，说到他在桥毁人堕时的动心和不动心的情景，尽管有夸大之处，但也反映了中国古代思想家们对反省、修养、践履的重视。这些修养方法，确实有许多唯心主义的糟粕，但是，我们应当看到，道德原则，是来自现实、又高于现实，既是从现实中总结归纳出来的，又有着指导现实生活中人与人之间关系的作用。因此，一个人要想具备高尚的道德，就应该认识到这需要艰苦的道德努力，否则，道德也就没有什么价值，至少不会有像现在人们对它的崇拜了。因此，一个人要想使自身有道德，即成为一个有道德的人，修养是绝不可少的。中国传统伦理的许多规范是需要批判的，它的修养方法、修养理论、道德践履的要求，也是应该加以扬弃的，但强调伦理道德的修养，对我们培养新社会的新道德仍然是十分重要的。

在中国长期的历史中，封建道德规范之所以能产生那么重要的作用，其最主要的原因就是它能够同个体的修养陶冶紧密结合。按照马克思的说法，道德的最重要的本质就在于它是一种用实践精神来改造世界和把握世界的特殊方式。一种道德之能否有改造世界的生命力，除了看它的原则、规范是否符合社会发展的要求外，就在于它能否使这种道德成为人们实际奉行的原则。中国的伦理思想家们在道德的修养和践履方面，给我们留下了极为丰富的思想资料，提供了很多的修养方法，并且在修养的理论上，也有着从"实际"中来又到"实际"中去的许多概括。因此，是值得我们认真加以批判继承的。

（六）从道德思维方法来看，中国传统的思维方法更有其独特的特点

在儒家看来，伦理价值的最高标准，就是"仁"，就是"忠恕"。什么是"仁"？就是"爱人"，就是一个人必须以"爱"来对待自己的同类，所以"仁"就是二人，就是两个人之间的最高原则。（有人证明，"仁"字的古字形从人从二，正像清儒阮元所说："仁之意，人之也。"这就是说，"仁"的本意，就是要以"人"的要求来对待他人。）与此相应，怎样才能达到道德的最高价值"仁"呢？也就是说，怎样才能达到"爱人"呢？这就是孔子所说的"能近取譬"，也就是中国古人常说的"以己取譬"、"推己及人"、"将心比心"、"设身处地"的忠恕之道。《论语》中说的"己所不欲，勿施于人"（《论语·颜渊》）、"己欲立而立人，己欲达而达人"（《论语·雍也》）、"吾不欲人之加诸我也，吾亦欲无加诸人"（《论语·公冶长》），孟子说的"善推其所为"的"恻隐之心"，都是这个意思。

这种"能近取譬"、"推己及人"、"将心比心"、"设身处地"的方法，以人类的道德经验、道德感情和道德体验为前提，是每个人都可以通过自己的感情、欲望、经验而体验和认知的。因为，每个人都不能否认，只要是一个正常的人，他必然会知道自己的欲望、要求、理想和追求。因此，只要他能以自己的欲望、要求、理想和追求来推及他人、将心比心，他也就可以知道别人的欲望、要求、理想和追求。扩而充之，只要他在处理人和人的关系中，能够把别人也当作自己一样来对待，这就是道德。这种方法，尽管在现实生活中还会碰到许多矛盾，在阶级社会中，对不同的甚至对立阶级的人来说，这只能是一种空想，甚至在某种情况下，只能成为一种欺骗，即使在社会主义社会中，由于存在着利益关系的不同，也不可能无条件地实现，但人们不能不承认，它在调整社会中人与人之间的关系上，确实能起到积极的、有益的作用。因此，这种方法作为一种在处理人和人的道德关系中的方法论原则，对研究、

解释和论证伦理学的许多问题，无疑是有重要意义的。孔子说"能近取譬，可谓仁之方也"（《论语·雍也》）说的正是这个意思。

在西方以及东方其他国家的一些古代思想家那里，也有一些人曾提到过类似"己所不欲，勿施于人"的思想，显露出某些人道精神的思想光芒。但是，任何人也没有把它上升为一种"为仁之方"，即没有从方法论的原则的高度，将其作为研究处理人与人的道德关系中最根本、最重要、最简易、最能为人们所理解和接受的普遍方法。将这一思想确立为方法论原则，是中国传统道德和民族心理的一个重要特点，对研究伦理道德问题有重要的启示。

当然，对于中国传统伦理的研究方法即"推己及人"法，决不能原封不动地照搬或移用于今天，必须用马克思主义的历史唯物主义予以批判地改造。首先，这种推己及人的方法，要在唯物辩证法的指导下，以广大人民群众的道德践履作为检验标准，而不是某些人的脱离现实的、变态的、畸形的愿望和要求。其次，这种推己及人的方法，要在社会主义的人道主义基础之上，为建立人与人之间的平等、互助、团结、友爱的新关系服务。最后，这种推己及人的方法，是要摒除旧社会的一切狭隘的个人偏见，摒除一切个人的、小集团的狭隘私利，为发展每个社会成员的积极性和创造性而服务，同时也要同某些个人的狭隘私利作斗争。

五、研究伦理思想史的态度和方法

研究伦理思想史的态度和方法，同研究伦理学的态度和方法一样，是需要在今后的学科发展中逐步解决的问题。中国伦理思想史作为一门社会科学，其最根本的研究方法，是马克思主义的立场、观点和方法，即唯物辩证的方法、阶级分析的方法、历史的方法。但是，这些方法尽管有很重要的指导作用，却绝不意味着，事实上也不可能代替每门具体科学的特殊方法。因此，必须在这些基本方法的指导下，或者说在此基础上确定中国伦理思想史的特有的研究方法。

中国伦理思想史的研究方法，也应该是系统的、多层次的，有最一般的社会科学的研究方法，有思想史方面的共同方法，有伦理思想史的方法，还有中国伦理思想史的特殊方法。这些方法，需要在今后的科学研究工作中去探讨和总结。如何依据伦理思想史研究对象本身的特殊性，吸收心理学、社会学、人类学、教育学、德育学等学科的方法，融会贯通，吸收创新，可能还要花很大气力。这里，仅就一般研究思想史的方法和研究伦理思想史的方法，同时也就研究中国伦理思想史的特殊方法，提出一些看法。

最根本的，就是要以马克思主义基本理论为指导，分析研究中国道德观念和伦理思想的发展史。这就是说，考察每一种道德观念和伦理学说，都必须依据辩证唯物主义和历史唯物主义的基本原理和方法，把它们放在一定的历史条件下，即一定的经济生活和政治制度下加以考察，分析这些思想和学说代表哪些阶级、哪些阶层的利益，在政治上起什么作用以及它们在伦理思想史上具有什么地位等。以马克思主义伦理学基本理论指导中国伦理思想史的研究，不是寻找马克思主义的一些词句，生搬硬套，给古人的伦理思想和道德观念贴上各种标签；也不是把古人的道德观念和伦理思想当作插图或例证，去论证马克思主义伦理学的结论，而应该考虑到不同历史时代的各种不同情况，从全局的联系上来分析不同的道德观念和伦理思想的特殊性，分析各社会各时代道德观念和伦理思想的内在联系及其发展的规律性，为建设中国特色社会主义道德和伦理学说服务。具体说来，下列几方面是必须注意的。

第一，客观公正的介绍，即实事求是的态度。在研究中国伦理思想史的过程中，总要对历史上的各种道德观念和伦理学说进行介绍。这种介绍，必须能给读者以准确、全面的了解，也就是说，必须从历史事实出发①，力求清楚地说明某种伦理思想是在什么样的社会条件下，主观上从什么目的出发，为了解决什么问题而被提出来的，并且要客观地、准确地把这种伦理思想的本来意义解释清楚，说清楚它在当时产生的效果

---

①　值得一提的是，从历史事实出发，研究中国伦理思想史，首先要下工夫研究、考订与伦理思想有关的古史。这是达到客观公正的介绍的必要工作。例如，王国维曾提出"二重证据法"，即用"地下新材料"检验、补充"地上材料"，达到对古史资料的可靠认定，他的许多著作，如排列卜辞所载商代帝王，与《史记》的《殷本纪》、《三代世表》互校，著《殷卜辞中所见先公先王考》及《殷卜辞中所见先公先王续考》等都是精准的考订古史之作，对古代思想史特别是先秦春秋以前的思想的研究产生了重大影响。这方面的工作，目前和今后对于中国古代伦理思想史特别是先秦伦理思想史的研究，具有非常重要的意义。

和在以后思想史中的作用。这就是所谓"不偏不倚的客观态度",不歪曲作者的原意,"让每个伦理学家有充分的机会表明自己的论点"。

客观的介绍,应当成为研究每一门思想史所必须遵循的一个原则。如何对待历史上的道德观念和伦理学说,关系到是否坚持历史唯物主义的问题。那种认为历史和历史上的思想好像一个百依百顺的女孩子,可以任人梳妆打扮、任人摆布调理的观点,是完全错误的。那种认为既然强调阶级立场和阶级分析方法就不可能客观介绍的说法,也是错误的。研究中国伦理思想史最首要的一点,就是要如实地描述中国伦理思想史上各种各样的道德观点和伦理学说。客观介绍,不是不要历史唯物主义指导,恰恰相反,如实反映历史,乃是历史唯物主义的原则之一。这里需要指出的是,客观介绍并不是客观主义。在过去很长一段时期内,一篇文章、一本专著,一旦被看成"客观主义"的,就会被当成是没有阶级观点、不坚持甚至丧失了无产阶级立场,至少也是受了资产阶级的所谓不偏不倚的虚伪说教的影响等。这种做法的最直接的后果是,人们不敢、不肯对研究对象的思想观点进行客观介绍,甚至助长了一种倾向,认为对所研究的对象的思想观点可以不做全面客观的了解,只要孤立地抓住几句话就可以进行批判。有不少剥削阶级的思想家,尽管他们曾经千百次地被人们批判,但其思想观点至今仍未能被客观地介绍,因而也不能作出令人信服的结论。从另一方面讲,这也是它们至今并未被驳倒的原因。至于说客观主义,则必须具体分析。确实有一些资产阶级思想家认为科学无力对事物作出批判性的、有党性的评价,强调科学研究对待一切问题都应该是"不偏不倚"的,它本身应该是超阶级的、全民的和无党性的。这显然是资产阶级思想家为了把自己的思想伪装成全民的思想,并以此贬斥无产阶级思想家的研究不科学的一种借口。正是在这个意义上,列宁尖锐地批判了资产阶级的狭隘的客观主义。他指出,客观主义与主观主义一样,同马克思主义是格格不入的,因为马克思主义的党性的观点,是完全符合社会科学的客观必然性的,它本身就强调要把社会科学的研究引导到合乎事物发展进程的党性的结论中去。因此,党性原则反对狭隘的客观主义,并不是不要客观态度。这是我们在研究中国古代思想史,特别是研究古代剥削阶级思想家们的道德观点和伦理思想时所要特别注意的。

在研究思想史的著作中，对古代思想家们的思想进行客观公正的介绍，并非易事。在资产阶级学者中间，确实有不少人曾经标榜自己是不偏不倚、持平公允的，但实际上，他们的狭隘的阶级偏见，使他们的许诺和实际做法相背离（宾克莱的《理想的冲突》对马克思主义价值观点的介绍，就是一个很好的例子）。正因为马克思主义者能够坚持无产阶级原则，才能够真正做到对一切剥削阶级思想家的客观、公正的介绍。

第二，系统的、辩证的、深入的研究。这就要求研究者不但对中国古代和近代的道德观念、伦理思想作出公正的介绍，而且要寻找伦理思想家互相影响、继承发展的关系，寻找其中内在的、必然的联系，获得规律性的认识。

伦理思想是人类对自身的道德关系的理性认识。由于这种认识涉及人的情感、意志、信念、良心等心理活动，涉及人的道德行为、习惯等实践活动，涉及人的政治生活、伦理生活等各方面的问题，它有自身的特点。因此，对于一定的道德观念和伦理学说，必须从各个方面深入研究，才能得出正确的结论。

培根在《新工具》一书中曾经说过：

> 历来研究科学的人要么是经验主义者，要么是独断主义者。经验主义者好像蚂蚁，他们只是收集起来使用。理性主义者好像蜘蛛，他们自己把网子造出来。但是蜜蜂则采取一种中间的道路。它从花园和田野里采集材料，但是用它自己的一种力量来改变和消化这种材料。真正的哲学工作也正像这样。因为它既不只是或不主要是依靠心智的力量，但它也不是从自然历史和机械实验中把材料收集起来，并且照原来的样子把它整个保存在记忆中。它是把这种材料加以改变和消化而保存在理智中的。[1]

所谓运用理智的力量加以改变和消化，依照马克思主义的观点去理解，也就是要根据历史唯物主义的原则，对这些伦理思想加以分析、综合、归纳、整理，从而使我们对中国伦理思想的发展得出规律性的认识，使材料和观点、实践和理论高度统一起来。

---

[1]　《西方哲学原著选读》，上册，358～359 页，北京，商务印书馆，1981。

　　第三，历史的、阶级的评价。所谓历史的评价，主要是从历史发展的角度，考察这些思想在当时的社会条件下和后来的历史发展中起进步作用还是反动作用，它们是谁先提出的，谁在前人的基础上又做了新的发展，谁根据新的情况又对它做了新的解释。对那些最早提出重要思想的人，我们将力求肯定他的理论贡献和历史功绩；对于那些大体上只是重复前人思想的人及其理论，则只是简略地加以介绍。当然，这种做法有时难免会有厚古薄今之嫌，但是，只要坚持历史唯物主义观点，坚持事物总在不断发展的论点，按照历史的本来面目反映历史上伦理思想的演变发展，即使文字上、篇幅上不大平衡，也并不会影响问题的本质。所谓阶级的评价，就是要用马克思主义的阶级分析的方法，评价不同的伦理思想在当时的实际作用。在评价时，既不能仅仅以思想家的政治进步与否为惟一依据，也不能以政治上的成败论英雄。对于政治上反动、理论上"荒谬"的伦理学说，也要看它是否有合理因素，是否从反面促进了中国伦理思想的发展，从而正确地估价它在中国伦理思想发展中的意义。

　　第四，批判的继承。研究中国伦理思想史，实质上就是一个批判继承的过程。中国长期的封建社会形成的封建道德，影响深远，至今还严重影响着我们的道德生活。从理论上对它彻底进行批判，是中国伦理思想史研究的重要任务。研究中国伦理思想，不仅仅是为了批判它的消极影响，更重要的是为了继承其优秀传统。而随着其封建糟粕的不断清除，继承其优秀传统的意义就会显得更为重要。为了继承，就得批判。批判是为了更好地继承。系统地清理总结历史上的道德遗产，批判地吸收其中的精华以及一切有价值的因素，这是社会主义道德和共产主义道德形成和发展的必要条件之一。过去我们注意到了对封建道德传统的批判，却不承认在此基础上的继承。实际上，只要我们用科学的观点和方法去考察、分析，即便是那些已经过时了的东西中仍有可以借鉴的东西存在。比如，姚鼐写的《小腆纪年》，记载了明崇祯皇帝自杀后，他的大臣们如何为他"杀身成仁"的史迹。今天看来，这种对腐朽、没落的封建帝王的愚忠是很可悲的，但封建道德的影响和作用为什么如此之大之深，如何成为一些人的内心信念，并发生这样的作用，这自然值得我们很好地研究。并且，封建道德还广泛而深入地渗透到穷乡僻壤，妇孺皆知，成为人们的行为准则和规范，其中同样有值得借鉴的内容。

发展马克思主义的新的伦理学理论，并在前人的基础上有所创新，这是大多数伦理学工作者的意愿。而要有所创新，一定要掌握马克思主义基本理论，了解这门学科发展中所提出和解决的问题，掌握该学科的历史。不学习和掌握马克思主义的基本理论，就谈不到正确的创新；而不学习和掌握历史，也就谈不到真正的创新。因而，了解和掌握中华民族千百年来伦理思想的成就和特点、弊端和缺陷、发展的连续性及其规律性，就为建立中国特色的马克思主义伦理学理论打下了坚实的基础。这就是我们学习和研究中国伦理思想史的意义所在。

第五，比较的方法。首先，是中西比较。要通过不同层次、不同方面的分析与解剖，更准确、更深刻地把握中国伦理思想史和西方伦理思想史各自的长短优缺，从而清除中国传统伦理思想中的糟粕和尘垢。吸收西方伦理思想中的精华，扬长补短，建立崭新的、具有中国特色的共产主义道德体系和马克思主义伦理学。这里要防止两种偏见：一种是认为只有中国道德和伦理学说最好，连西方都把目光投向中国传统道德和伦理思想，只有中国伦理道德才能挽救西方乃至整个世界道德的堕落沦丧；另一种是认为中国传统伦理道德一无可取，说什么中国伦理思想偏重于协调规范、束缚个性，没有奋斗自强的观念，而西方伦理思想则强调自我奋斗、个性发展，强调积极进取，因而主张抛弃中国传统，向西方学习。这两种看法都是片面的、错误的。事实上，中西伦理思想各有其长短优缺，我们的任务就在于去认识和发现它们，而不能浮光掠影式地主观臆断。其次，是相关学科的比较，即把中国伦理思想史同中国史和中国思想史的其他相关学科部门进行比较。例如，可以联系中国古代伦理政治化、政治伦理化的特点，把中国伦理思想史同中国政治思想史、法律思想史、政治制度史和法制史联系起来进行比较，研究伦理思想同政治法律思想和政治法律制度互相影响、互相渗透的内容和机制，从而更准确、更深刻地把握中国传统道德和伦理思想的特点、本质和社会作用。总起来说，不论哪一种比较，其目的都在于深刻认识中国伦理思想的特点和发展规律，进而为今天的道德实践和伦理学研究服务。

第二节　对传统道德批判继承的理论认识和方法原则*

弘扬中华民族的优良道德传统，对于加强社会主义的精神文明建设，有重要的现实意义。新中国成立以来，在如何正确对待中国文化传统、特别是如何正确对待中国伦理道德传统的问题上，相当长时期内，在思想认识上曾经历了一段曲折的过程。"左"和右的思想的影响和干扰，或者是过分地强调"批判"而否认继承，或者是不区分精华和糟粕而全盘肯定，或者是崇拜西方文明而走向民族虚无主义等等，这些情况之所以出现有其多方面的原因，从理论认识和方法原则来看，对如何批判继承中国传统伦理道德的问题，始终没有一个全面的、辩证的、科学的意见，也没有建立起对中国传统道德继承的马克思主义的方法论原则。

一、四个时期

在对待传统道德的继承问题上，根据我个人的认识，大体上可分为四个时期来考察。

第一个时期，从全国解放到 1957 年反右派斗争。这一时期我国正处于一个彻底清除封建地主阶级、官僚资产阶级和帝国主义影响的重要时期。急风暴雨的阶级斗争，要求我们必须反对以"忠君孝亲"为核心的封建道德传统，反对"和为贵"的调和阶级矛盾的"中庸"之道，反对所谓"己所不欲，勿施于人"的抹杀阶级关系的处世哲学。正是由于这种历史的背景和阶级斗争的需要，我们对传统伦理道德，采取了基本否定的态度，对中国传统道德采取了多方面的批判。尽管这种批判存在着"矫枉过正"的现象，但这种情况，是完全可以理解的。

第二个时期，从 1957 年反右派斗争到"文化大革命"前。这一段时期，由于"左"的思想不断发展，把学术批评和争论同政治批判混淆

---

* 本节原载《长白论丛》1997 年第 3 期。收入本书时略有改动。

起来，造成了严重的混乱。在理论战线上，曾先后批判了主张道德可以继承的"抽象继承法"和吴晗所提出的"剥削阶级道德可以继承"的主张，认为剥削阶级道德的原则、理论、思想都是为剥削阶级服务的，因而无产阶级是不能继承的。什么是抽象继承法？所谓"抽象继承法"，主张一个哲学命题和一个道德命题，都是其抽象意义和具体意义，或者说特殊意义和一般意义；尽管其具体意义是有阶级和时代的局限，不能也不应该继承，但是其抽象意义有超时代、超阶级的成分，对其他时代和其他阶级也"是有用的，可以继承下来"。"抽象继承法"提出了一种继承传统道德的方法论原则，但这种提法，既过于简单，又没有作出符合历史唯物主义的论证，没有强调这种继承必须是"批判"和"扬弃"，并不是对一切抽象意义或普遍意义的简单的继承。

第三个时期，即"文化大革命"时期，由于极左思潮的泛滥，对中国传统伦理道德，不论是从理论上还是从行为规范上都作了彻底的否定，"扫除四旧"、"批林批孔"、"评法批儒"等，使这种在道德继承上的民族虚无主义发展到了登峰造极的程度。

第四个时期，即从"文化大革命"以后到1989年。由于西方价值观念的影响，在一段时期内，我国出现了一股"全盘西化"的思潮。这种观点认为，中国传统文化，特别是传统道德束缚个性扼杀人性，只能使生命"枯萎"，应当彻底抛弃。尽管这种观点在理论界并未成为主流，但这种自由化的思潮，在一段时期内的危害是十分严重的。当然，在回顾新中国成立以来的这段历史时，也应当看到无批判地复兴儒学的所谓传统保守主义思想，这种主要在港台和海外的所谓新儒学思潮，在国内虽然并没有很大市场，但这种企图用儒家思想来代替社会主义的思想，在国内一部人中间得到共鸣，这一点仍然值得我们注意。

二、总的原则

马克思主义的历史唯物主义认为，无产阶级对于本民族历史上的传统文化特别是传统道德，应当采取一种既批判又继承的态度，批判是为了更好地继承，继承中就包含着批判，批判不是完全否定，而是一种扬弃，继承不是照搬，而是赋予新的意义。毛泽东同志曾经说过："今天的中国是历史的中国的一个发展；我们是马克思主义的历史主义者，我们不应当割断历史。从孔夫子到孙中山，我们应当给以总结，承继这一份珍贵的遗产。"① 又说："清理古代文化的发展过程，剔除其封建性的糟粕，吸收其民主性的精华，是发展民族新文化提高民族自信心的必要条件；但是决不能无批判地兼收并蓄。"② 这就是说，对于历史遗产的批判继承，就"如同我们对于食物一样，必须经过自己的口腔咀嚼和胃肠运动，送进唾液胃液肠液，把它分解为精华和糟粕两部分，然后排泄其糟粕，吸收其精华，才能对我们的身体有益"③。根据历史唯物主义的要求，我们可以对道德的继承问题，提出一个总的原则，即"批判继承、弃糟取精、综合创新、古为今用"。

"批判继承"是一个总的原则，即强调"继承"是在历史唯物主义的理论指导下的有选择、有扬弃、有目的的继承，是以是否符合广大人民群众的利益为原则的继承。

"弃糟取精"，是继承文化遗产，特别是继承传统伦理道德的一个重要要求，是一种弘扬精华、除弃糟粕的继承，是经过咀嚼消化的继承。

"综合创新"是强调在继承传统伦理道德时，一方面要对中国历史上诸子百家的伦理道德思想加以分析比较、归纳综合，形成一种新的符合时代需要的思想，使之成为社会主义道德的一个组成部分；另一方面，还要对全人类的伦理道德遗产进行整理、对比和鉴别，善于吸取有益的东西，同中国伦理道德加以综合，以创造出人类先进的精神文明。

"古为今用"是强调批判继承中华民族道德传统的主要目的，是为了解决现实生活中有关伦理道德的实际问题，以适应中国特色的社会主义建设的需要。在当前建设中国特色的社会主义的道德体系中，批判地继承中华民族道德传统，还能够使我们的社会主义道德更富有民族特色。

三、为什么无产阶级能够继承剥削阶级道德

历史上的传统道德，从阶级属性来看，大部分都属于剥削阶级的意

---

① 《毛泽东选集》，2 版，第 2 卷，534 页，北京，人民出版社，1991。
② 同上书，707～708 页。
③ 同上书，707 页。

识形态，是为剥削阶级的政治、经济服务的，为什么又说这些基本上为剥削阶级政治、经济服务的道德，能够为劳动人民、为无产阶级继承呢？

根据历史唯物主义的观点，人是一种社会的动物，有着社会性，而进入阶级社会之后，不同的阶级又必然有其不同的阶级性。在很长的历史时期内，人们在原始社会中生活，他们只有社会性而没有阶级性（当然，从一定意义上说，阶级性也是一种社会性），而在将来进入共产主义社会之后，阶级性又将消失，人们又将复归到没有阶级性而只有社会性的时代。人类社会只是在进入阶级社会之后，才由于利益的不同而分成不同的阶级，从而使人们的思想观念打上阶级的烙印。在阶级社会中，人们总是要分为不同的阶级，但同时又具有共同的社会性。人们既然在同一个社会中生活、交往，彼此之间就必须形成一些最起码的、简单的、人们必须遵守的公共生活规则，即使是在剥削阶级与被剥削阶级之间，也是不能避免的。尽管在一定时期内这些千百年来在人类社会中所形成的公共社会规则被纳入剥削阶级的意识形态之中，甚至不断地遭到一些人的破坏，但是，它仍然是人们赖以生存、发展的一些必要的人和人之间相处的准则，应该得到继承，并应根据新的时代要求加以弘扬。人类的社会生活和人的共同的社会性，是人类社会中共同道德规范产生的社会原因。那种认为在阶级社会中不可能有人类共同的起码的行为规范的看法，是不正确的。

为什么无产阶级能够而且必须对过去历史上的道德遗产（包括剥削阶级的道德思想、理论、原则和规范）加以继承呢？从理论认识和方法论原则来看，确实存在着怎样正确认识一般和个别的关系问题。在过去一段时期内，正如前面所说，一方面存在着"左"的否定剥削阶级道德可以继承的理论，另一方面，也确实存在着不区分精华和糟粕，主张全盘继承的思想。对于前者来说，他们之所以否定传统道德可以继承，原因之一就是只看到传统道德形成于特定历史时期和属于特定阶级的意识形态，没有看到其中也包含着一切时代所具有的共同因素；而主张全盘继承的错误，则在于夸大了传统道德中所包含的普遍性因素，看不到因时代发展而对传统道德进行变革的必要，看不到无产阶级所肩负的人类前所未有的历史使命。

四、怎样理解批判继承的普遍与特殊的关系

根据马克思、恩格斯在《德意志意识形态》中所指出的，即使在阶级对立的社会中，各阶级之间，既有对立的利益，也有共同的利益，"这种共同的利益不是仅仅作为一种'普遍的东西'存在于观念之中，而且首先是作为彼此分工的个人之间的相互依存关系存在于现实之中"①。统治阶级的思想家们，为了维护统治阶级的长远利益，不但利用这种共同利益来制定维护社会稳定的道德规范，举起这种共同的、普遍利益的旗帜来抵抗外来的侵略，并根据这种共同利益来开发自然和兴修水利。历代统治阶级的清官，从根本上来说，他要维护的是统治阶级的利益，但他们都注意到各个阶级所共生共存的、普遍的、共同的利益。先秦的思想家孔子曾经提出过"因民之所利而利之"的思想，照今天的理解，就是说要根据老百姓自身的利益，使他们得到好处。从其当时的、特殊的目的来说，这自然是为了维护和巩固统治阶级的政治稳定，但应当说，这也是对人民有利的。同样孟子提出"省刑法，薄税敛"，是要缓和阶级矛盾，但也有着在客观上对发展生产有利的方面。

普遍和特殊，抽象和具体，一般和个别，在哲学上本来是相互联结，不可分割的。从伦理道德思想来看，在任何一个道德思想体系中，都内在地包含着一般和个别、抽象和具体、普遍和特殊的辩证关系。任何特殊的、具体的、个别的道德思想、道德命题、道德要求和道德规范，都是个别的，但这种个别的、特殊的、具体的，又都必然包含着一般的、共同的、普遍的内容。从辩证法的观点来看，个别的东西就包含有普遍的东西，而普遍的东西，决不能是在个别之外，而只能是在个别之中。从伦理道德思想的继承来看，我们首先应当承认，任何一般的、普遍的、共同的东西，都是同特殊的、具体的、个别的东西相联结而存在的，它们只能存在于这些个别的道德思想、道德要求、道德命题和道德原则之中。但是，我们还应当看到，普遍的、一般的、共同的东西，又往往具有超越特定的时间地点、特定的阶级利益、特定的具体意义而

①《马克思恩格斯选集》，2版，第1卷，37～38页，北京，人民出版社，1995。

包含有某些共同的、普遍的、能为其他时代所接受的内容。

五、怎样理解道德命题和道德要求的特殊意义和普遍意义

当一个道德要求被提出来的时候，它首先考虑到的是当时社会人际关系的要求，是当时社会秩序的安定与和谐。在奴隶社会和封建社会，还要考虑到维护当时的等级制度，这就是它的当时的特殊的意义。由于人们受着社会的、历史的、阶级的局限，当古人根据当时的特殊环境、特殊目的而提出某些道德命题、道德要求和道德准则时，又往往自认为是发现了人类道德生活的永久不变的永恒真理，并把这些道德命题和道德要求看成是可以万古长存，认为"天不变，道亦不变"。当然，这种形而上学的认识，是完全错误的，但是在这些根据特殊情况、特殊目的所概括出的道德要求中，仍然反映了作为社会生活中的人所必须共同遵守的某些道德要求，即反映了一些普遍的、共同的、一般的人和人之间的行为准则。这些准则，也就包含了列宁所说的人类在千百年来所形成的公共生活规则，也就是人们在长期的共同的社会生活中所形成的共同的道德规范。正像恩格斯在《反杜林论》中所指出的，某些共同的历史背景，就必然会使道德有某些共同之处。这种"共同之处"，就是我们今天所以能够继承的理论根据，而扬弃其特殊的、具体的、个别的、阶级的特性，把握其一般的、普遍的、共同的属性中的能够适用于今天的内容，就是我们今天之所以能够批判地予以继承的方法论的依据。

六、区分精华和糟粕的标准

最后，我们还应当指出，弘扬精华、除弃糟粕，是我们继承中国传统道德的基本原则，那么我们以什么标准来区分精华和糟粕呢？我们认为，继承的标准就是人民性、进步性和科学性，在当前，区分精华与糟粕的最根本的标准，就是以是否有利于广大中国人民的利益，是否有利于推动中国特色的社会主义建设事业，是否有利于建设和形成中国特色的社会主义道德体系，以及是否有利于形成中华民族的自信心和凝聚

力。符合上述要求的就是精华，否则就是糟粕。符合上述要求的就是对于当前客观现实的正确认识，就具有科学性。具有科学性的思想，就能够正确地、有力地推动事物不断地向前发展，也就具有进步性，有进步性也就必然能够反映广大人民群众的利益和要求，因而也就必然具有人民性。批判继承就是要继承科学性、人民性和进步性的精华。

第二章

以周公"敬德保民"为核心的西周伦理思想
——《尚书》、《易经》、《诗经》中的伦理思想

第一节 《尚书》中所反映的周公的伦理思想

《尚书》最早只称《书》，汉代称《尚书》。《尚书》成为儒家经典后又叫《书经》，是史官所收藏的春秋以前各时代的官方文件政论资料和其他记载的汇编。《尚书》在先秦就有了定本。孔子很重视《尚书》，他常常引用《尚书》的话来教育弟子，墨子也常常引用《尚书》的话作论据。此外，《孟子》、《左传》、《国语》、《礼记》、《荀子》、《韩非子》、《吕氏春秋》等书也都引用了不少《尚书》中的话。①《尚书》有古文尚书和今文尚书之分。古文尚书是汉孝景帝时鲁恭王拆除孔子旧宅于墙壁中所得，共16篇，用古文写成，后遗亡。到东晋时，梅赜又献出古文尚书。经专家们考证，梅赜所传古文尚书乃是伪书。今文尚书是秦朝时伏生所珍藏的。秦时焚书，伏生为秦博士，藏尚书，汉时讲传之。伏生所传《尚书》，共28篇，后又有流传《秦誓》一篇，加起来共29篇。今文尚书29篇中，有些篇章可能是春秋以后的儒家杂入的，需要我们认真地加以辨析。《尚书》记载最早史事的一篇是《尧典》，叙述的是唐尧和虞舜的事迹，主要反映了中国原始社会末期和奴隶社会初期的情况。《尧典》可能是殷末周初人根据传闻记录的。范文澜认为是周朝史

---

① 陈梦家先生统计，《论语》、《孟子》、《左传》、《国语》、《墨子》、《礼记》、《荀子》、《韩非子》、《吕氏春秋》九种书引《书》就有168条。参见《尚书通论·先秦引书篇》。

官掇拾传闻所组成的有系统的记录。顾颉刚则认为它是秦汉时人所做。《尚书》记载最晚史事的一篇是《秦誓》，这一篇是春秋时（约公元前628—前627）秦穆公的誓辞。《尚书》主要记载的是公元前11世纪至公元前627年大约400年间的官方文件和历史事件，有很重要的价值。在这些历史资料中，保存了很多值得研究的道德观念和伦理思想。

《尚书》不但是我国最早的历史文献之一，而且长期以来被视为一部极为重要的经典，对中国社会发生过很重要的影响。我们可以说，《尚书》作为一部政治历史文件汇集，是把道德思想、道德教育寓于政治和历史的叙述之中，把政治历史的叙述同进行品德培养、陶冶性情相结合，从而达到调整人与人之间的关系、维护统治阶级的长治久安的目的。《尚书》中的许多篇，如《尧典》、《皋陶谟》、《洪范》、《秦誓》等，有着很重要的伦理思想，亟待我们去发掘。

周公姓姬名旦，又称叔旦，是西周王朝建立者周文王的儿子，周武王的弟弟。周武王死后，他辅佐成王（武王的儿子）治理国家，是西周著名的政治家，也是中国伦理思想史上最早的伦理思想家。《尚书》一书中的政治、伦理思想，主要是由周公提出的。周公总结了当时的统治经验，提出了"以德配天"、"敬德保民"和"明德慎罚"的思想，从而对殷商以来的天命论给予了新的解释，进一步论证了周王朝统治的合理性。更重要的是，由于他强调了"敬德保民"，特别是强调了"道德"对维护统治、调整统治者与被统治者之间关系的重要意义，认识到了"道德感化"、"道德教育"的作用，对以后中国的政治、伦理思想发生了极其重要的作用。春秋时期的著名伦理思想家孔子，对周公推崇备至，并以周公的继承人自居，继承和发展了周公的政治和伦理思想。

周公不但提出了"敬德保民"的重要思想，他还制定了一整套维护当时社会秩序的政治制度和道德规范，这就是后人所说的"周礼"或"周公之典"。当然，整个的"周礼"不可能是由他一人制定的，但由此也可以看到周公在制定和推行"周礼"过程中的作用。

从中国伦理思想的内容来看，强调"德治"的特殊意义，是中华民族伦理思想的特点之一。从商朝开始，统治者不断地宣扬他们的权力是"天"所赐予的，是由"天命"所决定的，是受"天"的委托来治理老百姓的。西周灭商以后，同样强调了"天命"的重要，认为西周之所以能够灭商，是因为"天"不满意商对老百姓的统治，因而，把这个权力给予了周。为什么主宰世间一切大权的"天"，突然把统治老百姓的权力，从殷商的手中夺过来，转交给姬姓的周朝呢？依据周公的理论，最重要的原因，就是因为商纣王不遵从天的意志，自己没有道德，又不能以德来管理和感化教育人民。正是由于这一原因，周公把君主有没有道德同"天"是否把政权授予这一君王直接联系起来。一方面，是要造成舆论，向老百姓说明，周朝的统治是顺乎天意的；另一方面，也是为了警告、告诫和教育周朝的大大小小的统治者们，要吸收殷商灭亡的教训。《尚书·康诰》中明确指出："惟命不于常，汝念哉！无我殄享，明乃服命，高乃听，用康乂民。"这里的意思是说，一定要认识到"天"的大命是没有一定的，你要好好地想一想啊！不要因为你没有把国家治理好而断绝了我们祖先的祭祀，要努力完成你的职责，经常地听取我给你的教导，只有把民众治理好，我们才能得到安康。这一"惟命不常"的思想，就是在周公对康叔的训诫中提出的。与此同时，周公还提出了"明德慎罚"，确立了在治理老百姓的时候，要特别慎用刑罚，加强道德感化。

在整个《尚书》中，周公多次指出，统治者之所以失去统治权力，是因为他们失去了德。而他们之所以能有天命，是因为他们有了德，天命是以德为转移的，因为至高无上的天是有德的，所以也要求他的子孙有德。

《尚书·召诰》中说："我不可不监于有夏，亦不可不监于有殷。"这就是说要吸取夏商二代的教训。又说："王敬作所，不可不敬德。"这就是说，王也应该恭敬谨慎，以身作则，不可不敬重德行，从而强调王的德行的重要性。

正是在这样的情况下，周公再三强调，对统治者来说，敬德的目的是为了保民（"小民难保"），所以把"敬德"和"保民"密切地联系在一起。因此，他们所说的德，就是要"无康好逸豫"（《尚书·康诰》），不要贪图安逸享受，"知稼穑之艰难"（《尚书·无逸》）等。严格讲起来，周公所说的"德"，在大多数情况下，还只是讲的统治者的道德，是一种政治道德。但是，周朝的统治者们也已经认识到，要想"保民"，也并不是一件容易的事，统治者自身应具备必要的道德。因为在周公看来，只有统治者自身能够不贪图享受，能够体察民情，能够给老百姓以恩惠，能够自身有道德，才能对老百姓感化教育，使老百姓有道德。周公的这一思想，经过孔子、孟子的发展，最终形成了系统的"仁政"、"王道"的思想，在中国伦理思想史上，发生过重要的影响。

《尚书》中的德有下列几个方面的意义：

首先，"德"是上天赐予统治者的，也可以说，"德"总是和"天"的意志联系在一起。《尚书·召诰》中说："王其德之用，祈天永命。"即做天子的只有根据道德行事，才能祈求所受天命的长久。一个天子，只有具备了上天所赋予的品德，才能得到民的支持，才能维持自己的统治。

其次，"德"是一个不肯轻易加于普通人的品质或名号，是只有天子、贵族等应该具有并且只有他们才应该具有的道德品质，所谓贱民当然是谈不上有"德"的，"德"乃是统治阶级的特权。有德，就能够获得并保住统治地位，缺德、失德就应该失去统治的地位，无德就根本不会有统治地位。周人把德看成是君主个人的品行，既含有对王的意志的某种约束的意义，同时又认可了王对"德"的依赖和垄断。惟王可以"以德配天"，使神权和王权在周天子身上得到统一。当然，任何剥削阶级的统治者是不可能真正具有这样的品德的。这里所说的德，既有做事要做得适宜的含义，也指统治者所应具有的一种宽容心和不忍人之心。

再次，"德"还有道德规范的含义。例如，《洪范》说："而康而色，曰：'予攸好德。'汝则锡之福。时人斯其惟皇之极。"即如果有人态度谦恭地告诉你，他所爱好的就是你所建立的道德（或道德品质高尚的人），你就应当赏赐给他一些好处，这样，人们就会把君王所建立起来的道德规范当作至高无上的准则而加以遵守了。这里的"德"显然具有道德规范的意义，如果某人喜爱的并不是天子所提倡的道德或道德规范，天子恐怕是不会赐赏给他任何好处的。

最后，"德"也是天子或贵族统治者用来感化、管理、统治老百姓的一种手段。《洪范》说："乂用三德"，"一曰正直，二曰刚克，三曰柔克"。在这里，道德的感化，即德政，是主要的。这种"明德慎罚"的思想，到后来就成了系统的、完整的"德威兼施"和"宽猛相济"的统治方法。

　　《尚书》对德是很重视的。《召诰》告诫说："惟不敬厥德，乃早坠厥命。"《尚书》的整个政治思想，可以说就是贯彻以德治为中心的统治经验。在《尚书》中有《洪范》一篇，整篇内容叙说武王灭商后，他拜访殷纣王的叔父箕子时箕子向武王陈述的意见。根据《尔雅·释诂》：洪，大也。范，法也。"洪范"就是根本大法。古代的法有法规、规范的意思。既然《洪范》为箕子所传，那么，它对于我们了解殷代或周初统治阶级的道德观念和伦理学说，是有重要意义的。

　　关于《洪范》的年代，传统的看法都认为它是西周初年的政治文件。近人有疑其晚出，认为它可能是在战国时代才形成的。由于《左传》中曾经多次引用《洪范》，可见它至少应当出现在春秋中叶以前的时代。不管怎样，它表现了商周奴隶主阶级的道德思想这一点，是可以肯定的。

　　《洪范》的作者把他认为的大法，即最重要的规范划分为九个方面，又叫"洪范九畴"，主要包括唯心主义的神学世界观、维护奴隶制的等级制度的政治法律和道德规范、要求等。

　　何谓"洪范九畴"呢？《洪范》说：一曰"五行"；二曰"敬用五事"；三曰"农用八政"；四曰"协用五纪"；五曰"建用皇极"；六曰"义用三德"；七曰"明用稽疑"；八曰"念用庶征"；九曰"向用五福，威用六极"。在这九畴中，和伦理思想有关的有以下几畴：

　　第一，"敬用五事"。即一个人（主要是统治阶级的成员）为人处事应该慎重地考虑五个方面的问题："一曰貌，二曰言，三曰视，四曰听，五曰思。貌曰恭，言曰从，视曰明，听曰聪，思曰睿。恭作肃，从作义，明作哲，聪作谋，睿作圣。"这就是说，一要注意态度，二要注意语言，三要注意观察，四要注意听闻，五要注意思考。态度要恭敬，语言要顺从（合乎道理），观察要清楚明白，听取意见要聪敏，思考问题要通达。态度恭敬，就能严肃地对待事情；语言顺从，天下就会得到治理；观察事物深入全面，清楚明白，就不会受到蒙蔽；听取意见聪敏，就会有智谋；考虑问题通情达理，就会合乎圣人的要求（就可以成为圣人）。

　　第二，"建用皇极"。皇，君也。极，至高无上的准则。"建用皇极"是说，天子建立的原则是至高无上的。这个至高无上的原则到底是什么呢？《洪范》说："皇极：皇建其有极，敛时五福，用敷锡厥庶民。惟时厥庶民于汝极，锡汝保极。凡厥庶民，无有淫朋，人无有比德，惟皇作极。凡厥庶民，有猷，有为，有守，汝则念之。不协于极，不罹于咎，皇则受之。而康而色，曰：'予攸好德。'汝则锡之福。时人斯其惟皇之极。"由于这段文字古老、简练、深奥，所以后人对于这个至高无上的原则，有着不同的理解。我们把这段话翻译成白话文，就是：天子应当建立起至高无上的原则，要把五种幸福集中起来，一并赏赐给他的臣民。这样，臣民就会对天子所建立起来的原则表示拥护。同时，天子也就能够要求他的臣民遵守以下原则：凡是臣民，都不允许结成私党为非作歹。只要人们不结成私党，就会把天子所建立起来的原则作为最高准则。凡是臣民，都应当为天子谋虑，为天子办事，都应当根据天子所建立起来的原则要求自己，要牢牢地记住这一点。虽然臣民的作为有时不合于最高原则，但只要还没有达到犯罪的程度，天子就应当宽容他们。这样，人们就会把天子所建立起来的道德规范当作至高无上的准则而加以遵守了。由此看来，所谓的皇极，即至高无上的原则，就是适应统治者的利益要求的道德和法的最高规范，在这里，法的规范和统治者对臣民的道德要求是合二而一的。

第三，"乂用三德"。《洪范》说："三德，一曰正直，二曰刚克，三曰柔克。平康正直，强弗友刚克，燮友柔克。沉潜刚克，高明柔克。惟辟作福，惟辟作威，惟辟玉食。臣无有作福、作威、玉食。臣之有作福、作威、玉食，其害于而家，凶于而国。人用侧颇僻，民用僭忒。"这是说治理臣民的办法有三种：一是能够端正人的曲直，二是以刚取胜，三是以柔取胜。要想使国家太平无事，就必须端正人的曲直。对强硬而不能亲近的人，必须用强硬的办法镇压他们；对那些可以亲近的人，就要用柔和的办法对待他们。对卑贱的小人，必须镇压；对高贵显赫的贵族，必须柔和。只有天子才有权给人以幸福，只有天子才可以给人以惩罚，只有天子才可以吃美好的饭食。臣下没有权力给人以幸福，没有权力给人以惩罚，没有权力吃好吃的饭食。否则，就会给你的王室带来危害，给你的国家带来危害，人们也将因此而背离王道，小民也将因此而犯上作乱。

"三德"虽然是治理国家和臣民的法术，然而它也表现了当时的统治者的伦理主张。所谓"正直"，显然是要以符合统治者利益的道德和法的规范来正人间的曲直。符合了统治者的利益和规范，那就是直，不符合的，即是"曲"，那就要正其"曲"以归于直。统治者骑在人民头上作威作福，是天经地义的；贱民稍有不轨，则是大逆不道。统治阶级的道德观念完全是从他们的切身利益中引申出来的，这一点是极其明显的。统治阶级的道德规范、道德判断，完全是为其自身服务的，这一点也没有加以丝毫的掩饰。"刚克"和"柔克"的思想，也反映了道德的阶级性。"柔"道是不适于调解统治者和贱民之间的关系的，它只适用于"高明"之人，只适用于调解统治阶级内部的关系。

第四，"向用五福，威用六极"，这是《洪范》中的第九畴。《洪范》说："五福，一曰寿，二曰富，三曰康宁，四曰攸好德，五曰考终命。六极：一曰凶、短、折，二曰疾，三曰忧，四曰贫，五曰恶，六曰弱。"这是说，五种幸福就是：一长寿，二富足，三平安而无疾病，四遵行美德，五长寿善终。六种惩罚是：一早夭而不得好死，二多病，三多忧愁，四贫穷，五丑恶，六懦弱。

从这里可以看出，"福"，就是幸福。远在公元前 14 世纪前后，中国的政治家们和思想家们已经十分注意对这个问题的研究，并且是放在善恶、祸福的两个对立的方面来考虑的。在西方，大约生活在公元前 7 世纪到公元前 6 世纪的梭伦对幸福有一个系统的解释，并在西方产生了重要的影响。梭伦的解释与《洪范》的解释大体上一样。梭伦所说的幸福，包括以下几个内容：（1）要有中等的财富；（2）身体不会残废，没有疾病；（3）不会遭到什么祸害或不幸，总是能够心情愉快；（4）他有好的儿孙；（5）他又总是能够得以善始善终。通过比较我们可以看到，《洪范》中所说的"五福"和梭伦对幸福的解释基本上是相同的。然而，中国古代思想家首先强调长寿，其次才是财富，梭伦则不同。更为重要的是，中国古代思想家把"攸好德"看做幸福的一个重要方面，即把爱好美德，向往高尚的精神生活看做是一种幸福，而晚几个世纪的西方思想家梭伦对幸福的解释中则没有这一条。由此可见，中国古代的道德思考要比西方更加深刻一些。

对于"福"或幸福的解释，除个人的幸福外，还有臣民的福利的意思。正如《洪范》中强调的："惟辟作福，惟辟作威，惟辟玉食。臣无有作福、作威、玉食。臣之有作福、作威、玉食，其害于而家，凶于而国。"

从《尚书》中还可以看到，"孝"作为一种道德规范，已经放在很重要的地位上了，这是和当时的社会已产生的宗法制度相适应的。

《尚书》从一开始就十分重视孝。《尧典》记载：当时，尧对四方的诸侯说："我在位七十年了，你们之中有哪一位能代替我呢？"诸侯们答道："我们的德行鄙陋，不配登上天子的大位。"后来，有人告诉尧说，在民间有一个处境困苦、并且还不曾娶妻的人，他的名字叫虞舜。尧问："他的德行到底怎么样呢？"诸侯们说："虞舜是瞽瞍的儿子。其父心术不正，其母善于说谎，其弟名象，十分傲慢，而舜却能和他们和睦相处，以自己的孝行感化他们，家事处理得十分妥善，家人也都改恶从善，使自己的行为不流于奸邪。"尧说："那我就考验考验他吧！"于是，就把自己的两个女儿嫁给舜做妻子，并让他处理政务。结果证明，舜确实是一个很有德行的人。尧对他很满意，就把帝位给了他。

在周朝，孝作为道德规范，不仅受到统治者的大力提倡，而且其推行还受到法律的保护。《尚书·康诰》中有周公训诫康叔的话："封，元恶大憝，矧惟不孝不友。子弗祗服厥父事，大伤厥考心；于父不能字厥子，乃疾厥子；于弟弗念天显，乃弗克恭厥兄；兄亦不念鞠子（稚子）哀，大不友于弟。惟吊兹，不于我政人得罪，天惟与我民彝大泯乱。曰：乃其速由文王作罚，刑兹无赦。"这段话是说：封（康叔）呵！那种罪大恶极的人，就是不孝顺、不友爱的人。做儿子的不恭敬地按照他父亲的要求做事，这样就会使他的父亲大为伤心。于是，做父亲的就会不疼爱他的儿子，反而讨厌他的儿子了。做弟弟的，不去考虑上帝的权威，这样的人也就不会恭敬地对待他的兄长。做兄长的也不为他的幼小的弟弟缺乏教养而哀痛，对他的态度很不友好。民众到了这种不孝、不友好的地步，还不到我们执政者这里来认罪。这样，上帝赐给我们的统治民众的大法，便遭到了严重的破坏。你就应当根据这些罪恶，按照国家的法律，马上把他们杀掉。由这里可以清楚地看到，孝顺父母、尊敬兄长不但是很重要的道德规范，而且是要用法律来加以维护的。周人在用刑上，和殷人有所不同，在刑罚上进行了比较开明的改革。如果不是有意作恶，即使犯了大罪，也不轻易判处死刑。但是，对那些不孝不友的人，则是要严加惩罚的。这种情况说明，以血缘氏族为纽带的奴隶制度，为了保持自身的存在和巩固，必须重视"孝亲"这一道德规范。到了春秋后期，孔子更进一步阐明了孝的重要性，在《论语》中，还明确提出了孝为德之根本的思想。溯其根源，《论语》中关于孝的思想是从上述周公的思想发展而来的。

在《周书》中，已经有着对理想的政治人物的道德标准的描述，这也可以说是中国思想史上最早的关于"理想人格"或"道德理想"的记载。

《周书》中的《秦誓》，据说是秦穆公对自己错误的认识。由于他没有听从大臣蹇叔的劝告，致使秦国在一次战争中遭到了惨败。他痛切地感到一个理想的忠臣的重要性。秦穆公说："昧昧我思之，如有一介臣，断断猗无他技，其心休休焉，其如有容。人之有技，若己有之；人之彦圣，其心好之，不啻若自其口出。是能容之，以保我子孙黎民，亦职有利哉！人之有技，冒疾以恶之，人之彦圣，而违之俾不达。是不能容，以不能保我子孙黎民，亦曰殆哉！邦之杌陧，曰由一人；邦之荣怀，亦尚一人之庆。"这段话集中地阐述了为官从政者的理想人格，其标准是：一个人可以没有别的特殊的本领，但他忠实诚恳、品德高尚、心地宽厚，能容人容物。别人有本领，他一点也不嫉妒，就像他自己有这种本领一样；人家品德高尚，本领高强，他不但口中常常称道，而且是真正从内心里喜欢。这种宽宏大量的人能够发现、举荐人才，能很好地使用人才，是可以为子孙臣民造福的。人家有了本领，便嫉妒别人，讨厌别人；人家有了好品德，便故意压制，使别人的美德不为君上所了解，这种心胸狭窄的人是不能保住子孙臣民的幸福的。这样的人，实在危险啊！在这里，还得出了一个结论：国家的危难，是因为君主用人不当；国家的安宁，是因为君主用人得当。

应当说，《秦誓》中对政治道德的探讨是有一定深度的。从治理社会的角度来说，只有把具有上述高尚品德的人选拔出来做官，才能使国家平安，使黎民生活安定，使统治得以巩固。因为这样的人不但能为君主推荐各方面的人才，而且还能够发现所谓"彦圣"之人，为社会树立道德榜样。这里所说的"彦圣"之人，已经不是对先王的尊称，而是指品德高尚的人。《秦誓》中所规定的政治官员的道德，完全是从最高统治集团的利益出发的，对最高统治集团忠诚、有用，这就是政治官员道德的根本要求。

《秦誓》中关于为官为政者的理想人格的思想，有着深远的历史影响。秦汉之际的《大学》，还专门引用了这段话，并且还根据《大学》所建立的伦理思想体系加以发挥。历代的统治阶级也大都以这种思想来训诫其官吏，以便更长久地维护他们的统治。

第二节　《易经》中的伦理思想

《易经》又称《易》或《周易》。《周易》本经，是周代的筮书，即算卦问卜的书。根据某卦某爻的象数以定人事凶吉，休咎有验，记载下来，再加以汇集编订，便为筮书。它的成书年代在公元前12世纪前后。由于它形成的时期最早，且涉及的范围极其广泛，几乎包括了当时人们的生活和社会上各个方面的情况，因此，它不仅在中国，就是在世界上也是极为少见的珍贵史料。

《易经》还反映了很多社会的政治思想、道德思想和教育思想。尽管这种反映在内容上是片断的，文字上是简单的，思想上是朴素的，并且还夹杂着许多迷信的附会和推测，但是，只要我们能用历史唯物主义的观点进行正确的分析，它对我们了解公元前12世纪前后的社会道德状况和伦理思想，还是很有帮助的。

《易经》分上、下经及《十翼》。上、下经就是人们所说的本经，十翼（上《彖》一，下《彖》二，上《象》三，下《象》四，上《系辞》五，下《系辞》六，《文言》七，《说卦》八，《序卦》九，《杂卦》十）称为传。传是对经的最古注解。经有传，就像鸟有羽翼一样，传有十篇，故称十翼。一般学者认为，《周易》中的经，大约为西周初年的作品，《周易》中的传，非出于一人之手，大约均作于春秋战国时代。

《易经》本来是占卦用的，它共有六十四卦，每卦六爻，共三百八十四爻。每卦都由最基本的阳爻和阴爻组成，用以说明阴阳的相互作用而形成的各种不同的变化。占卦占着某卦某爻，就根据此爻的解释以定吉凶。《易经》中用符号"—"表示阳，用"- -"表示阴。由阴阳先演化出八种图形，即 ☰（乾）、☷（坤）、☳（震）、☴（巽）、☵（坎）、☲（离）、☶（艮）、☱（兑），然后再两两相叠，形成六十四卦。每卦都有象、卦名、卦辞和爻辞。

在《易经》中，高尚的行为总是和顺利、好运气相联系的，例如：

☶ 谦。亨，君子有终。

初六：谦谦君子，用涉大川，吉。

六二：鸣谦，贞吉。

九三：劳谦，君子有终，吉。

六四：无不利，㧑谦。

六五：不富以其邻，利用侵伐，无不利。

上六：鸣谦，利用行师征邑国。

谦，卦名，意为谦虚；亨即通或亨通；终，古语谓有好的结果为终。这句话的意思是说，谦虚则亨通，君子行事谦虚，必有好结果（高亨认为，亨即享字，祭也，筮遇此卦，可举行享祭，君子能得到好结果）。"谦谦君子，用涉大川，吉"，"谦谦"意为谦而又谦，谦谦则小心谨慎，用这种态度来经涉大川之险，则一定会顺利通过。"鸣谦，贞吉。"鸣，名也；贞，占问。其意是说，有名而且谦虚，则所占筮之事吉。"劳谦，君子有终，吉。"劳，古指功劳，居功不傲，有功劳而谦，则君子行事必有好结果，是吉矣。"㧑谦"，㧑，同挥。《说文》曰：挥，奋也。㧑谦，发奋而谦虚。那么，一切事情都是会顺利的，故说"无不利，㧑谦"。"不富以其邻"，以，意为因，是说本国不富，是由于被邻国掠夺了财物。罪行在邻国，我兴师讨伐，合乎正义，可得胜利，无有不利。"鸣谦，利用行师征邑国"，是说有名而谦，国有威力而不骄傲，出兵征伐大夫之邑、诸侯之国，就自然能获得胜利。《谦》卦把谦划分为"鸣谦"、"劳谦"、"㧑谦"三类，可见公元前 12 世纪前后的中国人对于道德行为已有了相当深刻的认识，且有了相当高的概括能力。品德谦虚和行事顺利之间是有必然联系的，然而，《易经》把谦虚看做是有好运气的前提，或者说品德谦虚则必有好运气，这反映了古人的一定程度的迷信思想。

除《谦》卦外，涉及伦理思想的还有《益》卦、《恒》卦、《讼》

卦、《节》卦等。如《恒》卦讲了"恒其德",《讼》卦涉及忠信、修养德行,《节》卦讲到节俭。我们对《易经》中涉及伦理思想的大量卦名、卦辞和爻辞的分析,现在做得很不够,还有待于进一步研究。

"德"字在《易经》中出现了多次,它已经清楚地包含着道德行为、道德品质,并兼有道德评价的意义。《益》卦中说:"有孚惠心,勿问元吉,有孚惠我德。"(据高亨:孚,古俘字)惠,安抚。问,遗人以物谓之问。元,大也。爻辞言:筮遇此爻,有俘虏用好言好语安抚而无须物质优待,是大吉,有俘虏顺从我之德行。传解:孚,信也。王引之曰:"惠,顺也。有孚惠心者,言我信于民,顺民之心也。有孚惠我德者,言民信于我,顺我之德也。"此释合于传意。关于"孚"字是指俘虏还是信实,这是可以研究的,究竟应当怎样解释,尚待进一步的考虑。但是,我们可以看到;"德"字已经明显地包含着个人的德行的意义了。

此外,在《讼》卦中,还有"食旧德,贞厉,终吉。或从王事,无成"。食借为饬,即修饬。旧德,是指固有的品德,这里并不是指个人的品德,而是指当时社会即统治阶级所要求的品德。"食旧德"意为修饬自身,使自己的言行合于固有的品德。这里明确地认为,如能修养固有之美德,占问虽有危险,最终还是吉利的。

在易经的《恒》卦中,也有关于"德"的记载:"不恒其德,或承之羞,贞吝。"这就是说,人如果不能恒久地保持自己的品德,一定会遭到他人的羞辱,不免招致困难,所以卜筮遇到此卦,则吝。《恒》卦中又说:"恒其德,贞,妇人吉,夫子凶。"(贞,高亨作卜问介,《传》作正)一般人都解释为,妇人以从夫为义,其逼一轨,故恒其德以从夫则吉,夫子要因事制宜,其必多方,恒则凶。这个解释还没有把《恒》卦的本来的完整的意义完全解释清楚,但它强调了"恒其德"的重要意义,则有一定的可取之处。

在《易经》中,"大人"、"君子"和"小人"的概念也曾多次出现。我们对此加以分析研究,就可以发现当时的人们已经很明确地区分了政治理想和道德理想,把"大人"看做是在位的、有权势的人的代称,把"君子"看做是道德高尚的人的代称。《易经》中谈到"大人"的共有13处,都是指的"有位之称";谈到"君子"的共有20处,几乎全都是指道德高尚的人,或者说道德高尚的人是怎么样的,是应当如何的。

根据《易经》的原意，我们可以说，"大人"是在位的，但他可以没有道德（当然，"大人"也可以有道德），"君子"必须是有道德的，但可以不在位（当然，"君子"也可以在位）。因此，一般来说，把"大人"解作有权势的人，把"君子"解作有才德的人，是比较合适的。

为了更清楚地理解"君子"和"大人"的区别以及"君子"的品德，我们可看《易经》的第一卦《乾》卦：

☰ 乾：元，亨，利，贞。

初九：潜龙，勿用。

九二：见龙在田，利见大人。

九三：君子终日乾乾，夕惕若，厉无咎。

九四：或跃在渊，无咎。

九五：飞龙在天，利见大人。

上九：亢龙，有悔。

用九：见群龙无首，吉。

在这里，我们可以清楚地看到，大人是有权势、居高位的人。见，读为现。"见龙在田，利见大人"，龙出现于田中，比喻"大人"活动于民间，人们如果见了，就会有利，所以筮得此爻，则宜于去拜见贵人。"飞龙在天，利见大人"，这是说龙在天空乘云腾升，预示人的飞黄腾达，能筮此卦，非常吉利，一见"大人"，就会受到提拔重用。至于说到"君子"，提法就明显地不同了。《乾》卦说："君子终日乾乾，夕惕若，厉无咎。"意思是，一个有道德的君子，对自己严格要求，日则勤勉不惰，夕则惕惧反省，虽然处境危险，亦可无咎。（乾乾，进不倦也；惕，惧也，敬也。）《否》卦说："否之匪人，不利君子贞，大往小来。"据《释文》：否，闭也，塞也。这就是说，如果否其所不当否，即塞其所不当塞，贬斥贤人，此占不利于有道德的人，君子道消，小人道长。这里是在论述一种社会道德现象，是显而易见的。然而，也有人认为《易经》中的"大人"是指贵族，如王侯、大夫等，"君子"是指天子、诸侯、大夫等。我们认为，这种解释是不太合适的，相比较而言，还是《易传》作者们的解释更为可取。

那么，"君子"有哪些美德呢？除了我们在上面所说的谦虚、节俭、勤勉不惰、交好贤人等高尚品质外，还必须要有"信"的品德。《易经》中的《中孚》卦说："有孚挛如，无咎。"即有忠信之行，能够挛然一贯，便无灾咎。《未济》卦又说："贞吉，无悔。君子之光有孚，吉。"《易传》把"孚"解释为信，"君子之光有孚，吉"是谓君子之光荣是言行有信，所以得吉。孚字有二解：有时作俘解，有时作信解。另外，"君子"还应该有不贪图官禄的美德。《遁》卦中说："好遁，君子吉，小人否。""遁"意为退隐，这就是说，君子不追求高官厚禄，喜爱隐退，因而不致招祸，故吉；而小人追名逐利，贪图官禄，因此而招祸，故不吉。《遁》卦不仅说明了不贪权势利禄、追求所谓清高是君子的品德之一，而且也进一步证明了我们在前边所说的"大人"主要以权势言，"君子"主要以才德言这样一种看法。

《易经》中不但强调了人们应具备谦、节、勉、信、隐等道德品质，而且也很重视道德上的"观"的重要。《易经》中所说的"观"，有着后人所说的"省察"的意思。《易经》中的"观"卦，不但讲到了对客观事物的观察，而且也讲到了对自己和对别人的观察。《观》卦中有"童观，小人无咎，君子吝"，"观我生，进、退"，"观我生，君子无咎"，"观其生，君子无咎"，等等。"童观"是指幼稚的、粗浅的、简单的观察。这样进行观察，对于小人即普通的庶民来说是无妨害的，而对君子就要产生危害，使其陷入艰难的处境。"观我生"、"观其生"应如何加以解释，这在学术界是存在着一些分歧的。一般都把"观我生"、"观其生"中的"生"字解释为姓、百姓或百官。"观我生，进、退"，意为国君考察自己的百官庶民，则知自己用人施政之得失，进退得当；"观我生，君子无咎"，意为国君考察他国的百姓庶民，则施政就更为得当，不会造成祸害。实际上，"观其生"、"观我生"中的"生"字有生长、前进的意思。君子之所以能够无咎，很重要的一点就是他能"观察"自己和别人的生长、发展过程，并能从中吸取教训，以提高自己的才智和道德品质。在《易经》中的生，指的是生活经历，我们可以找到多处根据。"观我生，进、退"的含义是省察我自身，则知进退适止；"观其生，君子无咎"的含义是，观察、省察他人的生活历程的发展，以辨别信诈、善恶，君子就可以无咎。从这个意义上看，它们和"君子终日乾乾，夕惕若，厉无咎"是一个意思。这种"观我生"和"观其生"的修养方法，对后来的伦理思想有重要的影响。我们可以看到，《论语·学而》篇中曾子所说的"吾日三省吾身，为人谋而不忠乎？与朋友交而不信乎？传不习乎？"就是《易经》中"观我生"的发展；《论语·里仁》篇中孔子所说的"见贤思齐焉，见不贤而内自省也"，就是由"观其生"推衍来的。

《易经》对孔子发生了重要的影响。孔子曾经说："加我数年，五十以学《易》，可以无大过矣。"（《论语·述而》）这就是说，让我多活几年，到50岁的时候去学习《易经》，便可以没有大过错了。何以说学习《易经》就可以使自己不会再有大的过错呢？很显然，孔子是从自己的品德修养方面来看《易经》这部著作的，或者说，孔子是把《易经》当作一部很重要的有关道德的书来读的。《史记·孔子世家》中说："孔子晚而喜《易》……读《易》，韦编三绝。"孔子晚年是那样地喜读《易经》，以至于穿《易经》竹简的牛皮绳子都被他用断了三次。这应当说是有历史根据的，并不是一般的溢美之词。相传孔子曾经编订《易经》，并且把它作为对弟子进行品德教育的课本，他重视《易经》也就是合情合理、理所当然的了。

第三节 《诗经》中的伦理思想

《诗经》又称《诗》或《诗三百》，是我国的第一部诗集，早在西汉武帝时就被视为五经之一，其中的诗大约是西周初年到春秋中期的作品，最晚的诗篇距现在也有2 500多年了。《诗经》中的诗分为风、雅、颂三类，共305篇，简称"三百篇"。这部书从政治、经济、习俗、道德等各个方面，对西周初到春秋中期大约500年间的各种社会关系和社会现象，给予了清晰而深刻的描述。道德关系，是人和人的社会关系中的一个重要方面，是《诗经》所反映的重要内容。虽然《诗经》中有些材料并不是直接说明有关道德的问题的，但它对我们研究中国早期的道德观念和伦理学说，有着重要的参考价值。

《诗经》虽然是由当时的统治阶级及其文人所收集、整理和删改的诗歌集，其中不少部分反映了统治阶级的思想，但是，其中仍然可以看到劳动人民思想感情的流露。从一定意义上，我们可以说，由于这部诗歌总集比较真实地反映了人们社会生活的各个方面，并且对当时的各种社会现象进行了爱憎分明的评价，提出了对丑恶、残暴、肆虐、狡诈的批判，表示了对正直、善良、美丽、勤劳、忠实的歌颂，所以它又是一本立身处世的教育材料。《诗经》并没有指出人们之间应当遵守什么样的道德原则，更没有系统地提出什么道德规范，但它寓善恶褒贬于文艺之中，以诗歌的形式描写了一幅又一幅真实而生动的关于人们之间的道德关系和社会道德现象的画面，从而使每一个读了它的人都能够从中得到教益，陶冶感情，达到调整当时社会中人与人的各种关系的目的。

同《尚书》一样，《诗经》把"德"主要看做是天子或贵族才具有的高尚的品德。《诗经》中的《大雅》，被认为是西周初年的作品，其中有许多篇直接反映了统治者的道德品质和"德治"。《文王》一诗中，歌颂周文王，不但说他是上帝授命来治理国家的，而且说他是一个道德高尚、能以德服人的君王。《大明》说："维此文王，小心翼翼，昭事上帝，聿怀多福，厥德不回，以受方国。"这就是说，文王这个人，为人小心而谨慎，他懂得怎样事奉上帝，所以能够获得福泽；他从来不违背德行，所以能够得到各国的信任。此外，《文王》、《大明》、《思齐》、《皇矣》、《下武》等篇中，"德"字很多，如"聿修厥德"、"其德克明"、"帝迁明德"、"予怀明德"、"世德作求"等，都有这方面的意思。"德"，特别是贵族的"德"，对于当时社会秩序的安定、对统治阶级权力的巩固，都有重大的作用。

《诗经》中的《大雅·卷阿》中有"有孝有德"的话，告诫人们要既有孝行，又有德行。《周颂·闵予小子》中又说："於乎皇考，永世克孝"，认为最大的德行，就是永远能够躬行孝道。《大雅·下武》中更说："成王之孚，下土之式，永言孝思，孝思维则"，认为王德能够取信于天下，天下之人都以此作为标准，这就是永远不要忘记孝顺的思想，孝顺的思想就是人们应该遵守的道德法则。这样，从《诗经》中我们可以清楚地看到，"孝"已经成为当时社会的最重要的行为准则了。这可以说是我们看到的以准则形式出现的最早的道德要求。这种以"孝"为基本准则的道德思想，是当时氏族制的经济、政治的反映。

周朝是一个奴隶主与奴隶相对立的阶级社会，社会的意识形态，包括道德观念，分裂为两种相互对抗的形式。在《诗经》中，除了表现、歌颂统治阶级道德品质的诗篇外，还有一些诗篇反映了劳动人民的一些道德观念和思想情操，这是很宝贵的。

在《魏风·伐檀》中，有这样的诗句："不稼不穑，胡取禾三百廛兮？不狩不猎，胡瞻尔庭有县貆兮？彼君子兮，不素餐兮！"这是说，既不耕种又不收获，为什么要拿走三百顷地的谷物？不上山狩猎，为什么庭中挂着獾肉？那些君子老爷啊，岂不是吃白食呵！尤其这最后一句，更突出地强调了那些在位的、所谓有"道德"的贵族老爷，都是些不劳动、白吃饭的寄生虫。（君子，在这里指在位的贵族中的有"德"者；素餐，指光吃饭不干活，即不劳而食，一说"不素餐"是指贵族只吃荤不吃素。）从这里可以看出，被压迫被剥削的劳动人民，同统治着他们的贵族的道德观念，是根本不同的。在他们看来，贵族中的所谓有德的贵族，和别的贵族一样残酷地剥削劳动人民，他们并不是真正有德性。《硕鼠》中更进一步说："硕鼠，硕鼠，无食我黍！三岁贯女，莫我肯顾！逝将去女，适彼乐土。乐土，乐土，爰得我所。"在这里，劳动人民把剥削他们的贵族老爷比作偷盗他们粮食的大老鼠，并且还向往着那种没有压迫没有剥削的"乐土"。

在《诗经》中，有些诗篇一方面反对贵族老爷们的腐化，另一方面又宣传一种及时的、有节制的行乐的思想。《唐风·蟋蟀》中说："蟋蟀在堂，岁聿其莫。今我不乐，日月其除。无已大康，职思其居。好乐无荒，良士瞿瞿。"这首诗主张人生应当及时行乐，不要让时光白白流逝。但又提醒人们享乐不要太荒唐，不要太过分，不要忘记自己的正事，否则会自遗其咎。这种及时行乐但又要有节制的幸福观，包含着物极必反的哲理。然而，主张行乐的观点，大都是剥削阶级的幸福观。上述观点在行乐时还不忘职守，告诫人们享乐不要太荒唐，这反映了当时的统治阶级还是一个有着进步的历史作用的阶级。《诗经》中宣扬的享乐论是中国伦理思想史上第一次提出的享乐型人生观，它对后来的伦理思想的发展曾经起过重要的影响。《诗经》中没有阐述如何享乐及在哪些方面享乐。到了魏晋时期，《列子·杨朱篇》发展了《诗经》的关于享乐的观点，形成了完整的、系统的享乐论。

在《诗经》中，反映男女爱情生活及爱情道德的内容，占有相当大的比重。在《国风·周南·关雎》中写道："关关雎鸠，在河之洲。窈窕淑女，君子好逑。"这首诗不仅词句优美，更重要的是诗人那优美的、高尚的情操溢于言表，给人以美的享受，给人以善的教益。"窈窕淑女，君子好逑"，是说一个道德高尚且有才华的人的对象，应当是一个既美丽又贤淑的姑娘，河边的那个美丽善良的姑娘，正是"君子"所渴求的好对象。这里的"淑"字，就是指品德善良。"窈窕"二字，据马瑞辰《通释》："《方言》'……秦晋之间，美心为窈、美状为窕'。"可见，在我国古代，男女间的恋爱不但讲究对象的外表的美，而且也还很注重心灵的美，即注重品德的高尚。《邶风》中有一篇题为《绿衣》的诗，诗说："绿兮丝兮，女所治兮。我思古人，俾无訧兮。"这是描写诗人本人看到了亡妻生前制作的绿丝衣裳睹物思人，十分沉痛地悼念妻子。作者想起妻子生前勤劳、正直，遇事规劝，使他很少犯错误，因此，对妻子的悼念就愈加悲切。诗中所表达的思念之情忧伤而缠绵，反映了夫妻间的忠诚、坚贞的爱情。《鄘风·柏舟》一诗，一方面歌颂了男女之间真挚的感情，也控诉了当时社会的婚姻不自由的状况。诗说："泛彼柏舟，在彼河侧。髧彼两髦，实维我特。之死矢靡慝。母也天只！不谅人只！"其意是说：荡着柏木小船，浮在河中间。那人头发两边垂，确实是我的好配偶，我爱他到死心不变。我的娘啊我的天！为何不体谅我的心愿！

《诗经》中不仅有对男女的忠贞爱情的赞美，也有对恋爱和家庭中的不道德现象的鞭挞。《邶风·日月》中说："日居月诸，东方自出，父兮母兮，畜我不卒。胡能有定，报我不述！"其意是：太阳和月亮，出自东方，爹啊娘啊，何不把我终身养。他的脾气哪有准，对我无礼不像样。写妇人受到丈夫虐待而表现的怨恨和愤慨之情。《卫风·氓》中说："三岁为妇，靡室劳矣。夙兴夜寐，靡有朝矣。言既遂矣，至于暴矣……"描写一个劳动妇女，和一个农民恋爱结婚，过了几年的贫困生活，后来家境渐好，丈夫对她越来越专横、粗暴，越到老年，丈夫就对她越不像话。诗中描写了妇女失掉丈夫的爱，受到丈夫虐待的伤心境况，谴责了某些男人对待妻子心怀叵测、三心二意的恶劣行为。《王风·中谷有蓷》中说："……有女仳离，条其啸矣！条其啸矣，遇人之不淑矣！"描写一个女子只因嫁了一个不道德的男人，后被抛弃，流离失所，悲苦无告，伤心至极。诗中对妇女的遭遇寄予了深切的同情。

对于统治阶级的不道德的家庭生活，《诗经》也给予了无情的揭露和讽刺。《齐风》中的《南山》①、《敝笱》②、《载驱》③ 三篇都揭露了齐襄公与同父异母妹文姜私通纵淫的丑事；《邶风·新台》④ 揭露、讽刺了卫宣公强占儿媳的丑事。

《诗经》中关于爱情、婚姻、家庭生活的诗篇，反映了古代中华民族，尤其是劳动人民的正直、纯朴的道德观念，这些思想对以后中国的关于婚姻关系的伦理观念，都有一定的影响。

---

① "既曰庸止，曷又从止"，既然已经出嫁，为啥又去从他？
② "齐子归止，其从如云"，文姜嫁给鲁国，又回到齐国，仆从多如云。
③ "齐子翱翔"，"齐子游敖"，说文姜回到齐国，逍遥自在，自在逍遥。
④ "鱼网之设，鸿则离之"，为着捕鱼设网罗，谁知网了癞蛤蟆。

第三章
儒家创始人孔子以"仁"为核心的伦理思想

第一节　孔子的生平及其时代背景

孔子，名丘，字仲尼，生于公元前 551 年（鲁襄公二十一年），死于公元前 479 年（鲁哀公十六年），是春秋末期鲁国人。

孔子出生于没落的贵族家庭。《礼记·檀弓上》载，孔子自己说"而丘也，殷人也"，即说他是殷商的后裔。孔子的四世祖孔父嘉是宋国的贵族，任大司马，掌握着宋国的军事大权，后因在政治斗争中失败被害，其子孔防叔（孔子的曾祖父）才迁到鲁国。孔子的父亲叫叔梁纥，做过鲁国的邹邑宰。孔子的母亲名徵在，姓颜氏。叔梁纥死后，孔子的母亲就带着他移居到鲁国的中都（今山东曲阜）。

司马迁在《史记》中说："纥与颜氏女野合而生孔子"，"丘生而叔梁纥死，葬于防山。防山在鲁东，由是孔子疑其父墓处，母讳之也"，"孔子母死，乃殡五父之衢，盖其慎也。陬人挽父之母诲孔子父墓，然后往合葬于防焉"。"野合"的含义是什么？孔子的母亲生前为什么要对儿子长时期地隐瞒丈夫的墓地？对于这一问题，历史上曾经引起过长时期的讨论。不管怎样，孔子的幼年是不幸的，他的家庭从贵族下降为普通平民，其孤儿寡母的生活状况是可想而知的。孔子自己说："吾少也贱，故多能鄙事。"（《论语·子罕》）孔子幼年饱尝了人间的辛酸、贫苦，这也可以说是他后来形成"爱人"思想的一种社会根源。

孔子生活的时代，正值我国奴隶制解体、新的封建生产关系开始形成的时期。春秋末期到战国，是中国古代第一个文化高潮时期。政治、经济的发展，百家争鸣的出现，促进了文化思想、理论的大发展。在这一发展中，伦理道德思想占据着重要的位置。孔子是这一时代的第一个思想家，也是上一个时代的最后一个思想家，在思想史上居于承前启后的历史地位。

孔子青年时，曾在鲁国担任过保管仓库的"委吏"和看管牛羊的小官，后来又学着为贵族们办理婚丧大事，专门钻研当时及古代的礼节仪式。他还招收学生，并创立了以学习和宣传奴隶主阶级的典章制度和伦理思想为主要内容的儒家学派。中年时期，他做过鲁国的中都宰、司空，并曾任过鲁国的大司寇。之后，政治上的不得意，使他在晚年转而以全部的精力投身于教育和古典文化的整理研究工作，系统地阐发、讲述和宣传他的学说。

鲁国是周公旦的封地，是当时奴隶制的文化中心，保存着丰富的宗周典籍和完整的文物制度。孔子自幼就接受着宗周礼乐、道德的熏陶和教育，他之所以能对奴隶制较完备的道德思想和政治思想有深入的研究，成为一个对后代产生巨大影响的思想家，这也是一个重要的条件。

春秋末期正是中国社会激烈变革的时期。由于生产上使用了铁器农具，推广了耕牛，农业生产得到了进一步的发展。社会生产力的提高，使一家一户为单位的个体生产成为可能，从而为新的封建关系在社会关系体系中占据主导地位创造了条件。广大奴隶反对奴隶主的阶级斗争，对奴隶制的瓦解和崩溃，起了决定性的作用，并推动着新兴地主阶级的改革。在奴隶制的生产关系下，奴隶只是一种会说话的工具，每天都被束缚在奴隶主的方块田里进行工作，没有任何自由。当时的方块田又叫井田，就是把田地划分为像井字一样的许多方块，并用以作为计算奴隶劳动的单位。奴隶主的残酷压迫和剥削，逼得奴隶们不断地起来反抗，有的毁坏耕作工具，有的逃往深山，有的聚结起义。在奴隶纷纷逃亡和起义的情况下，井田制被破坏了，奴隶制的生产关系也不得不随之改变。一部分中小奴隶主开始使用新的剥削方法，他们召集逃亡的奴隶，让其大量开垦荒地，然后收取地租。这样，社会关系和阶级结构逐渐地发生着变化，新兴的封建阶级便出现了。由于封建地主阶级采取了比较进步的发展生产的方法，大大解放了生产力，逃亡的奴隶便纷纷来到地主的田地里劳动。这样，地主阶级的经济实力迅速增强，在社会生产中愈来愈居于重要地位。

随着新兴地主阶级在经济上的强大，他们在政治上也展开了向奴隶主阶级的夺权斗争。在孔子出生的鲁国，公元前594年就实行了向私田征税的税亩制（即所谓"初税亩"），承认了土地私有的合法，为进一步召集奴隶开垦土地提供了法律依据。以季孙氏、叔孙氏、孟孙氏为代表的新兴势力，有了很大的发展。公元前561年（孔子生前10年），季孙、叔孙、孟孙三分公室，瓜分了国君的土地、奴隶及其财产。再过25年，又四分公室，季孙独得两份，叔孙、孟孙各得一份，一律实行税亩制。但是，奴隶主贵族并不甘心这种失败，总是要联合各种势力，夺回已经失去的政权。春秋时期，不但强大的氏族和公室冲突严重，而且诸侯与诸侯之间、强大的氏族之间也相互吞并攻杀。正是在这种剧烈的社会动荡中，奴隶制走向崩溃，封建制逐渐确立起来。

与政治、经济上的斗争相适应，伦理思想上的斗争也是很激烈的。不同阶级、不同派别的人们，为了达到自己的政治目的，都极力从道德上寻找根据，并把道德作为达到自己政治目的的一种手段。人和人之间的道德关系，本来是人们的社会关系的一个方面，但它对人们的行为，对个人和个人、个人和社会的其他关系，起着极大的制约作用。中国古代的思想家们特别注意到了伦理道德同政治的关系。他们认为，把人和人之间的道德关系加以总结，并使其上升到理论的高度，概括出适宜于统治阶级利益的一套原则、规范、德目，就能使其有利于维护当时社会的秩序，更好地为自己的阶级服务。在这种认识的基础上，产生了春秋战国时期各种伦理思想。

值得指出的是，奴隶制和封建制虽属两种不同的社会形态，有其不同的特征，但二者又有着许多共同的联系。这两种社会形态，在中国的特殊历史条件下，都以宗法氏族的等级制度为其主要特点。在封建社会中，尽管奴隶成为农民，并获得了相对的人身自由，但在实质上仍然依附于封建地主。整个社会，几乎同样地是以严格的等级规定来确定人们的地位的。不论是奴隶社会还是封建社会，一个人只要出身于某种等级，具有了某种身份，就会形成其特定的权利和义务。在宗法氏族的特殊情况下，父子、君臣、兄弟、夫妇和朋友之间的伦理道德，不论是对于奴隶社会还是对于封建社会来说，从一般的原则到某些重要的规范，几乎是同样适用的。在我们今天看来，这两种社会制度的区分，还是很明显的。但是，对于古代的许多思想家来说，就不是很清楚了。他们朦胧地意识到，这两种制度是不同的，但是，对于某一些具体的政治事件和夺权斗争，他们有时候去维护奴隶主的贵族统治，有时候又为新兴的封建制度辩护。特别是对于一些抱有改良、改革或较为进步、开明的奴隶主阶级的思想家来说，为了更好地维护他们所向往的等级制度，他们的思想就更为复杂。

孔子在当时的政治、经济和思想文化大变动的时期，站在维护统治阶级利益的立场上，从社会稳定、人际和谐、政治廉洁、国家统一和提高人们的道德素质出发，由最初的出仕到创办学校从事教育，都极力宣传他的思想和理论，以实现其社会理想和政治理想。他既希望维护当时的统治，同时又要求对不合理的现象进行改良以至革新。他一方面有"从周"的愿望，另一方面又盼望有一种"均无贫"的大同社会。他强调要善于用伦理道德来调整人们之间的关系，强调"仁"和"爱人"的重要。孔子主张"克己复礼为仁"。他所说的"礼"，就是当时社会所制定的一整套政治制度、道德规范和礼节仪式，但他并不主张原封不动地按照这些"礼"来调整人们之间的关系。在孔子以前，有所谓夏礼、殷礼和周礼。他虽然表示要遵从周礼，要以周礼为准则来纠正现实中的一切不合周礼的情况，但并不以为周礼绝对不能改变，而是认为周礼可以有所损益。当然，孔子所谓对周礼的"损益"就是要按照时势的要求，对周礼做些删补、改良，从而使周礼在新的社会条件下，能起到有效地维护社会稳定、人际和谐的作用。他目睹奴隶主阶级对奴隶的残酷统治常常引起暴乱，因此，他强调要利民、惠民；看到奴隶主阶级同封建主阶级的残酷角逐，他提出了爱人、忠恕。孔子建立了一个完整的伦理思想体系，成为奴隶主阶级伦理思想的集大成者。由于他的伦理思想中包含了对人类道德关系的深刻认识，一定程度上顺应了处于巨变的时代的要求，包含了关心人、爱护人的积极内容，因此，他的伦理思想不但能为以后的新兴地主阶级所采用，并且成为中国封建社会中最有影响的伦理思想。

孔子是中国春秋末年的一个过渡性的伟大的伦理思想家。他承前启后，既是奴隶社会的最后的一个思想家，又是封建社会的最初的一个思想家。他所建立的伦理思想体系，不但在中国，就是在世界伦理思想史上，都是少见的。他面对着奴隶社会末期的礼崩乐坏的局面，想要建立起"君君、臣臣、父父、子子"的等级制的伦理关系的理论，但是他又不满意于奴隶主阶级的腐朽、残暴、横征暴敛，尽可能地希望对这种关系，在理论上作某些改良。作为一个伦理思想家，他的社会理想和政治理想是要建立一个民富国强、政治清明、社会稳定、人际和谐的统一国家。他一方面极力维护当时的等级制度，坚守"君君、臣臣、父父、子子"的尊卑关系，同时他又认为一个国家的统治者必须是道德高尚的人，只有使那些贤人、君子居于领导地位，依靠他们的道德人格力量，才能使人民都向着他们。他一方面认为，天子、国君是不应该背叛的，但同时又认为对那些暴虐无道的统治者，是应该反对的。他所说的"君君、臣臣、父父、子子"，也有两个方面的意思，一是说，国君就是国君，人们应该像对待国君那样对待他，父亲就是父亲，儿子应该像对待父亲那样对待他；另一个意思是说，国君自己就应该像个国君，父亲自己就应该像个父亲。（战国时的孟子，正是这样发挥了孔子思想的比较进步的方面，对孔子思想进行了加工改造和发展。）如果国君不像个国君，父亲不像个父亲怎么办？在孔子看来，邦无道，贤者就应该避开这个国家，也就是听凭别人推翻它。在总结中国古代道德传统的基础上，孔子提出了以"仁"作为社会的道德核心，以"礼"作为社会道德的原则的总体框架，以智、勇、恭、宽、信、敏、惠、温、良、俭、让等作为人与人之间的实践德目。一切道德原则和实践德目，都必须以"仁"为核心，以"礼"为原则。这是他作为一个伦理思想家的巨大创造和历史贡献。

孔子处于一个新旧交替时期，他既不保守，也不激进，主张用中庸之道来改良这个社会，这是孔子最主要的特点。

在评价孔子的历史作用时，最重要的是必须把历代君王利用孔学来维护、巩固其剥削阶级的统治同孔学本身的内容区别开来，把后世儒家对于孔子思想的片面的、极端的，甚至错误的解释同孔子本人的思想区别开来。历史上常常有这样的情形，一种理论、一种学说，就其本身来说，有一种价值。而这种理论自身的价值，有的部分被淹没了，未能产生应有效果；有的部分被利用了，歪曲了，甚至在历史上产生了有害的影响，这是不应该完全由思想者本人负责的。作为一个剥削阶级的思想家，孔子的思想，主要是为维护统治阶级的利益进行辩护。对待孔子的思想，应当采取分析的态度、批判继承的态度。但是，中国封建社会对孔学的利用，把他的许多理论推导到一种僵化的程度，如忠、孝、节、义等封建道德规范，特别是片面的愚忠愚孝，这就不完全是孔子的思想了，这一点是应该注意的。

孔子曾经积极地整理古代的历史文献，并且广收弟子，积极传播这些历史文化。但是，孔子自称是一个"述而不作"的人，因此，也就没有他亲自编著的书流传下来。《论语》一书，是他的弟子及再传弟子所记载、编纂的他的言行录，这是研究孔子伦理思想的可靠史料。

第二节　以"爱人"为核心的社会道德

孔子在伦理思想史上的最大贡献，就是他最早发现了"人"的重要，在政治生活、道德生活中强调了对"人"的重视。从某种意义上也可以说，孔子是自觉地从"类"的方面考察了人，发现了个人同"类"的关系。

从人类历史的发展来考察，在原始社会，人类在脱离动物界以后的一段漫长的时期内，虽然在共同劳动和相互交往中，逐渐形成了人和人之间的简单而又必要的行为准则，使他们逐步具有团结友爱的感情和相互帮助、共同合作的习俗传统，形成了善与恶的观念。但是，原始人还没有把氏族同个人分离开来，没有明确的"个人"观念，只是把自己融合在氏族的观念之中。这些情况使得原始人根本不可能自觉地以"类"的观点来考虑个人和"类"的关系。

私有制的出现和人们财富的多寡愈来愈悬殊，导致了特权阶级的形成和奴隶社会的出现。奴隶主阶级强调了自己是"人"，但从来不把奴隶当人看待。他们利用自己的财富、地位和权势，力图使奴隶不但实际上作为一个会说话的工具，受他们驱使，而且还要把奴隶们真正变成一个会说话的工具。奴隶主们用尽各种办法，使奴隶们变得愚昧、迟钝，使他们除了劳动之外，只知道吃饭、睡觉和生育后代。因此，可以明确地说，在社会政治生活中，奴隶是没有人格的。但是，由于孔子当时所处的历史时代，大量的奴隶转化为农奴、佃农，社会关系变得复杂化了，奴隶主、封建主、农奴和佃农之间的关系需要从政治上和伦理道德上加以调整。在社会的大变动中，被统治阶级显示出了自己的重要作用，使得统治阶级在伦理道德意义上又不得不承认他们是人，不得不愈来愈多地重视他们。作为奴隶主阶级伦理思想集大成者的孔子，从人与人的关系上探讨了人的问题，不仅在中国伦理思想史上，就是在世界伦理思想史上，也是做了对"人"的最早的系统的探讨。孔子所理解的人，从字面上讲，具有多方面的意义，不仅包括奴隶主、封建主、自由民，甚至也包括奴隶在内。

孔子的伦理思想的核心是"仁"，也可以说是"爱人"。《论语》中关于"仁"的讲法很多，最重要的有以下几条：

樊迟问仁。子曰："爱人。"（《论语·颜渊》）

仲弓问仁。子曰："出门如见大宾，使民如承大祭。已所不欲，勿施于人。在邦无怨，在家无怨。"（同上）

子贡曰："如有博施于民而能济众，何如？可谓仁乎？"子曰："何事于仁！必也圣乎！尧舜其犹病诸！夫仁者，已欲立而立人，已欲达而达人。能近取譬，可谓仁之方也已。"（《论语·雍也》）

子张问仁于孔子。孔子曰："能行五者于天下，为仁矣。"请问之。曰："恭、宽、信、敏、惠。恭则不侮，宽则得众，信则人任焉，敏则有功，惠则足以使人。"（《论语·阳货》）

颜渊问仁。子曰："克己复礼为仁。一日克己复礼，天下归仁焉。为仁由己，而由人乎哉？"颜渊曰："请问其目。"子曰："非礼勿视，非礼勿听，非礼勿言，非礼勿动。"颜渊曰："回虽不敏，请事斯语矣。"（《论语·颜渊》）

子贡曰："我不欲人之加诸我也，吾亦欲无加诸人。"子曰："赐也，非尔所及也。"（《论语·公冶长》）

以上六条，我们认为是孔子关于"仁"的思想的最重要的论述，其中最后一条，虽不是孔子说的，而是他的弟子子贡对孔子思想的发挥，但它完全代表着孔子本人关于"仁"的思想。以上这几条，有着三方面的意思：一是对"仁"的内涵的解释；二是为"仁"的方法；三是达到"仁"的具体要求。

关于"仁"的解释，最重要、最简明而且最确切的就是"爱人"这两个字。"仁"字，在古代通训为"人"。《论语·里仁》："子曰：'人之过也，各于其党。观过，斯知仁矣。'"《论语·雍也》："井有仁焉。"《论语·宪问》："问管仲。曰：'人也。夺伯氏骈邑三百，饭疏食，没齿无怨言。'"这都可说明"仁"和"人"是相通的。《中庸》中说"仁者，人也"，说得更为直截了当。"仁"，从人从二，其本义就是二人，指的是人和人之间的关系。孔子把"仁"作为他的思想体系的核心，实际上就是以人为核心。孔子总结了前人关于"仁"的思想，把它发展为在人和人的关系中所应该遵循的最高原则。"爱人"是孔子的"仁"的精神实质。从以上所引《论语》中关于"仁"的几条论述来看，所谓"仁"，所谓"爱人"，最主要的就是：在人与人的关系中，要把其他人当作自己的同类，当作与自己同样的人来看待，并以自己的愿望、欲求去理解别人的愿望和欲求；当我自己有什么欲望和要求的时候，总要想着我周围的人以至于所有的人也都有这样的欲望和要求，因此，在满足自己的要求和欲望的时候，就应该想着也使别人满足同样的欲望和要求；同样，如果我不喜欢不愿意别人所加于我的一切，就绝不要以这类事情去强加于别人。由此可见，爱人之道首先就是要尊重别人，推己及人。

推己及人的思想也就是孔子所说的"忠恕之道"。《论语·里仁》中载："子曰：'参乎！吾道一以贯之。'曾子曰：'唯。'子出。门人问曰：'何谓也？'曾子曰：'夫子之道，忠恕而已矣。'"孔子认为，在他的道德理论中有一个根本的东西贯穿始终。"子贡问曰：'有一言而可以终身行之者乎？'子曰：'其恕乎！己所不欲，勿施于人。'"（《论语·卫灵公》）曾子把这个东西理解为"忠恕之道"，这基本上是符合孔子原意的。从孔子的整个思想体系来看，恕，就是孔子所说的"己所不欲，勿施于人"；忠，就是"己欲立而立人，己欲达而达人"。忠恕都是"爱人"的表现，它的确切意义就是人应当尊重、爱护自己的同类。

当然，对孔子所说的"爱人"、"己所不欲，勿施于人"、"己欲立而立人，己欲达而达人"的思想，还应该进行具体分析。从字面上来说或从一般意义上来看，其中包含着人都应该爱护自己的同类的思想，爱人也就是说要爱所有的人。但是，就其严格意义来讲，爱人只能是对奴隶主阶级内部而言的，不但奴隶不在他们所爱的范围之内，就是除奴隶之外的其他"小人"，也是不值得爱的。《论语·宪问》说："君子而不仁者有矣夫，未有小人而仁者也。"《论语·里仁》中说："唯仁者能好人，能恶人。""我未见好仁者，恶不仁者。好仁者，无以尚之；恶不仁者，其为仁矣，不使不仁者加乎其身。"又说："君子学道则爱人，小人学道则易使也。"（《论语·阳货》）孔子的这些言论，说明他所提倡的爱就其主要内容来说，是指统治阶级内部相互的爱。对于"小人"或劳动者，给一点怜悯和恩惠，是为了能够更容易地役使他们。孔子作为一个奴隶主阶级的思想家，总是要为奴隶主阶级的长治久安着想，总要使"爱人"的道德原则为奴隶主阶级的特定利益和狭隘目的服务。然而，孔子提出"爱人"的思想还是有积极意义的。孔子提出的"使民如承大祭"、对待劳动人民强调因其所利而利之，要宽要惠和富民、教民等思想，显然比以往奴隶主根本不把奴隶当人看待要好得多，这在客观上对劳动者是有利的。

孔子提出了实行"仁"或"爱人"的最基本、最重要的方法，这就是"能近取譬"。从字面上解释，"能近取譬"就是能够以切近的事情或行为作范例，一步一步地去实行"仁"。然而，所谓切近的事情或行为是有特定含义的。"近"字可以有两种含义：一种意思是，近就是自己，即以自己的感受来推己及人；一种意思是，近就是同自己最亲近的人，按照这一意思，则应指的是自己的家庭成员或其他亲近之人。一般说来，一个人是爱其父母、兄弟、妻子的。以爱父母、兄弟、妻子之行为作例子，以爱父母、兄弟、妻子之心去爱他人、爱一切人，这就是"能近取譬"。"能近取譬"的意义就在于以孝悌等道德为基础，由爱家庭成员及其他亲近之人扩展到爱一切人。孔子的弟子有子对此有较好的理解，他说："君子务本，本立而道生。孝弟也者，其为仁之本与！"（《论语·学而》）从这里明显可以看出，他是把孝悌当作行仁的基础，先学好孝，学好悌，仁或爱人也就自然能生出来。"能近取譬"的方法，与孔子所主张的"亲亲"原则、爱有差等是完全一致的。有人把忠恕说成是实行

"仁"的方法，这是一种误解。

孔子伦理思想的核心是仁，而仁中又包含着多种道德要求。在《论语》一书中，有一百余处谈到仁。综而观之，仁中所包含的具体的道德要求有以下几个方面：

第一，孝和悌是包含在仁中的最低道德要求，也是仁的基础。孔子有一个名叫宰我的弟子认为，父母死了，守孝三年，未免太长久了，他主张守丧期一年为好。孔子听了之后很不高兴，问宰我："食夫稻、衣夫锦，于女安乎？"意思是说，你的父母死了，不到三年，你便吃白米饭，穿花缎衣，你心里安不安呢？宰我回答说："安。"宰我走后，孔子责备宰我说："予之不仁也！子生三年，然后免于父母之怀。夫三年之丧，天下之通丧也。予也有三年之爱于其父母乎？"（《论语·阳货》）由此可见，孔子本人也是把孝悌作为仁人的最起码的要求来看待的。躬行好孝悌，就能够做到"在家无怨"。

第二，恭敬、诚实、智慧、勇敢、宽厚、勤敏、不怕困难、"守死善道"、"教不倦"等道德要求，构成了仁的主体。另外，刚直、果决、朴质、话不轻易出口等，也接近于仁德。这些道德要求散见于《论语》中，做到了这些道德要求，就基本上可算作一个仁人了。

第三，仁的具体的道德要求还在于：对劳动者要慈惠、宽大，使之富足、知礼、安宁。《论语·阳货》载孔子语，认为能行恭、宽、信、敏、惠五者于天下，就算是做到了仁。其中的"惠"字，主要是指对劳动者施以恩惠；其中的"宽"字，意为宽厚、宽大，既可以用以调整统治阶级内部的关系，也可在一定限度内适用于统治阶级对待劳动者的态度。仁者应当"使民以时"、"使民如承大祭"，应当对小民"道之以德，齐之以礼"，实行教化。孔子还称赞管仲说："桓公九合诸侯，不以兵车，管仲之力也。如其仁！如其仁！""管仲相桓公，霸诸侯，一匡天下，民到于今受其赐。"（《论语·宪问》）匡正天下，止息战争，使人民安居乐业，仁人就应当是这样的。

仁这个道德范畴包含了多种道德要求，在这些道德要求中贯穿着"爱人"的道德原则，贯穿着忠恕之道。反过来说，上述三个方面的道德要求都从不同的角度体现着爱人和忠恕的精神。

研究孔子的仁的思想，不能不探讨仁和礼在孔子的思想体系中的关系。在孔子的思想体系中，仁是核心，礼是从属于仁的。《吕氏春秋》说："孔子贵仁。"《孟子·滕文公下》也说："杨墨之道不息，孔子之道不著，是邪说诬民，充塞仁义也。"孔子说："君子义以为质，礼以行之，孙以出之，信以成之。君子哉！"（《论语·卫灵公》）"人而不仁，如礼何？人而不仁，如乐何？"（《论语·八佾》）"礼云礼云，玉帛云乎哉？乐云乐云，钟鼓云乎哉？"（《论语·阳货》）在孔子看来，单纯的礼的形式是毫无意义的，礼的形式只有与道德的、政治的内容有机地结合起来，对于人们的行为才有指导意义。《论语·八佾》载："林放问礼之本。子曰：'大哉问！礼，与其奢也，宁俭；丧，与其易也，宁戚。'"《论语·子罕》载："子曰：'麻冕，礼也；今也纯，俭，吾从众。拜下，礼也；今拜乎上，泰也。虽违众，吾从下。'"从这些话中可以看出，孔子对于礼，并不注重烦琐的仪式，而是注重其道德的内容和本质。父母死后，葬之以礼，这是孔子提出的行孝的具体要求之一。然而，孔子认为，举行丧礼，与其仪文周备，倒不如对死者有沉痛的哀悼。对于一般的礼来说，与其铺张浪费，倒不如朴素俭约。礼帽用麻料做成，是合于传统的礼的，现在大家都用丝料，这样省俭些，孔子就同意大家的做法，同意用"纯冕"代替"麻冕"。臣见君，先在堂下磕头，然后升堂又磕头，这是传统的礼节，现在大家都免除了堂下的磕头，只升堂后磕头。孔子认为，大家这样做是倨傲的表现。尽管大家都这样做，孔子还是主张传统的礼，要先在堂下磕头。由此可见，礼仪的改革，主要是要看其是否合乎道德的要求。道德或仁是内容，礼仪是形式，道德或仁为主，礼仪为从，这在孔子的言论中是极其明显的。

礼也是很重要的，它是仁或道德的文饰、节制。孔子说："知及之，仁不能守之，虽得之，必失之。知及之，仁能守之，不庄以莅之，则民不敬。知及之，仁能守之，庄以莅之，动之不以礼，未善也。"（《论语·卫灵公》）这就是说，有了好的聪明才智、好的仁德、好的态度，而不以好的礼仪去行动，那就不是尽善尽美的。这里着重强调了礼的文饰作用。行礼要体现道德或仁，行仁要用礼来修饰，两者配合适当，才算是完美无缺。礼，对于长久地保持仁有重要的作用。春秋末期，统治阶级的地位十分不稳，奴隶主等级制已被冲击得七零八落，出现了礼崩乐坏的局面。孔子以恢复传统的正常的等级秩序为己任，同时也希望他的得意弟子颜渊和他一起来完成这一事业。颜渊问什么是仁，孔子回答说："克己复礼为仁。一日克己复礼，天下归仁焉。"（《论语·颜渊》）这是把恢复周礼的权威、恢复传统宗法制度的正常秩序看做是仁。这个要求是很高的，在孔门诸弟子中，恐怕只有颜渊才有可能做到这一点。"复礼"的含义绝不只是恢复传统的周礼，它还包含着对传统的"礼"加以改良，使之重新发挥作用的意思。做到了这一点，结果必然会是上尊下卑，各司其职，无僭越犯上之行，无侵略作乱之事，天下秩序井然，这当然是非常大的仁。复礼是手段，达到仁是目的。恢复了礼的效用，使天下之人都知礼，都行礼，那么，天下也就消除了不仁的现象；能使礼长久地行之有效，人们的仁德也就更能长久地保持。在孔子那里，仁的内容和礼的形式是不可割裂的。离开了礼，仁就没有着落，就不够完美；离开了仁，礼就变为虚伪的客套，变为毫无意义的仪式了。

总之，孔子关于仁（爱人）的思想，在中外伦理思想史上，是有重要意义的。他的伦理思想的主要内容，就是对人的认识，这在伦理认识史上是具有开创性的。孔子提出的"爱人"的人字，包含了不同等级的人，甚至也包括奴隶在内。孔子的"爱人"，是有差等的爱，是不平等的爱。奴隶主之间、奴隶主和劳动者之间，都可以讲"爱"，只不过是爱的实质、程度和方式不同罢了。"爱人"的思想在当时是有进步意义的，但它有着多方面的局限。

孔子的仁（爱人）的思想，在历史上曾产生了巨大的影响，就连德国 19 世纪著名的资产阶级哲学家费尔巴哈，也对孔子的爱人思想，给予了很高的评价。费尔巴哈在他的《幸福论》中说道：

> 中国的圣人孔夫子说："凡一个人的心地诚实，他保持对他人如同对自己一样的思想方式，他不离开人的理性本性所赋予人的那种义务的道德规律，所以他就不把自己不愿别人向他做的事施诸别人。"[①] 在另一个地方他这样说："己所不欲，勿施于人。"……在许多由人们思考出来的道德原理和训诫中，这个素朴的通俗的原理是最好的、最真实的，同时也是最明显而且最有说服力的，因为这个原理诉诸人心，因为它使自己对于幸福的追求服从良心的指示。

————————

① 《礼记·中庸》原文为："忠恕违道不远。施诸己而不愿，亦勿施于人。"

当你有了你所希望的东西，当你幸福的时候，你不希望别人把你不愿意的事施诸于你，即不要对你做坏事和恶事，那末你也不要把这些事施诸于他们。当你不幸时，你希望别人做你所希望的事，即希望他们帮助你，当你无法自助的时候，希望别人对你做善事，那末当他们需要你时，当他们不幸时，你也同样对他们做。

费尔巴哈认为，这就是"健全的、纯朴的、正直的、诚实的道德，是渗透到血和肉中的人的道德，而不是幻想的、伪善的、道貌岸然的道德"①。

费尔巴哈以资产阶级的"类"的观点，即近代人道主义的观点来理解孔子的"仁"，赋予了某些孔子的"仁"所没有的意义。为什么孔子的"仁"在几千年以后会引起这么大的共鸣？为什么孔子所宣扬的"仁"会得到资产阶级思想家费尔巴哈如此高的评价？这确实值得我们深思。

第三节　对孝、忠道德规范的强化

在孔子的伦理思想中，"孝"和"忠"的道德观念和规范占有极其重要的位置。从殷商开始，以宗法氏族的血缘为纽带的社会关系，就把"尊祖"和孝亲同维护这一社会制度的功能紧密地联系起来，从而把"孝"引申为忠。在中国伦理思想史上，"孝"和"忠"的观念，有一个发展和演变的过程，这个过程显示出中国伦理思想所独有的特点，对中国社会的发展有着一定的影响。《论语·颜渊》载："齐景公问政于孔子。孔子对曰：'君君，臣臣，父父，子子。'"孔子认为，治理好国家，形成良好的社会风尚，就要处理好两个关系：一是人们在社会政治生活中的关系，一是在家庭内部生活中的关系。对于前者，主要是君臣关系；对于后者，主要是父子关系。由于意识到了处理好这两种关系的极端重要性，孔子就不得不着重研究调整这两种关系的道德。

孝，作为一种道德规范，起源于殷商的祭祀礼仪，由"尊祖"之义

---

① 《费尔巴哈哲学著作选集》，上卷，577～578 页，北京，商务印书馆，1984。

逐渐发展为"孝亲"，到西周就已经被十分注意了。"教"，上所施，下所效也，故从孝。而古人所说的"五教"、"七教"，主要就是教育人们要懂得父子之道，这也是中国古代道德教育、道德传统的一大特点。孝的观念对于氏族制、宗族制的巩固和发展，有着极其重要的意义。我国古代对孝的重视绝不是偶然的，它有着深刻的经济的和政治的根源。孝的观念源远流长，直到今日，孝在中华民族的传统道德中仍占有重要的地位，不孝被视为重大的缺德，要受到社会舆论的严厉谴责。

《论语》一书从多方面对孝予以限定：

> 孟懿子问孝。子曰："无违。"樊迟御，子告之曰："孟孙问孝于我，我对曰，无违。"樊迟曰："何谓也？"子曰："生，事之以礼；死，葬之以礼，祭之以礼。"（《论语·为政》）

> 子游问孝。子曰："今之孝者，是谓能养。至于犬马，皆能有养；不敬，何以别乎？"（同上）

> 子夏问孝。子曰："色难。有事，弟子服其劳；有酒食，先生馔，曾是以为孝乎？"（同上）

> 子曰："父母在，不远游，游必有方。"（《论语·里仁》）

> 叶公语孔子曰："吾党有直躬者，其父攘羊，而子证之。"孔子曰："吾党之直者异于是，父为子隐，子为父隐。直在其中矣。"（《论语·子路》）

> 子曰："事父母几谏，见志不从，又敬不违，劳而不怨。"（《论语·里仁》）

从孔子关于孝的解释来看，"孝"是有很多层次的。首先，必须要能供养父母，即他所说的"能养"和"有事，弟子服其劳；有酒食，先生馔"。但是，这只是一种最低层次的、最起码的孝。如果仅把这些看成是"孝"的全部内容，那是非常不够的。所以孔子说："至于犬马，皆能有养，不敬，何以别乎？"这就是说，如果不能敬重父母，只是供养他们吃喝，岂不是和养一只狗或养一匹马没有什么区别了吗？因此，"孝"的第二个层次，必须是要敬重父母。在中国伦理思想史上，孔子第一次把"敬"作为孝的重要内容，从而提高了人们对"孝"的认识，把尊敬父母看得比养更加重要。两汉以后的许多伦理学家，都依据孔子的思想，对"孝"做了各种各样的解释。吕东莱在论述对父母的供养和敬重的关系时说："虽有八珍之味，嗟来而与，则食之何甘，疏食菜羹，进之以礼，颜色和悦，则食之者自觉甘美，此所谓慈以旨甘"（《吕东莱先生文集》卷十六），强调了在养的同时，必须要"敬"，只有与尊敬父母相结合的"供养"，才可以称得上是"孝"的行为。如果只"养"不敬，那么，这种行为甚至不能称为"孝"，或者说不配称为"孝"。

在"敬重"父母的"孝"行中，还有一个"隐"与"谏"的问题。这就是说，对父母的过失、错误、恶行，究竟应当采取什么态度？孔子认为，对父母的坏事恶行，做子女的要为他们隐瞒。《论语·子路》中叶公和孔子的对话，说明了孔子对这一问题的看法。但是，对父母的这些错误、恶行，除了隐瞒之外，并不主张和父母同流合污，不加批评。孔子认为，父母有了过错，做子女的应当心平气和地、耐心细致地提出自己的看法，加以规劝。如果父母不能够听从自己的意见，那就不要和父母争吵，还是要对父母照常恭敬，等以后有机会再进行规劝。孔子把"隐"与"谏"结合起来，一方面反映了以氏族宗法为纽带的经济政治关系给"孝"带来的局限性，另一方面也反映了孔子力求对这种"子为父隐"的"孝"的缺陷加以弥补，这和后世儒家某些人片面地宣扬愚孝是有区别的。

仅仅有"供养"和"敬重"是不够的，对父母的"孝"还必须上升到一个更高的层次，即要有"愉色"，对父母要有一种发自内心的深厚的愉悦的颜色。孔子认为，如果只是为老年人操劳，让老年人吃饱穿暖，这是很容易的，最难做到的就是子女在侍奉父母时的脸色。《小戴礼记·曲礼》上说："听于无声，视于无形。"这句话具有两个方面的意思：一方面的意思是，做子女的，要在无形无声中体会到父母的愿望、情感和意图；另外一个方面的意思是，只有以发自内心的"和颜悦色"对待父母，才能使父母在无形无声中体会到子女真诚的"孝"。《小戴礼记·祭义》中说："孝子之有深爱者，必有和气。有和气者，必有愉色。有愉色者，必有婉容。"这虽是专从孝子这方面说的，但比较深刻地说明了只有内心中具有深切真挚的孝心，才能在面容上和颜悦色的表现。

做到了能"养"、能"敬"和能有"愉色"的同时，还必须使孝子的所为能够合乎礼，即合乎当时的道德规范、礼节仪式所作出的规定，"孝"就是要"生，事之以礼；死，葬之以礼，祭之以礼"（《论语·为政》）。这里所以强调"礼"的重要，也有两方面的意思：一方面，子女对父母的孝，不能违礼，也不能越礼，即不能不及，也不能僭越；另一方面，即使父母有违礼的思想和要求，做子女的也不能以顺合父母的非礼的要求为孝，仍应当按礼的要求来事奉父母。孔子强调"礼"，也是有着双重意义的。

"孝"的第四个层次提出了更高的要求，即要求做子女的能够在立身行事上严格要求、谨慎持身、行为端正、品格高尚。总之，要使父母对自己的行为放心。《论语·为政》中说："孟武伯问孝。子曰：'父母唯其疾之忧。'"这里的意思应该是说：一个做儿子的，他要做到"孝"，最重要的就是要使自己的父母不为自己的立身行事发愁。只有疾病，有时是一个人所不能完全避免的，因此，儿子应当做到，除了自己的身体的疾病外，再也没有什么可以使父母为自己发愁了。做父母的对子女的担忧，就是怕他们不成器，子女如果能够谨慎行事，就会免去父母的许多担忧。秦汉时期的《孝经》则更明确地提出把"立身行道，扬名于后世，以显父母"作为"孝"的最终要求，认为"孝"是应"始于事亲，中于事君，终于立身"，强调"立身"作为孝的内容的重要意义。

孔子认为，人们之所以要孝敬父母，最直接的原因是每一个人都应当报父母的养育之恩。子夏理解了老师的这一思想，指出事奉父母应当竭尽心力。（参见《论语·学而》）

躬行孝道，还须讲究权变。《韩诗外传》第八卷载：

> 曾子有过，曾皙引杖击之。仆地，有间乃苏，起曰："先生得无病乎？"鲁人贤曾子，以告夫子。夫子告门人："参来勿内也。"曾子自以为无罪，使人谢夫子。夫子曰："汝不闻昔者舜为人子乎？小箠则待笞，大杖则逃。索而使之，未尝不在侧，索而杀之，未尝可得。今汝委身以待暴怒，拱立不去，汝非王者之民邪？杀王者之民其罪何如？"

这一轶事，在刘向的《说苑》中又新加了一些内容，但基本上是一致的。曾子有过错，不逃避父亲的惩罚，乃至被打得昏了过去，苏醒后不顾自己的伤痛，而去问父亲伤着了没有，甚至还鼓琴而歌以悦父心，这在孔子看来，并不算得真正的孝。行孝应当讲究权变。父母用小棍责罚则受之，而在盛怒之下用大棍来打时，就要想办法逃避。否则，一旦被父母打死，非但父母将来无人养老、送终，且使父母担当一个杀人的罪名，这才是真正的不孝。因此，当这种情况发生的时候，逃避父母的惩罚，才是真正实行了孝。孔子的这一思想，是和后来儒家宣扬的"父叫子亡，子不得不亡"的愚孝是完全不同的。

父母死了以后，做孝子应该怎样呢？孔子说："父在，观其志；父没，观其行；三年无改于父之道，可谓孝矣。"（《论语·学而》）这段话里，包含着孔子强调做儿子的应当继承父亲的遗志的含义，也反映了孔子的保守的立场。"无改于父之道"，当然说的是无改于父之道的合理部分，譬如说，一个人的父亲有"攘羊"之过，做儿子的讲究孝道，也去做三年偷羊之贼，这样解释显然是很荒唐的。孔子对于不改道的人是很敬佩的，《论语·子张》记载了这方面的一则材料："曾子曰：'吾闻诸夫子，孟庄子之孝也，其他可能也；其不改父之臣与父之政，是难能也。'"

孔子除了对"孝"做了较深入的论述外，还第一次明确地把"孝"和"忠"联系起来，使"孝"从它的本来所具有的"尊祖"和"孝亲"的意义扩大到对国君的忠诚上来。孔子认为，一个人如果能够对父母尽孝，就一定会忠于国君。

前面我们已经谈到了"仁"在孔子伦理思想中的重要地位，这里，有必要进一步提出，"仁者爱人"的根本或者出发点是什么呢？在孔子看来，对一个人来说，最根本的就是要看他能不能爱敬自己的双亲，即能不能孝顺自己的父母，能不能尊敬自己的兄长。孔子认为，看一个人是否能真正地实行人道，首先要看他是否能恭行孝悌。如果能恭行孝悌，就算是立了"本"，这样，也就能够自然地发生出合乎人道的所为。相反，尽管一个人口头上宣扬他怎么样爱人、讲究人道，但如果连自己的父母都不知道孝顺，那是不可能真正去爱护别人的。由此，孔子从"敬亲"引到"忠君"，认为一个人如果能心存孝悌，孝敬父母和尊重兄长，那就更不会犯上作乱了。这里，孔子提出了一个重要的理论：要培养仁的品德，必须从孝悌开始，只要人们能够孝悌，就一定会忠于国君。

在奴隶宗法制的社会条件下，家与国之间本来就存在着极为密切的联系。孔子曾多次强调"忠"的重要。"忠"在孔子那里，一般来说，有三种不同的意义。首先，在人和人的关系中，对其他人所承担的义务，应当尽心去做，这叫做"忠"。孔子说："居处恭，执事敬，与人忠。"（《论语·子路》）曾子曰："为人谋而不忠乎？"（《论语·学而》）孔子说："爱之，能勿劳乎？忠焉，能勿诲乎？"（《论语·宪问》）这里的"忠"，都是指要尽己之责的意思。其次，"忠"也还有忠于自己的言行的意思。子曰："言忠信，行笃敬。"（《论语·卫灵公》）这里的"忠"，是指要忠于自己的言语。孔子曾多次强调要"主忠信"，也就是说自己的言行当以忠信为主，说到做到，诚实无欺。忠的第三种意义就是臣子对君王所应尽的责任和义务。《论语·八佾》载，定公问："君使臣，臣事君，如之何？"孔子对曰："君使臣以礼，臣事君以忠。"孔子认为，忠心地事奉君主，这应当是臣子所必须遵守的一个道德原则。具体到怎样服事君主，那就要按礼的要求去做，不按臣礼去行事，那就是不忠的表现。西周时期，只有天子和诸侯才有祭祀名山大川的资格，而身为鲁国大夫的季氏竟然也跑去祭祀泰山。孔子对季氏的僭礼行为曾大发感慨。西周时代的音乐舞蹈的规格，只有天子才能用八佾、六十四人舞，诸侯只能用六佾、四十八人舞，大夫仅能用四佾、三十二人舞。季氏是一个大夫，居然也弄了八佾舞于庭。孔子对这种极大的僭越行为怒不可遏，说道："是可忍也，孰不可忍也！"（《论语·八佾》）服事君主，应当按照臣子的礼节，全心全意地去为君主谋政事（包括教诲君主），也就是子夏所说的"事君能致其身"（《论语·学而》），即服事君上，能豁出生命。

"忠"和"孝"的道德规范在中国伦理思想史上和人们的社会生活中有着很重要的影响。在孔子那里，"孝"的意义和后世所讲的"孝"，基本上没有什么重大的区别，而"忠"的意义到后来却有重大的变化。"孝"从一开始就是儿子对父亲所应尽的单方面的、绝对的义务，尽管孔子也说过"孝慈则忠"（《论语·为政》），但父可以不慈，而子不可以不孝。"忠"尽管也有着对君主的片面义务，但终究还有"君使臣以礼"的内容，它还不像对"孝"强调得那样绝对。到了后代，为了适应封建地主阶级的统治需要,"忠"和"孝"都变成了臣对君、子对父的绝对的片面的义务。

第四节 "克己复礼"的道德修养论

在孔子看来,"仁"就是一种"爱人"的品德,一种"爱人"的同情心或"仁心"。一个人只有具备了这种"仁心",才会做到"能好人,能恶人",乃至做到"杀身以成仁"。怎样培养这种"爱人"的同情心,从而使自己具有"仁"的品德呢?孔子认为,惟一的方法就是"克己"。"克己"的说法在孔子之前就已存在了,而孔子则是着重从道德意义上对它进行论述。所谓"克",就是"克制";所谓"克己",就是克制自己的不正当的即不合乎"仁"的原则的思想和言行,以达到"仁"的境界。(清代的汉学家们,只从文字上去理解"克",把"克"训为能,显然是不符合孔子本意的,从文法上讲也不通。)克己的过程也就是道德修养的过程。

克制自己不正当的思想和行为,又以什么为标准呢?孔子认为,应该以统治阶级的一整套政治制度、礼节仪式和道德规范为标准,这些标准也就是他所说的"礼"。"礼"和"仁"在孔子的思想体系中有着各不相同的含义。"仁",不是一种社会制度、礼节仪式,也不是什么具体的道德规范,而是社会道德的核心,一种至高无上的道德原则,是一种道德感情,也是一种最高的道德境界。礼是社会道德原则的总体框架,它不是某种内心的情感和道德境界,而是人和人之间都应遵循的规范、准则以及人们行事的礼节、仪式。以智、勇、恭、宽、信、敏、惠、温、良、俭、让等作为人与人之间的实践德目,通过践行"礼"的要求,就会从不同方面体现"仁"这一社会道德的核心。仁必须具有礼的形式和外表,必须化为礼的具体要求;礼必须具有仁的内核,体现仁的精神。仁是一种分等级的爱,礼也是按照等级加以严格规定的,两者都是为巩固和协调奴隶宗法等级制服务的。"克己复礼"是最后达到仁的一种手段。孔子强调,对一个人来说,只有一切行动都符合礼,他的思想和境界才能达到仁。

礼具有多种规定。在儒家的十三经中，其中有三部经书是专门研究礼的：《周礼》是关于政府体制和政治制度的论述，《仪礼》专讲各不同等级之间的礼节仪式，《礼记》是解释和说明有关礼的各种理论原则和哲学思想的。《左传》中有一段话说，"礼，经国家、定社稷、序民人、利后嗣者也"（《左传·隐公十一年》），可见礼的重要。在《论语》中，孔子也一再强调"约之以礼"（《论语·雍也》），"不学礼，无以立"（《论语·季氏》）。但在春秋末期，政治风云变幻，国将不国，君将不君，成了所谓"世衰道微，邪说暴行有作，臣弑其君者有之，子弑其父者有之"（《孟子·滕文公下》）的时代，传统的等级制被破坏了，礼制也崩溃了。孔子以复兴西周的鼎盛局面为己任，突出强调礼，企图通过人们的道德信念、道德感情和社会舆论的力量，来恢复、维护统治阶级所要求的社会秩序。因此，他给人们规定了严格的"克己"要求，这就是"非礼勿视，非礼勿听，非礼勿言，非礼勿动"。这里的"礼"尽管包含着政治制度和道德规范两个方面的内容，然而，孔子所更为注意的是它的道德方面的意义。孔子要人们通过克制自己，严格遵守道德规范，从而提高内心的道德品质，逐步达到仁的境界。"克己复礼"，就是要一方面按照礼的要求克制自己不正当的思想和言行，力求符合礼的要求，培养自己的"仁心"和品质；另一方面通过自己实行仁的原则的高度自觉性，使已被废弃了的礼重新发挥作用。在孔子的道德修养论中，"仁"（内在的道德品质）和"礼"（外在的道德规范）是互相促进、相得益彰的。

孔子的道德修养理论有两方面的内容，一是克制自己不正当的思想，一是培养自己高尚的道德情操和品质。克制自己不正当的思想的过程也是一个培养自己高尚道德品质的过程，培养自己高尚品质的过程同时也是一个克制自己的不正当的思想行为的过程，两者并行不悖，是一个过程的两个方面。

讲到克己，《论语》中常常用"内省"、"自讼"等字眼来加以阐释。要克制自己的不正当的行为，首先必须有对不正当行为的认识，而要做到这一点，就必须进行一番自我反省。进行自我反省主要是通过同人们的接触，通过贤与不贤的比较来反省自己。孔子说："见贤思齐焉，见不贤而内自省也。"（《论语·里仁》）通过反省，认识了自己的不良行为，还要进一步进行自我责备、批评。孔子说："已矣乎，吾未见能见其过而内自讼者也。"（《论语·公冶长》）意思是说，真是没有法子，谁也不肯对自己的过错进行自我批评，这样怎么会有道德上的提高呢？孔子还认为，这种"自讼"、"内省"的功夫，还必须经常不断地、长期地进行。"内省"、"自讼"必须认真对待，严格要求，就像对待骨、角、象牙、玉石一样，只有不断地切磋琢磨，才能使它们光滑圆润、完臻无缺。孔子的弟子曾参是孔子理论的忠实实行者，他说："吾日三省吾身：为人谋而不忠乎？与朋友交而不信乎？传不习乎？"（《论语·学而》）进行克己，不仅需要经常地、及时地、反复地检查自己的言行，进行自我反省、批评，更重要的还在于不断地改正自己的过错。孔子强调指出："德之不修，学之不讲，闻义不能徙，不善不能改，是吾忧也。"（《论语·述而》）。他号召人们，要随时随地学习别人的长处，改正自己的短处，他说："三人行，必有我师焉。择其善者而从之，其不善者而改之。"（同上）达到了"内省不疚"即问心无愧的程度，就算是一个君子了。

如果说以上所讲的是道德修养从克制消极方面进行的话，那么，道德修养还可从倡导、推进其积极的方面进行，那就是自觉地学习、培养自己的优良道德品质。要培养自己高尚的道德品质，首先就要学习。孔子是极其重视学习的。他所说的"学"，其实质就是要学习怎样做一个有道德的人。《论语》的第一篇第一句话，就是："子曰：学而时习之，不亦说乎？"孔子还特别强调学习应有正确的目的，他说："古之学者为己，今之学者为人。"（《论语·宪问》）意思是说，古代学者的目的在修养自己的学问道德，现代学者的目的却在装饰自己，给别人看。孔子是赞成前者，反对后者的。学习的内容，固然应当是多方面的，但是，从培养人的道德品质这一角度考虑，孔子认为为学最主要的是学习爱人之道，学习礼乐。在他看来，学礼则知出入进退，知上尊下卑，知忠孝节义；学乐则知和、知美、知善，可以陶冶性情。学习礼乐，对于人们的仁德的提高有直接的作用。孔子还主张学习古代经典，如《诗》、《书》、《易》等，认为从中可以直接学到仁义的大道理。他说："君子博学于文，约之以礼，亦可以弗畔矣夫！"（《论语·雍也》）子夏也说："博学而笃志，切问而近思，仁在其中矣。"（《论语·子张》）孔子不但注重学，也注重行。他说："弟子入则孝，出则悌，谨而信，泛爱众，而亲仁。行有余力，则以学文。"（《论语·学而》）躬行实践的过程，实际上也是一个学习的过程，子夏说："贤贤易色；事父母，能竭其力；事君，能致其身；与朋友交，言而有信。虽曰未学，吾必谓之学矣。"（《论语·学而》）一个人的仁德的培养、提高，就是在学习和躬行实践中实现的。

躬行道德、修身向仁是一件很难的事情。《论语·宪问》载："子曰：'贫而无怨难，富而无骄易。'"《论语·学而》载："子贡曰：'贫而无谄，富而无骄，何如？'子曰：'可也。未若贫而乐，富而好礼者也。'"贫穷却没有怨恨尚且很难，那么，贫而乐、富而好礼就更难了。对于能做到这一点的人，孔子总是大加赞扬。他称赞颜回说："贤哉，回也！一箪食，一瓢饮，在陋巷，人不堪其忧，回也不改其乐，贤哉，回也！"（《论语·雍也》）颜回多么有修养呀！一箪饭，一瓢水，住在小巷子里，别人都受不了那穷苦的忧愁，颜回却不改变他自有的快乐。孔子不轻易许人为仁，对他自己还说"若圣与仁，则吾岂敢"（《论语·述而》）。颜回有很高的道德修养水平，孔子说他能三月不违仁。为仁难，但仁就在于"先难而后获"（《论语·雍也》）。做事达到仁的要求，修养成仁人的道德品质，是任何人都可以做到的。只要想为仁的话，仁总是能够达到的，但这要靠主观的努力："为仁由己，而由人乎哉？"

修身的目的是什么？孔子对此有明确的回答，《论语·宪问》中载："子路问君子。子曰：'修己以敬。'曰：'如斯而已乎？'曰：'修己以安人。'曰：'如斯而已乎？'曰：'修己以安百姓。修己以安百姓，尧舜其犹病诸？'"孔子的这一观点，被后来的儒家大加发挥，建立了一套"修身、齐家、治国、平天下"的阶梯式理论。在中国伦理思想史上，孔子第一次明确地提出并阐述了人对自身道德品质的改造问题，建立了道德修养理论的雏形，这在伦理思想史上是有重要意义的。应当说，中国的传统道德十分注重道德修养，这与孔子有着密切的关系。

孔子给他的弟子们讲了自己一生的道德修养过程，他在《论语·为政》中说："吾十有五而志于学，三十而立，四十而不惑，五十而知天命，六十而耳顺，七十而从心所欲，不逾矩。"从这段话我们可以看出，在孔子看来，道德修养所达到的最高境界应当是"从心所欲，不逾矩"，心里想什么，都不会越出一定的规矩。在这种境界中，人在道德上是绝对自由的，他和最高的道德已融为一体，任何念头都是符合道德的。

第五节　"君子"、"仁者"和"圣人"的多层次的理想人格

理想人格问题，是与道德修养、道德教育密切相关的。为了更有效地进行道德教育，给人树立道德榜样和道德修养的目标，孔子提出了一个多层次的理想人格，这就是"君子"、"仁者"和"圣人"。

"君子"一词，在孔子以前的西周文献中早已存在了。不但《易经》、《尚书》中曾多次提到"君子"，而且在《诗经》中的《国风》、《大雅》、《小雅》中，提到"君子"的就有150多次。一方面，孔子继承了传统的说法，把君子当作在高位的人，如"君子而不仁者有矣夫，未有小人而仁者也"（《论语·宪问》），"君子有勇而无义为乱"（《论语·阳货》）等；另一方面，孔子更强调把"君子"当作一种有高尚品德的人，当作一种道德上的典范，并作为人们应该效法的理想人格。这里所说的作为理想人格的"君子"，主要是从道德意义上讲的，并不一定指当权的在位者。

孔子认为，"君子"总是以仁的道德原则来要求自己，"君子去仁，恶乎成名？君子无终食之间违仁，造次必于是，颠沛必于是"（《论语·里仁》）。这就是说，君子是没有丝毫的时间可以离开仁的，哪怕是吃一顿饭的工夫，即使在仓促匆忙的时候，甚至是在颠沛流离的时候，也与仁同在，保持仁的品德。因此，"己所不欲，勿施于人"、"己欲立而立人，己欲达而达人"以及恭、宽、信、敏、惠等道德品质，也都是君子所具备或应当具备的。由于"孝悌"是仁的基础和根本，所以君子尤为重视，由于君子有很好的品德，所以也就能够有很好的道德情操。君子的心情能够经常保持平坦宽广，"坦荡荡"（《论语·述而》）、"不忧不惧"（《论语·颜渊》）、"泰而不骄"（《论语·尧曰》）、"敬而无失"（《论

语·颜渊》)、"与人恭而有礼"（同上）、"文质彬彬"（《论语·雍也》），而且"知天、知命"（"不知命，无以为君子也"[《论语·尧曰》]），不作非分妄想（"君子思不出其位"[《论语·宪问》]）。

"君子"不但善于自处，而且又能团结别人，他能和别人亲密无间地合作共享，和别人相团结而不是相勾结（"君子周而不比"[《论语·为政》]）庄矜而不争执，合群而不闹宗派（"矜而不争，群而不党"[《论语·卫灵公》]）。他能用自己的观点和别人的看法相互补充，相得益彰，却不会去盲从附和，阿谀奉承（"和而不同"[《论语·子路》]）。君子极力成全别人的好事，但不助长别人的错误（"君子成人之美，不成人之恶"[《论语·颜渊》]）。他总是言行一致，信守自己的诺言（"言思忠"[《论语·季氏》]），说的就一定要能够做到（"言之必可行"[《论语·子路》]），反对说大话，宁愿多做，而不愿说那些做不到的事（"耻其言而过其行"[《论语·宪问》]），"讷于言而敏于行"（《论语·里仁》）。

"君子"还严格要求自己，从不掩饰自己的缺点和错误。"君子之过也，如日月之食焉：过也，人皆见之；更也，人皆仰之。"（《论语·子张》）这就是说，"君子"并不是没有缺点和错误的人，而是光明正大，且能公开自我批评、认真改正自己错误的人。

"君子"虽然有很高的品德，但即使未被重用，也从不会抱怨别人，而只是更严格地要求自己："人不知而不愠，不亦君子乎？"（《论语·学而》）"君子病无能焉，不病人之不己知也。"（《论语·卫灵公》）"不患人之不己知，患不知人也！"（《论语·学而》）说的就是这个意思。直到老死，自己的名声也不被人们所称道，这才是君子引以为恨的（"君子疾没世而名不称焉"[《论语·卫灵公》]）。"君子"有高尚的节操，一切以仁义为准则，不行不义之事（"君子喻于义"[《论语·里仁》]）。国家有道，政治清明，就出来做官，国家无道，政治黑暗，就辞退官职，在内心中保留自己对问题的看法，而不随波逐流（"邦有道则仕，邦无道，则可卷而怀之"[《论语·卫灵公》]）。

在生活方面，"君子食无求饱，居无求安"（《论语·学而》），一箪食，一瓢饮，曲肱而枕，也能安守贫困，不怨天不尤人，总是保持愉快的情绪。

总之，孔子为当时的统治阶级以及各阶级的人们描述了一个具有那些他所认为的高尚道德品质的"理想人格"。自此以后，"君子"这一概念，在更多的意义上不再是指在位的贵族，而主要是指一种"理想人格"和"道德境界"了。人人都应该做一个"君子"，这已经不是指要人们在社会地位上成为一个在位的贵族，而是指人们应该成为一个品质高尚的人，一个有道德的人。

在理想人格的问题上，除"君子"外，孔子又往往强调所谓"仁者"或"仁人"。"仁者"或"仁人"似乎是比"君子"更高的一种理想人格。孔子不轻易许人以仁，他认为可算做仁人的人是很少的，《论语》中说：

> 微子去之，箕子为之奴，比干谏而死。孔子曰："殷有三仁焉。"（《论语·微子》）
>
> 子路曰："桓公杀公子纠，召忽死之，管仲不死。"曰："未仁乎？"子曰："桓公九合诸侯，不以兵车，管仲之力也。如其仁！如其仁！"（《论语·宪问》）
>
> 子贡曰："管仲非仁者与？桓公杀公子纠，不能死，又相之。"子曰："管仲相桓公，霸诸侯，一匡天下，民到于今受其赐。微管仲，吾其被发左衽矣。岂若匹夫匹妇之为谅也，自经于沟渎而莫之知也？"（同上）

据此看来，仁人不一定非要守小节小信。离开邪恶残暴的君王，洁身自好，一尘不染是仁人；甘受屈辱，以求把仁人道义、社会文明传给后代的人是仁人；谏劝邪恶残暴的君主弃恶从善，不惜身家性命的人是仁人；不守通常所说的忠节，而前后扶持两个君主，但止息了战争，匡正了天下，为民众谋了大利的人，同样也是仁人。讲究权变，不损害仁的原则并极力去实行仁的原则的人，都可以叫做仁人。

仁人是一种很高的理想人格，他具备了更为高尚的道德品质：

> 子曰："不仁者不可以久处约，不可以长处乐。仁者安仁，知者利仁。"（《论语·里仁》）
>
> 子曰："唯仁者能好人，能恶人。"（同上）
>
> 子曰："君子道者三，我无能焉：仁者不忧，知者不惑，勇者

不惧。"子贡曰："夫子自道也。"（《论语·宪问》）

子曰："有德者必有言，有言者不必有德；仁者必有勇，勇者不必有仁。"（同上）

子曰："……夫仁者，己欲达而达人……"（《论语·雍也》）

子曰："能行五者于天下为仁矣。"请问之。曰："恭、宽、信、敏、惠。"（《论语·阳货》）

子曰："若圣与仁，则吾岂敢？抑为之不厌，诲人不倦，则可谓云尔已矣。"公西华曰："正唯弟子不能学也。"（《论语·述而》）

子曰："志士仁人，无求生以害仁，有杀身以成仁。"（《论语·卫灵公》）

从以上可以看到，仁人具有极为高尚的道德品质和情操，可以说，仁人就是最完美、最高尚的君子，它是所有的高尚的道德品质的集合体和化身，是君子力求达到的理想人格。《论语》中说，子产自己的容颜态度庄严恭敬，对待君上负责认真，教养人民有恩惠，役使人民合于道理；令尹子文三仕无喜，三已无愠，且把自己的一切政令全部告诉给接位的人，对国家十分忠诚；陈文子不与杀君者同仕，不与犯上者同仕，清白得很。然而，他们都不能算做一个仁人，而只能算一个君子。仁人和君子的区别，似乎相当于理想人格的最高要求和最低要求的区别。

除了君子和仁人以外，孔子还提出圣人的理想人格。圣人是比君子和仁人更高的理想人格，这是普通人很难做到的，所以，孔子并不要求人们都要做圣人。正如《论语·雍也》所载："子贡曰：'如有博施于民而能济众，何如？可谓仁乎？'子曰：'何事于仁！必也圣乎！尧舜其犹病诸！'"

第六节 "为政以德"的思想

孔子是一个怀有极大抱负的人。他不但自认是周朝文化的继承者和传播者，而且还认为自己是一个不被当权阶层赏识的救世者。孔子力求把自己的伦理主张应用到社会政治中去，从而建立了一套以德治国的伦理政治思想体系。古希腊著名的思想家亚里士多德在他的《政治学》中，也讨论到许多重要的伦理问题，但他另有专门的著作来讨论伦理学的问题。孔子在中国思想史上，开创了伦理与政治合一的伦理政治体系。他曾率领弟子们游说诸侯列国，宣传自己的伦理政治主张。尽管孔子作为一个政治活动家是不太得志的，但他的思想深谋远虑，有很多合理的成分。秦朝以后的封建统治者在很大程度上采用了"德治"的主张，用封建道德来教化人民，这对封建统治能在中国绵延两千年之久，也是有一定作用的。

从维护奴隶主阶级的统治出发，孔子总结了当时及历史上的统治经验，继承了《尚书》中所说的"敬德保民"、"向用五福"、"威用六极"以及所谓"明德慎罚"等主张，进而提出了他的著名的以德治国论。孔子明确地说："为政以德，譬如北辰，居其所而众星共之。"（《论语·为政》）又说："道之以政，齐之以刑，民免而无耻；道之以德，齐之以礼，有耻且格。"（《论语·为政》）从这两段话中可以看出，孔子明确地指出，从长远的观点看，道德对于巩固统治阶级的统治和维护他们的既得利益，甚至比政治、法律能起到更重要的作用。一个国君，要统治好老百姓，只靠政治法律等专政机构进行镇压还是不够的，因为尽管老百姓害怕惩罚而不敢犯罪，但他们并未认识到犯罪可耻，所以再去犯罪的可能性仍旧是存在的。只有用道德来指导他们，用"礼"来约束他们，老百姓才不但不敢犯罪，而且有了羞耻心，以后也就不再去犯罪了。这里的"道之以德"，就是加强对人们的道德感化和道德教育，以提高人们的道德认识和道德品质；"齐之以礼"，就是用统治阶级的社会政治制度、道德规范和风俗习惯来约束人们。孔子的目的在于教导统治者不要消极保安，而要积极治安。

列宁曾经指出：

> 所有一切压迫阶级，为了维持自己的统治，都需要两种社会职能：一种是刽子手的职能，另一种是牧师的职能。刽子手的任务是镇压被压迫者的反抗和暴乱。牧师的使命是安慰被压迫者，给他们描绘一幅在保存阶级统治的条件下减少苦难和牺牲的前景（这做起来特别方便，只要不担保这种前景一定能"实现"……），从而使他们顺从这种统治，使他们放弃革命行动，打消他们的革命

热情，破坏他们的革命决心。①

孔子可以说是中国伦理思想史上最早意识到统治阶级这两种作用的人。《左传·昭公二十年》载：

> 郑子产有疾，谓子大叔曰："我死，子必为政。唯有德者能以宽服民，其次莫如猛。夫火烈，民望而畏之，故鲜死焉。水懦弱，民狎而玩之，则多死焉。故宽难。"疾数月而卒。大叔为政，不忍猛而宽。郑国多盗，取人于萑苻之泽。大叔悔之，曰："吾早从夫子，不及此。"兴徒兵以攻萑苻之盗，尽杀之，盗少止。仲尼曰："善哉！政宽则民慢，慢则纠之以猛。猛则民残，残则施之以宽。宽以济猛，猛以济宽，政是以和。"

所谓"宽"，就是列宁所说的牧师的职能，所谓"猛"，就是列宁所说的刽子手的职能。孔子的"为政以德"的思想，是从这个"宽猛相济"的思想发展而来的，同时也是"仁"即"爱人"的伦理思想在政治方面的运用。

一个统治阶级，仅靠强力或者说仅靠政治和法律是不能长久地维护其统治的。严刑峻法可以使人们不敢犯罪，但这有一定的限度，假如人民没有从思想上认识到犯罪的羞耻，没有思想上的觉悟，即使刑罚非常残酷，往往也并不能达到应有的效果。孔子主张从"爱人"出发，从"恭宽信敏惠"出发，更好地发挥道德在调整人和人之间的关系中的特殊作用，造成一种强大的社会舆论，从而形成人们的自觉维护等级制度的坚定的内心信念，达到长治久安的目的。尽管孔子的这一思想是为统治阶级着想的，但却有着合理的因素。在中国历史上的儒法斗争中，法家曾经是政治上先进势力的代表，是适应社会发展要求的地主阶级的代表。但是，由于他们片面地强调"严刑峻法"，强调"法治"，反对提倡仁义道德，从而走向了反面，导致了非道德主义的错误，以致充分应用法家思想的秦国在得到全国政权之后，反而不能维持和巩固自己的政权，很快便覆灭了。秦代以后的历代封建统治者汲取了秦朝的经验教训，总结出了一条教训，这就是必须要强调"仁义"道德在维护统治中

---

① 《列宁全集》，中文2版，第26卷，248页，北京，人民出版社，1988。

的作用，要德刑并用，西汉初年的贾谊明确地指出："夫礼者禁于将然之前，而法者禁于已然之后。是故法之所用易见，而礼之所为生难知也。"（《汉书·贾谊传》）"以礼义治之者积礼义，以刑罚治之者积刑罚。刑罚积而民怨背，礼义积而民和亲"，"道之以德教者，德教洽而民气乐，驱之以法令者，法令极而民风哀，哀乐之感，祸福之应也"（同上）。孔子的德治思想在受到数百年的冷落后，终于获得了封建统治者的重视，其道理就在这里。孔子从"为政以德"的思想进一步引申出统治者自身有德，才能治理好国家的思想。当季康子向孔子请教治国安邦的办法时，孔子告诉他说："政者，正也。子帅以正，孰敢不正？"（《论语·颜渊》）又说："苟正其身矣，于从政乎何有？不能正其身，如正人何？""其身正，不令而行；其身不正，虽令不从。"（《论语·子路》）只要统治者以身作则，带头讲道德，治理国家是不困难的，只要统治者本身行为正当，不发命令，事情也能行得通。孔子做了一个形象的比喻，他说："君子之德风，小人之德草。草上之风，必偃。"（《论语·颜渊》）这就是说，领导者的品德像风，老百姓的品德像草，风吹向哪里，草就倒向哪里。领导者讲礼义爱人，老百姓也就讲忠孝节义；领导者骄奢淫逸，任意而行，老百姓则必定不服管制，犯上作乱。

孔子的这些主张，还可以从另外一个方面来看其积极的意义。这就是说，一个国家，如果社会风气不好，老百姓行为不正，应当责备老百姓，还是应当责备统治者？在孔子看来，应当责备的不是被统治的"小人"、老百姓和在下位的人，而是那些"大人"、"君子"和在上位的统治者。由此看来，统治阶级的行为和思想品德在国家政治中起着重要的作用。根据这种认识，孔子提出"举贤才"的主张。孔子主张在不动摇奴隶宗法制度的前提下，起用一些有才德的人，这反映了孔子政治思想有一定的开明之处。

孔子提出的德治论，还包含着一套具体的政治措施。《论语》载：

　　子适卫，冉有仆。子曰："庶矣哉！"冉有曰："既庶矣，又何加焉？"曰："富之。"曰："既富矣，又何加焉？"曰："教之。"（《论语·子路》）

　　子贡问政。子曰："足食，足兵，民信之矣。"子贡曰："必不得已而去，于斯三者何先？"曰："去兵。"曰："必不得已而去，于

斯二者何先?"曰:"去食。自古皆有死,民无信不立。"(《论语·颜渊》)

子路曰:"卫君待子而为政,子将奚先?"子曰:"必也正名乎。"子路曰:"有是哉,子之迂也!奚其正?"子曰:"野哉,由也!君子于其所不知,盖阙如也。名不正则言不顺,言不顺则事不成,事不成则礼乐不兴,礼乐不兴则刑罚不中,刑罚不中则民无所错手足,故君子名之必可言也,言之必可行也;君子于其言,无所苟而已矣。"(《论语·子路》)

齐景公问政于孔子。孔子对曰:"君君,臣臣,父父,子子。"(《论语·颜渊》)

子曰:"……上好礼,则民莫敢不敬;上好义,则民莫敢不服;上好信,则民莫敢不用情。夫如是,则四方之民襁负其子而至矣……"(《论语·子路》)

子曰:"上好礼,则民易使也。"(《论语·宪问》)

子曰:"道千乘之国,敬事而信,节用而爱人,使民以时。"(《论语·学而》)

从上述引文中可以看出,孔子的以德治国论是成体系的。治理国家,无非要处理好两个方面的关系:一是统治阶级与被统治阶级的关系,二是统治阶级内部的关系。对于前者,孔子主张首先要使老百姓富足起来,然后用礼义道德来教化他们,使他们心甘情愿地接受役使。要做到这一点,统治者就不能肆无忌惮地驱使和压榨老百姓,而要适当地考虑他们的利益,不能竭泽而渔,在必要的时候给他们一些必要的恩惠。对于后者,孔子主张先正名分,严格等级制度,使人们按礼的规定各司其职,不得擅越。在统治阶级内部各等级之间,孔子始终是站在最高统治者一边的,他的正名的主张,也是为最高统治者维护其统治地位服务的。他说:

天下有道,则礼乐征伐自天子出;天下无道,则礼乐征伐自诸侯出。自诸侯出,盖十世希不失矣;自大夫出,五世希不失矣;陪臣执国命,三世希不失矣。天下有道,则政不在大夫;天下有道,则庶人不议。(《论语·季氏》)

　　孔子提出德治的目的，就在于恢复天子独尊的所谓"天下有道"的局面，在于维持"亲亲"、"尊尊"的宗法制度。至于尊贤使能、施惠于民，都是为这一根本目的服务的。

　　孔子的"为政以德"论，强调了道德手段在治国中的重要作用，强调了为政者自身道德品质在政治中的作用，有其合理的因素。他的这些思想被孟子等后来的儒家学者大加发挥，使得德治论在理论形态上更为完善。

第七节　"先义后利"的义利观

　　"义"与"利"的关系问题，或者说，道德的最高原则同人们的个人利益的关系问题，是伦理学中的一个重要问题。在中国伦理思想史上，孔子第一个自觉地意识到这一问题在道德关系中的重要作用，并提出了他的先义后利的道德理论。

　　在中国伦理思想史上，"义"的概念，在孔子之前，早已存在。孔子对义特别重视，他说："君子义以为质，礼以行之，孙以出之，信以成之。君子哉！"（《论语·卫灵公》）孔子主张以义为上，义是一切行动的最高准则。他说："君子义以为上。"（《论语·阳货》）"义"一般有两方面的意义：一是指一定社会中各种行为规范的要求，即社会对人们的义务和责任的规定和要求；二是指贯穿在这些行为规范中的最根本的指导思想和指导原则。"义"者宜也，也就是应当的意思。当然，在阶级社会中，所谓义和应当，是有前提的。孔子认为，"义"就是当时的"礼"，即由"仁"这一最高的道德原则和由这一原则所指导的道德规范体系。合于这一原则和规范体系要求的，就是道德的，就是义，否则就是不道德的、不义的。

　　什么是"利"呢？如果说中国古代的思想家们在"义"的理解上，大体上还是一致的话，那么对"利"的理解上，共同语言就少得多了。一般来说，"利"至少有三种理解：第一，专指个人的私利；第二，专指国家、人民、天下之公利；第三，兼指私利和公利。如果再细分起来，个人的私利，又可分为正当的个人利益和不正当的个人私利。因此，利在中国伦理思想史上，可以有五种不同的理解：

(1) 正当的、生活必需的、合法的个人利益；

(2) 私欲的、贪心的、不合法的个人私利；

(3) 国家、人民、天下之公利；

(4) 兼指公利和正当的个人利益；

(5) 兼指公利和一切正当不正当的私人利益。

中国的伦理思想家们由于他们所说的"利"的意义彼此不同，甚至完全相反，因而往往造成许多牛头不对马嘴的争论。有时候，一个思想家在不同时间、不同场合或面对不同问题时，对"利"的理解，也往往互不相同，甚至是彼此矛盾的。孔子对利做了狭义的解释，一般来说，和义对立的"利"，不是指国家、社会的利益，而是指个人的私利。孔子认识到，为了履行一个社会的道德原则，达到一定的道德要求，必须反对私人的不正当的贪欲。孔子认为，一个人在多种可能的道德行为的选择中如何处理义和利的关系，是道德评价的一个重要的甚至惟一的标准。

首先，孔子把义利问题看做是道德评价的一个重要的标准。在孔子看来，一个有道德的人和一个没有道德的人的根本区别，就是要看他在道德原则和不正当的贪欲之间，究竟采取什么态度。一个道德高尚的人，必然能够以最高的道德原则作为自己行为的准则，在必要的时候，甚至可以牺牲自己的一切而服从于道德最高原则的要求，这就是孔子所说的"君子喻于义"，即君子只晓得义的重要，一切行动，都自觉地要求合于义。相反，一个没有道德的人，则只知道去满足个人的私利，而不知道使自己的行为符合最高的道德原则，这就是孔子所说的"小人喻于利"。后世儒家把孔子的这句话当作一个重要的原则，在伦理思想史上，曾发生过重要的影响。

其次，孔子并不完全排斥"利"的重要性，承认在一定条件下，只要某些个人利益是符合道德原则的，即是正当的个人利益，那么，得到这些利益，也是应该的。"富而可求也，虽执鞭之士，吾亦为之。如不可求，从吾所好。"（《论语·述而》）富贵金钱，如果可以求，即符合义的原则，就是拿着鞭子赶车，我也愿意；如不可求，那就从吾所好吧！相反，如果"不义而富且贵，于我如浮云"（《论语·述而》）。因此，孔子主张，当遇到个人利益时，必须要先考虑，这种个人利益的取得是否符合道德原则，这就是孔子所说的"见利思义"（《论语·宪问》）和"见得思义"（《论语·季氏》）。在这里，"利"和"得"都是指个人利益，"义"就是道德原则。孔子说"放于利而行，多怨"（《论语·里仁》），就是说，一个人如果放纵自己，只顾个人利益，一味地去追求自己的私利，那么，就一定会招来许多人的怨恨。孔子又说："富与贵，是人之所欲也，不以其道得之，不处也。"（同上）从这句话里也可以看出，只要是应当得到的财富和地位，那就应该泰然处之，只有那些不应当得到的富贵，有道德的人才不愿意取得它。

孔子没有明确地把利区分为公利和私利、大利和小利，但从他的言论中可以看到，他反对只顾目前的、暂时的小利，主张长远的利益。《论语·子路》中有："子夏为莒父宰，问政。子曰：无欲速，无见小利。欲速则不达，见小利则大事不成。"孔子的学生子夏到莒父这个地方做官，向孔子请教怎么办理政事。孔子的回答说明，他并不反对一切利益，只是强调不要贪求暂时的、眼前的小利，而是要从更大的、长远的利益去考虑，因为"见小利则大事不成"。这里所说的"大事"，也就是孔子所说的"大利"。《论语·尧曰》中有："子张曰：'何谓惠而不费？'子曰：'因民之所利而利之，斯不亦惠而不费乎？'"孔子的学生子张想请教在治理老百姓时如何才能既使老百姓受到恩惠，得到好处，而又不致耗费大量的财力物力。这本来是一个很难回答的问题。孔子的回答说，主要看老百姓在哪些方面能得到利益，统治者就应当引导他们去发展他们的利益，这样，老百姓的积极性发挥了，他们会自己富足起来，这岂不是既使人民得到了恩惠而又不耗费大量的物力财力吗？这里，孔子不但不反对"利益"，而且主张统治者不要对老百姓管得过死，要依据老百姓发展他们利益的实际情形，引导、支持老百姓去谋取自己的利益。孔子的这一思想，包含着如何对待人民的利益的问题，是有着进步因素和合理内容的。

孔子关于"义"、"利"的问题，虽然不像"仁"、"礼"那样，阐发得那么详细，但其影响还是很重大的。自孔子以后直到现代的两千多年中，在中国伦理思想史上长期争论不决的义利之辨，不能不说是从孔子发端的。孔子虽然主张义以为上、先义后利、见得思义、见利思义，但他并没有否认"利"的重要性。但是，孔子没有能明确地区分出"私利"和"公利"，因此，在有些地方，似乎他是在反对一切利益。

第八节　孔子与儒家思想

儒家思想自产生至今，已有两千多年了，在中国产生了深远的影响。新中国成立后，很多人用历史唯物主义观点来研究孔子、研究儒家思想，其中许多成果都值得我们借鉴。我对这个问题的研究还不很成熟，与一些流行的看法不很一致。我的观点中既有吸收前人的研究成果加以发展的观点，也有我对这些问题在新时代、新形势下的体会和概括。

一、儒家思想在古代长期居于重要地位的原因

中国古代思想派别很多，其中最著名的派别是儒家、道家、墨家、法家。儒、墨在春秋时期都是"显学"，在当时都有重要影响，但墨家到最后影响很小，几乎销声匿迹了。法家在春秋时期也有重要影响，尤其是在春秋时期秦国，从秦孝公时商鞅变法开始，运用法家思想，经过六代国君，终于使秦国在一百多年的时间里统一了中国。但在秦国统一之后，法家就不再被统治者所重视。汉朝之后，更是"罢黜百家，独尊儒术"。道家提出了有关自然、人类社会、人生的辩证法问题，其对宇宙的看法、对人生的看法确实有很多深刻独到的地方。知识分子中的许多优秀人才对道家都有非常好的印象，如闻一多、郭沫若等。闻一多对道家，尤其是对庄子有很深入的研究。墨、法、道在先秦都曾盛极一时，但为什么从汉以后一直到清代末年，两千多年来历代统治者在意识形态里面都只提倡儒家，而不提墨、道、法呢？

我对这个问题进行了长时间的研究，得出了两点看法：第一，儒家学说从创始开始，直到孟子、荀子，以至后世儒家，在儒家学说形成、发展过程中都强调学术思想必须适应现实的社会生活，都必须为现实的社会、政治、经济服务，力求使自己的思想和理论能够经世致用，为社

会的稳定、经济的发展、政治的清明、人际的和谐、家庭的和睦服务。
第二，孔子所创立的儒家思想始终强调道德在人类社会中的重要作用。
儒家把道德看成是维护国家安定，保持人际和谐，提高人的素质，完善
人类社会的重要力量。人与动物的区别就在于人有道德。人之所以能够
成为人，人类社会之所以能够不断发展都在于人能够意识到自己有道
德。在中国的其他学派中，甚至在世界各国学派中，还没有看到任何一
个学派把道德的作用提高到这样一种高度。

　墨家思想代表了当时的小生产者的利益，有很大的进步性。它强调
为广大劳动人民谋利益，相当重视人民大众的功利，摩顶放踵，要以天
下人之大利为目的。但是墨家思想与儒家思想不同，它比较多地从一般
人的角度来出发，而没有注意到从社会的统治阶级的利益着想，从这个
意义上来讲，儒家学说比墨家学说要更能适应历代统治阶级的需要。墨
家的理论只是考虑小生产者、个体的劳动者、下层的农民怎样来为社会
谋利，而没有考虑到统治阶级、国家管理者怎么来为劳动人民谋利益。
因此，墨子的理论确实有些超前，"兼爱"的思想固然很伟大，但是这
种"兼爱"脱离了"亲亲之爱"，就变成了一句空话。所以儒家讲"爱
人"，并不讲"兼爱"。儒家的"爱人"注重"亲亲之爱"，爱自己的亲
人要胜于爱别人，但同时也要讲"推己及人"去爱。尽管墨家对"尚
贤"也很注意，但是它的"尚贤"主要是崇尚有贤德的人，而对道德的
重要性重视不够。所以在汉以后，墨家就不被重视了，直到清代，思想
家们才重新提到墨家。应该讲，墨家的思想是很深刻的，但是它不具备
成为中国封建社会的统治思想的条件。

　法家思想中也有很多合理的因素，它强调"依法治国"，法要公之
于众，法不阿贵。而且它特别强调奖励耕战，有助于社会的发展稳定。
借助于法家思想，秦始皇统一了中国。但是在秦始皇统一中国之后，只
有十六年的时间，秦国就灭亡了。秦国军事力量那么强大，政治上也很
强大，经过一百多年的努力终于统一了中国，但仅仅经过十六年的时间
秦朝就遽然灭亡了。"坟土未干，宗庙为墟"，秦始皇坟上土还没有干，
而他的宗庙已经变成废墟了，这是令史家很费思量的一个问题。在汉代
以后，从陆贾和贾谊等开始，前后有近百年的时间，人们都乐于讨论、
总结秦亡的原因及其教训。这也确实是汉代统治者们需要考虑的一个问

题。最著名的政治思想家陆贾、贾谊的许多著作，都是专门总结秦亡教训的。贾谊写了《治安策》献给汉文帝，专门讲秦亡的教训。鲁迅非常欣赏这篇论文，称之为"西汉鸿文"，毛泽东读了贾谊的《治安策》之后称："贾谊的《治安策》是西汉一代最好的政治论文。"

那么贾谊在《治安策》中到底总结了哪些经验教训呢？就是两条，一是秦之所以亡国，就是因为"仁义不施攻守之势易也"。所谓"仁义不施"，就是不知道用仁义道德来教育人民；所谓"攻守之势易也"，就是攻守的形势发生了变化。可以用法家的东西来夺取政权，当掌握了政权之后，要保护一个阶级的利益，必须强调道德的作用。根据贾谊的分析，片面地利用刑罚，就会造成民心的残酷，人与人之间唯利是图，损人利己、损公利私的现象就会愈来愈严重，社会风气就会日趋败坏，以致会影响社会稳定，造成社会动荡而导致政权的灭亡。贾谊描述了秦朝时社会风气的恶化的情况，不但人与人之间都怀着一种求利之心，连家庭之内的父母对子女、公婆同儿媳之间都斤斤计较。婆婆借了儿媳一个簸箕，儿媳就觉得这个东西是我给你的恩惠，你应该报答我。我们对陆贾和贾谊的言论思想要有全面的分析，但可以借他们的材料了解当时的社会风气和道德水平，了解儒家学说之所以能被汉代统治者重视的社会原因。

儒家学说强调人与人之间的爱，强调道德的重要性，强调和谐、和睦的精神在不同的时代、不同的历史条件下，有不同的作用。在国家变革的时候，特别是在一个旧的政权已不能适应当时的经济、政治的需要时，它往往起保守的作用，但是在一个社会稳定，一个阶级已经取得了统治权的时候，致力于巩固自己的统治地位，发展经济，发展生产，协调人际关系，提高人们的素质，改善整个社会风气的时候，儒家思想就会起到非常重要的作用。综观中国两千多年来的社会情况，动乱的时代很少，每一个朝代国家稳定的时间都很长，不能不说这与儒家学说所发挥的稳定社会、发展经济、人际和谐、风气改善的作用有关。在长达两千年的历史时期中，儒家学说不断地得到统治阶级的提倡与重视，并不是因为统治阶级喜欢儒家学说，而是由于社会发展的需要，这是不以人们的意志为转移的，也可以说是历史的、客观的一种必然。

二、儒家思想的基本内容

要把儒家思想准确地概括起来有一定难度，新中国成立以后，特别是改革开放以来，很多学者对这个问题"仁者见仁，智者见智"，从不同方面对它进行了很多概括。我主要从事伦理学的教学和研究，所以比较偏重于伦理方面。我将儒家思想概括为五个方面。

（一）孔子的仁爱思想

仁者爱人，关于仁的解释孔子讲了很多，在《论语》里边，"仁"共出现了 104 次。"己欲立而立人，己欲达而达人"，"己所不欲，勿施于人"，"吾不欲人之加诸我也，吾亦无欲加诸人"，"能行五者于天下为仁矣"（"五者"，指"恭、宽、信、敏、惠"），这些都是孔子关于"仁"的思想的基本概括。下面着重阐述孔子与"仁"有关的几个重要思想。

1. 从类的角度讲爱人

孔子的"爱人"思想在当时的社会，是有进步意义的。孔子是在奴隶制社会中说"仁者爱人"的，他所说的"人"，包括了所有的人在内。尽管在实际生活中，作为奴隶主阶级的思想家不可能真心实意地去"爱"奴隶，但他的这种主张，还是有进步意义的。孔子从奴隶主阶级的长远利益出发，认识到"利民"、"惠民"对巩固奴隶主政权的重要性，认识到"爱人"对社会稳定和政治稳定的重要性。

孔子是最早从"类"的观点考察人的。所谓类的观点，就是把所有的人当一个类，即我们都是人，我们都属于共同的人类，所以我们应当彼此相爱。从类的观点来考察人，才能够提出人与人之间应有的道德原则和规范。现在西方人本主义思想一个核心的内容，就是从类的角度来考察人，把人当作一个类，因此，所有宗教教会和封建制度加给人的一切不合理的东西，都要加以解除。既然我们都是人，我们都有感情欲望的要求，我们都应该享受同样的幸福。这是西方人道主义从 14 世纪起开始强调的，是它的一个很重要的理论贡献。但是孔子却在公元前 500年前后就提出了从"类"的观点来考察人，就认识到我们都是一个类，由此我们就要爱我们的同类。从这个意义上可以说，孔子"爱人"的思想是中国古代早期人本主义思想，当然它并不是很成熟的。虽然孔子还没有完整地提出人应当作为一个类来互相友爱，但是他的"仁者爱人"确实是以类的观点作为爱人的依据。

孔子的"爱人"思想另一个重要内容就是惠民。孔子不但从人与人之间的关系出发强调人与人之间要彼此相爱，而且还从统治者的角度来讲"爱人"，要爱护国家的老百姓，即"惠民"。孔子强调，一个统治者要治理好自己的国家，必须"惠民"和"利民"。孔子所说的"惠民"、"利民"，就是要给老百姓以实际的利益，使老百姓能够得到实际的好处，包括发展生产，减少赋税，增加老百姓的收入。这当然是从统治阶级的利益出发的，但对老百姓也是一种"仁政"。

孔子所讲的"君子"，含义较多，有时是指在位的统治者，有时候也指道德高尚的人，有时候也指既在位又有道德的人。但是孔子在使用"君子"一词时，大多数情况是指"在位而有道德"的人。对于"在位而有道德"的君子，孔子非常强调"惠民"。

为什么要"惠民"呢？"惠则足以使人"，也就是说，统治者给了老百姓恩惠之后，老百姓就容易听统治者的话。我们过去总说孔子只讲义，不讲利，这是不全面的，应该进行全面的分析。孔子虽然非常反对个人的私利，但同时却强调有利于老百姓，要使老百姓得到利益。这个思想在我们过去对孔子的研究中没有很好地去认识。

孔子有个学生叫子夏，问孔子怎样从政，也就是怎样治理好一个国家，孔子回答："因民之所利而利之"，意思是说，要根据老百姓可能得到利益的具体情况，尽量使他们得到利益。在大多数情况下，因为孔子主要是讲个人的道德行为和社会的道德规范相适应，所以他比较多地强调一个人要成为君子，不要多想个人的私利。但从道德规范来说，孔子及其弟子从来都不否认"利"的一面，更未曾说要"重义轻利"，而是说要"先义后利"，"义以为上"，要"见利思义"和"见得思义"。在谈到治理国家和管理民众时，他不但不反对使老百姓得到利益，而且他非常强调"因民之所利而利之"。

有一次孔子到卫国去，他的弟子冉有为他驾车，曰："庶矣哉"，就是说卫国的人口已经很多了，冉有问："既庶矣，又何加焉？"现在这个国家的人已经很多了，进一步应该做些什么工作呢？孔子说："富之"，要使他们富起来。"既富之，又何加焉？""教之。"富了以后还要加强对他们的教育。这个例子很好地说明了孔子的"爱人"思想包含着多方面的内容。每个人都应该彼此相爱，作为一个统治者更要爱他的老百姓，要使老百姓得到实际的恩惠，使他们尽可能地得到应当得到的东西。"既庶矣，又何加焉？""富之。"所以孔子的"爱人"思想是和当时的社会政治生活紧密结合起来的。

对孔子的"爱人"思想的两个方面都应当加以重视，既要看到他所说的人与人彼此相爱的思想，又要认识到他要给老百姓以实际利益的思想。从个人的道德修养上来说，要"先义后利"、"见得思义"，强调"义"的重要性；在对待老百姓的问题上，要强调利的重要，要"因民之所利而利之"，要使他们尽可能地"富"起来。孔子确实反对追求个人的私利，但是他却极力主张，要使老百姓得尽可能多的利益。

2. 关于"君子喻于义，小人喻于利"

在孔子的思想里，有一句话后人有不同的理解：这就是"君子喻于义，小人喻于利"。长期以来，一些人认为，这句话的意思是把人分为两等，只有在位的人才是有道德的，才能懂得"义"，才是君子，而劳动人民则是只知求利的人，是没有道德的人，是小人。这种理解应当说是不正确的，曲解甚至歪曲了孔子这句话的原意。

早在宋代，陆象山就对这句话作了全面的分析。陆象山与朱熹在理论上是有分歧的，但归根到底他们都是儒家，都对孔子很尊敬。在学术思想史上，曾经有过著名的"鹅湖之会"，就是这两位儒家学者之间的一场激烈争论。朱熹认为，要想成为有道德的人，就要"博学致知"，要有广泛的知识。应当先把经典著作如《诗》、《书》、《礼》、《易》、《春秋》及《论语》、《孟子》读熟，然后再培养自己的道德。陆象山则认为，不必读那么多的书，关键是要对儒家经典和孔子思想真诚信服，"先立乎其大"，确立仁的思想。鹅湖之会上，两个人面对面地进行辩论。朱熹说，你光讲道德，不读圣贤书，先"立乎其大"，就会支离破碎。陆象山说，你现在说经书重要，说"立乎其大"不对，那么请问，尧舜都是圣人，他们读了什么书了？他们一本经书也没读。结果谁也没驳倒谁。

后来朱熹请陆象山到他的白鹿洞书院去讲学，陆象山讲的是"君子喻于义，小人喻于利"这一章。本来朱熹对陆象山有很大的成见，据说陆象山讲完这一章之后，朱熹心悦诚服了。在二三月的天气里，朱熹听得直出汗，挥扇不止，他说陆象山讲得好，说他自己讲了这么久的《论语》，但这一思想他没讲出来。他请陆象山把讲稿写下来，要将它刻成石碑，立于白鹿洞书院，让他的弟子都来学习。后来白鹿洞书院里果然刻了陆象山的"君子喻于义，小人喻于利"这一章的讲稿。

陆象山说"君子喻于义，小人喻于利"不是把"君子"和"小人"看成是两个固定不变的等级，你是奴隶主阶级，地位比较尊贵，你就是君子，就是一个有道德的人，就能明白"义"；你是劳动人民，你是奴隶，你就是一个只知道求利而没有道德的人，就是小人。这样理解是错误的。一个人要想成为君子，就必须要懂得仁义道德，不断地按照这些要求去做、去追求、去努力、去修养、去践履，在求义的过程中持之以恒，这样才能成为一个有道德的人，成为一个君子。相反，尽管他今天已经是一个有地位的人了，如果他不能"喻于义"，不能按照仁义道德要求去做，而是"喻于利"，去追求私利，那么，他明天就会成为一个小人。只有小人才是"喻于利"，一个人老是想着私利，老是往钱眼儿里钻，他就是一个小人；如果他不再去追求利，而去追求义的话，他就可能成为一个君子。君子与小人并不是在人与人之间划分了两个截然不同的等级，而是提出了两种道德修养的人格境界，给人们指明了要想成为一个有道德的君子就必须"喻于义"，如果去"喻于利"，他就必然会成为一个小人。"喻"就是明白、了解、向往、追求。

3. 关于"己所不欲，勿施于人"

孔子提出仁的思想时，还提出了"己所不欲，勿施于人"的思想，它不仅是一个道德上"爱人"思想的要求和准则，而是一个伦理行为的方法论的原则。所谓伦理行为的方法论原则，是指它对一切人的一切伦理行为，都有着指导意义。也就是说，一个人想有道德，那么他的一切行为，就必须遵循这样的原则；或者反过来说，只要能遵循这样的原则，他的行为就必然是道德的。

人的一切道德行为，都是在调整个人与他人、个人与社会的关系，他的行为的出发点就是从自己和他人来考虑的。我要想成为一个有道德的人，时时都要考虑，我自己不愿意的事情不能加给别人，我自己希望达到和追求的目的，也希望别人能达到，这一方面是道德要求，另一方面也是方法论原则。如果我想成为一个有道德的人，不论我做什么，我的一切行为的根本方法就是要考虑到别人，以我的思想来体会别人，然后在实际的行动中去有利于别人，有利于社会。调整好人我关系的根本方法就是拿自己比别人，拿别人比自己，一切事情都要换个位置思考。当我做医生给人看病时，我应当设想，假如我是一个求诊的病人，我希望医生怎样做，希望医生有怎样的道德；当我是一个售货员，我应当设想，假如我是一个顾客，我希望售货员怎样做，希望售货员有怎样的道德。每个人都要换位思考，当你同任何一个人发生关系时，你都应当"将心比心，设身处地"地替别人着想，这样，你就能够使自己的行为达到"爱人"的目的。

（二）孔子关于"礼"的思想

儒家除了重视"仁"之外，也很重视"礼"。到底"仁"是核心还是"礼"是核心的问题，在学术界中争论了很久，至今仍然存在着分歧。我把"仁"放到第一位，因为孔子的"爱人"思想博大精深，在各方面都有很深的影响。当然，"礼"也很重要，它强调一种人伦价值。

儒家从孔子开始起，就强调应该有处理人与人之间的关系的原则。每个人在人伦关系中都处于一定的地位，应该担负起与其人伦地位相适应的责任，而认清自己在人伦关系中的地位，严格地履行自己在人伦关系中的责任，就是符合礼。礼是什么？孔子及儒家所说的"礼"，包括政治制度、法律条文、道德规范、人际交往、待人接物上的一些要求等等。当然，后来发展出君子礼、士礼等各种礼节，以至《仪礼》中的各种仪式，如遇到什么节日应该有什么节目单，应该奏什么乐等等。礼非常庞大、复杂、包罗万象，在我们今天的语言里，几乎没有一个恰当的概念可以和它对应。国家的政治制度是礼，人际关系中的要求也是礼，所以，礼是当时社会各种政治、法律、道德以及人与人之间规范的总和。它是维护社会安定的最重要的要求，不把礼提高到这样一个高度，我们就认识不到礼的意义以及儒家思想所以能够在社会中长期得到重视的原因。

孔子讲"克己复礼为仁"，直到现在，"克己复礼"的影响还很大。什么是"克己复礼"呢？就是要把自己种种不符合当前国家政治制度、法律思想、道德规范以及礼节仪式、风俗习惯等等的思想克服下来，

"复礼"就是符合这些要求，这样才算有了道德。"克己复礼"起到维护社会安定的作用。

在"克己复礼"的同时，要尽自己应尽的伦理责任，实现自己的价值。礼的一个很重要的方面，就是在人伦关系中履行自己的义务。孟子所讲的五伦关系是"父子有亲，君臣有义，夫妇有别，长幼有序，朋友有信"，就是要"父慈子孝"，做父母的要慈爱，做子女要孝顺。"君臣有义"，也就是"君使臣以礼，臣事君以忠"。"夫妇有别"，就是说，夫外妇内，各有分工，各司其职，当然这种分工是同奴隶社会、封建社会的等级制度和男尊女卑的情况相联系的。"长幼有序"，是对长辈和晚辈之间关系的相互义务的规定。"朋友有信"，规定了朋友之间的相互的、对等的权利和义务。五伦关系涵盖了当时社会中的各种人伦关系，并规定了每个人应该履行的义务，履行这种义务也就是实现了一个人的人伦价值。这种义务履行得愈彻底、愈全面、愈认真，这个人的价值也就愈大。"圣人，人伦之至也"，一个道德高尚的"圣人"，就是在人伦关系的各个方面，都履行了最全面、最彻底的责任和义务。

孔子和儒家强调人伦价值，对维持中国社会的稳定有非常重要的作用。如果君臣、父子、长幼、夫妇、朋友都能严格遵守自己所应尽的职责和义务，那么，整个社会就会是稳定的。当时生产不很发达，分工也不细，君臣关系、父子关系、长幼关系、夫妻关系、朋友关系是五种最重要的关系。把这五种关系处理好，每个人在这五种关系中都能够尽到自己应尽的责任，那么这个社会也就稳定了。

儒家所说的"五伦"关系，在今天还有没有合理的因素呢？能否加以新的解释，予以批判继承呢？对儒家原来所规定的这五伦关系应当具体分析。

"父子有亲"，应当排斥其中的等级观念，吸取其中有益的东西，用今天的话来说，应该是"父慈子孝"，父母对儿子应该慈爱，子女对父母应该孝敬。

"君臣有义"，是在特定的社会中所特有的伦理关系，应当从根本上加以扬弃。"有义"就是有一个原则，现在"君臣"关系不存在了，上下级关系还存在，上级和下级、领导和被领导之间，仍然应当要根据今天的原则来处理各种关系，也可以说是"上下有义"。

"长幼有序"在今天仍旧适用。年长的应当照顾、关心年幼的，年幼的应当尊敬年长的。《礼记》上说"年长以倍，则父事之；十年以长，则兄事之；五年以长，则肩随之"（《曲礼上》）。也就是说：年长你二十岁以上的，你要当父辈来对待，年长你十岁以上的，你要把他当作兄长来对待；年长五年以上的，在和他并行的时候，你都要跟随在他的后面，一举一动，你都要让他在你的前面。长幼有序，中国讲究"以齿为序"，要排次序，年老的应该在前面。

"夫妇有别"，这是儒家长期受到批评的一种思想，因为"夫妇有别"也就是"内外有别"，丈夫管外边的事，女子只能管家内的事，而不能管外边的事，按照我们现在的话，就是"女子只能围着锅台转"，直到新中国成立前，在农村一些地方，还把"丈夫"叫做"外边人"，把妻子叫"屋里人"。这种思想当然是不对的。如果我们能对"夫妇有别"的封建、等级的思想加以批判，也可以看到其中也有某些合理的因素。"男女有别"在奴隶社会和封建社会内，尽管其主导的一面是压制妇女和束缚妇女，但也要看到，其中包含着妻子不准干涉丈夫的"政务"的一个方面。《礼记·曲礼上》说"外言不入于梱"，即男人在外面的职事，不说给家中的妇女，就有这方面的意思。因为一般讲在古代男子地位比较高，管理国家政治，"夫妇有别"规定了妇女不准干涉她丈夫在政治生活中的事情。妇女只管家里的事，不要管丈夫在官场里的政治事务。那么现在看来，夫妻双方任何一方都不要去管对方的政治生活中的事情，这也是有其合理因素的。从历史和现实来看，在政治生活中，妻子干涉丈夫的政治生活方面的事，或者丈夫干涉妻子的政治生活方面的事，后果都是不好的。对于一些政府的高级官员来说，这又往往是走向徇私枉法、政治腐败、思想堕落的一个重要原因。另外，还有些人提出"夫妇有别"，按我们现在的情况，最好改成"夫妇有爱"，因为夫妻之间应该讲爱情，这种观点也有一定的合理之处。

"朋友有信"这是在人际交往中带有普遍性的一个重要原则。在朋友之间相处，最重要的是要诚实守信，孔子特别重视"与朋友交言而有信"的重要，认为"人而无信，不知其可也"。一个人，与他人相处时，不能诚信，是根本无法在社会上生存的。诚信这一为人处事的原则，是中国传统道德的精华，直到今天，仍有重要的现实意义。

我国现在处在社会主义初级阶段，人与人之间的关系，是一种完全新型的关系。我们现在讲集体主义原则、社会公德、家庭美德、职业道德等，其实最重要的一个目的是把我们今天社会中的人的各种关系的要求概括出来。按照新的经济关系、政治关系的要求，确立起每个人在社会关系中的权利和义务，以促进社会人际关系的和谐和生产力的发展。

（三）孔子和儒家思想所强调的整体精神

所谓整体精神，就是说在儒家思想中贯穿着一种为社会、为民族、为国家、为整体的一种思想，重视整体利益、社会利益和国家利益，在个人和整体的关系上，它要求整体利益、国家利益、民族利益、社会利益高于个人利益。儒家把国家利益、社会利益、民族利益看作是"公"，"公"也就是儒家所讲的"义"，社会大众人民之功利。孔子和儒家强调的"公"，要先公后私，大公无私，天下为公，以公灭私，追求义，追求公家之利。这是要求一个人能够把社会、民族、国家利益放在个人利益前面，在必要时能"杀身成仁，舍生取义"，一个人应当是"先天下之忧而忧，后天下之乐而乐"，"国家兴亡，匹夫有责"，"苟利国家生死以，岂因祸福避趋之"等等。

我们现在讲中国传统道德的时候，非常注意儒家"公忠"的道德规范和传统。把"忠"与"公"联系起来，这也是儒家思想发展中很重要的一个贡献，我们可以看到后来不少受儒家思想很深影响的人在国家和民族受到危难的时候，临危不惧、舍生忘死、挺身而出、精忠报国。这些事迹很多，他们几乎都是受了儒家"公忠"思想的影响。我们从中华民族的长期发展的历史中也可以看到，每一个时代真正笃信儒家思想的人们，在民族危难、国家危难的时候，他们都表现得很好，有高尚的民族气节，如苏武、岳飞、文天祥等等。

儒家的这种思想对我们维护国家安全、民族统一确实起到了很重要的作用。中华民族的为整体、为国家、为民族、为社会的思想根深蒂固。反对分裂，反对割据，反对一切背叛国家和民族的行为，主张统一，我们在《论语》里可以读到很多这样的思想。孔子在《论语》中的一个思想就是反对各诸侯篡周天子的权。《论语》里讲，季氏"八佾舞于庭，是可忍也，孰不可忍也"。季氏是当时周天子管辖下的鲁国的一个大夫，中央是周天子，鲁国是诸侯，季氏只不过是鲁国国君的一个大夫，季氏居然"八佾舞于庭"，这怎么能行呢？"佾"就是行、跳舞的行列，诸侯国君才能有"六佾"，大夫也就只能有"四佾"。当时只有周天子才能用"八佾"。孔子认为，这种事情季氏都忍心干出来，他什么事情还干不出来啊！"三家以雍彻"这种事，孔子也很生气。"雍"这种乐是天子开的会议后所唱的一篇诗，而且这首诗里还引了《诗经》里的两句话，按照我们今天的话说是"天子严肃静穆地在那儿主祭，各国的国君在那里陪祭"，这就叫做"相维辟公，天子穆穆"。这篇诗是只能适用于天子的，季氏三家把天子的礼节仪式都用了，这究竟是想干什么？从维护周天子统治出发，孔子极力反对这种他所谓的"僭越"的行为。从一方面说，这是由孔子的保守立场出发的，从另一方面来说，孔子反对当时的割据行为，是有利于维护国家的统一的。孔子不是反对劳动人民，他反对的是要篡周天子地位的诸侯国的国君。孔子认为作为周天子治下的一国国君，绝不能跨越你的地位，篡夺中央的权力。这一点确实对维护国家统一，维护民族社会的整体利益有积极的作用。

应当看到孔子处于奴隶社会的没落时期，他要维护的社会制度处于没落时代，因此，他的思想对当时的历史而言是有保守性的，但是经过新的时代、新的理论的批判之后，我们可以吸收其中的有利于我们民族、国家、社会统一的有利因素。从这个意义上讲，我们研究孔子和儒家思想，确实应该坚持辩证、分析的态度，一方面是看到它的保守性从而予以批判和加以扬弃，另一方面要看到其中包含的为民族、为社会、为国家统一的整体思想，这对我们的社会稳定、政治稳定都是有重要意义的。当然，如果一个统治阶级处于没落时期，这种稳定的作用只能够起维护没落社会的保守或反动作用；如果这个统治阶级是进步的，代表了社会生产力的发展，那么这种稳定、维护国家民族利益就会有利于社会进步。

（四）追求高尚精神境界、理想人格

儒家认为，为一种崇高的精神境界的实现，尽管会在物质生活上遭到种种困难，但对这种人生的追求能够使人处于一种幸福和愉快之中。孔子说他自己"饭疏食饮水，曲肱而枕之，乐亦在其中矣；不义而富且贵，于我如浮云"。这一段话是孔子对自己追求的精神境界的概括。他说，尽管他每天吃的，就是一点粗粮，渴了就喝点白开水，睡觉时没有枕头，弯着胳膊当枕头，因为他有着崇高的理想和追求，就是如此，他也感到很快乐。他很欣赏他的弟子颜回，"一箪食，一瓢饮，在陋巷，人不堪其忧，回也不改其乐，贤哉回也！"尽管颜回的物质生活很清苦，但他的精神生活却极充实，所以颜回不但不感到清苦，而且很快乐，因为他有一种高尚的理想追求。

孟子提出所谓"天爵"和"人爵"的思想。他认为只有追求高尚精神境界，追求理想人格的人，才是有道德的人。一个人在社会上取得的地位，只是"人爵"，它并不能体现一个人的价值，只有高尚的道德，才是"天爵"，才是最有价值的，这就是孟子所说的"良贵"。"贵"就是价值，"良贵"就是最高的价值。

"二程"专门让他的学生在读《论语》的时候要研究为什么孔子、颜回在那种条件下还那么快乐，所以宋明理学里边专门有一题目叫"孔颜之乐"。显然，"二程"看到了孔子、颜回因为有了崇高的理想和信念，尽管他们的生活很苦，他们仍然能很乐观、愉快地为他们的事业而去奋斗。宋代的思想家张载，进一步把儒家的这种崇高理想规定为"为天地定心，为生民立命，为往圣继绝学，为万世开太平"，强调一个人要为这种崇高的理想境界奋斗，尽管"虽不能至"，也要始终不渝地"心向往之"。

（五）强调道德修养

儒家认为为学的目的就是陶冶人的性情，塑造人的一种品德。学就是学为人，学做人，学做圣人。我们现在的学校教育，特别是中小学教育，由于受"应试教育"的影响，各种课程学了很多，但没有学会做人。而中国的传统教育一开始就是学做人。《论语》里的第一章《学而》中的第一句话，就是："子曰：学而时习之，不亦说乎！"这个"学"，并不是我们今天所指的学习书本知识，这里的"习"，也不是温习和背诵书中的课文。这里的"学"，就是指的"学做人"、"学为圣贤"；这里的"习"，就是要在实践中去实行。

孔子说"古之学者为己，今之学者为人"，这里的意思说：古代的学者学习就是为了提高自己的思想道德品质，而今天的学者是为了在别人面前显示自己。因为中国古代的"学"是学做人，"为学"就不仅是为了增长知识，所以儒家讲"为学"是"不求日增，只求日减"。为学，不是每天去增加什么书本上的知识,而是要清除自己不符合道德要求的错误思想和行为。所以,为学更重要的是,只求每天去往下减,减了又减,以至于到后来什么也没有了,那就最好了。"只求日减"是说减少你那些不符合礼的错误思想,减了又减,减到错误思想没有了,你就成了一个圣人。

儒家从孔子开始起就讲"内省",就是内心里边反省自己,"内讼"就是自己跟自己打官司。"修身"、"自省"、"内省"、"内讼"是儒家在道德修养方面的一个很重要的传统。曾子讲"吾日三省吾身,与人谋而不忠乎?与朋友交而不信乎?传不习乎?"孔子讲只要看见人家有过,我就要"内自讼",就要自己反省自己。儒家认为,如果没有修养的功夫,一切道德规范、道德原则和道德要求都只能是一句空话。儒家思想之所以能够深入人心,在培养人上发挥很重要的作用,与儒家强调道德修养是分不开的。中国儒家重视修养的思想,甚至在世界的伦理思想中都是一个很重要的特色。

儒家强调修养不是一句空话,修养是一种内讼,是一种斗争,是培养自己的正气,是激励自己的结果。儒家强调,为了使修养达到实际的效果,必须坚持艰苦的锻炼,这就是儒家所谈的修养的"功夫"。孟子有很多论述,以至到了宋明以后,强调思想修养到了一种极端的地步。明代与王阳明同时的一个人叫黄绾,为了修养自己,曾进行了极严格的锻炼。在进行修养的方法中,《论语》中有"书诸绅",在宋明有"功过格"。黄绾在他所写的《明道编》一书中曾叙述了他自身的修养过程。他说:"悔恨发奋,闭户书室,以至终夜不寐,终日不食,罚跪自击,无所不至。又以册刻'天理'、'人欲'四字,分两行。发一念由天理,以红笔点之,发一念由人欲,以黑笔点之。至十日一数之,以视红黑多寡为工程。又以绳缚手臂,又为木牌,书当戒之言,藏袖中,常检之以自警。如此数年,仅免过咎,然亦不能无猎心之萌。由此益知习气移人易,人心克己之难。"

所谓"功过格",就是把有功有过分别画出两个格来,每有一善念,每有一个从道德出发的念头,就点一个红点,每有一个从人欲出发的念头,按照我们今天讲就是从自私自利出发的念头,就用黑笔点一点,点到十天就数一数,到底是从天理出发的念头多,还是从人欲出发的念头多，不断地进行改进。有的人甚至在自己桌子上放两个碗，然后用两个口袋，一个口袋装黑豆，一个口袋装红豆，发一念自天理，就拿一颗红豆放在一个碗里，发一念自人欲，就拿一颗黑豆放在另外一个碗里，每天数一次，到底是黑豆多还是红豆多。红豆就代表正确思想，黑豆就代表错误思想。如果检查的结果黑豆多红豆少，也就是人欲的观念多，他们就自己罚跪，甚至两手打自己的嘴巴。当然，这种修养方法不科学，我们也不提倡，但也反映了中国传统道德非常强调修养功夫的一面。没有这个修养功夫，不论怎样好的道德规范和道德教育，都落不到实处。这就是说，如果没有道德主体自觉地艰苦修养，一切都是空的。

以上从五个方面简单地概述了儒家思想。那么，儒家思想的核心是什么？它的根本要求是什么？过去学术界比较普遍的一种意见是，儒家思想核心是仁，而我认为是上述五个主要的方面。那么，在这五个方面中，哪一个方面有更重要的意义呢？我比较倾向在儒家思想的五个内容中，它的整体主义思想有更重要的意义。在儒家思想里面所贯穿的这种为社会、为国家、为民族的整体思想是由它的仁与礼这两个支柱或者说仁爱思想或人伦价值这两个思想所支撑的。孔子和儒家思想的这五个方面的内容，又是相互联系的。

第四章
墨家的兼爱和义利并重的伦理思想

第一节　墨子的生平及其著作

　　墨子，名翟，约生于公元前 468 年，卒于公元前 376 年，春秋末期鲁国人。①《史记·孟子荀卿列传》说："盖墨翟宋之大夫，善守御，为节用。"因他曾长时期在宋国做官，故一说他是宋国人。

　　墨子在《墨子·贵义》篇中曾自称为"贱人"，又说自己并没有直接参加生产，"翟上无君上之事，下无耕农之难"，因此有人说他既不是贵族，更不是奴隶，也不是一般的直接生产者，而是一个接近"农与工肆之人"，即接近下层劳动人民的知识分子。据《淮南子·齐俗训》中说，墨子和当时最著名的木工公输般，都能用木材制成一种精巧玲珑的飞鸟，能在空中飞三天都不落下来。有一次，墨子和公输般在楚王面前比赛，公输般用他制造的九种攻城器械进攻，墨子以他的九种守城器械抵御，最后还是墨子取得了胜利。从这两个故事来看，墨子原来可能是一个技术熟练的木工，经过自学，成为一个知识分子，即所谓"士"。墨子在宣传自己的思想时，经常引经据典，表现出很高的历史知识造诣。

　　据《淮南子·要略》说："墨子学儒者之业，受孔子之术，以为其

　　① 孙诒让《墨子考证》说："生于鲁而仕于宋。"

礼烦扰而不悦，厚葬靡财而贫民，（久）服伤生而害事，故背周道而用夏政。”可见墨子是因不满儒家学说而另立新说的。他创立起一个墨家学派，以与孔子的儒家学派相对立。墨学曾经和儒学并称，在当时都有很大的影响，被称为“孔墨显学”。但是，墨家的思想受到儒家思想的压抑，到西汉以后，墨子及墨家学派的思想事迹逐渐湮灭无闻。[1]

在中国伦理思想史上，墨子是第一个代表小生产者的思想家。小生产者直接参加生产劳动，承受着长期的战争所带来的沉重灾难，在当时的统治阶级的剥削和压迫下过着极其困苦的生活。墨子站在劳动人民一边，反映了他们的正义的呼声，因而，他的伦理思想超出了同时代其他思想家及其思想所固有的局限性，而具有更广泛的人民性。他强调劳动的重要，赋予劳动以道德意义，强调劳动果实不可侵犯，这在世界伦理思想史上也是少见的。他所提倡的“兼爱”学说，尽管是一种全人类的因而也是抽象的爱，是一种不可能实现的幻想，但他确实是从劳动人民的立场出发，反映了劳动人民的迫切要求、善良愿望和高尚情操。在“兼爱”思想的表述中，处处表现了他对当时“强执弱、贵傲贱、富侮贫”现象的强烈不满，以及他对人与人之间“兼相爱”的理想社会的真心向往。

就墨子一生的活动来看，可以说他既是一个伦理思想家，又是一个道德实践家。他以“兼相爱”为目的，宣传人与人之间应当彼此相爱，反对攻战，强调和平。他也曾周游列国，宣传他的主张，先后到过齐国、卫国、宋国、楚国等地，所谓“墨子无暖席”（《淮南子·修务训》），“墨突不黔”（《汉书·叙传上》），就是说他匆匆忙忙奔走各国的情况。墨子的一个朋友曾经劝说他：“现在天下的人都不肯做正义的事，你何苦这样努力去干呢？还不如算了吧！”墨子回答说：“今有人于此，有子十人，一人耕而九人处，则耕者不可以不益急矣。何故？则食者众而耕者寡也。今天下莫为义，则子如劝我者也，何故止我？”（《墨子·

---

[1] 墨子及墨家学派的思想、事迹在西汉以后的存亡、流转，史家多有所论。孙诒让《墨子间诂·墨子传略》说：“太史公述其父谈论六家之旨，尊儒而重道，墨学非其所喜。故《史记》摘采极博，于先秦诸子，自儒家外，老、庄、韩、吕、苏、张、孙、吴之伦皆论列言行为传，唯于墨子则仅于孟荀传末附缀姓名，尚不能质定其时代，遑论行事。然则非从世代绵邈，旧闻散佚，而墨子七十一篇，其时俱存，史公实未尝详事校核，亦其疏也！今去史公又几二千年，周秦故书雅记百无一存，而七十一篇亦复书阙有间，微讨之难，不翅信莛。”

贵义》）意思是说，一个人有十个儿子，九个儿子好吃懒做，只有一个儿子尽力耕田，吃饭的人那么多，耕田的人那么少，那一个耕田的儿子不能不愈加努力。现在天下的人都不肯做合乎义的事，你正该劝我多做行义之事才好，为什么反而劝我不要做呢？他和他的弟子组织了一个严密的团体，为止息天下的战争，为使所有的人都"兼相爱"而奔忙。《淮南子·泰族训》说："墨子服役者百八十人，皆可使赴火蹈刃，死不还踵。"这个团体的领袖称做"巨子"。在墨子死了以后，"巨子"还传了几代。在中国伦理思想史上，像这样严密组织的、以笃行道德为宗旨的团体，也是绝无仅有的。以后的儒家，虽也有自成一个学派并强调实践笃行的组织，但没有一个组织能像墨子所建立的组织那样有严密的纪律性。从历史上来看，这个严密的组织并未存在很长的时间，100 多年后，也就完全衰落，不为当时的人们所注意了。正是由于墨子及其一派有着这种为人、救世的精神，所以他们都极端重视为百姓谋利益。因此，我们可以说，以人民大众的利益作为最高的道德原则，以"兼相爱，交相利"作为这一原则的实质内容，并力求把它付诸实践，是墨子伦理思想的主要方面。墨子的伦理思想对以后中国伦理思想史上强调实践、注重功利的一派思想家，有着很重要的影响。

当然，小生产者阶层本身还存在着很大的局限性，当时社会的生产方式以及他们在社会生产方式中的地位，决定了他们具有散漫性、狭隘性和保守性的弱点。作为小生产者代表的墨子，在反映小生产者阶层的要求和愿望时，也反映了他们所固有的弱点，即把自己的希望寄托于对王公大人进行道德上的劝说，希望他们能推行"兼爱"，甚至最后陷入了相信"上帝"鬼神能赏善罚恶，把"上帝"鬼神作为实现自己的理想社会的最后的精神支柱。这些是墨子思想之中的严重的缺陷。当然，我们应根据当时的时代和人们当时的认识水平考虑问题，不能过分地苛求古人。

现存的《墨子》一书，据近人考证，是由墨子的弟子们整理而成的，其主要部分，可以看做是墨子的活动及其思想的比较可靠的记载。据《汉书·艺文志》记载，《墨子》共有七十一篇，流传下来的只有五十三篇。其中《经上》、《经下》、《经说上》、《经说下》、《大取》、《小取》等六篇，主要是逻辑学、认识论和自然科学方面的著作，具有很高的学术价值，为战国时期的后期墨家所著。对于研究墨子的伦理思想来说，比较重要的有《兼爱》、《非攻》、《尚贤》、《尚同》、《节用》、《节葬》、《非乐》、《非命》、《天志》、《明鬼》、《贵义》、《鲁问》和《修身》、《所染》等篇。

第二节　以"兼爱"为核心的伦理思想

墨子的思想和儒家的思想既有相同的方面，也有对立的方面。从相同的一面来说，他们都强调"爱人"，都主张"己所不欲，勿施于人"。从对立的一面来说，儒家强调"亲亲"，即更爱自己亲近的人，强调对人的爱应有差等，爱应由近及远，孝顺父母、亲爱兄弟，齐家然后才能平治天下。孔子主张"仁"，并强调"仁者爱人"。尽管实质上，孔子的爱是有先后轻重的"差等"之爱，但从一般意义上来看，他所爱的"人"，是包括所有的人在内的，这是他思想进步的方面。可是孔子为了要维护西周以来的以血缘关系为纽带的君君、臣臣、父父、子子的等级制度，在"爱人"的问题上，特别强调"亲亲"，强调"爱有差等"。孔子认为，对不同的人，虽然都要爱也都应该爱，但爱的程度应有不同，对自己的父母、亲属以及有血缘关系的人的爱，应该超过对别人的爱。孔子说："君子笃于亲，则民兴于仁；故旧不遗，则民不偷。"（《论语·泰伯》）又说"君子不施其亲"（《论语·微子》）等，就是强调，对亲人故旧的爱，要胜似和超过对一般人的爱。墨子从反对传统出发，认为西周以来的以血缘关系为纽带的亲亲关系应该打破。因此，他反对爱有差等，主张爱一切人，不分厚薄，不分彼此，不分亲疏远近。这种不分彼此、不分差等、不分亲疏的爱，是一种我爱人人、人人爱我的爱，它是墨子伦理思想体系的核心。

人和人之间，为什么应该相互施以彼此平等的、无差别的爱呢？墨子提出了理论的说明。孔子只说到爱人，并把爱人视作当然的道德准则。仁者为什么应当爱人？除了因为我们都是人外，孔子没有看到社会的原因。墨子明确地提出，他所提出的这种无差别的对一切人都要施以同等的爱的思想，是社会发展所必需的，是维护人类生存所不可缺少的。他所说的兼爱，是克服社会动乱、加强安定团结、推动社会进步的一种重要力量。

墨子所处的时代，是一个战争四起、烽火连绵的年代，是一个"国之与国之相攻，家之与家之相篡，人之与人之相贼，君臣不惠忠，父子不慈孝，兄弟不和调"（《墨子·兼爱中》）的年代。在墨子看来，天下最大的祸害，就是各个国家、各个阶层以及各个家庭之间的相互兼并和争夺，造成了下层劳动人民的极大的痛苦。这都是由于人们"不相爱"产生的。墨子认为，人们并非完全不知"爱"，谁都懂得"爱"的重要，但是，人们只知道爱自己的亲人、爱自己的家庭、爱自己的国家，而不知爱别人及别人的家庭和国家，也就是不知道"兼相爱"，才造成了彼此的兼并和争夺。在某种意义上也可以说，天下大乱正是儒家的"亲亲"思想所造成的。墨子认为，只要人和人之间能够"兼相爱"，人间的一切争夺也就都解决了。他说：

> 今诸侯独知爱其国，不爱人之国，是以不惮举其国以攻人之国；今家主独知爱其家，而不爱人之家，是以不惮举其家以篡人之家；今人独知爱其身，不爱人之身，是以不惮举其身以贼人之身。是故诸侯不相爱，则必野战；家主不相爱，则必相篡；人与人不相爱，则必相贼。君臣不相爱，则不惠忠；父子不相爱，则不慈孝；兄弟不相爱，则不和调。天下之人皆不相爱，强必执弱，富必侮贫，贵必傲贱，诈必欺愚。凡天下祸篡怨恨，其所以起者，以不相爱生也。是以仁者非之。（《墨子·兼爱中》）

> 君臣相爱，则惠忠；父子相爱，则慈孝；兄弟相爱，则和调。天下之人皆相爱，强不执弱，众不劫寡，富不侮贫，贵不傲贱，诈不欺愚。凡天下祸篡怨恨，可使毋起者，以相爱生也。是以仁者誉之。（同上）

"兼相爱"就是要把人家的国看成和自己的国一样，把人家的家看成和自己的家一样，把人家的身体看成和自己的身体一样。这样，国之间的攻战，家之间的篡夺，人之间的相害，也就最终消灭了。

墨子所说的"兼爱"，比起孔子的"爱人"来说，前进了一大步，确实可以说是一种普遍的人类之爱，即不论统治阶级和被统治阶级，不论强者和弱者，贵者和贱者、富者和贫者，彼此都要相互亲爱。作为小生产者思想代表的墨子，尽管深深地感受到当时的强者、富者、贵者对人民的剥削和压迫，是造成人民痛苦的根源，但是，他又不可能认识到这是一种阶级之间的压迫，不能意识到除了用暴力来改变这种状况之外，任何爱的说教都是不可能的。他企图去实现这种普遍的、没有差等的爱，以达到天下太平。

墨子还进一步从逻辑上驳斥儒家的爱有差等的思想，以便更牢固地确立自己的"兼相爱"的理论。《墨子·耕柱》中载：

> 巫马子谓子墨子曰："我与子异，我不能兼爱。我爱邹人于越人，爱鲁人于邹人，爱我乡人于鲁人，爱我家人于乡人，爱我亲于我家人，爱我身于吾亲，以为近我也。击我则疾，击彼则不疾于我。我何故疾者之不拊，而不疾者之拊？故有杀彼以利我，无杀我以利彼。"子墨子曰："子之义将匿邪？意将以告人乎？"巫马子曰："我何故匿我义？吾将以告人。"子墨子曰："然则一人说子，一人欲杀子以利己；十人说子，十人欲杀子以利己；天下说子，天下欲杀子以利己。一人不说子，一人欲杀子，以子为施不祥言者也；十人不说子，十人欲杀子，以子为施不祥言者也；天下不说子，天下欲杀子，以子为施不祥言者也。说子亦欲杀子，不说子亦欲杀子，是所谓经者口也，杀常之身者也。"

上述巫马子的思想，就是从儒家的爱有差等的思想推导出来的。儒家强调爱有差等，强调由爱亲推及爱一切人。墨子通过巫马子之口，依照其内在的逻辑，把儒家的"爱有差等"推向"爱我身于吾亲"、"有杀彼以利我，无杀我以利彼"，即从"爱有差等"推导出了身重于亲和杀人自利的结论。墨子还进一步指出，坚持这种主张的人要把这一主张宣传给别人听，如果人们喜欢这一主张，必定会杀人自利，坚持这种主张的人也就难免有杀身之祸；如果人们不喜欢这一主张，就会认为坚持这一主张的人传播谬论害人，因此也就同样难免有被杀的危险。墨子揭示了儒家爱有差等思想的自私本质以及它可能对社会产生的消极影响，从反面论证了"兼爱"主张在理论上的正确性。然而，墨子不懂得人是划分为阶级的，不同阶级的人在根本上是相互对立的，在他们之间从来就不能有什么对等的爱，因而，"兼相爱"理论在实际生活中也只能是一种良好的愿望罢了。

"兼相爱"是最高的道德原则，怎样去实现它呢？墨子又进而提出了"交相利"。墨子认为，人和人之间都应当兼相爱，我爱别人，别人也应当爱我。但是这种相互的爱不应该仅仅是口头上的爱、感情上的爱，爱应当是实实在在的相互帮助，也就是说，爱必须体现在"利"上。具体地说，"交相利"是什么呢？墨子说："有力者疾以助人，有财者勉以分人，有道者劝以教人。"（《墨子·尚贤下》）从而使"饥者得食，寒者得衣，乱者得治"（同上），使"老而无妻子者，有所侍养以终其寿；幼弱孤童之无父母者，有所放依以长其身"（《墨子·兼爱下》）。这种思想，反映了下层劳动人民的利益，是有一定进步意义的。

由于墨子的"兼爱"是针对孔子的"亲亲"和"爱有差等"的维护血缘等级宗法关系的理论的，因此，后来受到孟子的强烈批判。从《孟子》一书中，我们可以知道，墨子和另一个思想家杨朱的理论，在当时曾发生过很大的作用。所谓"杨朱、墨翟之言盈天下，天下之言，不归杨，则归墨"，因此，孟子才出来"闲先圣之道，距杨墨，放淫辞，邪说者不得作"（《孟子·滕文公下》），捍卫先圣之道，抵制杨墨学说，摒弃惑乱人心的言辞，使邪说不能兴起，从而使孔子的思想，又占了上风。孟子在批判杨朱和墨子时说："杨氏为我，是无君也；墨氏兼爱，是无父也。无父无君是禽兽也。"（同上）他认为墨子最大的罪过就是不孝敬自己的父母。但是，在墨子看来，一个孝子，如果希望别人能爱利自己的父母，必须先爱利别人的父母，然后别人才会"报我以爱利吾亲"。如果不知道爱利别人的双亲，别人也就不会爱利自己的父母，那又怎么能算孝呢？

第三节 义利并重的原则和伦理学上的功利主义

墨子针对孔子所提出的重义轻利和先义后利的原则，明确地提出了义利并重的思想，这是对孔子义利问题上的观点的扬弃和发展。

义利问题，在中国伦理思想史的发展中，有着特殊的重要意义。孔子虽然并没有否定"利"在一定情况下的重要性，但从逻辑概念的运用上来看，孔子的思想是不清晰的。他对"义"、"利"都没有作出明确的解释。

墨子和孔子不同，他对义利都作过许多解释。

什么是"义"？墨子说："义者正也。何以知义之为正也？天下有义则治，无义则乱，我以此知义之为正也。"（《墨子·天志下》）又说："万事莫贵于义。今谓人曰：予子冠履，而断子之手足，子为之乎？必不为。何故？则冠履不若手足之贵。又曰：予子天下，而杀子之身，子为之乎？必不为。何故？则天下不若身之贵也。争一言以相杀，是贵义于其身也。故曰：'万事莫贵于义。'"（《墨子·贵义》）贵，有高、尊和重要等意义，所谓"万事莫贵于义"，就是在一切事物中，只有"义"是最高贵、最重要、最有价值的。在墨子看来，世间一切事物中，没有任何事物比"义"的价值更大了。所谓"义贵于身"，即"义"比生命的价值更高，人们为了获得义，可以牺牲自己的生命。那么，什么是义呢？义就是公正、正直、正义，据孙诒让解释，所谓"义者正也"，意思是"以正治人也"，即管理老百姓，必须公正和正直。义，也就是人们所说的公平，即人的行为必须遵守义的准则。在墨子看来，当时最大的公正，就是要兴天下之利，除天下之害。

什么是利？墨子明确指出，他们说的利，作为一种原则，不是个人的私利，而是指整体的利益，即社会、国家和万民的利益。他说："仁之事者，必务求兴天下之利，除天下之害，将以为法乎天下。利人乎即为，不利人乎即止。"（《墨子·非乐上》）他认为，不论任何事情，是否应该去做，都要看这件事是否"中万民之利"，如果能"中万民之利"，就应该去做，如果"万民弗利"，就不应该去做。因此，"兴天下之利，除天下之害"（《墨子·兼爱下》）就是墨子所强调的一切行为善恶的标准。正是因为墨子把"利"理解为天下之利、国家之利和万民之利，所以后期墨家在给仁和义利下定义时，就说，"仁，体爱也"（《墨子·经上》），即仁是体验自己去爱别人；"义，利也"（同上），即义就是利别人、国家和天下。

墨子既然把"仁人"的奋斗目标看成是"兴天下之利，除天下之害"，因而他强调发展生产、为民兴利并且使民富裕起来的重要意义。

一个有道德的圣人统治和管理一个国家，最重要的是，不但要使人民都有"兼爱"的思想，彼此相爱，而且要使他们在生活上富裕起来，使生产能够成倍地增加。他说："圣人为政一国，一国可倍也。大之为政天下，天下可倍也。其倍之，非外取地也。因其国家，去其无用之费，足以倍之。"（《墨子·节用上》）这里所说的"倍"，就是我们所说的翻一番，即要使物质财富的生产、国民的收入增加一倍。他不但要使一个国家的物质财富翻一番，而且要使天下的物质财富都翻一番。墨子甚至认为，只要能照他说的去做，就是翻几番都是可以的。从小生产者的立场出发，墨子反对儒家的厚葬久丧，反对"当今之主"的"暴夺民衣食之财"的腐败行为，主张"节用"，反对奴隶主贵族依照周礼所进行的各种威仪和享乐、奢侈的行为。

墨子把这种是否对别人有利的思想贯彻到各个方面。《墨子·鲁问》中说："公输子削竹木以为鹊，成而飞之，三日不下。公输子自以为至巧。子墨子谓公输子曰：'子之为鹊也，不若匠之为车辖，须臾斲三寸之木，而任五十石之重。故所为功，利于人谓之巧，不利于人谓之拙。'"在这里，墨子明确地提出了"功利于人谓之巧"，就是以是否对他人产生功利为标准来判断行为的巧拙、智愚和善恶。

墨子把义利统一起来，并强调以对人们（"万民"）是否产生"功利"为判断是非、善恶、巧拙、智愚的标准，可以说是中国伦理思想史上最早的一种功利原则。他的所谓"万民之利"、"天下国家之大利"，从一定意义上看，也可以说与最大多数人的利益和幸福的提法是一致的。① 这一思想，在中国和世界伦理思想史上都是最早的，具有重要的意义。

墨子讲的"交相利"中的"利"是相互的，即我诚心诚意地帮助别人，使别人得"利"，同时别人也都诚心诚意地帮助我，我也就得到了"利"。这也反映了墨子伦理思想的功利论的特点。但墨子并不是那种狭隘的功利论者，他讲"交相利"，不是作为一个条件或一种目的，而是"兼相爱"的必然结果或自然结果。也就是说，不是别人必须利我，我

---

① 德国伦理学家赫起逊，在《关于道德上的善与恶的探究》（1725）一书中，最早提出"最大多数人最大幸福"一词，以后，边沁正式把它作为一个伦理学的原则，这已经是19世纪了。

才去利别人，也不是说我利别人是为了得到别人的利，而是大家都相互帮助，相互爱护，那么，彼此之间就都会自然而然地得到利益。

墨子是一个强调功利原则的伦理思想家，因此，他同时又重视动机和效果的关系。墨子在中国伦理思想史上，甚至在世界伦理思想史上，第一次把动机和效果联系起来作为一对伦理学的范畴，并创造了"志"、"功"这两个概念来表示动机和效果，这是他对伦理学的又一重要贡献。

"志"和"功"这两个概念，墨子以前就存在了。《尚书》中有"诗言志、歌咏言"（《尚书·舜典》），《论语》中有"吾十有五而志于学"（《论语·为政》）。但是，这里的"志"主要是立志和意志的意思，并没有动机的意义。"志"在古汉语中，多表示知识、记识事物、志向等。"功"在先秦典籍中，具有功绩、成效的意思，加以引申，可有功效的意思。但在墨子之前，这两个概念，没有联系起来，没有成为伦理学上的一对范畴。

在对人的行为进行善恶评价时，究竟应当根据什么，是看动机还是看效果？

首先，墨子认为，要把动机和效果二者结合起来，不能片面地强调一个方面。《墨子·鲁问》中有这样一段话：

> 鲁君谓子墨子曰："我有二子，一人者好学，一人者好分人财，孰以为太子而可？"子墨子曰："未可知也。或所为赏与（誉）为是也。钓者之恭，非为鱼赐也；饵鼠以虫，非爱之也。吾愿主君之合其志功而观焉。"

这里，墨子提出了一个"合其志功而观焉"的动机和效果的结合论。可惜，墨子的这一思想，在很长一段时期内，没有得到应有的重视和进一步的研究。

其次，如果行为没有产生效果，墨子认为，对人的评价，则主要应当看他的动机。《墨子·耕柱》中说：

> 巫马子谓子墨子曰："子兼爱天下，未云利也。我不爱天下，未云贼也。功皆未至，子何独自是而非我哉？"子墨子曰："今有燎者于此，一人奉水，将灌之；一人掺火，将益之。功皆未至，子何贵于二人？"巫马子曰："我是彼奉水者之意，而非夫掺火者之意。"

子墨子曰："吾亦是吾意而非子之意也。"

在这里，主要是对"意"的理解。很显然，这里的"意"，有动机的意思，当然，这里的动机虽然没有产生效果，也可以说这种动机是可以由人的实践或行为所证明或检验的。

在西方伦理思想发展中，特别是在 19 世纪的边沁、穆勒的倡导下，形成了著名的功利主义伦理学派。这一学派，在当前西方的实际的政治、道德生活中，甚至在有关政治、道德的理论研究中，仍占有很重要的地位。功利主义的本质特征是，人们对一个人的行为的善恶评价所依据的主要标准，应该以行为者的行为所产生的效果或结果而定。在近现代西方伦理思想史上，往往把功利主义分为两种主要类型，一种被称为行为功利主义，一种被称为规则功利主义。

所谓行为功利主义，就是人们都应该使自己的行为能给自己、他人或社会带来有益的结果，但认为不必要也不可能为行为者制定出具体的道德准则。行为功利主义者认为，人们的道德行为要面临各种复杂的情况，只要能根据功利主义的总指导原则去行动，随机应变，以便使自己的行为达到一定的功利就是道德的。一般来说，说实话是道德的，但是在行为功利主义者看来，这不可能成为普遍规则，必须依据具体情况由行为者自己作判断，有时候，只有说假话才能给他人、给社会带来利益。

所谓规则功利主义，就是在强调行为的结果必须能有利于自己、他人和社会以外，还必须遵循一套能够实现这一要求的规则。尽管在许多情况下，有些规则会出现很多例外情况，但我们不能因此而否认普遍的道德准则的重要性。虽然在有些情况下，说谎话（如对患有不治之症的病员，如在敌人的法庭上，如……）是必要的，对他人或社会是有益的，但是，一般来说，我们仍应该承认，诚实无欺是一条很重要的道德准则。我们不可能只靠行为者的当机立断，不可能没有道德规范体系。

墨子既强调行为的功利和效果，又积极主张建立起一整套以"兼相爱"、"交相利"为总的指导原则的规范体系，从这个意义上看，也可以说他的功利主义，是一种规则功利主义。

第四节　以反侵略为目的的非攻

墨子把"兼爱"的伦理思想应用于他的社会政治思想中，提出了"非攻"的观点。在当时，大国侵略小国，强国掠夺弱国，战争连绵不断，攻伐此伏彼起。小生产者阶层在当时的情况下，总是要遭受最大的痛苦，承受战争所带来的灾难。在墨子看来，在社会上一切对人民有害的事情中，最大的祸害莫过于侵略性的战争了。墨子当然不懂得，也不可能懂得春秋末、战国初的战争，是历史发展必然性的突出表现，它反映了新兴封建势力的兴起，反映了进步阶级统一整个社会的进步要求，有一定的进步意义。因此，他抱着为天下兴利除害的目的，四处奔走，力求停止或消除各国之间的战争。墨子劝阻楚国停止侵略宋国的故事，两千年来一直为人们所传颂。

在墨子看来，亏人自利的事情是不道德的事情，亏人愈多，就愈不道德。天下最亏人的事情莫过于战争，人们应当分清是非，共同谴责战争贩子，止息战争。他说：

> 今有一人，入人园圃，窃其桃李。众闻则非之，上为政者得则罚之。此何也？以亏人自利也。至攘人犬豕鸡豚者，其不义，又甚入人园圃窃桃李。是何故也？以亏人愈多，其不仁兹甚，罪益厚。至入人栏厩，取人马牛者，其不仁义又甚攘人犬豕鸡豚。此何故也？以其亏人愈多。苟亏人愈多，其不仁兹甚，罪益厚。至杀不辜人也，扡其衣裘，取戈剑者，其不义又甚入人栏厩，取人马牛。此何故也？以其亏人愈多。苟亏人愈多，其不仁兹甚矣，罪益厚。当此天下之君子，皆知而非之，谓之不义。今至大为攻国，则弗知非，从而誉之，谓之义，此可谓知义与不义之别乎？（《墨子·非攻上》）

墨子还指出，侵略战争不但造成了被侵略国人民财产和生命的损失，而且对发动战争的国家也无利可图。要发动侵略战争，必然先做准备，势必要"夺民之用，废民之利"，攻占一片土地，"计其所得，反不如所丧者之多"（《墨子·非攻中》）。有的国家发动攻战，往往自取灭亡。墨子苦口婆心，劝说那些发动战争的国君，其目的就是要使他们提高认识，自己停止侵略。

其实，墨子并不是反对一切战争的。他把战争分为两类：一类是侵略性的战争，名之为"攻"，另一类是有道伐无道的正义战争，名之为"诛"。他认为，当时所有的战争都属于前一类，都是不义之战，都应当反对。

墨子不但渴望止息战争，同时也渴望天下统一。他希望上天能降一个有"兼爱"思想的仁君，来完成统一天下的大业。他说：

> 今若有能以义名立于天下，以德求诸侯者，天下之服，可立而待也。夫天下处攻伐久矣，譬若傅子之为马然。今若有能信效先利天下诸侯者，大国之不义也，则同忧之，大国之攻小国也，则同救之，小国城郭之不全也，必使修之，布粟之绝则委之，币帛不足则共之，以此效大国，则小国之君说。（《墨子·非攻下》）

由此可见，墨子所希望的统一，是在"兼相爱"原则下的统一，它的实现不是通过兼并战争的方式，而是靠仁君推行"兼相爱"来实现。墨子同情人民的高尚的道德感情和他爱好和平的善良愿望是极可称赞的，但是，他提出的避免或消灭战争的办法，则是极不现实的。

第五节 "赖其力者生"的劳动创造论

在中国伦理思想史上，墨子作为小生产阶层的思想代表，他第一次赋予劳动，特别是生产劳动以高尚的意义，认为劳动是人与动物相区别的重要标志，从而也就是人确立其地位（与动物相比较）和价值的依据。这一问题，是墨家和儒家相对立的又一个重要方面。

孔子特别鄙视生产劳动。他把从事为稼、为圃的生产劳动看做是低微下贱的、只有小人才应去做的事。《论语·子路》载：

> 樊迟请学稼。子曰："吾不如老农。"请学为圃。曰："吾不如老圃。"樊迟出。子曰："小人哉，樊须也。上好礼，则民莫敢不敬；上好义，则民莫敢不服；上好信，则民莫敢不用情。夫如是，

则四方之民褯负其子而至矣，焉用稼！"

在西方伦理思想史上，古希腊思想家从柏拉图到亚里士多德很少有重视劳动，特别是重视一般下层人的劳动的。墨子则不然，他十分重视劳动，提出了人与动物的根本区别，就在于能够从事维持自身存在的生产劳动。

> 今人固与禽兽麋鹿蜚鸟贞虫异者也。今之禽兽麋鹿蜚鸟贞虫，因其羽毛，以为衣裘；因其蹄蚤，以为绔屦；因其水草，以为饮食，故唯使雄不耕稼树艺，雌亦不纺绩织纴，衣食之财，固已俱矣。今人与此异者也，赖其力者生，不赖其力者不生。(《墨子·非乐上》)

禽兽以身上的羽毛为衣服，用脚上的蹄爪作鞋子，以水草当粮食。人类却不同，他们依靠自己的生产劳动而得以生存，也依靠劳动才和禽兽相区别。人要生存，必须要强力从事生产劳动。他说："强必富，不强必贫；强必饱，不强必饥"；"强必暖，不强必寒。"(《墨子·非命下》)因此，劳动是人类必需的，不是什么低贱的事。

当然，我们还必须指出，墨子所说的"赖其力者生"的力或劳动，其范围是很广泛的。"力"和"命"相对，"天下皆曰其力也，必不能曰我见命焉"(《墨子·非命中》)，就是"力""命"对举的说法。墨子认为，不论是个人的富贵还是国家的兴衰，都是人们"强力"的结果，不是由什么"命"决定的。"力"的内涵是指人的劳动能力，它包括"思虑之智"的脑力和"耕稼纺织"的体力两大方面。他把王公大人的"听狱治政"、士君子的"亶其思虑之智"、农夫的"耕稼树艺"、妇人的"纺绩织纴"，都看做是"赖其力者生"的"力"。他认为，如果王公大人不能"蚤朝晏退，听狱治政"，那就会"国家乱而社稷危"；如果士君子不能"竭股肱之力，亶其思虑之智，内治官府，外收敛关市、山林、泽梁之利"，那就会"仓廪府库不实"；如果农夫不能"蚤出暮入，耕稼树艺，多聚叔粟"，那就会"叔粟不足"；如果妇人不能"夙兴夜寐，纺绩织纴，多治麻丝葛绪捆布缝"，那就会"布缝不兴"(《墨子·非乐上》)。只有靠全社会的劳动，国家才会安全稳定，人民才会丰衣足食，幸福安宁。墨子强调"力"或劳动的重要作用是合理的，但是他不能够理解一切剥削阶级不是赖其力者生，而是靠剥削广大劳动人民为生的。他分不清压迫与被压迫、剥削与被剥削，把一切社会活动，甚至包括王公大人的"听狱治政"和士君子的"收敛关市、山林、泽梁之利"的剥削行为，都看做是"赖其力"。然而，墨子的可贵之处是看到了人民大众生产劳动的重要意义，甚至敢于把农夫农妇的生产活动与王公大人的听狱治政相提并论，这在当时可以算是一个了不起的思想。这一思想显然是与孔子鄙视生产劳动的观点根本对立的。

基于上述观点，墨子把强取别人的劳动成果的行为称为不义或不道德的行为。他说："今有人于此，入人之场园，取人之桃李瓜姜者，上得且罚之，众闻则非之，是何也？曰：不与其劳获其实，已非其有所取之故。"（《墨子·天志下》）是说一个人不参加劳动，却把人家的劳动成果偷抢去，据为己有，这是一种不仁不义的行为。他认为，正是这类大大小小的亏人自利的行为造成了社会的动乱。

墨子力图通过道德舆论来保护劳动人民的劳动成果，但由于他把统治阶级的听狱治政、聚敛民财也看做是一种正当的"劳动"，从而不自觉地对剥削阶级占有人民的劳动成果做了合理化的论证。当然，他的出发点和动机是很好的，他对统治阶级过度地暴敛民财也是坚决反对的。

在这一问题上，墨子的理论贡献是把劳动看做人与动物的根本区别，认为劳动和道德紧密相关。

第六节　天能赏善罚恶的宗教伦理观

墨子是主张有鬼神存在的，他专门写了《明鬼》篇，论证鬼神之所以存在的理由。他从自己的认识论出发，强调所谓经验的根据，认为鬼神的存在是可以从经验上找到充分根据的。他说："天下之所以察知有与无之道者，必以众之耳目之实知有与亡为仪者也。"这就是说，只要人们看到了、听到了，就可以证明其有；如果没有看到，没有听到，那就可以肯定其无。接着他举了历史上所记载的许多事例，说明当时的许多人都看到了鬼神，因而认为鬼神是存在的。

为什么像墨子这样一个伟大的思想家，有那么多的真知灼见，有那么高的聪明才智，最后却从自然观上的唯物论的经验论，走向了相信鬼神的唯心论？这种愚昧、无知的相信鬼神的荒唐的思想，不是和他的才、学、识都相矛盾的吗？

对于墨子思想上的这一矛盾，如果能从伦理思想上来探索，就可以得到较好的解释，这是过去许多思想史家们所没有注意到的。我们不妨仔细读一读《墨子·明鬼下》篇中的第一段话：

> 子墨子言曰，逮至昔三代圣王既没，天下失义，诸侯力正，是以存夫为人君臣上下者之不惠忠也，父子弟兄之不慈孝弟长贞良也，正长之不强于听治，贱人之不强于从事也，民之为淫暴寇乱盗贼，以兵刃毒药水火，退无罪人乎道路率径，夺人车马衣裘以自利者并作。由此始，是以天下乱。此其故何以然也，则皆以疑惑鬼神之有与无之别，不明乎鬼神之能赏贤而罚暴也，今若使天下之人，偕若信鬼神之能赏贤而罚暴也，则夫天下岂乱哉！

在这里，墨子讲得非常清楚，为什么许多人只知道损人利己、为非作歹、不惠不忠、不慈不孝、夺人车马、淫暴、寇乱、盗窃等，都是因为怀疑鬼神存在，即怀疑鬼神"能赏贤而罚暴"。在墨子看来，只要使人们相信，世界上确实存在着鬼神，而且这些鬼神又都负责监督着人们的行为，是人们之间行为调整的至高无上的裁判者，那么，人们也就不敢为非作恶，因而也就能弃恶从善了。而且，鬼神是无所不在的，即使是在"深谿博林、幽涧无人之所"，人们的行为，也都必须特别谨慎，因为即使在那里，每个人的任何一个行为，都会"有鬼神视之"的。他说："鬼神之明，不可为幽间广泽，山林深谷，鬼神之明必知之。鬼神之罚，不可为富贵众强，勇力强武，坚甲利兵，鬼神之罚必胜之。"（《墨子·明鬼下》）更有甚者，鬼神能明察一切，而且是"鬼神之所赏，无小必赏之，鬼神之所罚，无大必罚之"（同上）。

墨子的结论是清楚的，为什么他用了那么大的力气，作出了那么多的论证，举出了那么多的历史事实来驳斥那些坚持无鬼的人，其主要原因，就是因为承认鬼神的存在，对人民、国家，对人们的道德品质的提高是有重要作用的。他说："今天下之王公大人士君子，实将欲求兴天下之利，除天下之害，故当鬼神之有与无之别，以为将不可以不明察此者也。"(《墨子·明鬼下》) 这里充分说明,墨子作为小生产者代表的伦理思想家,他从经验出发,确实认为,只要人们相信有鬼神的存在,人和人之间的关系就能得到更好的调整。

除了承认有鬼神的存在以外,墨子还认为,上天是有意志的,是一个能够主宰万物的人格神,是自然界和人类社会的最高主宰,甚至天子也是由它所立的。从这一方面来看,墨子所说的天和西周以来关于天的传统说法是相一致的。但应当特别指出的是,墨子更加突出地强调了天作为人类社会的道德主宰的意义。墨子说,天喜欢义,厌恶不义;喜欢人们兼相爱、交相利,反对人和人之间的攻杀争夺。顺天意而行即是善,反天意而行即是恶。天对于那些为善的人给予赏誉,对于那些为恶的人就给予惩罚。那么,什么是天意呢? 按照墨子的说法,天的意志与墨子的理论和要求是完全一致的,特别是和他的伦理思想完全相同。《墨子·天志上》说:

> 当天意而不可不顺。顺天意者,兼相爱,交相利,必得赏;反天意者,别相恶,交相贼,必得罚。然则是谁顺天意而得赏者? 谁反天意而得罚者? 子墨子言曰:昔三代圣王,禹汤文武,此顺天意而得赏也。昔三代暴王,桀纣幽厉,此反天意而得罚者也。然则禹汤文武,其得赏何以也? 子墨子言曰:其事上尊天,中事鬼神,下爱人。故天意曰:此之我所爱,兼而爱之;我所利,兼而利之。爱人者,此为博焉;利人者,此为厚焉。故使贵为天子,富有天下,业万世子孙,传称其善,方施天下,至今称之,谓之圣王。然则桀纣幽厉,得其罚何以也? 子墨子言曰:其事上诟天,中诟鬼,下贼人。故天意曰:此之我所爱,别而恶之;我所利,交而贼之。恶人者,此为之博也,贼人者,此为之厚也。故使不得终其寿,不殁其世,至今毁之,谓之暴王。

从上述思想来看,墨子所说的天地鬼神,并不是专为剥削阶级谋利益的,一切人在天地鬼神面前都是平等的。从实质上讲,墨子所说的天地鬼神,主要是为小生产者、为劳动人民谋利益的。"然则天之将何欲何憎? 子墨子曰:天之意,不欲大国之攻小国也,大家之乱小家也。强之暴寡,诈之谋愚,贵之傲贱,此天之所不欲也。"(《墨子·天志中》)

墨子所说的"天志"（天的意志）并不是一种信仰，而是赏善罚恶的工具，是他为实现"兼相爱，交相利"而设置的一种手段。因此，他的天地鬼神又是一种实施道德的手段。墨子说："我有天志，譬若轮人之有规，匠人之有矩，轮匠执其规矩，以度天下之方圆，曰：'中者是也，不中者非也。'今天下之士君子之书，不可胜载，言语不可尽计，上说诸侯，下说列士，其于仁义则大相远也。何以知之？曰：我得天下之明法以度之。"（《墨子·天志上》）由此看来，所谓的"天志"，实际上就是墨子的意志。因此，天地鬼神只不过是维护和推行"兼爱"思想的一种威慑力量，只是墨子伦理思想所披着的一件外衣。从实质上来看，墨子的天地鬼神并不是神秘的主宰，而是一个主持正义的道德的天地鬼神，是为他的"兼爱"思想服务的。

墨子很有知识，也很有思想，但他作为小生产者的思想代表，自身存在着小生产者所特有的局限性。小生产者在组织上是分散的，在政治上是软弱的。他们虽然有各种各样的美妙的理想，但却找不到实现这种理想的正确的方法。墨子为人们提出了"兴天下之利，除天下之害"，建设一个没有"强执弱、富侮贫、贵傲贱、诈欺愚"的和平、安宁、幸福和道德风气高尚的理想社会的宏伟任务，并且提出要通过"兼相爱，交相利"的道德说教来最终实现这一理想。墨子和他的学派不辞千辛万苦推行"兼相爱，交相利"的道德主张，可实际上并没有得到天下人的响应。因此，他只好求助于王公大人，希望他们能够"劝之以赏誉，威之以刑罚"（同上），使"兼相爱，交相利"得到实行。当然，他是得不到统治阶级的支持的。在万般无奈的情况下，墨子不得不求助于鬼神，不得不求助于天志，从而把天作为赏善罚恶、实行兼爱交利的最后支柱。然而，墨子的认识论和本体论都是从唯物主义的经验论出发的，是不应该相信有鬼神的存在的。可是，为了达到他的"兼相爱，交相利"的伦理理想，他竟然求助于天来达到自己的目的，从而由无神论走向了有神论，从唯物论走向了唯心论，尽管他只是把天当作一种手段，但毕竟是一种错误的认识。这种错误的根源，就在于为了自己的伦理目的而牺牲了自己的认识论的前提，为实现自己的道德理想而放弃了本体论的结论，这也是值得伦理思想家们重视的一个思维教训。

第七节　以行为本的道德修养论

《墨子》一书中的《修身》、《所染》两篇，可以说是中国伦理思想史上最早的专门研究修养的著作。也有人怀疑这两篇不是墨子本人，甚至也不是墨派学者所作，认为"修身"是孔子及后世儒家的专用概念，因此断定《修身》等篇是后世儒家混入的。其实，孔子讲修己内讼，并未提出"修身"这一概念。《墨子》中却说过"远施周遍，近以修身"（《墨子·非儒》），而《非儒》篇绝不可能是儒家混入的。由此可见，极有可能是后世儒家吸收了墨子《修身》篇的思想，逐步形成了一套愈来愈完整的修身理论。由于说《修身》、《所染》两篇非为墨者所著的说法，有许多不能自圆其说的地方，所以我们在此仍然把它们看做墨子的著作加以研究。

墨子所说的"修身"，主要是指人的行为的修养。墨家特别重视人的行为，强调言行一致，强调一切行为都要符合于"兼相爱，交相利"的原则。《墨子·修身》篇中说："君子战虽有陈，而勇为本焉；丧虽有礼，而哀为本焉；士虽有学，而行为本焉。"这就是说，"行"是"士"或"君子"的根本。什么是"行"？后期墨家对此做了进一步的解释：行，"为也"（《墨子·经上》）。也就是说，品行就是人的所作所为，或者说也就是人的一连串的行为。在墨子那里，品行与行为是相通的，一个人有好的品行，就是说他切实做到了"兼相爱"、"交相利"，即做到了有力以助人，有财以分人，有道以教人。

对一个"士"或"君子"来说，最重要的不是他的知识和才智，而是他的品行。在"德"与"才"的关系问题上，墨子把"德"放在最重要的位置上。他说："是故置本不安者，无务求末；近者不亲，无务求远。"（《墨子·修身》）就是说，品行是根本，如果品行不好，就不能很好地影响别人，就不可能有很大的成就。要想有高尚的德行，就必须修身。修身就要老老实实地躬行道德，无论在任何时候、任何情况下都不违背道德。如果没有锲而不舍的精神，不能持之以恒、竭力以行，那就不能达到"修身"的目的。他说："君子之道也，贫则见廉，富则见义，生则见爱，死则见哀。四行者不可虚假，反之身者也。藏于心者，无以竭爱；动于身者，无以竭恭；出于口者，无以竭驯。畅之四支，接之肌肤，华发隳颠，而犹弗舍者，其唯圣人乎！"（《墨子·修身》）墨子还把"修身"比作"原"（同"源"），把人的其他活动比作"流"，"原浊者流不清，行不信者名必耗"（同上）。只有加强修养，在行为上信守"兼爱"的道德原则，"以身戴行"，才可能成为一个有道德的人。

在个人的品德修养问题上，墨子还特别强调社会环境对人的影响，认为要想有好的品德，还必须选择好的朋友或环境，必须经常处在有德的人中间，并注意向他们学习。《墨子·所染》篇说："子墨子言，见染丝者而叹曰：染于苍则苍，染于黄则黄。所入者变，其色亦变。五入必，而已则为五色矣，故染不可不慎也。"又说："非独国有染也，士亦有染。其友皆好仁义，淳谨畏令，则家日益，身日安，名日荣，处官得其理矣。"在这里，墨子用染丝的道理唯物地解释了人的生活环境和其道德品质之间的关系，并指出要十分谨慎地选择朋友，因为一个人的安危、荣辱、成败与交朋友有直接的关系。墨子提出的交朋友的标准是，"据财不能以分人者，不足与友"（《墨子·修身》），实际上就是要人们与那些能够躬行墨家道德的人在一起相互磋切、相互激励，共同提高。

墨子提出了"修身"的概念，也很重视修身。墨子把修身与躬行墨家道德紧密相联系，即强调在道德实践中修养自己的道德品质，这是道德修养论上的唯物主义观点，也是道德修养上的惟一正确的根本方法。

第八节　尚贤和尚同的政治思想

在政治思想上，墨子提出了"尚贤"和"尚同"的进步主张。所谓"尚贤"，就是要任人唯贤，即任人唯"兼爱"者；所谓"尚同"，就是要统一天下的思想，即把天下的思想都统一到贤者或"兼爱"者的思想上去。

墨子认为，尚贤是实现"兼爱"这一原则的重要保证。在他看来，古代圣王治理国家，都是任人唯贤的，即使是从事工农业劳动的人，只要有才有德，就"高予之爵，重予之禄，任之以事，断予之令"（《墨子·尚贤上》）。他说，"尧举舜于服泽之阳"，"汤举伊尹于庖厨之中"，"文王举闳夭、泰颠于置罔之中"（同上），受之以政，才使得天下太平，国富民众。"故当是时，以德就列，以官服事，以劳殿赏，量功而分禄。故官无常贵，而民无终贱，有能则举之，无能则下之。"（同上）墨子主张，对有能的贤者，就给以很高的爵位、很厚的俸禄，这样，老百姓就会敬重他们、相信他们，他们的事情就会成功；对不贤和无能的人，就要罢免他们的官职，取消他们的俸禄，使他们"贫而贱之，以为徒役"（《墨子·尚贤中》），这样的话，民众都会劝赏畏罚，都会向贤者看齐，天下就大治了。墨子"尚贤"的思想，其实质就在于要改革和废除世卿世禄的世袭制，并且这种改革是十分彻底的。他要君王"不党父兄，不偏富贵，不嬖颜色"（同上），唯贤是举。墨子的这一思想与以孔子为代表的儒家政治主张是有明显不同的。孔子虽然也提出过"举贤才"的主张，但他的"举贤才"的目的在于更好地维护奴隶社会的世袭制度。墨子的尚贤主张则是要从根本上摧毁贵族世袭制。他的"官无常贵，而民无终贱"（《墨子·尚贤上》）的思想，反映了下层劳动人民反剥削、反压迫的强烈要求。

什么样的人算做贤者？墨子说："为贤之道将奈何？曰：有力者疾以助人，有财者勉以分人，有道者劝以教人。"（《墨子·尚贤下》）显然，所谓贤者，就是能够忠实地奉行墨家道德的人。墨子认为，在"农与工肆之人"中间，有许多德才兼备的"贤能"之辈。他们既有"兼爱"的品德，又有很强的实际工作能力，墨子本人就是其中最突出的一个。他要求最高统治者罢免他们的亲信，任用贤能的人治理国家。尽管这在剥削阶级社会只能是一种空想而已，但是，墨子的"尚贤"思想反映了小生产者要求参加政治生活的愿望，反映了农民的平等和民主的要求，因此是有进步意义的。

墨子从"尚贤"的思想出发，进一步提出了"尚同"的要求。他认为，社会混乱的重要原因之一，就是没有统一的善恶是非观点，没有统一的指导思想，没有一个推行兼爱主张的领袖。他说："古者民始生，未有刑政之时，盖其语人异义，是以一人则一义，二人则二义，十人则十义。其人兹众，其所谓义者亦兹众。是以人是其义，以非人之义，故交相非也。是以内者父子兄弟作怨恶，离散不能相和合。天下之百姓，皆以水火毒药相亏害。至有余力，不能以相劳；腐殇余财，不以相分；隐匿良道，不以相教，天下之乱，若禽兽然。"(《墨子·尚同上》) 又说："夫明乎天下之所以乱者，生于无政长。是故选天下之贤可者，立以为天子。"(同上) 天子被推举出来以后，就要选择"天下赞阅贤良圣知辩慧之人"为"三公"，来从事"一同天下之义"，以便于统一整个国家的思想，以达到"上之所是，必亦是之；上之所非，必亦非之"(《墨子·尚同中》)。在墨子看来，通过天子、三公、将军、大夫、乡长等各级有贤能的官吏使全国上下统一起来的思想，就是他所倡导的"兼相爱，交相利"的思想。墨子所想像的"天子"，是由上天的意志决定的，而天子所执行的乃是天的意志。因此，墨子要人民不折不扣地去执行天子的指示，"天子之所是，必亦是之；天子之所非，必亦非之"，"举天下之万民，以法天子"(同上)。墨子的主观愿望是善良的，他希望从天子以至乡里之长都是贤良之士，但在客观上"尚同"的思想却起到了巩固当时统治者的地位的作用。"尚同"思想的实际意义是为巩固统治阶级的政权服务的。墨子的"尚贤"思想，有着民主的色彩，而"尚同"的思想在当时，更多的却是为君权至上论服务的。

第五章
孟子对孔子伦理思想的发展
及其与告子的争论

第一节　孟子的生平及其著作

孟子，名轲，战国中期邹国人，生于约公元前385年，卒于约公元前304年。据传，孟子幼年丧父，母亲把他抚养成人，为了教育孟子，孟母曾经三迁其居。孟子长大后，"受业子思之门人"（《史记·孟子荀卿列传》），对孔子及儒家的思想，做了进一步发展和论证，使儒家的学说，有了更系统的阐发。孟子死后，他的思想愈来愈受重视。宋以后，他被尊奉为"亚圣"。

孟子自称，向孔子学习乃是他毕生的愿望。他说："乃所愿，则学孔子也。"（《孟子·公孙丑上》）他继承发展了孔子的重义轻利、仁者爱人、以德治国以及个人修养等思想，并在人性论上做了独特的发挥。他一生的主要活动，是带领他的学生周游列国，宣传他的人性论、义利观、修养论和"仁政"思想，即所谓"以儒道游于诸侯"，常常是"后车数十乘，从者数百人"。他先后到齐、滕、魏、宋等国活动，还曾一度做了齐卿。尽管他在政治上有很大的抱负，希望当时的国君们能采纳他的主张，但他的理论未被当时妄图称霸的统治者所接受，在政治上一直不能得志，最后不得不放弃他的政治游说，"退而与万章之徒序诗书，述仲尼之意，作《孟子》七篇"（《史记·孟子荀卿列传》）。

在孟子所处的时代，孔子的思想受到了来自各方面的批评，杨朱和墨子的思想则占据着很重要的地位，"杨朱、墨翟之言盈天下，天下之言，不归杨，则归墨"（《孟子·滕文公下》）。孟子以孔子的正统的继承人和捍卫者自居，和一切不合于儒家的思想展开论战，特别是对杨、墨的思想进行了激烈的批判。孟子认为，他的主要任务就是要在当时"淫辞"、"邪说"流行的情况下，在继承孔子思想的同时，还要针对当时政治上和社会上的需要，对孔子的思想进行适应新的统治阶级利益的发展。一般说来，奴隶社会和封建社会是两种不同的经济形态，它们各自的生产关系是不同的，和这些不同的经济关系相对应，它们的上层建筑和意识形态也都各有自己的特点。然而，中国的奴隶社会和战国后期的封建社会都是强调以血缘关系为纽带的宗法等级制度，它们有着很大的共性，这两种社会的道德规范都是要维护等级制度的利益，它们都是在调整有着严格宗法等级社会的人与人之间的关系。孟子是一个从旧贵族阶级转化过来的代表封建阶级利益的思想家，他认识到并不需要对孔子的伦理思想进行根本上的变革，只要有某种程度的改良、补充和发挥，就能使这种思想来为新兴的统治阶级服务。从一定意义上来说，在中国伦理思想史上有深远影响的儒家学派中，孟子是有着特殊地位的。因为在他那里，实现了奴隶主阶级的儒家向封建主阶级的儒家的过渡和转变。

《孟子》一书，共七篇，每篇分上下两部分。此书记载了孟子一生的活动和思想。它经过孟子亲手编订，是研究孟子伦理思想的最重要和最可靠的资料。

第二节　性善论同性无善恶论的对立

人性问题，是中外伦理思想家们都十分关心的问题，马克思关于人的定义——人是社会关系的总和的观点，在原则上对人性问题做出了科学的界说，但没有系统的专门论述。直到现在，关于人性的许多问题，人们还一直在苦思冥想之中。

在西方，古希腊的思想家曾经探讨过人的理性、人和动物的区别等，这已经涉及人性问题，但未形成广泛而深入的讨论。中世纪的神学家们用神性代替了人性，根本就不可能有关于人性问题的更深入的探讨。只是到了 14 世纪以后，西方思想家们为了反对封建压迫和神学的控制，为了从个性解放和满足个人欲望出发，才发出了重视人性的呼吁，开始注意人性问题的研究。中国关于人性的讨论，从孟子、告子开始，就已经达到了相当高的水平。孟子和告子，对人性问题都提出了相当完备的理论体系，反映了他们对当时社会的道德现象的反思，已经涉及了伦理学的一些重要的甚至根本的问题。

根据《孟子》一书的记载和有关史料，我们知道，在孟子生活的年代，曾经进行过一场关于人性善恶的大争论，与孟子同时的告子，主张人性是无善无恶的。孟子反驳了告子的观点，并提出了中国伦理思想史上的第一个性善论的思想体系。

在孟子以前，孔子说过，"性相近也，习相远也"（《论语·阳货》），认为人天生的本性都是相近的，只是由于后天的习染，人的本性才产生了愈来愈大的差异。从孔子的这句话里可以分析出这样三层意思：第一，刚生下来的时候，所有人的人性大体上都是相同的；第二，人性是可以变化的；第三，后天的环境、教育和修养对于人性的变化有着很重要的关系。但是，孔子并没有明确地指出这个人人生来都相近的"性"，究竟是善的还是恶的，或者是无善无恶的。

孟子充分发挥和发展了孔子关于人性的思想，他认为：任何人的本性，从一生下来就是善的。孟子说：

> 人皆有不忍人之心。先王有不忍人之心，斯有不忍人之政矣。以不忍人之心，行不忍人之政，治天下可运之掌上。所以谓人皆有不忍人之心者，今人乍见孺子将入于井，皆有怵惕恻隐之心，非所以内交于孺子之父母也，非所以要誉于乡党朋友也，非恶其声而然也。由是观之，无恻隐之心，非人也；无羞恶之心，非人也；无辞让之心，非人也；无是非之心，非人也。恻隐之心，仁之端也；羞恶之心，义之端也；辞让之心，礼之端也；是非之心，智之端也。人之有是四端也，犹其有四体也。（《孟子·公孙丑上》）

> 恻隐之心，人皆有之；羞恶之心，人皆有之；恭敬之心，人皆有之；是非之心，人皆有之。恻隐之心，仁也；羞恶之心，义也；恭敬之心，礼也；是非之心，智也。仁义礼智，非由外铄我也，我

固有之也。（《孟子·告子上》）

从孟子的思想中，我们可以归纳出以下几个观点：第一，所有人的人性，是共同的，即存在着一种共同人性；第二，人们的这种共同人性，是天生的，是上天所赋予的；第三，这种共同人性，是人天生的善心，即所谓恻隐之心、羞恶之心、辞让（恭敬）之心和是非之心，人有这种善心，就像天生就有四肢一样；第四，人生而具有的这四种善心，就是仁、义、礼、智这四种道德的萌芽，或者说就是人生而具有的仁、义、礼、智四种道德品质；第五，人和禽兽的本质区别就在于人有这种善良的本性，而禽兽却没有；第六，这种先天的共同人性，在后天是可以变化的。

然而，何以证明人生下来就具有善良的本心呢？孟子说，一个人突然看到一个小孩子将要掉到井里去了，就必然会产生一种惊惧、可怜、救助的心情。人之所以会有这种心情，并不是想要结交这个小孩的父母，也不是想要得到乡党朋友的称赞，更不是由于害怕担当不好的名声，而是因为人人具有天生的善的本性。用现代的语言来说，孟子是从人都必然要同情自己的同类出发，来解释人的本性的。但是，孟子在这里回避了一个很重要的问题，他所说的"乍见孺子将入于井"的"人"，已经不是自然的人，而是社会的人了。这些人"乍见孺子将入于井"时所产生的怵惕恻隐之心，本来就包含着后天的社会环境和道德教育的影响，它并非纯自然的东西。孟子本来可以说，不论见到什么人将要掉到井里，都会产生怵惕恻隐之心。但是，他并没有这么说，这也可能是由于他已经意识到，在当时的社会中，剥削阶级对于被剥削阶级、高贵者对于卑贱者的"将入于井"是不会产生怵惕恻隐之心的。所以，他不说乍见某一个"人"将入于井，而只说"乍见孺子将入于井"。

和孟子同时代的告子，主张性无善无恶论。告子说："性，犹湍水也，决诸东方则东流，决诸西方则西流。人性之无分于善不善也，犹水之无分于东西也。"（《孟子·告子上》）告子是以水做比喻，来说明性无善恶的。孟子亦用水作例子，来论证他的性善说。他说："水信无分于东西，无分于上下乎？人性之善也，犹水之就下也。人无有不善，水无有不下。今夫水，搏而跃之，可使过颡；激而行之，可使在山，是岂水之性哉？其势则然也。人之可使为不善，其性亦犹是也。"

（《孟子·告子上》）在孟子看来，人性之向善，就像水向下流一样，是必然的，而人之为恶，则是违反人性或扭曲人性的结果。

仁义礼智是封建道德。人们具有仁义礼智的道德品质，是因为他们不断受到封建道德熏陶的缘故。孟子把恻隐之心、羞恶之心、辞让之心、是非之心与人的四肢相提并论，实际上是在把人的社会性说成是人的天生的本性，这是由他的唯心主义世界观所决定的。孟子把"四心"看做是人与动物的根本区别所在，还是有一定的合理性的。这实际上就是说人有道德观念，而动物则没有，而这恰恰是人与动物的本质区别之一。

孟子怎样来论证人们都有先天的共同的善性呢？在当时的社会上，不是到处都可以看到，有的人的行动能合于仁义礼智，有的人的行动不合于仁义礼智吗？他说："富岁，子弟多赖；凶岁，子弟多暴，非天之降才尔殊也，其所以陷溺其心者然也。"（同上）这就是说，人们的道德品质之所以表现出差异，是由于后天环境影响的结果。而且，这种不同，正说明他们的本性原来是相同的。孟子举例说：

> 今夫麰麦，播种而耰之，其地同，树之时又同，浡然而生，至于日至之时皆熟矣。虽有不同，则地有肥硗，雨露之养，人事之不齐也。故凡同类者，举相似也，何独至于人而疑之？圣人，与我同类者。故龙子曰："不知足而为屦，我知其不为蒉也。"屦之相似，天下之足同也。……故曰，口之于味也，有同耆焉；耳之于声也，有同听焉；目之于色也，有同美焉。至于心，独无所同然乎？心之所同然者何也？谓理也、义也。（同上）

这就是说，人心都是相同的，是合乎义理的，由于客观环境的影响，人的道德品质就发生了变化。丰收年成，少年弟子多半懒惰，灾荒年成，少年弟子多半强暴，这并不是他们天生的资质不同，而是由于环境使他们变坏的缘故。这就像麰麦有异，是由于土地的肥瘠不同，雨露的多少不同，人工的勤惰不同的缘故一样。

在孟子看来，后天对人性的影响，就其主要方面来说，是坏的影响，即对人的善良本性的戕伐，大多数人在生下来以后，变得没有善良品德，甚至行为类似禽兽，这不是因为他们没有善良本性，而是因为后天的环境和自我因素对其本性戕伐的结果。

人们对于人性认识的不断深化，反映了伦理思想的不同的发展阶段，反映了道德思考的不断深化，在整个人性理论发展的历史上，战国时期的人性论的论战，是一个具有重要意义的起始点。而孟子的性善论则是这个起始点上突出的一环。人们的道德思考包含着很丰富的内容，其中最重要的内容之一，就是如何提高人们的道德品质，探索出人们自我完善的规律。在最初，人们只是认识到修身的重要性，强调这种修养对形成人们良好的道德品质有重要的意义。但是，当人们进一步深入地思考的时候就会发现：人们的行为和品质，有道德的，有不道德的，即有善的，有恶的；对之施加的道德教育，有作用大的，有作用小的，有的则不起什么作用。这种思考给人们提出了一个新问题：人们的道德品质，在生下来的时候，究竟是善的，还是恶的？为什么人们会有不道德的行为？人们既然已经产生了不道德的思想和行为，那么还能够成为有道德的人吗？从这里就引申出一个重要的问题，即人的与生俱来的本性究竟是善的还是恶的？中国的伦理思想家和西方的伦理思想家相比，更着重于从道德上探讨人性，从善恶关系上探讨人性。自孟子、告子开始，在长达两千年的关于人性的讨论中，尽管出现过各种关于人性的论争，可以说始终都是围绕着人性的善恶而展开的。虽然人们的各种看法充满着矛盾和对立，但他们探讨人性的目的都是一致的，即如何才能使人们成为有道德的人。

中国伦理思想史上围绕善恶而进行的人性问题讨论，同西方伦理思想相比，显然有着不同的影响。14世纪以后，西方思想家们注意到人性问题，主要是从"人格普遍提高"或"人的独立性"出发的。它所强调的是资产阶级的个人自由，是要求从封建制和神权统治下的一种个性解放。这种人性论，在一定时期内，在一定情况下，有其进步的作用。这种个性解放的基础，是资产阶级的个人主义。它所向往的是一种自由的资本主义社会。中国古代的人性论，是封建社会上升时期出现的。它们追求的是为了发展、巩固新兴封建制度的人的自我完善，并把人性的研究，同封建的仁义礼智结合起来，使人性问题的研究，囿于人的本性的善恶的范围以内，强调行为不要越过封建道德一步，因而束缚了人们的思想，限制了人们个性的发展。另一方面，这种关于人性的讨论，强调人在道德上的自我完善，强调人类有共同的善良本性，使道德教育和道德修养理论的研究不断深入，从而使人们对于道德品质改造的途径和方法，有了越来越深刻的认识。

第三节　良知、良能或良心是道德意识的核心

孟子在提出人性善的理论的同时，又着重阐发了人的这种善端，就是人的良知、良能或良心。他反复地说明，人的与生俱来的这种良知、良能和良心，在道德意识和道德行为中具有重要作用，提出了尽心、知性和知天的观点，认为在人的道德观念中，最重要的是要"先立乎其大"（《孟子·告子上》）。实际上，孟子的整个道德思想，可说是建立在他的良知或良心的基础之上的。

孟子认为，人的良知、良能，是人所具有的不同于动物的道德意识。什么是人的"良知"、"良能"，这种"良知"、"良能"在人的道德、行为和道德修养中，究竟有什么作用？孟子认为，人的良知、良能，是人生而具有的一种道德知觉和道德能力，或者说是一种道德感情或道德潜能。他说："人之所不学而能者，其良能也；所不虑而知者，其良知也。孩提之童，无不知爱其亲者；及其长也，无不知敬其兄也。亲亲，仁也；敬长，义也。无他，达之天下也。"（《孟子·尽心上》）这就是说，人不但自生下来就有仁、义、礼、智等道德感情和道德潜能，而且不需要考虑就能知道，不需要学习就能够实行。一个小孩子，刚生下来就能够知道爱他的双亲；长大了就懂得尊敬他的兄长。在孟子看来，仁、义、礼、智等道德品质，是人们一生下来就具有的"良知"、"良能"，以仁、义、礼、智为主要内容的封建道德，不是由哪一个人随意想出来的。它深深地植根于人们的天性，是与人的本性相符合的。由于人人都生而具有这种良知、良能，对于道德教育和道德修养来说，只要能培养、发扬这种良知、良能，就可以达到人的自我完善，达到巩固封建社会统治的目的。

孟子认为，人们的仁、义、礼、智等诸种品质，或者说，人们的良知、良能，都是"心"的一种功能。而这个具有恻隐、羞恶、恭敬、是

非的"心",则是人性的本源。因此,也可以说,人性是由人心发出的,所以他又说:"仁义礼智根于心。"(《孟子·尽心上》)这就是说,一切道德行为、道德观念,都是从"心"发生的。"心"在道德中,具有最重要的作用。孟子所说的"心",也就是他所说的"良知"、"良能",即良心。"良心"这个概念,在中国伦理思想史上,是由孟子首先提出来的。在社会生活中,直到今天,虽然人们都在经常使用"良心"这个概念,也感到"良心"是确实存在的,而且它在我们的道德行为中起着很重要的作用,但是,如果想给"良心"下一个定义,则是十分困难的。孟子从自己的伦理思想出发,把"良心"看做是人生而具有的、在人的内心中发生作用的恻隐、羞恶、辞让、是非之心。这个界说,尽管是建立在天赋道德论的基础上,但应该承认,其中还是有一些合理因素给我们借鉴或启发的。孟子说:"尽其心者,知其性也;知其性,则知天矣。"(《孟子·尽心上》)在孟子看来,"心"是一切道德的根本,只有"尽其心",才能"知其性"。怎样才算是"尽心"? 就是要尽量发挥人的良知、良能,尽量发挥人的恻隐、羞恶、辞让、是非之心,这样才能发挥人的本性。在孟子看来,只要能发挥人的善良本质,也就算知道"天"了。在这里,孟子所说的天,是一种道德的天,是一种"天命",即所谓道德的必然性。就是在这个意义上,他说:"万物皆备于我矣。反身而诚,乐莫大焉。"(《孟子·尽心上》)这就是说,只要我能够尽心、知性、知天,那么,对于我来说,就等于一切东西都具备了。对于一切事物,一切人和人之间的关系,只要能反躬自问,我是不是忠诚不欺地发挥了我的恻隐、羞恶、辞让、是非四心,如果是这样,那就是最大的快乐了。一切道德观念、道德意志、道德信念、道德品质,既然都只是我的心的一种作用,要使自己道德高尚,就只须求诸自己的内心。而且,只要"反身而诚",就一定会体会到其中的乐趣。

概括起来,孟子认为"良知"、"良能"或"良心",是人的一切道德行为的主宰和权威,它是人性的"根源",它既能发出一切道德的情感,又是最高的道德理性。它本能地赞许那些善的、道德的、正义的东西,反对一切邪恶的、不道德的、丑陋的东西。它居高临下,支配着人的道德行为、道德评价和道德选择。"良知"、"良能"或

"良心"，不但是一种知觉、感情、意志和理性，而且是一种潜在的能力，在各种情况出现时，它可以本能地作出判断，促使我们摆脱一切个人私利的干扰，去履行我们在社会中应负的道德责任。"良知"、"良心"所给我们发出的道德指令，给我们规定的责任，是同我们的本性完全一致的。他还强调，人的"良知"、"良能"或"良心"，是生而具有的，是由上天赋予的。

人的"良知"、"良心"这种总的能力或潜力，又分为四个主要方面，即恻隐、羞恶、辞让、是非之心，表现出来，就是仁、义、礼、智四种道德原则或道德品质，从而使我们能在人与人的关系中，在道德选择中，注意到对他人的义务、对社会的义务和对国家的义务。人的"良心"、"本心"的这四种原则或人的这四种道德品质，在人的生活中，在人和人的交往中，要受到耳目口鼻等追求声色货利的情感欲望的引诱、驱使、腐蚀，以致蒙蔽了自己的本心。因此，修养的最根本的目的，就是要克制自己的欲望，减少自己的要求（清心、寡欲），也就是要"求其放心"（《孟子·告子上》），寻求那丧失了的本心。这样，孟子的人性论、良知论和修养论就构成了一个以人性为基础，以良心为核心的伦理体系。

在西方伦理思想史上，有所谓巴特莱（1692—1752）的伦理学体系。巴特莱是美国的宗教伦理学家，在他的《讲道录》和《宗教类比论》中，提出了一个以"良心"为中心的伦理学体系。他认为，"良心"是上帝赋予我们的一种特殊的道德能力，它具有最高的道德权威。这种能力所发出的一切要求，都合于我们的本性，成为我们的职责。"良心"不是提醒他行动要合乎道德，而是向他指明，什么是他的责任。巴特莱批判了合理利己主义所认为的，人为了追求物质利益，都是天生自私的。巴特莱认为，仔细考察和分析我们因需要而采取的行为，总是可以看到，它和动物的行为不同，包含着两方面的动机：一个是对自己利益的关心，巴特莱称之为"自爱"；一个是对他人利益的关心，巴特莱称之为"仁爱"。这两种动机，是在"良心"支配下的两个理性原则。他认为，整个人性可以看做是由三个层次组成的统一体。"良心"处于第三个层次，即最高层次；"自爱"和"仁爱"处于第二个层次；而一切激情、欲望、冲动、感情、感受（如饥渴、饮食、性欲、妒忌等），则处于第一个层次，即最低的层次。巴特莱认为，人们的一切激情、冲动的发生，总是先于控制它们的力量，带着盲目性。但是，这些冲动、激情要达到目的，在其过程中必须照顾到自身的利益、后果以及与此冲动有关的其他人的利益。而人们对自己冲动、激情的控制，则往往是在以后的训练中形成的。为什么说，人们除了有"自爱"的动机之外，还有"仁爱"的原则呢？人们为了限制自己的冲动，训练控制自己的冲动，调节自己的冲动，必然需要和形成这些原则，即除了"自爱"之外，还必须有"仁爱"。巴特莱认为，尽管人们对自己利益的关心，总是要比对别人的关心更重、更充分、更经常。但是，我们确实具有对别人关心的一种同情心，而且我们应该自觉地使其得到更加充分的发展。他说，一个明智的自私自利者，同那种狭隘的自私自利者不同，他将会考虑到狭隘的自私自利常常给自己带来失望，招来怨恨；而从"仁爱"出发，一个人往往可以得到个人的各种满足。巴特莱特别强调在"自爱"和"仁爱"原则之上的"良心"的作用。他认为，"良心"是一种最高的权威，是一种至高无上的道德能力，良心几乎在一切情况下都起着明显的决定性的作用。充分发挥人的"良心"的作用，就可以克服一切邪恶的、不正义的东西，获得善良的、正义的东西。他抱怨人们过于轻视"良心"的作用。他认为，如果良心能像它自己实际具有的权力那样具有力量，如果它像自己实际具有的权威那样具有权威，那么现实世界就会受到"良心"的统治，就会走向善的乐园。

孟子和巴特莱生在不同的地域和不同的时代，都强调了"良心"在道德意识、道德行为和道德修养中的重要作用，认识到良心在人们的道德关系和伦理思想中的地位。尽管巴特莱的思想，要比孟子后出两千年左右，但他的论述，有许多地方，还没有孟子的思想深刻。除了巴特莱所特有的宗教色彩外，他主要是从人的行为总是包含着利他动机和利己动机出发的，从而认为，只有发挥"良心"的作用，才能使"自爱"和"仁爱"、"利己"和"利他"得到调解；才能使一切激情、欲望和冲动，受到控制。孟子和巴特莱不同，他主要是强调发挥个体为善的主动性，强调这种个体为善的主动性是人生而具有的，是能够发扬光大的。"良心"是人的本性，人应该而且能够"尽其心"、"知其性"。只要反身而诚，就会乐莫大焉。孔子曾强调过"我欲仁，斯仁至矣"（《论语·述而》）的思想，认为只要一个人决心行善，尽力发挥其个体的为善的主动性，就可以成为一个有道德的人。孟子继承并发展了孔子的这一思想，提出了充分发挥人的良知、良能的作用，并对这种个体为善的主动性，做了广泛的理论阐发，对后世儒家，特别是对宋明理学的发展，具有重要的影响。

第四节　以性善论和良知论为基础的修养论

孟子在宣扬仁义道德的同时，以性善论和"良知论"为理论前提，建立了一套自成体系的修养方法，并把这些方法发展为比较完善、系统的道德修养理论。《孟子》一书，十分强调要存心、养性、修身、养心。后世儒家所谓的"修养"，就是从墨子、孟子的修身"养性"而来的。孟子对修养在人的品质形成中的意义、修养的方法以及道德上的理想人格等问题，都有系统的阐述。宋明道学中的陆九渊、王守仁一派，都是从所谓人的"良知"、"良能"出发，把加强修养、恢复人的善良本性，当作为学的最重要的目的，其理论渊源就是孟子的这一思想。

孟子认为修养的目的，就是要保持、发扬人的良知和良心的作用。人都有与生俱来的、先天的仁义礼智四端，有不学而知的"良心"和不虑而能的良能。但是由于人们在社会交往中经常受到各种物质欲望的引诱，这种良知、良能即人的"良心"，就会逐渐丧失。为了保持自己的德性，或者为了恢复已经失去了的善性，最重要的是要找回那已经丧失了的"良心"。孟子说："学问之道无他，求其放心而已矣。"（《孟子·告子上》）又说："苟得其养，无物不长；苟失其养，无物不消。"（同上）

他还认为，同是一个人，为什么有的成为有道德的"大人"，有的则成为无道德的"小人"？最主要的原因，就是因为有修养和无修养的差别。他说："养其小者为小人，养其大者为大人。"（同上）这就是说，同样是人，之所以有"君子"和"小人"的分别，就是因为其修养不同所造成的。"今有场师，舍其梧槚，养其樲棘，则为贱场师焉。养其一指而失其肩背而不知也，则为狼疾人也。饮食之人，则人贱之矣，为其养小以失大也。"(《孟子·告子上》)这是说，如果有一个园艺师，放弃梧桐、楸树不管，而只去培养酸枣、荆棘，那就是一个低劣的园艺师。如果有人只治手指之疾，而不知道治疗肩背之病，那他就是一个不知治病的人。不知养其仁义礼智之心而只顾口腹之欲的人，就是和"贱场师"一样低劣，和只顾手指不顾肩背的人一样糊涂。公都子曾经问孟子："钧是人也，或为大人，或为小人，何也?"孟子回答说："从其大体为大人，从其小体为小人。"公都子又说："钧是人也，或从其大体，或从其小体，何也?"孟子回答说："耳目之官不思，而蔽于物。物交物，则引之而已矣。心之官则思，思则得之，不思则不得也。此天之所与我者。先立乎其大者，则其小者弗能夺也。此为大人而已矣。"(同上)这里是说，能满足身体重要器官需要（即良知、良心）的就是君子，只要求满足次要器官的欲望的，就是小人。孟子强调，要先立乎其大，即发扬良知、良心的作用，强调人们要用"良知"来抵御耳目口腹之欲的诱惑，把培养自己的善良品德放在第一位。

对于不注意道德修养的人，孟子认为是"不知类"，不知道事物的层次、轻重。孟子曰："仁，人心也；义，人路也。舍其路而弗由，放其心而不知求，哀哉！人有鸡犬放，则知求之，有放心而不知求。"(同上)又说："今有无名之指屈而不信，非疾痛害事也，如有能信之者，则不远秦楚之路，为指之不若人也。指不若人，则知恶之；心不若人，则不知恶，此之谓不知类也。"(同上)孟子批评那些鸡狗丢了都急着去找，而失去了"良心"却不知道去找的人。在他看来，人和禽兽之所以不同，根本上就在于人有这一点善良的本心。如果把这一点善心都丢失了，也就和禽兽差不多了。道德上的修养功夫，就必须是去寻求已经丢失了的"心"。正由于这样，孟子强调在修养上的"反求诸己"的原则和方法。孟子认为，人世间的事物，可以分为两类：一类是要向外追求的，一类是要向内追求的。功名、利禄、财色、富贵等，都是外在的东西，对于它们，"求之有道，得之有命，是求无益于得也，求在外者也"(《孟子·尽心上》)。什么原因呢？就是因为究竟能不能得到它们，是由"命"决定的。至于人的道德观念、道德感情、道德意志、道德信念和道德品质，都是在自己的内心之中，只要认真去求，就一定可以得到的。这就是"求则得之，舍则失之，是求有益于得也"(同上)。一个人能否成为孟子所说的"君子"，关键在于是否能够"存心"，即保存、养育、培植自己的善良本心。"人之所以异于禽兽者几希，庶民去之，君子存之"（《孟子·离娄下》）。又说，"君子所以异于人者，以其存心也"（同上）。因此对君子来说，总是要"行有不得者，皆反求诸己"（《孟子·离娄上》）。只要能够充分发挥自己的主动性，诚心诚意地向内追求，"反求诸己"，就一定能够求得已经放失了的善良本心，达到或恢复到"万物皆备于我"（《孟子·尽心上》），就可以"反身而诚"，就必然会"乐莫大焉"了。

用什么办法来修养呢？孟子认为，最重要的就是要进行所谓"养气"的功夫。当孟子的学生公孙丑问他有何特长时，孟子回答说，"我善养吾浩然之气"。什么是"浩然之气"呢？孟子说："难言也，其为气也，至大至刚，以直养而无害，则塞于天地之间。其为气也，配义与道，无是，馁也。是集义所生者，非义袭而取之也。行有不慊于心，则馁矣。"（《孟子·公孙丑上》）孟子的"浩然之气"是"明道"和"集义"的结果。所谓明道，就是要保持对原则的信念；所谓集义，就是经常积累那些应该去做的事。"义"既是人们行为的准则，又可以经过践履和笃行而积累起来，使其凝结为人们固定的道德品质。这种最伟大、最刚强的浩然之气，如果认真地培养它而不要使它受到伤害，就会逐渐形成一种精神力量。这种"集义"之后所生成的"浩然之气"，不但能充塞于自己的身心，甚至充塞于任何时间、任何地点，使人们不论遇到什么样的事情，都能按照"义"勇往直前，毫不退缩。由此可见，"浩然之气"也可称作"浩然正气"，是人们通过长期的道德实践和道德修养所形成的一种纯正、刚毅、无愧无怍的精神气质、品德、情操和力量。"明道"和"集义"是相互联系、相互促进和相辅相成的，只有明白了"道"，才能达到"集义"的目的；只有经常地践履笃行，积累应该做的事，"浩然之气"才能够最后形成。

在"明道集义"以求达到产生"浩然之气"的过程中，孟子认为应该采取"勿助勿忘"的态度。所谓"勿助勿忘"，就是随时随地都要想到"明道集义"，需要日积月累地不断培养自己的"浩然之气"，同时也不能操之过急。孟子把人们的这种修养过程，比作培育秧苗生长结穗的过程，只能用"时雨化之"和因势利导的方法，及时地施肥、耘苗，才能达到预期的目的。培养自己的"浩然之气"，就要"勿助勿忘"，使它自然地产生，如果操之过急，就好比"拔苗助长"，效果就会适得其反。孟子举了一个所谓"揠苗助长"的例子来说明这一道理。他说："宋人有闵其苗之不长而揠之者，芒芒然归，谓其人曰：'今日病矣！予助苗长矣！'其子趋而往视之，苗则槁矣。天下之不助苗长者寡矣。以为无益而舍之者，不耘苗者也；助之长者，揠苗者也，非徒无益，而又害之。"（《孟子·公孙丑上》）养"浩然之气"，必须要有"诚"意，既不能舍弃、放松，又不可能一蹴而就，急于求成，更不能"一日暴之，十日寒之"，必须持久不懈地努力。

在谈到培养"浩然之气"的功夫时，孟子还特别强调所谓保存"夜气"的重要。"夜气"即所谓"平旦之气"。孟子认为，人们在白天要从事各种活动，受到物质和精神诸种外在因素的影响，贪欲之心就会随之产生，人们的善良天性也就随着失去了光明。可是，到了夜间，人们安静下来，不再与外物接触，四周寂静，心气平和，自己的善良本心，就又会萌发出仁、义、礼、智的情感，产生出一种最纯真、最清朗、无物欲邪念的"平旦之气"。这种"气"，不断地在每日的"平旦"时候萌发，但又不断地在白天受到戕害。就像齐国临淄城外牛山上的树木一样，原来是很茂盛的。因为它长在大城市的郊外，人们老用斧子去砍伐，当然总是光秃秃的。尽管日日夜夜不断生长，雨水露珠常常润泽，它不断萌发的枝叶，又变成光秃秃的了。人的"平旦之气"也是这样，所以必须要不断地修养。如果能得到修养，"平旦之气"就能发扬光大。他说：

> 牛山之木尝美矣，以其郊于大国也，斧斤伐之，可以为美乎？是其日夜之所息，雨露之所润，非无萌蘖之生焉，牛羊又从而牧之，是以若彼濯濯也。人见其濯濯也，以为未尝有材焉，此岂山之性也哉？虽存乎人者，岂无仁义之心哉？其所以放其良心者，亦犹斧斤之于木也，旦旦而伐之，可以为美乎？其日夜之所息，平旦之气，其好恶与人相近也者几希，则其旦昼之所为，有牿亡之矣。牿之反覆，则其夜气不足以存。夜气不足以存，则其违禽兽不远矣。人见其禽兽也，而以为未尝有才焉者，是岂人之情也哉？故苟得其养，无物不长；苟失其养，无物不消。（《孟子·告子上》）

人们的"良心"尽管有着强大的生命力，可以发扬光大，但是，由于在人和人的交往中，在社会的相互影响中，几乎是无时无地不受践踏，所以善于培养人们的"平旦之气"，就成为能否获得浩然之气的一种重要的方法。

如果说保存"夜气"，"涵养"浩然之气，是道德修养的一种积极的方法，那么，减少或遏制自己的欲望，就是修养的一种消极的方法。孟子说："养心莫善于寡欲。其为人也寡欲，虽有不存焉者，寡矣；其为人也多欲，虽有存焉者，寡矣。"（《孟子·尽心下》）孟子认为，存养自己善良本心的一个很好的方法，就是要尽量减少各种欲望。如果一个人能够做到寡欲，就能够保持自己的仁义礼智四端。即使丧失一点先天的善心，那也是极少极少的。如果一个人为人多欲，即使他能够存留一些先天的善良本心，那也是极少极少的。在孟子看来，欲望和品德是相互对立的，要想做一个"君子"，就要遏制自己的欲望。他似乎认为，多欲乃是"小人"的特征。孟子的"养心莫善于寡欲"的思想，为宋明道学家"存天理，灭人欲"的思想开了先河。

道德上的理想人格，是道德修养和道德教育理论所必须探讨的一个问题。《孟子》一书，对这个问题有许多论述。孟子本人把孔子作为自己的道德榜样，他认为孔子是"圣人"中集大成的人物。在讲道德上的理想人格时，孟子还常常提到"君子"和"大人"。最重要的是，孟子详尽地阐释了"大丈夫"这一道德上的理想人格。孟子曰："居天下之广居，立天下之正位，行天下之大道；得志，与民由之，不得志，独行其道；富贵不能淫，贫贱不能移，威武不能屈，此之谓大丈夫。"（《孟子·滕文公下》）这里的意思是说，男子汉生于天地之间，堂堂正正，奉行仁义之道。得志时，就与民共行仁义，不得志时，就以仁义之道独善其身；富贵不能乱其心，贫贱不能易其行，威武不能挫其志，自强不息，这样的人才可称得上真正的大丈夫。自从孟子对"大丈夫"做了上述界说之后，"大丈夫"就作为一个道德上的理想人格流传了下来。历史上的许多民族英雄、豪杰之士，都用"大丈夫"这一高尚和光荣的名字来激励自己，取得了惊天动地、千古流芳的业绩。人们也常常用"丈夫"来评价人们的所作所为，把杰出的女子称为"女丈夫"。应当肯定，孟子关于"大丈夫"的思想，在历史上起了积极的作用。

第五节　重义轻利的动机论

中国伦理学史上的义利之争，在孟子那里，有了更为明确的意义。孟子继承了孔子重义轻利的思想，极力反对和驳斥墨家义利并重的理论。在孟子那里，义和利的关系包含有两方面的意思：一方面，究竟道德原则重要，还是物质利益重要？统治阶级在治理国家、教育人民时，是应该强调他们的私人利益的大小，还是应该强调究竟合不合乎正义的道德原则？另一方面，在道德评价中，究竟是应该重动机呢，还是应该强调效果？

孟子继承并发展了孔子的重义轻利的思想。他认为，作为一种处事原则，只能讲义，不能讲利。对人民进行教育，处理人和人之间、国和国之间的关系，也只能讲义，不能讲利。但是，他并不反对统治者要注意人民生活的改善。《孟子》七篇开始有这样一段话：

> 孟子见梁惠王。王曰："叟！不远千里而来，亦将有以利吾国乎？"孟子对曰："王！何必曰利？亦有仁义而已矣。王曰：'何以利吾国？'大夫曰：'何以利吾家？'士庶人曰：'何以利吾身？'上下交征利而国危矣。万乘之国，弑其君者，必千乘之家；千乘之国，弑其君者，必百乘之家。万取千焉，千取百焉，不为不多矣。苟为后义而先利，不夺不餍。未有仁而遗其亲者也，未有义而后其君者也。王亦曰仁义而已矣，何必曰利？"（《孟子·梁惠王上》）

这就是说，在人和人的关系中，特别是在君臣、父子、夫妇、长幼和朋友的关系中，应当讲究"义"，即在社会中每个人依据其地位，规定他应当做的事。只有讲究义，讲究"应当"，才能维护当时的等级制度。如果人们都从个人的私利出发，整个社会，整个国家就会混乱，国君的地位也就难保了。当然，人们很容易看出，孟子虽劝梁惠王不要讲利，只能讲义，其实，还是为了国君的最大的利益。同样，《孟子·告子下》中说：

> 宋牼将之楚，孟子遇于石丘，曰："先生将何之？"曰："吾闻

秦楚构兵，我将见楚王说而罢之。楚王不悦，我将见秦王说而罢之。二王我将有所遇焉。"曰："轲也请无问其详，愿闻其指。说之将何如？"曰："我将言其不利也。"曰："先生之志则大矣，先生之号则不可。先生以利说秦楚之王，秦楚之王悦于利，以罢三军之师，是三军之士乐罢而悦于利也。为人臣者怀利以事其君，为人子者怀利以事其父，为人弟者怀利以事其兄，是君臣、父子、兄弟终去仁义，怀利以相接，然而不亡者，未之有也。先生以仁义说秦楚之王，秦楚之王悦于仁义，而罢三军之师，是三军之士乐罢而悦于仁义也。为人臣者怀仁义以事其君，为人子者怀仁义以事其父，为人弟者怀仁义以事其兄，是君臣、父子、兄弟去利，怀仁义以相接也，然而不王者，未之有也。何必曰利？"

在孟子看来，统治者只讲利不讲义，丢掉了君臣、父子、夫妇、兄弟等人和人之间的人伦关系，就会导致社会上的相互争夺，人们将为了自身的利益而不顾一切。如果是这样，不要说国家的政治不能稳定，就连国君的地位最终也将被人夺去。孟子主张用仁义道德去教育人民，要人民都不要去计较物质利益，完全按道德的要求行事。他认为，如果统治者肯这样去做，不但国民归服，而且还必将统治整个天下。

孟子虽然重义轻利，但却主张要适当地满足老百姓的物质利益，使老百姓有起码的物质生活财富。在他看来，只有道德高尚又有一定文化知识的"士人"，才能在物质财富匮乏的情况下，遵守一定的道德观念和行为准则。而对一般人来说，如不能有一定的产业来维持生活，就会做出违法犯罪的事来，更不用说，要使他们不去做不道德的事了。所以孟子说："无恒产而有恒心者，惟士为能。若民，则无恒产，因无恒心。苟无恒心，放辟邪侈，无不为己。及陷于罪，然后从而刑之，是罔民也。焉有仁人在位罔民而可为也？"（《孟子·梁惠王上》）这就是说，应该懂得这样一个基本道理，对于老百姓来说，只有那些有一定产业，在生活上能有所保障的人，才能有一定的道德观念和道德意志；如果没有基本的生活保障，不能维持最起码的生活，就不可能具有一定的道德观念和道德意志。因此，他认为，为了使老百姓遵守道德，就必须使他们有能够维持其生活水平的产业。孟子接着说："是故明君制民之产，必使仰足以事父母，俯足以畜妻子，乐岁终身饱，凶年免于死亡；然后驱而之善，故民之从之也轻。"（《孟子·梁惠王上》）为此，孟子进一步提出，做国君的对待自己的老百姓，每家要给五亩土地的住宅，让他们在四周种上桑树，那么，50 岁以上的人就可以有丝绸穿了。此外，还要使每家都不失时机地饲养、繁殖鸡、狗、猪一类的家畜，这样 70 岁以上的人就可以有肉吃了。每个有八口人的家庭，分给其一百亩田地，并且不去妨碍他们的生产，每个人就都可以吃饱肚子了。然后，在这个基础上对他们进行孝顺父母、敬爱兄长的教育，他们也就能够接受了。孟子除了在《孟子》一书的《梁惠王上》中长篇论述了这一思想外，在其他地方还曾多次提到要关心人民的物质利益，要与民同乐，要使人民能有足够的时间和条件去从事生产劳动，要使每个老百姓都能吃饱穿暖等。孟子认为，只有这样，老百姓才能按照统治阶级所制定的道德规范去做，统治阶级的政权才能巩固。孟子的这一思想，一方面是继承并且发展了孔子的思想，一方面是批判而又继承了墨子的思想。这一思想，有着一定的合理因素，可以说，他已经在一定程度上，认识到了道德同人民生活水平的密切关系。

在孟子那里，满足老百姓的最基本的生活需要，是为了使老百姓都能讲"义"，它绝不是与讲"利"相等同的。在道德评价上，孟子总是很明确地把"义"和"利"对立起来，赞赏为"义"的人，贬斥为"利"的人。他说："鸡鸣而起，孳孳为善者，舜之徒也；鸡鸣而起，孳孳为利者，跖之徒也。欲知舜与跖之分，无他，利与善之间也。"（《孟子·尽心上》）利，是指不合于仁义之道的私利，如果合于仁义道德的物质利益，就不是孟子所说的利。孟子的学生彭更问孟子："后车数十乘，从者数百人，以传食于诸侯，不以泰乎?"孟子回答说："非其道，则一箪食不可受于人；如其道，则舜受尧之天下，不以为泰。"（《孟子·滕文公下》）"天下"可为大利。但无违仁义而得之，孟子就不把得天下看做得到了"利"。

第六节　五伦关系及其准则的确立

从人和人之间的道德规范来说，孟子第一次明确地提出了五种人和人之间所应遵循的道德准则，这就是中国伦理思想史上的所谓"五伦"。"五伦"也是关于封建社会中人和人之间道德关系的较为全面和准确的概括。

所谓"五伦"，就是"父子有亲，君臣有义，夫妇有别，长幼有序，朋友有信"。从思想渊源上考察，五伦的思想，来自《尚书》中的"五教"，即后人所说的"五伦之教"。在《尚书·舜典》中，关于舜的部分，有舜对其大臣契所说的一段话："契！百姓不亲，五品不逊。汝作司徒，敬敷五教，在宽。"这就是说："契啊！现在老百姓不够和睦团结，人和人的五种等级的关系，也很不和顺，现在让你担任司徒这种官职，对他们进行这五个方面的教育。在教育时，你一定要发扬宽厚的精神。"这五种关系究竟是什么？怎样针对这五种关系来进行五种教育？这里没有记载和说明。郑玄的注说："五品，父、母、兄、弟、子也。"郑玄的这个说法是有根据的，现在有些注《尚书》的人，把"五品"说成是孟子所说的五伦，即"君臣、父子、夫妇、长幼、朋友"，把五教说成是"父子有亲，君臣有义，夫妇有别，长幼有序，朋友有信"，是没有根据的。《尚书·尧典》中谈到尧的事迹时，在讲了尧考察了舜的思想、行为，并把两个女儿嫁给舜以后，有这样一句话："慎微五典，五典克从。"这就是说，尧使舜认真推行德政，发扬五种道德规范。不论是"五典"也好，"五教"也好，都没有具体说明。在后来的《左传·桓公六年》中，也只是提到"修其五教"，对"五教"仍未作具体的说明。到了《左传·文公十八年》，就说得比较具体了，说"舜臣尧"，"举八元"，"使布五教于四方，父义、母慈、兄友、弟共、子孝，内平外成"。这就是说，舜作为尧的臣子，举荐八个有本领的人，使他们传布父义、母慈、兄友、弟恭、子孝于四方。

孟子虽然对古代典籍都很精通，并很赞赏，但他并没有墨守成规，而是根据所谓"五品不逊"、"敬敷五教"等思想加以丰富、改造和发挥，依据当时封建社会人与人的等级关系的实际情况，概括归纳出了"五伦"的思想，赋予了"五教"以新的内容。

孟子从自己的社会发展的观念出发，在《孟子·滕文公上》中，驳斥了许行"贤者与民并耕而食，饔飧而治"的观点，并且提出了"五伦"的思想。他说：

当尧之时，天下犹未平，洪水横流，泛滥于天下；草木畅茂，禽兽繁殖，五谷不登，禽兽逼人，兽蹄鸟迹之道，交于中国。尧独忧之，举舜而敷治焉。舜使益掌火，益烈山泽而焚之，禽兽逃匿。禹疏九河，瀹济、漯而注诸海，决汝、汉，排淮、泗而注之江，然后，中国可得而食也。当是时也，禹八年于外，三过其门而不入，虽欲耕，得乎？

后稷教民稼穑，树艺五谷；五谷熟而民人育。人之有道也：饱食暖衣，逸居而无教，则近于禽兽。圣人有忧之，使契为司徒，教以人伦——父子有亲，君臣有义，夫妇有别，长幼有叙，朋友有信。……圣人之忧民如此，而暇耕乎？

孟子提出的"五伦"是对封建社会中最主要的道德关系的概括。君臣、父子、夫妇、长幼、朋友这五种人和人之间的关系调整好了，封建统治也就太平无事了。我们可以说，整部《孟子》就是对如何维持这五种人伦关系的正常秩序问题的探讨和论证。孟子把亲亲、忠君、敬长等都看做是发自人的善良本心的伦理行为。孟子继承了孔子孝亲忠君的思想。《孟子·离娄上》讲"不孝有三，无后为大"，"仁之实，事亲是也；义之实，从兄是也；智之实，知斯二者弗去是也；礼之实，节文斯二者是也；乐之实，乐斯二者，乐则生矣"，《孟子·离娄下》讲"五不孝"，《孟子·万章上》讲"大孝终身慕父母"，"孝子之至，莫大乎尊亲"，《孟子·离娄下》讲"君之视臣如手足，则臣视君如腹心；君之视臣如犬马，则臣视君如国人；君之视臣如土芥，则臣视君如寇雠"，《孟子·滕文公下》讲"以顺为正者，妾妇之道也"，等等，都是孟子对五伦关系及其道德原则的具体阐述。一般来说，孟子所说的五伦，是从属于封建等级制度并为其服务的。但他在不平等中，总还提出了双方应有对应的义务。这同宋明理学所说的片面的、单方面的义务，还是有很大不同的。孟子认为，怎样处理好人和人之间的关系，最好是取法于圣人。他说："规矩，方员（圆）之至也；圣人，人伦之至也。"（《孟子·离娄上》）人们只要按照圣人所做的那样去行事，父子、君臣、夫妇、长幼、朋友这五种人和人的关系，就一定会畅顺和谐，天下也就太平了。

自孟子以后，在中国伦理思想史上，就开始了所谓"五伦之教"。宋代伦理思想家朱熹的《小学》，更着重于这五个方面的教育。明宣宗还亲自撰写了《五伦书》。可见，统治阶级对"五伦之教"是很重视的。"五伦"作为封建道德，完全是为统治阶级服务的。但是，它比较全面地概括了封建社会中人与人关系中五个最基本的方面，并在每一个方面提出了一个基本准则，这是人类在道德思考上所取得的一个重要成果。"五伦"的提出，对调整封建社会中人和人的关系，确实起到了很重要的作用。

第七节　告子"生之谓性"的人性论

告子，名告不害，生卒年月不详。但我们从历史文献中知道他是战国人，和墨子见过面，是墨子的晚辈。《墨子》书中曾有两次提到他，他和孟子辩论过，应是孟子的长辈。在人性问题上，告子提出过同孟子截然相反的意见。他的著作，一点也没有流传下来。我们现在所能了解到的告子的思想，都是从《孟子》一书中来的，都是孟子为了辩明自己理论的正确，为了批驳告子的"错误"而对告子的思想理论的"摘录"。从《孟子》一书来看，孟子往往从自己的论敌的言论中，断章取义地抽出几句话来加以驳斥。甚至往往用诡辩和强词夺理的方法，来论证自己的理论的正确性。尽管这些话可能是被片面地摘引出来的，但仍可以看出告子在人性问题上的思想，确实值得我们很好地研究。

从《孟子》的《告子》篇中，我们知道，在人性善恶的问题上，当时至少有四种不同意见，即性无善恶论、性善论、可为善可为不善、有善有不善等四种。"告子曰：性无善无不善也。或曰：性可以为善，可以为不善。是故文武兴，则民好善；幽厉兴，则民好暴。或曰：有性善，有性不善。是故以尧为君而有象；以瞽瞍为父而有舜；以纣为兄之子，且以为君，而有微子启、王子比干。今曰：性善，然则彼皆非与？"（《孟子·告子上》）除告子的性无善无不善外，其他几种说法的理由，都没有更多的记载。但是，告子是反对孟子性善论的。关于这一点，在《孟子》一书中，有较详细的记载。

告子认为，人性或原始的、天生的、本来的人性，是无所谓善恶的，是既不能说善，也不能说恶。人的天生的、本来的人性，只不过是一张白纸。它的善恶，完全是后天学习、熏染和教育的结果。经过这种学习、熏染和教育，它可以成为善，也可以成为恶。但这已经不属于人的本来的自然的本性了。正是由于这种理由，告子明确地给"性"下了一个定义，这就是告子所说的"生之谓性"。所谓"生之谓性"，就是人生下来的时候是什么样子，人性就是什么样子。也就像"白之谓白"一样，只要原来是白颜色的，都可以属于白色。那么，人生下来的原始的、本来的、自然的本性是什么呢？告子又说："食色性也。"就是说吃饭和性欲、生存和生殖，这些就是人的本性。告子认为，人生下来就有的这种"饮食男女"的天性，是无所谓善恶的。

为了论证人性无善恶的理论，根据《孟子》书中的概述，告子举了两个例子：

> 告子曰：性，犹湍水也，决诸东方则东流，决诸西方则西流。人性之无分于善不善也，犹水之无分于东西也。（《孟子·告子上》）
>
> 告子曰：性，犹杞柳也，义，犹杯棬也。以人性为仁义，犹以杞柳为杯棬。（同上）

告子的这一主张，是针对孟子的人性本善的天赋道德论而发的。他所说的人的本性，就是我们现在所谓的自然本性。他认为，从人的自然本性来看，是说不上什么善恶的。

但是，人生下来以后，要在社会中生活，要和他人交往，要受到别人的影响，这一点，告子是承认的。所以他说，人性就好比流水一样，没有固定的方向，引导到东边就向东流，引导到西边就向西流。水并没有先天的要向东或向西流的倾向，都是因为地理、形势、高下的关系，才产生了向东流或向西流的问题。这就是说，水的向东流或向西流，不是由水的本性决定的，而是由客观环境和外界形势决定的。同样，告子还认为，人性的善恶，就如木料（杞柳）同器具的关系一样。木料经过人的加工，可以变成杯盘。但木料的本性中并没有杯盘，更不能说木料的本性就是杯盘。木料之所以能成为杯盘，完全是由于外力，即由于匠人加工的结果。

这样，告子的性无分善恶的理论，实际上也就是性可以为善、可以为不善的理论。

在这里，告子似乎把人性和道德加以区别，或者说把人的自然本性和道德性加以区别。他认为，人性只是自然性；而道德上的善恶，则是一种社会性。这中间有合理的因素，因为他看到了道德上的善恶，是同人在社会中所受的不同影响有密切关系的。人的善、恶，不是与生俱来的，更不能说人生下来就带着上天所赋予的善性，带着仁、义、礼、智这四种善端，因而就一定可以是善的。如果这样，又怎么能够理解"文武兴，则民好善；幽厉兴，则民好暴"，又怎么理解"以尧为君而有象，以瞽瞍为父而有舜。以纣为兄之子，且以为君，而有微子启、王子比干"呢？尽管告子并没有说他本人就主张"性可以为善，可以为不善"的理论，但实际上，在反对孟子的性善论中，他们的理由，都是共同的。总之，在告子看来，所谓与生俱来的人性，应指人的自然欲望和生理上的要求，它是不可能有什么善恶的。因为善恶这两个概念，实际上是有关人们的道德品质、道德评价的概念。它不是先天的，而是受人的客观环境所影响的。从这一点上来看，尽管在历史观上，他还不能从历史唯物主义出发，但这里有着明显地强调环境、强调外界影响的唯物主义的思想因素。这一思想，对孟子一派的唯心主义的人性论是一个有力的驳斥，起着进步的作用，并对以后的人性学说，有着重要的影响。

告子在反驳孟子把"仁义"当作人的本性的时候，还提出了一种"仁内义外"的理论。

孟子认为"仁义礼智根于心"，即仁义礼智这四端，都是从心发出的，都是人的天赋的本性。什么是仁，什么是义呢？孟子认为："仁，人心也；义，人路也。"又说："亲亲，仁也；敬长，义也。"（《孟子·尽心上》）告子认为，饮食男女，才是人的本性。既然认为仁就是"人心"，仁就是亲亲（即对有血缘关系的父母的爱），可以说是从人的内心发出的。至于说到"人应当走的路"（义，人路也）和敬长，那只能说是由外部条件引起的。（告子曰："食色，性也。仁，内也，非外也；义，外也，非内也。"）所以当孟子问告子"何以谓仁内义外"时，告子说："彼长而我长之，非有长于我也；犹彼白而我白之，从其白于外也，故谓之外也。"孟子又问他："且谓长者义乎？长之者义乎？"这就是说，你所说的义，是在长者这儿呢，还是在把长者当长者对待的人那儿呢？告子说："吾弟则爱之，秦人之弟则不爱也，是以我为悦者也，故谓之内。长楚人之长，亦长吾之长，是以长为悦者也，故谓之外也。"（《孟子·尽心上》）这一段话，究竟是什么意思呢？所谓"仁内义外"，也就是说，"仁"可以说是人们内心产生的东西，而"义"则完全是由客观外界所引起的。所以，仁和义不是同一种类型的东西，把仁义都说成是人的本性，在告子看来，这也是错误的。

为什么告子要强调"仁内义外"呢？过去的许多研究孟子和告子思想的人，确实没有弄清楚告子的这一命题。告子所说的"仁内义外"，是承接着孟子的立论而说的。孟子认为"亲亲，仁也"；"敬长，义也"，并认为仁和义都是人的本性，都是善的。告子认为，"仁"既然是"亲亲"，是对自己的双亲的爱，那么，应该说，这是一种由血缘关系所产生的、发自内心的爱，是从人的内心而产生的一种与生俱来的本性，是说不上什么善恶的。因而，他不承认由内心产生的"仁"是善，而只承认"亲亲"的"仁"是一种人的本性。那么，怎么看"义"呢？告子认为，"义"既然是敬长，是对社会上所有年长的人的尊敬，那就是从"外"部产生的，即从人和人的社会关系中形成的，由于对所有长者的这种尊敬不是从血缘关系中产生的"内"的本性，所以"义"是外在的，尽管他是善的或道德的，但它不属于人的本性的范畴之内。由此可见，孟子把仁义都作为人性的善端，承认人的善性是与生俱来的；告子认为"仁"是从人的内心发出的以血缘为纽带所形成的天生的感情，没有善恶可言。"义"虽然是善的，有道德意义，但它不是与生而来的，是后天形成的，所以不属于人性。

为什么说"仁"是内心中产生的一种道德观念，而"义"是由"外"产生的呢？告子举例说，年长的人，是因为他年老，我才把他当老人尊敬的。我之所以能产生这种对老人尊敬的观念，不是我内心本来就有的，即不是天赋的，而是外在的，是因为我看到了他确实已经年老而产生的。从这个意义上说，正如同一切观念都是由外物引起的一样。"义"作为一种道德观念，也是由外部引起的，不是主观自生的。这一点，正如外物是白的，即它先有了白的颜色，我才会产生白色的观念，称它为白色。我之所以不仅对自己本国的老人尊敬，而且对楚国的老人也尊敬，就是因为这些人从外表上看，都是老者。所以，义是从外部产生的。这是一段很精彩的论证，尽管还很粗糙，但它所强调的是，义这种道德观念，或者说这种道德义务、道德责任，不是脱离人和人之间的关系而从内心中产生的，恰恰是人和人之间的关系的产物。尽管这种说法还有某些形而上学的成分，但是有合理因素的。

与此同时，告子又论证了他所谓"仁"内的说法，为什么说"仁"只能是由内部产生的自然本性而没有道德意义呢？他举例说，我的弟弟我就爱，因为他是我的同胞，是同一父母所生，这是一种血缘的爱、自然的爱和本能的爱，它是一种自然属性，这就是所谓"生之谓性"的意义。相反，如果秦国人的弟弟，没有血缘关系，我就不会有本能的感情，所以就不会有发自本能的爱。我的弟弟和秦国人的弟弟，同样都是弟弟，为什么我在内心中只爱自己的弟弟而不爱秦人的弟弟呢？这就是由于一个有血缘关系，一个没有血缘关系。所以，义是由外界引起的，不是人的本性；只有"仁"，才是从人们的内心的本性产生的，但它是无所谓善恶的。最后，还需要特别强调的是，我们现在所能看到的关于告子的思想，都是由孟子及其弟子所转述的，他们对告子的思想，肯定会有很多歪曲。但是，即使是经过了很多歪曲，仍可以清楚地看到，告子是极力反对孟子的所谓天赋道德的。告子认为，人性和仁义道德等社会属性，应该加以区别。人性是人生下来就有的，但它不是仁义礼智等道德观念，而是人的食欲和性欲的本能，是由于血缘关系所产生的本能的对父母兄弟的爱。从这个意义上看，他的理论，有唯物主义的因素。但他把人性只归结为自然本性，最终还是走上了抽象的、超阶级的人性论。

应当指出的是，如果就人生下来后所具有的道德属性来说，在人未形成社会意识以前，是谈不到什么善恶，也可以说是无善无恶的。但是，严格说来，这还不能看做是人性，就是告子所说的饮食男女，也只是人的一种自然本性，并不能说就是人性。因为，人性不是别的，它是人之所以区别于动物的特殊的本性，离开了人的社会性，也就不可能正确了解人的本性。马克思在《关于费尔巴哈的提纲》中指出："人的本质不是单个人所固有的抽象物，在其现实性上，它是一切社会关系的总和。"[①] 毛泽东特别指出："在阶级社会中，每一个人都在一定的阶级地

---

① 《马克思恩格斯选集》，2 版，第 1 卷，56 页。

位中生活，各种思想无不打上阶级的烙印。"① 人性不但包含着自然属性，更包含着社会属性，即使是人的自然属性，也绝不能和动物性相等同，就拿饮食男女来说，人类求生存、求温饱以及为了延续后代的两性生活，都是和动物有所不同的。在人的社会属性中，更包含着人的特性。但是，正如毛泽东所指出的："在阶级社会里就是只有带着阶级性的人性，而没有什么超阶级的人性。"② 从这一观点出发，我们也可以说，只有到了共产主义社会，人类社会不但已经彻底消灭了阶级，甚至已经遗忘了这种对立的存在的时候，才会有所谓普遍的、善的人性。

---

① 《毛泽东选集》，2 版，第 1 卷，283 页，北京，人民出版社，1991。

② 《毛泽东选集》，2 版，第 3 卷，870 页。

第六章
道家的"自然无为"和
"超脱义利"的伦理思想

第一节 《老子》的"返朴归真"的伦理思想

一、老聃的生平和《老子》一书

在中国伦理思想史上，老子是一个有很多争论而至今仍未能得到一致认识的思想家。老子究竟是什么时代的人，《老子》究竟是不是他的著作，都无法确定。我们现在研究老子生平事迹的惟一较为可靠的材料，就是司马迁的《老庄申韩列传》。由于这篇记载只是把当时的许多不同说法记载下来，本身就有很多矛盾，给我们的研究带来很多困难。从《老庄申韩列传》中有关老子的说法，大体上可以对老子的生平有以下概括的了解。

老子姓李，名耳，字伯阳，谥曰聃。他是周朝守藏室之吏，比孔子年长，学识渊博，孔子曾去向他问礼。他长期在周朝做官，后来，看到周朝的腐败，决定脱离当时的政治斗争，隐居山林。（"居周久之，见周之衰，乃遂去。"［《史记·老庄申韩列传》］）当他要出关时，关令尹喜对他说，你既然要去做隐士，就一定要把你的学术著作留下来。老子在这种情况下，写下了他的《道德经》之后，才被放出了关。以后，也不知他到了什么地方。（"至关，关令尹喜曰'子将隐矣，强为我著书'，于是老子乃著书上下篇，言道德之意五千余言而去，莫知其所终。"［同上］）

关于老子的学术思想，司马迁在《史记》中说，老子思想的特点是"无为自化，清静自正"（《史记·老庄申韩列传》），又说："世之学老子者，则绌儒学，儒学亦绌老子。道不同不相为谋，岂谓是耶？"（同上）这似乎在告诉人们，道家学说和儒家学说是对立的，老子思想与孔子思想是对立的，儒道之间剑拔弩张的关系从老子时就已经开始了。两千多年来，虽然偶尔有人对此提出异议，但绝大多数学者对司马迁的这一论断是赞同的，直至 20 世纪 90 年代郭店楚简《老子》的出土，才给反对者的观点提供了有力的新证据。①

在今本《老子》中，存在着大量猛烈批驳儒家仁义等思想的内容，如十九章中的"绝圣弃智，民利百倍；绝仁弃义，民复孝慈"，三十八章的"夫礼者，忠信之薄而乱之首"，十八章的"智慧出，有大伪"等。而在竹简《老子》中，则几乎看不到这种直接抨击和贬损儒家仁义礼智思想的句子，例如，今本中的"绝圣弃智"和"绝仁弃义"，简本中分别作"绝智弃辩"和"绝伪弃虑"，虽然表述方式类似，但所表达的思想已截然不同。

在简本中，只有一处提到了"仁义"，即丙本中的"故大道废，安有仁义"，这句话在今本《老子》中作"大道废，有仁义"，虽然前者与后者相比，仅仅多了一个连词"安"（于是，乃），但结合上下文来看，所表达的思想却是完全相反的。今本中"大道废，有仁义"下面紧接着是"智慧出，有大伪；六亲不和，有孝慈；国家昏乱，有忠臣。""仁

---

① 郭店楚墓竹简于 1993 年 10 月出土于湖北荆门郭店，1998 年经整理后的《郭店楚墓竹简》公开出版。郭店楚墓竹简的出土，在学术界激起了很大的波澜，尤以其中的《老子》竹简，使学者们大为震惊。郭店竹简《老子》不但在时间上比 1973 年湖南长沙马王堆出土的帛书《老子》又早了大约 100 年，成为我们目前所见到的最早的《老子》版本，而且与帛书《老子》和传世的今本《老子》无论在形式上还是内容上，都有着很大的差异。经整理后，整理者根据竹简形制，将简本《老子》区分为甲、乙、丙三组，三组有着不同的文字。与帛书《老子》和今本《老子》均为五千言不同，简本《老子》仅有两千言，并且没有《道经》和《德经》的区分，在章次上与前两者也有着较大的区别。简本《老子》出土之后，学者们便对其提出了不同的看法。大多数学者认为，简本《老子》是五千言的传世《老子》形成过程中存在的多种不同的传本中的三种，直至战国晚期，才汇集整理成我们今天所见到的《老子》完本；还有一种观点认为，五千言的完本《老子》在当时可能已经存在，简本《老子》甲、乙、丙三组仅是其三种不同的节录本，并与墓葬中出土的其他器物相印证，节录的目的是为了给学生作教材。究竟哪一种观点正确，目前尚无定论，我们认为，前一种观点是更为可信和可取的。

义"与"大伪"并列，无疑使"仁义"也具有了贬义；而在简本《老子》中，恰恰没有表示负面意义的"智慧出，有大伪"一句。这样，它所表达的意思，并不是将"仁义"置于"大道"的反面，而是仅仅将"大道"与"仁义"看作不同层面的概念，"大道"居于最高的核心位置，而"仁义"仅次于"大道"居于第二位，这种关系有些类似于孔子思想中的"大同"与"小康"，从这个意义上说，"大道废，安有仁义"并没有贬低仁义的意思。

既然简本《老子》中没有与儒家针锋相对的言论，这就意味着，从简本《老子》所反映的老子的思想来看，我们没有理由说老子本人是排斥儒家的仁义等伦理观念的。而简本《老子》是我们所能看到的离老子生活的时代最近的版本，因此也就能更忠实地反映老子思想的原貌。与后代学者们的判断不同，早期的道家思想和儒家思想并不是针对对方的观点而提出来的，他们所面对的都是同一个对象，即当时的社会现实和社会问题，只不过他们看问题的角度和立场不同，分别提出了不同的济世之方。而今本《老子》中那些猛烈抨击儒家思想的言论，极有可能是在后来的学术争鸣过程中，由道家的传人加进去的。

与对老子这个人仍然存在许多争论一样，关于《老子》一书是老子本人所作还是他人所作，当前学术界也有不同意见。但不论"老子乃著书上下篇，言道德之意五千余言而去"是不是事实，可以肯定的是，在战国时，《老子》一书已广为流传，《庄子》、《荀子》、《吕氏春秋》、《韩非子》等著作中，均曾提到或引用过老子的思想。由此可以得出结论，《老子》一书，在春秋末期可能就已经出现，不过，经过长期流传，也混入了战国时期的某些思想，大约最后成书，当在《墨子》一书之后，但最迟在汉朝建立之前，与今本内容和结构大致相同的五千言的《老子》已经形成。①

《老子》一书，与以问答形式为主、由弟子整理成书的《论语》、《墨子》不同，自己有完整的思想体系，有一套范畴概念。1973 年 12月，长沙马王堆汉墓出土的帛书中有《老子》的两种写本，对我们研究

---

① 马王堆帛书《老子》的乙本中，"邦"皆写作"国"，以避刘邦之讳，而甲本则依然写作"邦"，可见甲本的产生要早于刘邦建立汉朝。

老子的思想有重要意义。1993 年，郭店楚墓竹简《老子》的出土，又为我们了解老子思想的原貌提供了直接的依据。但是，考虑到对两千年来中华民族的传统文化和哲学思想产生了重大影响的，毕竟是以王弼注本为基础的今本《老子》，因此，我们在研究老子的伦理思想时，仍然以今本《老子》为基础，并适当参考一些当代考古发现的最新成果。

二、《老子》的世界观

《老子》的哲学体系，究竟是唯物主义的还是唯心主义的，在我国学术界有两种互相对立的看法。一种意见认为，老子哲学的主要概念"道"是永存的物质世界的自然性，是物质存在，是一种物质性的实体，又是物质世界的客观规律；一种意见认为，"道"就是"虚无"，是先于物质世界的"绝对精神"。

我们认为，老子的哲学体系是唯心主义的，他所说的道是一种精神性的东西，而不是永存的物质世界的自然性。在《老子》一书中，"道"是一个最高范畴，是产生宇宙万物的总根源。这个总根源，既不是原子，也不是真空，不是物质，更不是客观物质世界的规律，而是一种神秘莫测的绝对理念。它既是事物发展的规律，又是万物所由出的本原。但它不是一种客观的物质实在，而是一种精神性的"虚无"。因此，也可以说，万物是从"无"中产生出来的。（"天下万物生于有，有生于无。"[《老子·四十一章》] "道生一，一生二，二生三，三生万物。"[《老子·四十二章》]）"道"是一种神秘的，不可叙述、不可形容的、只能用直观才能体会、认知的一切事物的本原。因此，老子的哲学体系是唯心主义的。

在认识论上，老子更明确地贯彻了他的唯心主义的认识路线。他说："不出户，知天下；不窥牖，见天道。其出弥远，其知弥少。是以圣人不行而知，不见而名，不为而成。"（《老子·四十七章》）从这里可以看出，老子否认感官认识的作用，否认人的理性认识来源于感性认识，否认从物到感觉的认识过程。老子又说："天下有始，以为天下母。既得其母，以知其子，既知其子，复守其母，没身不殆。塞其兑，闭其门，终身不勤。开其兑，济其事，终身不救。"（《老子·五十二章》）这里的所谓"塞其兑，闭其门"，和"不出户，知天下"是同一个意思。[①]
这就是说，把耳、目、鼻、口这些感觉器官全都堵塞起来，把一切外界
可以刺激感觉器官的门都闭起来，就可以终身不病[②]，而能知天下之事
物了。在老子看来，人们对外界的认识，最重要的是要认识"道"，即
要"得其母"，只要"得其母"，就能"知其子"，知道了"道"，也就知
道了天下万物。如果打开了耳、目、口、鼻这些感觉器官，认为只有从
外部世界才能得到对外界的认识，那就一定会受到外物的引诱，使心灵
受到损害，就会在纷纭万物的面前，妄用聪明，专恃才能（"开其兑，
济其事"）以至于终身不可救药了。

三、《老子》思想的主旨究竟是什么？

研究《老子》一书的思想，最主要的问题之一，是《老子》的思想
主旨是什么？它是一部哲学著作，这是无疑的。但它的主要目的是什
么，正像在世界观上，这部书的认识论和本体论究竟是唯物主义的还是
唯心主义的一样，在国内学术界是有分歧的。

一种意见认为，《老子》一书是代表没落奴隶主贵族的知识分子对
新社会的一种以退为进、逃避现实的策略及其政治、哲学理论根据。持
这种意见的人认为：当时的没落奴隶主贵族和他们的知识分子，对待新
兴地主阶级的新政权、地主阶级专政的新社会，有一种态度是以退为
进。有这种态度就有一种与之相应的策略。《老子》这部书一部分讲的
就是这些策略以及与这些策略有关的政治、哲学的理论依据。因为，老
子的思想是"只要退步柔伏，不与你争"，他宣扬逃避现实、逃避社会。
逃避现实是没落阶级所寻求的精神胜利，以求在主观意识中得到安慰。
"以退为进"则是一种妄图夺回已经失去的威势，表现出它还是念念不
忘于它的已失的天堂。

一种意见认为，《老子》是一部兵书。从唐朝以来，不少思想家都
把《老子》看做一部兵书，这绝不是偶然的巧合。唐朝王真曾说，"五

---

① "兑，耳、目、鼻、口也"，参见高亨：《老子正诂》，110 页，上海，上海书店，
1996。

② 马叙伦曰："勤借为癙，说文曰：'癙，病也。'"参见上书，110 页。

千之言"的《老子》，"未曾有一章不属意于兵也"（《道德经论兵要义述》），明清之际的王夫之在《宋论》中也说这部书应为"言兵者师之"，近代的章太炎也认为《老子》是"约《金版》、《六韬》之旨"。他们认为《老子》八十一章，直接谈兵的有十几章，以哲理喻兵的近二十章，认为《老子》这部兵书，着重于战略思想的研究，从用兵之道引申出一般思想规律和事物发展的规律，因此，它比《孙子兵法》和《孙膑兵法》有更大的价值。

《老子》一书的主旨究竟是什么？我们认为，它是一部有关人生哲学特别是有关人在社会上如何处事的一种处世哲学的书。从五千言《老子》一书的主旨思想来看，它主要是要在当时战争动乱、权力斗争的社会中，探索出人们如何得以更好地生存发展以及怎样才能获得幸福的问题。它对当时的社会和人生，进行了深入的观察，力求作出规律性的分析，并以此规律性的认识来探索人生、指导人生。特别是由于它善于从社会各种事物的辩证发展的相互联系和因果链条中来观察，就常常被一些人认为是一种权术，是一种阴谋，是一种策略。其实，这种看法是没有根据的。

《老子》一书，之所以被认为是一种策略，一种权术，最主要的就是《老子·三十六章》的"将欲歙之，必固张之。将欲弱之，必固强之。将欲废之，必固兴之。将欲取之，必固与之。是谓微明，柔弱胜刚强"这一段话。这段话的意思，从认识论上来说，只是对客观事物发展的一种规律性的认识，是一种对社会、人生各种现象的观察，并不是叫人们以此为权术来达到卑鄙的个人目的。《老子》一书的目的是要通过一切社会、人事发展的规律来告诫人们，切勿以强而自恃，更勿以张而可久，要时时注意到对立面的转化，以达到善于自处的目的。

《老子》一书中，确有几处讲到兵法，如《老子·六十九章》。但它主要是从用兵的辩证法思想来阐发他的人生哲学和处世哲学的。"用兵有言：'吾不敢为主而为客，不敢进寸而退尺。'是谓行无行，攘无臂，执无兵，扔无敌。祸莫大于轻敌，轻敌几丧吾宝。故抗兵相加，哀者胜矣。"这种在打仗中"以退为进"的战术，是老子谦让以取胜、退步以求进的思想的客观来源，是用以论述和阐发他的人生哲学和处世哲学的。战国中期，正是各国不断争夺的战争年代，许多战争的胜负的事例，对老子也有启发，他常常说到战争，说到军事，但他的目的却在于抨击当时的统治阶级，希望消除当时社会的纷争，以使人们能过一种纯朴和平的生活。

四、"无为而无不为"的处世哲学

《老子》反对"有为"，主张"无为"，这种"无为而无不为"的思想，既是一种政治思想，更是一种人生的处世哲学，实际上，老子是把它作为自己的处世哲学的。

《老子》从当时的社会变动中，总结出成功和失败的经验。他说："为者败之，执者失之。是以圣人无为故无败，无执故无失。民之从事，常于几成而败之。慎终如始，则无败事。是以圣人欲不欲，不贵难得之货；学不学，复众人之所过。以辅万物之自然而不敢为。"（《老子·六十四章》）老子认为，很多人用了很大的精力去经营某些事情，但往往到快要成功的时候，反而失败了。圣人看到了这种情况，所以主张"无为"。《老子》认为，圣人的欲望就是"不欲"，圣人的学问就是"不学"，圣人的作为就是"无为"。圣人随着万物的自然发展而不去有所作为，所以圣人不会犯众人所犯的"有为"的错误。"是以圣人处无为之事，行不言之教。万物作焉而不辞，生而不有，为而不恃，功成而弗居。夫唯弗居，是以不去。"（《老子·二章》）这就是说，圣人把"无为"当作自己行动的准则，以"不言"来教育别人，有了功劳也不自居，正因为他不居功，所以他的功劳反而永远不会泯灭。

《老子》不但把"无为"当作一种处事的原则，有时简直是把它当作一种获得事物成功的方法，所以后人有说老子是注重权术的。他说："将欲取天下而为之，吾见其不得已。天下神器，不可为也，不可执也。为者败之，执者失之。"（《老子·二十九章》）又说："无为而无不为。取天下常以无事。及其有事，不足以取天下。"（《老子·四十八章》）"以正治国，以奇用兵，以无事取天下……故圣人云：我无为而民自化，我好静而民自正，我无事而民自富，我无欲而民自朴。"（《老子·五十七章》）这就是说，不但取天下要"无为"，就是管理天下，也要无为。对老百姓不但要"无为"，而且最好要使他们无知、无欲。老子说："不尚贤，使民不争。不贵难得之货，使民不为盗。不见可欲，使民心不乱。是以圣人之治，虚其心，实其腹，弱其志，强其骨，常使民无知无欲，使夫智者不敢为也，为无为，则无不治。"（《老子·三章》）在老子看来，"无为"并不是不要功利，相反，"无为"可以说是达到功利的一种手段，无用就是最大的用，"无为"就是最大的为。

当然，老子也懂得，生活在现实生活中的人，要做到完全的"无为"，确实是不可能的。因此，在人和人的关系中，老子认为，最重要的就是要"柔弱"、"曲枉"、"不争"、"无私"，要能够"知其白，守其黑"、"知其荣，守其辱"，宁愿经常处于卑贱曲柔的地位，以便保持他所说的"常德"。老子把这种柔弱、不争的处事态度，比作江海和流水。他认为，为人处世，只要具有水的性能，也就算有最高尚的品德了。他说："上善若水。水善利万物而不争，处众人之所恶，故几于道。居善地，心善渊，与善仁，言善信，正善治，事善能，动善时。夫唯不争，故无尤。"（《老子·八章》）"天下莫柔弱于水，而攻坚强者莫之能胜，其无以易之。"（《老子·七十八章》）"江海所以能为百谷王者，以其善下之，故能为百谷王。"（《老子·六十六章》）《庄子·天下》说老子的哲学是守"雌"、守"辱"，所取的是"虚"、是"后"，《吕氏春秋·不二篇》说"老聃贵柔"，《荀子·天论》说"老子有见于诎，无见于信"，这些都是说，老子的处世哲学就是消极退让，强调柔和。

五、复归于婴儿的道德理想

《老子》的道德理想，或者说他所向往的理想人格，是和他的社会政治理想紧密相联系的。从字面上看，《老子》中的理想人格，同样也是"圣人"。《老子》一书，提到"圣人"的有 30 多处，都是把它作为一种理想的人格，也就是"皆视为至高之人而无诋訾之语"[1]。但从其对"圣人"的解释来看，这是和孔子所说的"圣人"截然不同，甚至是完全相反的。孔子所说的"圣人"，具有高度文化知识、具备着"仁"的道德品质、积极关心社会政治。而老子所谓的"圣人"，是一个"浑

---

[1]　高亨：《老子正诂》，43 页。

沌",是一个"婴儿之未孩"(《老子·二十章》),是一个天真、纯朴的赤子。《老子》说:"圣人在天下,歙歙为天下浑其心。百姓皆注其耳目,圣人皆孩之。"(《老子·四十九章》)"圣人欲不欲,不贵难得之货;学不学,复众人之所过。"(《老子·六十四章》)"圣人处上而民不重,处前而民不害;是以天下乐推而不厌。以其不争,故天下莫能与之争。"(《老子·六十六章》)"圣人为而不恃,功成而不处,其不欲见贤。"(《老子·七十七章》)因此,他认为,要想达到他的道德理想的"圣人",就必须使自己"复归于婴儿"(《老子·二十八章》)。

为什么说最高的道德理想是要使人们复归于"婴儿"呢?在《老子》看来,只有刚生下来的婴儿,才保持着最纯真、最高尚的道德("德不离"[《老子·二十八章》]),他无知无识、无私无欲,因而蕴藏着最深厚的品德。老子认为,人们的"私"和"欲"是造成道德败坏的重要原因。他说:"五色令人目盲,五音令人耳聋,五味令人口爽,驰骋畋猎令人心发狂,难得之货,令人行妨。"(《老子·十二章》)为了提高人们的道德品质,最重要的方法就是使他们"不见可欲",只有如此,才可以达到"使民心不乱"的目的。

老子说:"含德之厚,比于赤子。毒虫不螫,猛兽不据,攫鸟不搏。骨弱筋柔而握固,未知牝牡之合而全作,精之至也。终日号而不嗄,和之至也。知和曰常,知常曰明,益生曰祥,心使气曰强。"(《老子·五十五章》)。在他看来,婴儿的道德是那样的纯洁无疵,以至于毒虫都不去螫他,猛兽也不去扑他,恶鸟也不去抓他,只有这样的品德,才可以称得上是至高无上的"常德"。婴儿的小生殖器虽然常常翘起,但他并不知道什么男女交合,而只是因为他有着充沛的精气。他终日号啼,却并不声音嘶哑,因为他能够保持那种无知无欲的"平和"。只有具备了这种无知无欲的"平和",才算有了人们最理想的"常德",一个人只有具备这种"常德",才能明白透彻、浑然一体。

所谓复归于婴儿的道德理想,从认识论上来看,当然是一种先验主义的思想,是老子的唯心主义世界观在伦理思想上的表现。孟子从唯心主义先验论出发,主张性善论,提出人们生来就具有仁、义、礼、智四端,强调"大人者不失其赤子之心者也"(《孟子·离娄下》)。但是,在孟子那里,"赤子"还只是具有"善端",需要不断发扬光大,才能使人们涵养出高尚的道德品质。而老子则更直接地认为，只有"赤子"、"婴儿"才具备最纯洁、高尚的品德。老子的这一思想，是一种先天的道德来源论。认为人们的德行，不是也不可能是在人与人的社会关系中形成的，而是先天就有的。相反，在社会中，由于人和人发生了关系，却反而带来了道德的败坏，使人们失去了先天的纯真的道德品质。

但是，我们应该看到，复归于婴儿的道德理想，只是一种最后完成了的最高境界。在这种境界完成以前，老子还是要生活在现实社会中，还要和社会上各种各样的人发生关系，那么，理想的人格，究竟应该是什么样呢？《老子·十五章》中说：

> 古之善为道者，微妙玄通，深不可识。夫唯不可识，故强为之容。豫兮若冬涉川，犹兮若畏四邻，俨兮其若客，涣兮若冰之释。敦兮其若朴。旷兮其若谷。混兮其若浊。孰能浊以止，静之徐清？孰能安以久，动之徐生？保此道者不欲盈。夫唯不盈，故能蔽而新成。

就是说：古代深通道家学术的人，是精微玄妙、深远不可认识的。正因为他不可认识，所以勉强表达他的形象：他行动犹豫顾虑啊，像在冬天解衣渡河。他疑畏戒惧啊，像怕凶恶的敌人。他对人庄严恭敬啊，像待客人。他顺应潮流啊，像河水的融化。他很纯朴啊，像未经加工的木材。他内心谦虚啊，像个空谷（胸无成见）。他含蓄浑厚啊，像一池浊水（不苛察于物）。这池浊水，静一静就慢慢地清了（浊转变为清）。这个空谷，动一动就慢慢地生东出西（虚转变为实）。保持这种处世之道的人，不肯自满。正因为他不自满，所以能够在失败之后，又得到新的成功（失败转为胜利）。如果说老子要求人们的品质或道德理想，从静的方面来说，就是复归于婴儿。那么，从动的方面说，这个微妙玄通、深不可识的形象，就是如此。

六、损之又损的道德修养论

在中国思想史上，《老子》最早提出了"为学"和"为道"的区分，认为"为学日益"、"为道日损"（《老子·四十八章》），二者是正相反的。这就是说，追求知识和学问，是要不断增加、积累自己的知识，而"为道"则是要不断地减少，以至于达到什么都"不为"的目的。对于老子所说的"为道"，究竟是什么意思，过去的解释，都指社会政治的目的，认为"为道日损"，就是要"减少政府之功用，收缩政事之范围，以至于最低最小之限度"[1]。应该指出，《老子》的"为道"，从伦理思想来看，还有所谓道德品质的修养的意义。

老子认为，道德修养的最重要的方法，就是要"为道日损"。老子强调，人们从婴儿起就已经具备了至高无上的常德，但是，由于人们在社会生活中，要受到欲的影响，使人们先天具备的"常德"越来越少，以致使人们的天真、纯德、无邪的"赤子"之德，沾染了污垢。老子说："祸莫大于不足知，咎莫大于欲得。故知足之足常足矣。"（《老子·四十六章》）因此，修养是一个过程，是一个不断去掉自己的贪得、不知足以及一切物质欲望的过程。他说："为学日益，为道日损，损之又损，以至于无为。无为而无不为。"（《老子·四十八章》）只有到了什么欲望、要求、行为都没有了，人们的道德品质的修养，也就达到了最理想的境界。由此可见，老子所说的"为道日损，损之又损，以至于无为"，就是要人们不断努力，以恢复到婴儿的无知、无欲的境界。

修养的目的既然是要去掉耳、目、口、鼻、舌、身这些感觉器官的一切欲望，自然是一个很困难的问题。然而不能做到完全"无欲"，却可以逐步地向这个方向努力。《老子》提倡"见素抱朴，少私寡欲"（《老子·十九章》）。首先要"去甚，去奢，去泰"（《老子·二十九章》），把这些作为一个过程、一个阶梯，然后做到知止。他说："知足不辱，知止不殆，可以长久。"（《老子·四十四章》）只要能知足、知止，也就可以接近"无欲"了。为了达到这种境界，老子强调他的所谓"三宝"，"我有三宝，持而宝之：一曰慈，二曰俭，三曰不敢为天下先"（《老子·六十七章》），这样，个人的欲望就会不断减少，即如不能达到"无欲"，亦可以接近"无欲"，也就不会为各种物质的欲望所扰乱，也就会从"不见可欲，使民心不乱"（《老子·三章》），达到虽见可欲，而心仍然不会乱的高尚品德了。

---

[1]　萧公权：《中国政治思想史》，第1册，162页，沈阳，辽宁教育出版社，1998。

老子的"损之又损"以求达到"无私"、"无欲"的道德修养论，尽管是从唯心主义的道德起源论出发的，但是，却包含着合理的因素。老子看到了在剥削制度下，在财产私有的社会里，剥削阶级的自私自利、惟利是图、贪得无厌、穷奢极欲，是当时人们道德败坏的一个重要原因。他特别痛恨当时统治者的甚、奢、泰，认为他们的无穷无尽的"私欲"，永不停息的钩心斗角，为夺取政治权力而进行的尔虞我诈，如此等等，是社会不安定的主要原因。他也观察到，那些有私欲的人，往往是不道德的。而人们的私欲越强，道德水平也就越低。所以他认为，提高道德水平的重要方法，就是去私、去欲。正因为如此，这种"为道日损"的修养方法，在中国伦理思想史上有着一定的影响。到了明代，王阳明提出了他的"为学不求日增，只求日减"的修养方法。很显然，王阳明所说的为学，就是老子所说的为道，应该说，这是吸取了孟子、老子的修养论中的合理因素而形成的。

在道德修养的问题上，老子强调先修养好自身的道德品质，对于家、邦以至天下，都有重要的意义。他说："修之于身，其德乃真；修之于家，其德乃余；修之于乡，其德乃长；修之于国，其德乃丰；修之于天下，其德乃普。故以身观身，以家观家，以乡观乡，以国观国，以天下观天下。吾何以知天下然哉？以此。"（《老子·五十四章》）这就是说，只有先使自身有了高尚的修养，才算真正有了道德，以此来治家，则必定能育化家人而有余；以之治乡，则能德化乡人而渊长；以之治国安邦，必能德化国人而丰隆；以之治理天下，就会普遍地使所有的人都受到道德的熏陶，成为道德高尚的人。老子的这一思想，对中国伦理思想上的修养论，有着相当重要的影响。

七、对伦理概念、范畴的辩证考察

《老子》是具有朴素辩证法的思想的，它用对立双方互相矛盾而又互相依存的思想，考察了许多伦理学上的概念和范畴，如善与恶、善与不善、荣与辱、祸与福、枉与直等。这种考察，反映了《老子》对当时社会上人与人之间道德关系某些方面的深刻理解，有助于对美丑、善恶的认识，有助于人们更准确地进行道德判断，有助于人们更深入地探讨有关道德的各种问题。它不但看到了对立面之间的对立和斗争，而且看到了它们之间的相互转化，并指出了他认为最正确的、防止事物向坏的方向转化的方法。尽管他的结论总是消极的，处"辱"的，但是，其中也确实包含着他所看到的某些真理的因素。

《老子》第二章就说："天下皆知美之为美，斯恶已；皆知善之为善，斯不善已。故有无相生，难易相成，长短相形，高下相倾，音声相和，前后相随。是以圣人处无为之事，行不言之教，万物作焉而不辞，生而不有，为而不恃，功成而弗居。夫唯弗居，是以不去。"这里，老子从八个方面考察了事物的矛盾对立，而主要的还是美丑、善恶的对立。

《老子》认为在人们的道德关系中，最重要的是要弄清楚什么是善。如果真正弄清楚了什么是善，那么也就知道了什么是恶，也就能够在对立中把握善恶关系。美丑、善恶是相互依存、相互对立的，《老子》的这一思想不但包含着深刻的辩证法，也确实指出了研究人类道德关系的一个十分重要的问题。

矛盾双方，不但是对立的，而且是相互转化的。《老子·五十八章》说："祸兮，福之所倚；福兮，祸之所伏。孰知其极？其无正，正复为奇，善复为妖。人之迷，其日固久。是以圣人方而不割，廉而不刿，直而不肆，光而不耀。"这里，老子体会到，天下的祸都是由福生出来的，福越大，越容易招到祸。相反，在祸中间又隐藏着福。祸与福不断地相互转化，谁能知道最终到底是祸是福？难道没有正确和善良？有虽然有，但正确会变为邪怪，良善也会变成妖孽。人们长期以来，对于这一点，总是迷惑不解。因此，圣人行为端正而注意不伤害到人。行为有原则（棱角）而不刺痛人。行为正直，却不触人。行为光荣，却不炫俗。因为只有这样，才能防止事物朝坏的方面转化。

在《老子》看来，防止事物向不利的方向转化，最重要的是不使事物发展到极端。这中间虽然有消极的一面，但是也还有某些合理的因素，即所谓老子的谦虚、退让、柔弱的特点。《老子·二十二章》说："曲则全，枉则直，洼则盈，敝则新，少则得，多则惑。是以圣人抱一为天下式。不自见，故明；不自是，故彰；不自伐，故有功；不自矜，故长。夫唯不争，故天下莫能与之争。古之所谓'曲则全'者，岂虚言哉！诚全而归之，希言自然。"（希，当作常，形似而误——引者注）《老子》认为，既然事物是对立的，而且是互相转化的。因此，作为处世哲学，就必须处于弯曲、委曲、低洼、破旧的地位，从而使自己可以达到保全自己、伸长自己的目的。而且在他看来，这就是人们常说的自然之道。

当然，《老子》虽然认识到了一切事物都是相互依存和相互转化的，但他没有看到事物的不断上升和前进，反而认为事物的变化只是一种周而复始的运动，都是在一个圆圈上，进行着从起点到终点的不断循环。他的"祸兮，福之所倚；福兮，祸之所伏"，本来是一个很富有辩证法的命题。但是他紧接着却说："孰知其极？其无正，正复为奇，善复为妖。"意思是说，所谓祸福、善妖、正奇的不断变化，都只是一种往复循环的运动。它像一个圆圈一样，没有起点，也没有终点。所以不能确定哪一方面是正面，哪一方面是反面。正可以变为奇，奇又变为正；善可以变为妖，妖又复变为善，所以是"其无正"。此外，《老子》虽然正确地认识到祸福、善恶可以相互转化，但却没有强调这种转化必须具备一定的条件。特别是它没有强调，一旦人们认识到了这种相互转化的关系，就可以发挥人们的主观能动作用，创造条件，向着有利于人们的方向发展。在《老子》看来，或者这种转化是没有条件的，或者虽然要有一定的条件，但人也是无能为力的。这就是说，人们只能够被动地适应社会，不能能动地改造社会。《老子》虽然在一定程度上认识到这些对立面之间存在着矛盾和斗争。但是，却害怕矛盾，回避斗争。因此，处处总是想逃避矛盾、逃避斗争，并尽量地防止矛盾的出现。它强调的不是要改造社会，而是要"不争"、"无为"、"柔弱"等消极和顺应的宿命论思想。因此，尽管《老子》的辩证法思想是进步的，他的运用却是保守的。

此外，《老子》从朴素的辩证法出发，不但看到了善恶、祸福、美丑、曲枉的对立，而且对人类社会现象（包括道德现象）的许多方面，也做了深入的考察，提出了很多富有辩证法的命题，直到今天，对于我们还有着很大的启发作用，能够使我们从中得到很多教益。怎样才能识别人们的"诚实"是真正的"诚实"？怎样才能不受某些假象的蒙蔽？《老子》说："信言不美，美言不信。善者不辩，辩者不善。知者不博，博者不知。圣人不积，既以为人己愈有，既以与人己愈多。天之道利而不害，圣人之道为而不争。"（《老子·八十一章》）这一段话中，确实不但包含着辩证的认识，而且还有着合理的、积极的因素。一方面，要用辩证的观点来认识事物，不要被道德现象中的复杂情形所迷惑。诚实和华丽、美善和巧辩都有相似之处，而实际上大相径庭。另一方面，还要认识到有道德的人，在人与人的关系中，必然是不专为自己的利益着想而是总想着别人的人。"圣人不积"，就是圣人不把财物、学识据为己有，他尽力帮助别人。而且实际上，他越帮助别人，他自己却越富有。因此，具有高尚品德的人的行为原则是努力帮助别人、为别人着想，而不去与人争名夺利。在《老子·七十七章》中，它强调"是以圣人为而不恃，功成而不处，其不欲见贤"。就是说，有道德的人只是为别人办事而自己不占有什么，办事成功了也不居功骄傲，他不愿意表现自己的才能。老子的这类思想，在《老子》八十一章中，几乎是到处可见的。

从人生哲学的角度来看，《老子》的这一思想，对人们的自我修养来说是很有意义的。在谦虚方面，老子多次强调要"有若无，实若虚"，强调要谦虚、老实。"知不知，上；不知知，病。夫唯病病，是以不病。圣人不病，以其病病，是以不病。"（《老子·七十一章》）又说："天下皆谓我道大似不肖。夫唯大，故似不肖。若肖，久矣其细也夫！我有三宝，持而保之：一曰慈，二曰俭，三曰不敢为天下先。慈，故能勇；俭，故能广；不敢为天下先，故能成器长。"（《老子·六十七章》）慈爱、节俭是老子所强调的美德，"不敢为天下先"也应该作辩证的分析，其中有消极无为的一面，也有谦虚谨慎的因素，因为我们知道，"为天下先"确实是一个相当困难的事。

在善恶、祸福的问题上，老子不但认为二者能够相互依赖和相互转化，而且从一定程度上，认识到反面教员的作用。他说："善人者不善人之师，不善人者善人之资。不贵其师，不爱其资，虽智大迷。"（《老子·二十七章》）这就是说，善人是不善人的老师，恶人是善人的借鉴。如果不尊重老师，不珍惜借鉴，虽然自以为明智，其实却是糊涂。老子的这一思想，是包含着深刻的辩证思想的。（孔子也曾说过，"见贤思齐焉，见不贤而内自省"，有大体相同的意思，但二者比较起来，老子的话，意境就显得不同。）老子又说："知人者智，自知者明。胜人者有力，自胜者强。"(《老子·三十三章》)"知足者富，强行者有志。不失其所者久，死而不亡者寿。"(《老子·三十三章》)这种格言式的语言，极富有生活的教益，显示了老子对社会现象观察的深刻性。他还指出："知者不言，言者不知。"(《老子·五十六章》)看到了在社会生活中一些现象和本质的矛盾，认识到假象是本质的一种歪曲的反映。这些道理，在老子以前，还没有任何一个思想家讲得这样清楚、这样明白。

八、《老子》的社会政治思想

从司马迁的记载中，我们知道，老子曾是一个史官，目睹周王朝的衰败，便去隐居("见周之衰，乃遂去")。从政治立场上看，他是一个同当时的统治者抱有不同政见的人。由于他对统治者的政治腐败、贪得无厌和对老百姓的残酷剥削感到不满，而又无力改变这种状况，只好甘愿去过脱离现实的隐居生活。由于他很长时期任周王朝的官("居周久之")，亲眼见到了当时的统治者们都是"金玉满堂，莫之能守"(《老子·九章》)，都是"甚爱必大费，多藏必厚亡"(《老子·四十四章》)，不断地从一个方面转化到另一个方面，从统治地位转化到被统治地位，从富贵转化为贫贱。从对这种社会大变动的考察中，老子提出了自己的社会政治理想。

《老子》对当时的老百姓的困苦饥饿的生活，有着明显的同情倾向。《老子·七十五章》中说："民之饥，以其上食税之多，是以饥。民之难治，以其上之有为，是以难治。民之轻死，以其上求生之厚，是以轻死。夫唯无以生为者，是贤于贵生。"这里很清楚，老百姓为什么受饥饿？就是因为统治者缴收赋税太多。老百姓为什么不服从统治？就是因为君上的所作所为过多。为什么人民竟然连死都不怕而敢于造反？是因为统治者养生的物质追求太厉害了（如衣服、宫室、车马、奴仆等）。为了维持社会的安定，只有统治者不以养生为主，才能保持统治，胜于贵生。这一章是老子对当时因阶级统治而造成的老百姓生活贫困的一种比较深刻的认识，表现出对统治者的不满和对老百姓的同情。

因此，《老子》反对过分的剥削。《老子·五十三章》中说："使我介然有知，行于大道，唯施是畏。大道甚夷而人好径。朝甚除，田甚芜，仓甚虚，服文采，带利剑，厌饮食，财货有余，是谓盗夸，非道也哉！"这就是说，如果使我有智慧，就要走在光明大道上，只怕走入邪路上去。大道虽很平坦，而统治者却喜欢小径。他们的朝廷（朝政）很肮脏，农田很荒芜，人民的仓库很空虚，统治者却穿着华丽的衣服，佩带锋利的宝剑，吃足了美味，占有着大量的财富，他们就是强盗的头子，这就是违反大道啊！这些思想，很显然是同情当时的被剥削者和被压迫者的。老子的伦理思想，是和他的政治思想有着密切关系的。政治思想的进步，决定了他伦理思想的进步作用。正是由于上述原因，《老子》认为，在人类社会中似乎总是强者欺侮弱者，富者劫掠贫者。他说："天之道损有余而补不足，人之道则不然，损不足以奉有余。"（《老子·七十七章》）这是他对当时社会政治情况的一种概括结论。对于新的统治者之间为了争夺权力而进行的战争，他更是极力反对，认为"兵者不祥之器"（《老子·三十一章》），"以道佐人主者，不以兵强天下。其事好还。师之所处，荆棘生焉。大军之后，必有凶年"（《老子·三十章》）。认为"天下有道，却走马以粪。天下无道，戎马生于郊"（《老子·四十六章》）。显然，在老子看来，不论是正义战争还是非正义战争，都是不应该有的。

对于统治者用死刑来镇压老百姓，《老子》认为这是一种很危险的做法，其结果往往会自食其果。在《老子·七十四章》中说："民不畏死，奈何以死惧之？若使民常畏死，而为奇者吾得执而杀之，孰敢？常有司杀者杀。夫代司杀者杀，是谓代大匠斫，夫代大匠斫者，希有不伤其手矣。"在《老子》看来，老百姓已经被逼得走投无路了，统治者却用死刑来威逼他们。如果老百姓经常怕死，就可以抓住杀掉他，谁还敢再捣乱？根据通例，是有天这个司杀者来管杀人的，如果代替司杀者来杀人，就像代替技艺高超的匠人砍木头一样，是一定会砍伤自己的手的。这里，反映了《老子》对剥削者的残酷统治的不同意见。

《老子》说："众人熙熙，如享太牢，如登春台。我独泊兮其未兆，如婴儿之未孩。傫傫兮若无所归。"（《老子·二十章》）这就是说，当众人都高高兴兴，犹如参加盛大宴席、好像春日登台眺望那样高兴的时候，他自己却感到心情凄凉，好似无家可归似的。"众人皆有余，而我独若遗"（《老子·二十章》），别人好像都有多余的东西，而自己却感到什么都不够用。"俗人昭昭，我独昏昏。俗人察察，我独闷闷。澹兮，其若海；飚兮，若无止。众人皆有以，而我独顽似鄙。我独异于人，而贵食母。"(《老子·二十章》)众人都是那样清楚明白，老子说他倒反而觉得糊里糊涂不清不楚。众人都是那么兴高采烈，而他倒觉得忧闷发愁。众人都以为自己可以很有作为、可以大显现身手的时候，而他却觉得，只要吃饱肚子，也就算满足人生的要求了。在这里，反映出《老子》对当时社会的强烈不满，反映了他自认为只有他自己看透了一切的清高、自傲和消极、隐退的思想。

由于老子痛恨当时社会的争权夺利、熙熙攘攘，因此，在社会政治思想上，《老子》提出了"小国寡民"和"无为而治"的思想。老子说：

> 小国寡民，使有什伯之器而不用，使民重死而不远徙。虽有舟舆，无所乘之，虽有甲兵，无所陈之，使民复结绳而用之。甘其食，美其服，安其居，乐其俗，邻国相望，鸡犬之声相闻，民至老死不相往来。(《老子·八十章》)

在这个理想的社会里，不但居住得很近的人们，从生到死都不相互往来，而且不要知识，不要文化，人人都要回复到结绳记事的状态。一切生产工具都不要了，一切交通工具都不用了，人和人之间最好不发生任何的社会联系，大家都过那孤僻、简陋、寂寞的生活。我们可以想像，在这样的社会中，又怎样能使人们"甘其食，美其服，安其居，乐其俗"呢？很显然，老子的这个理想，只能是一种倒退的空想。

第二节　杨朱的"贵己"、"重生"的伦理思想

一、杨朱的生平

杨朱是先秦一个重要的伦理思想家，他的一些思想，在当时很有影响。孟子曾说"杨朱、墨翟之言盈天下，天下之言，不归杨，则归墨"，可见他的影响之大。值得惋惜的是，杨朱这些在当时曾经"盈天下"的理论学说，连一个字也没有保留下来。他的著作都失散了，或者也有可

能被后世的儒家销毁了。我们现在所能了解到的杨朱的思想，主要是从后人的转述中，包括论敌的批判中获得的。在中国伦理思想史上，杨朱的思想有着深远的影响，从某种意义上说，他的思想是道家思想的重要渊源之一。

关于杨朱的生平事迹，我们知道得很少。《孟子》一书，并没有说到他的生平。《韩非子》中虽记述杨朱、杨布的故事，但不能说明他的生平。《韩非子》记载：

> 杨朱之弟杨布，衣素衣而出，天雨，解素衣，衣缁衣而返，其狗不知而吠之。杨布怒，将击也。杨朱曰：子毋击也，子亦犹是。曩者使女狗白而往，黑而来，子岂能毋怪哉？（《韩非子·说林下》）

又《庄子》一书，曾说明阳子居是老子的弟子，可能就是指杨朱，但外杂篇是否属实，尚是一个问题。刘向在《说苑》中，也曾提到杨朱，但因为没有先秦典籍可以佐证，也不能作为历史根据。因此，对杨朱生活的年代，还不能有确实的论断。《淮南子·氾论训》中说："兼爱尚贤，右鬼非命，墨子之所立也，而杨子非之。全性保真，不以物累形，杨子之所立也，而孟子非之。"从这里可以推断，杨朱当在墨子（约公元前475—前390）之后，孟子（约公元前371—前289）之前，即活动于公元前4世纪，较古希腊的伊壁鸠鲁略早一些，大抵与亚里士多德同时。

从哲学思想和伦理思想发展的历史中我们可以得出一个相当肯定的结论，如果只是从论敌的批驳中的"引文"来了解这些思想家，那我们就应当认真分析，因为这些"引文"多半是被扭曲的。论敌们常常用导向荒谬、抓住一点、不及其余、无限上纲等方法来批判自己的论敌。从这一方面来说，我们对于杨朱伦理思想的研究，就尤其应注意到这种特殊情况。

杨朱没有著作留传下来，在先秦的著作中，也没有论述杨朱思想的较完整的篇章。据粗略统计，在先秦、两汉古籍中提到杨朱的有《孟子》、《庄子》、《韩非子》、《淮南子》、《说苑》、《法言》、《论衡》等。而且，其中的材料都是作者在论述自己观点时引用的，不但是一鳞半爪，而且很可能是断章取义。但是，从这么多的著作中都提到他的言论说明，他的思想，在战国时期以至秦汉之间，还是很有影响的。

杨朱之所以没有著作流传下来，鲁迅先生有一种说法，认为这是他的"为我"思想的结果。鲁迅先生在《魏晋风度及文章与药及酒之关系》中说：

> 诗文也是人事，既有诗，就可以知道于世事未能忘情。譬如墨子兼爱，杨子为我，墨子当然要著书，杨子就一定不著，这才是"为我"。因为若做出书来给别人看，便变成"为人"了。

这段议论既可以说是一种精辟的议论，但同时也可以理解为一种对魏晋时期这种玄学之风的一种讥刺。他只是想说明，任何诗文都不可能高超到忘却世事人情，因为人是一个社会的动物，既要在社会中生活就不能脱离社会。这里，并不是要说杨朱因"为我"而不肯写出自己的著作来。因为，如果依照这种逻辑，杨朱为了"为我"，他甚至连一句话都不应该说，因为一宣传自己的主张，也就成了"为人"，那怎么会有杨朱、墨翟之言盈天下呢？

从整个思想体系上来看，杨朱的主要思想就是"全性保真"，就是"贵己"和"重生"，也即孟子所说的"为我"，这是和墨家的"兼爱"对立的。这一思想是和《吕氏春秋》中专门论述"贵生"、"重己"的思想相一致的。因此，很多学者认为，《吕氏春秋》中的《贵生》、《重己》等篇，可以代表杨朱的思想。

二、杨朱思想的核心是"贵己"、"重生"

杨朱思想的核心，就是所谓"贵己"和"重生"。用我们今天的话来说，就是珍惜自己的生命，以保全自己为惟一重要的一种人生哲学。

孟子曾把杨朱的这种思想当作一种异端邪说，极力加以攻击。按照孟子所说，"杨子取为我，拔一毛而利天下，不为也"（《孟子·尽心上》），这就是说，杨朱是一个极端自私自利的人。他的这种自私自利已经到了这样的程度，甚至只要能从他身上拔下一根毛，全世界的人都能从中得到好处，杨朱也是不肯干的。孟子的话，不能完全使我们相信这就是杨朱的观点。因为，孟子在同自己的论敌辩论中，正像我们前面所说的，总是喜欢曲解对方的原意，然后从各方面加以驳斥。

此外，《韩非子》在《显学》篇中曾说：

> 今有人于此，义不入危城，不处军旅，不以天下大利易其胫一毛，世主必从而礼之，贵其智而高其行，以为轻物重生之士也。夫上所以陈良田大宅，设爵禄，所以易民死命也。今上尊贵轻物重生之士。而索民之出死而重殉上事，不可得也。

我们知道，《显学》是韩非子驳斥当时流行的所谓儒、墨这两家的理论的，同时，也驳斥了所谓道家的理论。这段话的意思是说，现在有人主张不进入危险的城市，不到军队里去打仗，即使用整个天下的大利益来换取他小腿上的一根汗毛，他也不干；当时的君主必定因此而敬重他，认为他聪明可贵，行为高尚，是轻视外物而重视生命的人。君主们之所以拿出良田大宅，设置爵位俸禄，是为了用这些来换取老百姓为君主献出生命。现在君主尊重轻物重生的人，而又要求人民为君主的事业贡献出生命，这是不可能的。根据韩非的解释，杨朱是一个极端重视保存自己生命的人，只要杨朱肯拔下他小腿上的一根汗毛，他就可以享受到世界上最大的利益，杨朱也是不肯这样做的。应该说，这一解释，比较接近于杨朱思想的本来面目。

由于杨朱没有什么著作流传下来，不少哲学史家都认为《吕氏春秋》（尽管它是先秦著作中比较晚出的一部书）中的《本生》、《重己》、《贵生》、《情欲》、《审为》四篇，是杨朱一派的思想，尽管包含着以后两三百年的不断发展，但仍然可作为研究杨朱思想的资料。

首先，从这些材料中可以看出，杨朱一派思想的核心，就是"为我"、"贵己"、"轻物重生"。《吕氏春秋》的《贵生》篇中，举了几个贵生的例子：

> 尧以天下让于子州支父。子州支父对曰："以我为天子犹可也。虽然，我适有幽忧之病，方将治之，未暇在天下也。"天下，重物也，而不以害其生，又况于它物乎？惟不以天下害其生者也，可以托天下。
>
> 越人三世杀其君，王子搜患之，逃乎丹穴。越国无君，求王子搜而不得，从之丹穴。王子搜不肯出，越人熏之以艾，乘之以王

舆，王子搜援绥登车，仰天而呼曰："君乎，独不可以舍我乎！"王子搜非恶为君也，恶为君之患也。若王子搜者，可谓不以国伤其生矣，此固越人之所欲得而为君也。

鲁君闻颜阖得道之人也，使人以弊先焉。颜阖守闾，鹿布之衣，而自饭牛。鲁君之使者至，颜阖自对之。使者曰："此颜阖之家邪？"颜阖对曰："此阖之家也。"使者致币，颜阖对曰："恐听缪而遗使者罪，不若审之。"使者还反审之，复来求之，则不得已。故若颜阖者，非恶富贵也，由重生恶之也。世之人主，多以富贵骄得道之人，其不相知，岂不悲哉。

从以上三个例子，可以清楚地看出，杨朱一派认为，人的生命是宝贵的，长寿是重要的，甚至是惟一的人生目的。凡是危害生命、健康，影响精神、思想的，都不能够去做。"凡圣人之动作也，必察其所以之，与其所以为。今有人于此，以随侯之珠，弹千仞之雀，世必笑之，是何也？所用重，所要轻也。"（《吕氏春秋·贵生》）在他们看来，生命就像随侯之珠一样，是稀世的珍宝。而一切人间富贵，只不过是一只麻雀而已。《贵生》中的这一思想，可以说是完全和"不以天下大利易其胫一毛"的思想是完全一致的。在《吕氏春秋》的《审为》篇中，认为一个人不论做什么事，都应该进行多方面的考虑，一切行为都应当是在衡量了事物的轻重得失之后，才能去进行。

身者所为也，天下者所以为也。审所以为而轻重得矣。今有人于此，断首以易冠，杀身以易衣，世必惑之。是何也？冠所以饰首也，衣所以饰身也，杀所饰、要所以饰，则不知所为矣。世之走利，有似于此。危身伤生，刘颈断头以徇利，则亦不知所为也。

这就是说，人之所以要衣服帽子，是为了能戴在头上和穿在身上，如果一个人砍掉头去换帽子，杀死自身去换衣服，谁都会认为这是荒唐的。因为把头和身体杀害了，要帽子和衣服又有什么用呢？人世间的奔走于利的情景，与此正相类似。危害身体损伤生命、割断脖子丢掉脑袋去曲从于利，也是不懂得"所为"的表现。

为什么要反对追求名利呢？杨朱一派认为，一切世俗欲望的追求，都会因为忧戚而伤身，因而是不值得的。这也就是《淮南子·氾论训》

中所概括的"全性保真，不以物累形"。在《吕氏春秋》的《审为》篇中说，子华子去见韩昭釐侯。昭釐侯正因为同魏国争地而忧愁。子华子对昭釐侯说："今使天下书铭于君之前，书之曰：'左手攫之则右手废，右手攫之则左手废，然而攫之必有天下。'君将攫之乎？亡其不与?"昭釐侯曰："寡人不攫也。"在昭釐侯做了上面的回答之后，子华子说："甚善！自是观之，两臂重于天下也。身又重于两臂。韩之轻于天下远，今之所争者，其轻于韩又远，君固愁身伤生以忧之臧不得也?"在这里，子华子关于愁身伤生的理论，是和杨朱的理论完全一致的。

由上述可见，杨朱的"全性保真，不以物累形"的"贵己"、"重生"的人生哲学，是和老子的思想相通的，并对以后的庄子的思想，有重要的影响。《庄子·逍遥游》中"尧以天下让许由"的思想，说明"全性保真"、"贵己"、"重生"也同样是庄子思想的一个重要内容。

《列子》一书中专门有杨朱一篇，系统地叙述了杨朱的思想。但是，自唐柳宗元以来，即认为《列子》是伪书。经今人马叙伦考证，认为《列子》应属魏晋时期著作，但其中《杨朱》一篇，在一定程度上反映了杨朱一派的一个支流。

《列子》中的《杨朱》篇进一步阐发了"为我"的思想：

> 伯成子高不以一毫利物，舍国而隐耕；大禹不以一身自利，一体偏枯。古之人损一毫利天下不与也，悉天下奉一身不取也。人人不损一毫，人人不利天下，天下治矣。

> 禽子问杨朱曰：去子体之一毛以济一世，汝为之乎？杨子曰：世固非一毛之所济。禽子曰：假济，为之乎？杨子弗应。禽子出，语孟孙阳。孟孙阳曰：子不达夫子之心，吾请言之。有侵若肌肤获万金者，若为之乎？曰：为之。孟孙阳曰：有断若一节得一国，子为之乎？禽子默然有间。孟孙阳曰：一毛微于肌肤，肌肤微于一节，省矣。然则积一毛以成肌肤，积肌肤以成一节。一毛固一体万分中之一物，奈何轻之乎？禽子曰：吾不能所以答子。然则以子之言问老聃关尹，则子言当矣；以吾言问大禹墨翟，则吾言当矣。

从上述两段引文来看，《列子·杨朱》中的这些思想，大体上还是和杨朱的思想相符合的。特别是"人人不损一毫，人人不利天下，天下治矣"的思想，可能是对杨朱思想的一种更为正确的解释，反映了杨朱对当时统治阶级中争权夺利、尔虞我诈的不满，反映了杨朱一派的社会理想。在杨朱看来，那些强调"爱人"、"兼爱"的人，强调要为国家、社会谋取大利的人，却正是造成天下混乱的根源。在这里，已经涉及剥削阶级的政治原则和道德原则的虚伪性的问题。人人如果都能自觉起来，不愿意损伤自己的一毫去满足那些所谓国家社会之大利，那些想要以别人为牺牲品而捞取名利、争夺权势的人，也就无法运用自己的伎俩了。由此可见，"人人不损一毫，人人不利天下"，还包含着人人都不被别人利用的意思。所以，如果都能这样，天下就可以大治了。

三、杨朱关于幸福的理论

杨朱强调"贵己"、"重生"和"为我"，所以也强调人的欲望的满足。因此，在一定意义上，他提出了一个人生怎样才算幸福的理论。

杨朱一派认为，人是有感觉的动物，人生在世，必须要满足自己感官的需要。只有使自己的感官需要得到适当的满足，才能使自己长寿。但是，他们反对放纵，反对无限制地追求物质欲望的满足，反对享乐。《吕氏春秋·情欲》中说：

> 天生人而使有贪有欲。欲有情，情有节。圣人修节以止欲，故不过行其情也。故耳之欲五声，目之欲五色，口之欲五味，情也。此三者，贵贱愚智贤不肖欲之若一，虽神农、黄帝其与桀、纣同。圣人之所以异者，得其情也。由贵生动则得其情矣，不由贵生动则失其情矣。此二者，死生存亡之本也。

这就是说，如果由"贵生"而行动，适当地节制自己的情欲，使其有利于自己的生命，这是"圣人"所具有的品质，否则，如果不注意"贵生"，只顾满足自己的欲望，必将招致过早的死亡。所以，他们认为，人的生命，本身就要求有欲望的满足，耳、目、口是三种最主要的感觉器官，不论是圣人还是桀纣，都同样追求这种欲望的满足。但是，人们所追求的物质欲望的满足，应该服从"为我"和"贵生"的原则，即只能有利于生命的发展，而不能戕害自己的生命。因此，一切物质欲望的满足，都不能过分，都必须有所节制，这就是所谓"适"，或者叫做啬。一个人活在世界上，应当使耳朵听到最好的声音，使眼睛看到最好的颜色，使口能享受到最美的滋味，如果什么都得不到满足，这还不是和死人差不多？（"耳不乐声，目不乐色，口不甘味，与死无择"）但是，如果过分了，有损于人的健康，影响到人的生命，这就一定要加以节制。

> 圣人深虑天下，莫贵于生。夫耳目鼻口，生之役也。耳虽欲声，目虽欲色，鼻虽欲芬香，口虽欲滋味，害于生则止。在四官者不欲，利于生者则为。（《吕氏春秋·贵生》）
>
> 是故圣人之于声色滋味也，利于性则取之，害于性则舍之，此全性之道也。（《吕氏春秋·本生》）

杨朱一派认为，圣人都是能"得道"的人，因而也就是能够长寿的人。这个所谓"得道"，也就是能够知道为"贵生"而节制欲望，不使情欲伤身。"古人得道者，生以寿长，声色滋味，能久乐之，奚故？论早定也。论早定则知早啬，知早啬则精不竭。"（《吕氏春秋·情欲》）正由于得道的人能节制自己的欲望，所以才能最长久地享受到声、色、滋味的快乐。特别是对一个人来说，这种"得道"的认识，应该越早越好，最好还在青年时代就要认识到节制情欲的重要性。只有很早就知道节制情欲，不要享受得太过，即所谓"早啬"，才能使自己健康长寿。《吕氏春秋·不二》篇中说"杨生贵己"，就是说，杨朱的思想核心就是"贵己"二字，这是很确切的。所谓"轻物重生"，也是以"贵己"为核心。

杨朱一方面主张应该在不妨碍"贵己"、"重生"的原则下，满足人们的感官欲望；另一方面又时时提醒人们，对感觉欲望的满足，要注意节制，并多次强调纵欲的危害。《吕氏春秋·重己》篇认为，欲望是不利于人的生命的发展的，所以更加强调要节制人们的欲望。"凡生之长也，顺之也；使生不顺者，欲也；故圣人必先适欲"。强调"适欲"，即节欲，这是和杨朱的思想一致的，但是，把"欲"说成是"使生不顺"的东西，已经偏离了杨朱的思想。因为欲望已经不是必要的东西，而成了对生命不利的东西了。又说："出则以车，入则以辇，务以自佚，命之曰招蹶之机。肥肉厚酒，务以自强，命之曰烂肠之食。靡曼皓齿，郑卫之音，务以自乐，命之曰伐性之斧。"（《吕氏春秋·本生》）这里，虽然批判的是纵欲，可是很显然，已经视欲望为"伐性之斧"，即当作是对生命有害的东西，它与有节制的享乐已经有很大的不同了。《吕氏春秋·重己》中也说："（衣）焯热则理塞，理塞则气不达；味众珍则胃充，胃充则中大鞔；中大鞔而气不达，以此长生可得乎？"很明显，这同样也是在批判纵欲，包含着把欲望和生命对立起来，有逐渐走向禁欲主义的倾向。

以后，在很长一段时期内，杨朱的思想几乎泯灭，而老子、庄子的思想则有着较大的影响，只是到了魏晋时期，杨朱的思想在《列子》的《杨朱》篇中有所反映。

四、杨朱思想的社会作用

杨朱一派的思想，代表着在历史大变动时期，在激烈的阶级斗争中，对现实不满的一部分贵族，特别是其中的一些思想敏锐、自恃清高的知识阶层的思想。他们曾经是贵族，有条件去满足自己的各种物质欲望而不需要自己去劳动。但是，他们中的一些头脑清醒、思想敏锐之士也看不惯社会的黑暗，或者可能是在斗争中遭到了不公正的待遇或遭到了失败，从而愤世嫉俗，对那些他们认为用"阴谋诡计、巧取豪夺"的办法取得了权力的人，感到十分不满。他们或者是不愿意同那些人同流合污，或者对重新夺回已往的权力已经失去了信心。因此，他们和当时的统治者处于对立的地位，消极地隐居起来，清高自负，希望成为一个隐士，并以保持自己生命的长寿为惟一的目的。他们故意地自命不凡，说一些与世无争、看透名利、不求富贵荣华只求养生的宏论。其实，很显然，如果他们不是贵族，不是曾经有权有势的人，又有什么条件来满足自己的耳目口腹之欲呢？

杨朱一派的伦理思想，显然是对当时统治阶级的一种反抗，包含着对统治者的公开的不合作。不论当权的统治者或其他各派思想家怎样教导、提倡人们要君君、臣臣、父父、子子，要兼爱，要亲亲，要爱人，要泛爱众，他们却反其道而行之，只爱自己，不爱别人，只要保全自己，不去考虑什么社会国家。他们反对儒、墨两家的道德规范，强调个人的自由发展。他们幻想使人们超越于一切规范的必然之上，打破一切"累形"之物，以达到其所谓"全性保真"的目的。很显然，这种思想是不利于当时的社会的。因此，维护当时社会秩序、具有等级观念的孟子，非常反对杨朱的思想，他说："杨氏为我，是无君也。"（《孟子·滕文公下》）这确实触及了问题的要害。如果人人都只知道保重自己的生命，都不肯为别人去牺牲自己的利益，又有谁能为国君去卖命呢？孟子把杨朱这种"无君"的思想，视作大逆不道，咒骂有这种思想的杨朱只是禽兽，可见孟子对这种思想痛恨的程度。确实，如果人人都只为自己活命着想，社会又怎么能存在和发展呢？正因为这种原因，它本身也就缺少必要的生命力。儒家与之相反，它的主要特点就是要运用各种方法来维护社会和国家的存在，这也正是儒家之所以能受到统治阶级支持的一个重要原因。

杨朱一派的思想，由于宣扬了极端的"为我"和"贵己"的人生哲学，曾受到后世许多思想家的非难。其实，作为剥削阶级思想家的人生哲学来说，基本上都是宣扬"为我"和"利己"的。所不同的只是杨朱公开地不加掩饰地说出了这种哲学，而且特别强调了保持生命的重要意义。

另外，杨朱一派强调，人的感觉欲望是应该得到满足的，这和孔子、孟子等人贬低利欲的唯心主义思想不同，包含着唯物主义感觉论的因素。但是，杨朱一派片面地强调"贵生"，认为人活着的惟一要求就只是为了要活着，其他一切，都是不应该理会的。这种思想，只能是一种消极的人生哲学。

第三节 庄子"超脱义利"的伦理思想

一、庄子生平及著述

庄子，姓庄名周，战国中期宋国蒙（今山东曹县，一说今河南商丘）人。庄子的生卒年月无可确考，《史记》说他和梁惠王、齐宣王同时，后人马叙伦说他大约生于公元前 369 年，卒于公元前 286 年，较为可信。

庄子曾经在蒙这个地方当过漆园吏（管漆园的小官），后来做了隐者。庄子的一生，似乎过着很贫穷的生活。《庄子·外物》说："庄周家贫，故往贷粟于监河侯。"《庄子·山木》篇说他"衣大布而补之，正緳系履而过魏王"。《庄子》书中所载的这两件事，也可能是寓言，但也可能反映庄子的一些实际生活情况。他之所以很贫困，看来主要原因是他自己不愿做官。《史记》记载他曾经拒绝高官厚禄而宁愿过隐者生活的情况，可能有一定的根据：

> 楚威王闻庄周贤，使使厚币迎之，许以为相。庄周笑谓楚使者曰："千金，重利；卿相，尊位也。子独不见郊祭之牺牛乎？养食之数岁，衣以文绣，以入太庙。当是之时，虽欲为孤豚，其可得乎？子亟去，无污我。我宁游戏污渎之中自快，无为有国者所羁，终身不仕，以快吾志焉。"（《史记·老庄申韩列传》）

这一段叙述可以和《庄子·秋水》篇中所记载的庄子垂钓于濮水，楚王派二大夫迎请的事相印证。这虽然说的是庄子的一件轶事，但它不但反映了庄子的世界观和人生观，而且对了解庄子的伦理思想，也有极重要的意义。

庄子虽然过着隐居不仕，甚至有时靠编草鞋、借贷过活的贫穷生活，但却和当时的许多大人物有交往，曾作过魏国宰相的惠施，就是他的很要好的朋友，庄子和惠施经常相互辩难，讨论学问，但是，庄子和惠施对于每一件事都有不同的看法，对于荣华富贵，他们两人的看法尤为对立。《庄子·秋水》篇中有一段"鹓雏与鸱"的对话说：

> 惠子相梁，庄子往见之。或谓惠子曰："庄子来，欲代子相。"于是惠子恐，搜于国中，三日三夜。庄子往见之，曰："南方有鸟，其名为鹓雏，子知之乎？夫鹓雏发于南海而飞于北海，非梧桐不止，非练实不食，非醴泉不饮。于是，鸱得腐鼠，鹓雏过之，仰而视之曰：'吓！'今子欲以子之梁国而吓我邪？"

这当然只能看做是一个寓言，在这里，庄子把自己比作是高尚、美丽，而且目光远大的凤凰，把魏国宰相这样的高官，比作一个臭不可闻的腐烂了的死老鼠，而把自己的好朋友惠施比作一个贪吃腐鼠的猫头鹰，这简直有点人身攻击以至于侮辱人格了。至于说到惠子搜于国中三日三夜

（等于下了一道通缉令，挨家挨户搜查了三天三夜），似乎更不可能，但这个故事至少反映了庄子对功名富贵的态度，表现了他的独特的隐士思想的作风。《淮南子·齐俗训》也说："惠子从车百乘，以过孟诸，庄子见之，弃其余鱼。"这是说，惠施过孟诸这个地方时，摆着十分阔气的仪仗，此时庄子正在钓鱼，看到惠施这么一副气派，心里甚是鄙夷和生气，连自己钓到的鱼都丢到水里去了。

从《庄子》三十三篇来看，庄子是一个有着绝顶聪明智慧的人，有着极高的文学造诣。他用诗一般的文词、形象、生动而又感人的语言、引人入胜的故事、变化奇特的情节和极为生动的描绘及含有深刻意义的警句来叙述他的哲学和伦理思想。在伦理思想上，他一反过去那种道德箴言的说教和长篇的逻辑论证，而是用人们现世生活中所喜闻乐见的事例或寓言加以引申发挥，给人以启发，使人们从中受到教益。正如闻一多所说，庄子的哲学"不像寻常那一种矜严的、峻刻的、料峭的一味皱眉头、绞脑子的东西，他的思想的本身便是一首绝妙的诗"[1]。"别的圣哲，我们也崇拜，但哪像对庄子那样倾倒、醉心、发狂？"[2]因此，按庄子的聪明才智来说，在当时的所谓"百家争鸣"的形势下，即使不愿做官，就是从事讲学，要获得一个较优越的生活环境也是很容易的。齐国的稷下先生们尽管才华差庄子甚远，也"皆列为上大夫"。惠子死后庄子为他送葬，在他的墓旁说："自夫子之死也，吾无以为质矣，吾无与言之矣。"（《庄子·徐无鬼》）但是，庄子在政治和生活上从不依赖惠施，他一生始终都过着隐居、贫穷的生活。庄子对人们的钩心斗角、争权夺利十分厌恶。他力图寻求一种不受外界干扰，自得其乐，绝对自由的生活。因此，他对统治阶级采取了不合作的态度。庄子的这种态度，反映了战国这一动乱时期的一部分不满意现实、自命清高的所谓隐士的知识分子的心理。

庄子一生隐居，没有什么壮举伟绩可述，但他行为奇特，做事不入于俗。他虽然门徒有限，但在当时欣赏他的思想的人则是不少的。《庄子》一书，是庄子和他的弟子以及后学所写文章的汇编，是我们现在研究庄子的行为作风及其伦理思想的主要依据。

---

[1][2]　《闻一多全集》，第2卷，280页，北京，三联书店，1982。

　　《庄子》一书，凡三十三篇，分内篇、外篇和杂篇，但它们所表述的思想并不是完全一致的，甚至有些篇章还有相互矛盾的地方，这就给我们的研究带来了一定的困难。在这互相矛盾的篇章中，哪些篇章能代表庄子的基本思想？对此学术界有不同的看法。有的人认为，《庄子》内篇中的《逍遥游》、《齐物论》、《大宗师》等篇，可以代表庄子的基本思想，并以此断定庄子是一个哲学上的唯心主义者。还有一些人认为，《庄子》外篇中的《天地》、《天道》、《天运》等篇可以代表庄子的基本思想，并据此断定他是一个唯物主义者。持有不同看法的双方，都曾提出了某些有说服力的根据。对庄子著述的争论，涉及对庄子思想的哲学性质的评价，也影响到对庄子伦理思想的评价，我们应当予以慎重对待。

　　其实，在古代，《庄子》一书的内篇、外篇的划分并不是固定的，这在古书中可以找到许多根据。因此，我们认为，研究庄子的思想，不应过分地拘泥于内篇或外篇。《庄子·天下》篇记载了先秦诸子的学说，它对诸家学说的评价虽有一定的倾向性，但对诸家学说的概述却是很客观的，是符合史实的。我们既然承认作为先秦思想史的《天下》篇是可信的，那么，就应给它以应有的重视。我们认为，研究庄子的伦理思想，应当以《天下》篇关于庄子思想的一段叙述为基本依据，凡与这一段叙述相合的篇章，均应作为研究庄子伦理思想的材料。

二、从认识论上的相对主义到超善恶的伦理思想

　　在认识论上，庄子是一个相对主义者。他认为，人们不能认识或不能完全认识宇宙的真理，他有一句著名的话，就是"吾生也有涯，而知也无涯。以有涯随无涯，殆已"（《庄子·养生主》）。在他看来，贵贱、夭寿、大小、有无、是非之间的界限是搞不清楚的，也是不可搞清楚的。如果以"道"的观点来看，万物之间、物我之间都是等齐划一的。人们之所以有诸种辩争，是因为人们是从不同的角度来观察、看待事物的。他说：

　　　　以道观之，物无贵贱。以物观之，自贵而相贱。以俗观之，贵贱不在己。以差观之，因其所大而大之，则万物莫不大；因其所小

而小之，则万物莫不小；知天地之为稊米也，知毫末之为丘山也，则差数睹矣。以功观之，因其所有而有之，则万物莫不有；因其所无而无之，则万物莫不无；知东西之相反而不可以相无，则功分定矣。以趣观之，因其所然而然之，则万物莫不然；因其所非而非之，则万物莫不非；知尧、桀之自然而相非，则趣操睹矣。（《庄子·秋水》）

这就是说，从事物的差别、功效、志趣和倾向来看，可以说是有差别的，但是，从最高的"道"来观察，事物之间的各种差别都是不存在的。因此，分辨事物的差别是徒劳的。

从他的相对主义出发，庄子劝导人们不要去认识什么是非、善恶。从伦理学上来看，这是一种超善恶的相对主义的道德观。这种道德观是以其相对主义的认识论为哲学基础的。

庄子认为，人类社会的一切看法、观点（包括道德观念）都是一种主观的偏见，人们都把己方的看法、观点称作是、称作善，而把别人的看法、观点称作非、称作恶。从自己的立场观点说，尧、桀都自以为对，以对方为非。这种从自己立场观点出发得出来的是非观念，有没有什么办法能得到证明呢？庄子认为没有。《庄子·齐物论》中说：

既使我与若辩矣，若胜我，我不若胜，若果是也，我果非也邪？我胜若，若不吾胜，我果是也，而果非也邪？其或是也，其或非也邪？其俱是也，其俱非也邪？我与若不能相知也，则人固受其黮暗，吾谁使正之？使同乎若者正之，既与若同矣，恶能正之？使同乎我者正之，既同乎我矣，恶能正之？使异乎我与若者正之，既异乎我与若矣，恶能正之？使同乎我与若者正之，既同乎我与若矣，恶能正之？然则我与若与人，俱不能相知也，而待彼也邪？

总之，在庄子看来，每个人都有自己的是非，"彼亦一是非，此亦一是非"，但这种相互对立的观点既得不到统一，也各自都得不到证明，因此，是非是无法有一个客观标准的。不仅是非不可能有客观标准，美丑也同样是不可能有客观标准的。《庄子·齐物论》中说："毛嫱丽姬，人之所美也，鱼见之深入，鸟见之高飞，麋鹿见之决骤。四者孰知天下之正色哉？"又说："自我观之，仁义之端，是非之涂，樊然殽乱，吾恶能知其辩！"意思是：毛嫱和丽姬是人们所赞誉的美人，然而鱼见到后则深藏水底，鸟看到后就飞向高空，麋和鹿看到后就飞快地逃走，这四者究竟是谁知道天下真正的美色呢？至于道德上的善恶，则更是不可能有客观标准的。

庄子愤世嫉俗，不平于当时"窃钩者诛，窃国者为诸侯，诸侯之门而仁义存焉"（《庄子·胠箧》）的社会现象，极力攻击和驳斥社会上流行的评价善恶的道德标准。他说：

> 伯夷死名于首阳之下，盗跖死利于东陵之上。二人者，所死不同，其于残生伤性均也。奚必伯夷之是而盗跖之非乎！天下尽殉也，彼其所殉仁义也，则俗谓之君子；其所殉货财也，则俗谓之小人。其殉一也，则有君子焉，有小人焉；若其残生损性，则盗跖亦伯夷已，又恶取君子小人于其间哉！（《庄子·骈拇》）

这就是说，伯夷为了求得"忠清"之名而饿死在首阳山下，柳下跖为了贪利而死在东陵山上，二者死法不一，但都受着一定的目的所驱使，都是为了追求名或利，因而，也都是残生伤性，何必要肯定伯夷而否定盗跖呢！在人们中间区分"君子"和"小人"是不必要的。肯定"君子"而否定"小人"，则更是不适当的。在世俗中，人们区分君子和小人的道德标准是"仁义"。而在庄子看来，仁义是对人的自然本性的残害，是统治者打扮自己、欺骗百姓的工具，因此，按照仁义的标准来区分是非、善恶，是不公正的。正因为如此，庄子把按仁义区分的善恶看做是等齐划一的，认为善不可誉，恶不可毁。

在庄子看来，分清是非、明察善恶是世俗之人总想去做的事，而圣人却不是这样的。圣人知道是非和善恶是无法究明且也不可究明的。因此，圣人不走这种辨明是非和善恶的道路，而听任自然。他认为，喜怒哀乐、思虑、反复、恐怖，甚至轻浮、妖艳、奢侈、放纵情欲大多都是出乎自然的，根本无须对它们进行善恶的评价。人应当放弃自己的小聪明，不要去认识真理，不要去认识和评价社会的道德现象，一切都任其自然。很显然，庄子由于在认识论上的相对主义和不可知论，得出了齐善恶的相对主义道德观，并且最终走向了否认善恶有差别的结论。其实，在庄子看来，善恶还是有的，只有他所主张的善才是善，儒、墨、法各家的善都是恶，因此，他的主张并不是无善恶，而是有善恶的。

三、庄子的人生观

庄子所生活的战国中期，各国的封建制度虽然基本上已经确立，但尚未巩固。从周朝这一专制统一王朝分裂开来的各个诸侯国，都想用武力争取自己周围的邻国，从而统一天下，使中国重新成为一个专制的强大的国家。封建地主阶级，尽管是一个新兴的刚登上历史舞台的阶级，但作为剥削阶级来说，他们彼此争夺，穷兵黩武，相互利用，相互欺骗，强取豪夺，使广大劳动人民受到很大的危害。作为知识分子的士这一阶层，有的出谋划策，为有国者奔走效劳，以求谋得一官半职。有的恃才待沽，准备为所识者尽力，以为统治阶级所用。也有一部分剥削阶级出身的知识分子，他们对现实的各种情况都深感不满，对社会的礼乐、制度及道德也都觉得格格不入。凭着他们的处世经验和对社会问题的深刻观察，选择了一条遁世的道路。他们不愿与当时的统治者同流合污，对现实也抱有极为消极的看法，认为现实已经无可挽回地沉沦了，而在这种社会的动荡和沉沦中，对他们来说，最重要的就是要洁身自好，不与这个社会中的人们同流合污。因而，他们要求一种逃避现实、孤家自处、不受现实社会束缚的精神安慰。庄子就是这样一些思想家的典型代表。

人生的目的是什么？什么样的生活是最有意义的生活？庄子针对当时社会中很多人追求名利、孳孳为私的现象，提出人生最有意义的生活就是要看穿一切功名利禄，看穿生死，使自己过一种无求、无私、无知、无欲的生活，过一种不受任何限制、精神上绝对自由的生活。《庄子·秋水》篇中说：

> 庄子钓于濮水，楚王使大夫二人往先焉，曰："愿以境内累矣！"庄子持竿不顾，曰："吾闻楚有神龟，死已三千岁矣。王巾笥而藏之庙堂之上。此龟者，宁其死为留骨而贵乎？宁其生而曳尾于涂中乎？"二大夫曰："宁生而曳尾涂中。"庄子曰："往矣！吾将曳尾于涂中。"

从这里来看，似乎是说，高官厚禄不但不足以贵，反而是束缚人的自由的枷锁，是危害人的寿命的，因此，为了很好地活着，就不要去做大官。

庄子对现实极其不满，这种不满，不仅仅表现在不与统治者合作，还表现在他对现实及其统治者的诅咒。他认为，在当时的社会中，人们都打着仁义礼智的招牌，干的却是男盗女娼的勾当。他说："彼窃钩者诛，窃国者为诸侯，诸侯之门而仁义存焉。"（《庄子·胠箧》）他认为，道德的和法律的原则和规范，本来是评价善恶、量刑轻重的标准，但是，这些标准、原则既然为那些有权势的人所掌握，他们在窃取国家大权的时候，也就掌握了舆论大权，并把自己的一切言行都说成是符合这些原则和规范的。这就是他所说的"为之斗斛以量之，则并与斗斛而窃之；为之权衡以称之，则并与权衡而窃之；为之符玺以信之，则并与符玺而窃之；为之仁义以矫之，则并与仁义而窃之"（《庄子·胠箧》），"田成子一旦杀齐君而盗其国，所盗者岂独其国邪？并与其圣知之法而盗之"（《庄子·胠箧》）。从这里可以看出，庄子对当权者的所作所为是十分愤慨的。此外，他对社会上的钩心斗角，争权夺利也十分厌恶。在他看来，人与人之间"与接为构，日与心斗"（《庄子·齐物论》），人们整天忙忙碌碌，心灵、身体都不得安宁，有的人一辈子被役使，但看不到自己的成功，困苦地疲于奔命，而不了解自己的归宿，这不是很悲哀的事吗？正因为庄子有这种"见识"，才有所谓"惠子从车百乘，以过孟诸。庄子见之，弃其余鱼"。至于当时在意识形态领域中出现的百家争鸣的盛况，他认为这只不过是一种应时的骗人的东西，颠来倒去，只不过是对无知的人们的一种欺骗，是一种"朝三暮四"、"朝四暮三"的耍猴游戏而已。

庄子深深感到，在当时的社会，人们为了达到自己的卑鄙的追求名利的目的，很多人只能是趋炎附势、阿谀奉承，跟着当权的统治者的指挥棒转动。因此，推而广之，他认为，人们在世上生活，都是要受别人的影响和制约的，自己不能独立，没有自由，没有个性的发展。《庄子·齐物论》中有一段话说：

> 罔两问景曰："曩子行，今子止；曩子坐，今子起，何其无特操与？"景曰："吾有待而然者邪？吾所待又有待而然者邪？吾待蛇

蝴蝶翼邪？恶识所以然？恶识所以不然？"

这段话的意思是说：影子的影子（罔两）质问影子一会儿走，一会儿停，一会儿坐，一会儿起，为什么这样没有独自的操守？影子认识到自己是有所"待"才这样的，并且是因为自己的所"待"者又有所"待"才造成这样的，但最终原因怎样，影子是搞不清楚的。庄子以此说明人人都是有所"待"的，都是不自由的，所以才造成了人生中的许多愁苦和悲哀。庄子认为，只有超脱现实看透现实，不为名利所引诱，不去搞那种无聊的你争我夺，不去作任何无谓的挣扎，安时处顺，与世无争，才能保全天性，享尽天年。

人生有什么意义呢？庄子认为，人生变幻无常，人们在现实生活中，不能掌握自己的命运，就好像是在做一场梦一样。因此，他认为，对人生不要认真，而最主要的是要超脱这一切，保全自己。《庄子·齐物论》中说：夜晚梦见饮酒而欢乐的人，早上醒来后可能因悲痛而哭泣；夜晚做梦因悲伤而哭泣者，梦醒后又高高兴兴地去狩猎。当他在做梦的时候，他并不知道是在梦中，而且在梦中还要占其梦之吉凶，只有醒了才知道是梦。只有人们大觉之后，才会了解他的一生也是一场大梦啊！"昔者庄周梦为蝴蝶，栩栩然蝴蝶也，自喻适志也，不知周也。俄然觉，则蘧蘧然周也。不知周之梦为蝴蝶与，蝴蝶之梦为周与？周与蝴蝶，则必有分矣。此之谓物化。"（《庄子·齐物论》）人生有清醒的时候，也有做梦的时候，当人们清醒的时候所做的事，可能是很荒唐的，是被迫的，而在梦中所做的事，可能是自由的、有意义的。所以他认为，人自以为清醒的时候也许是在做梦，做梦的时候也许是在真正地清醒着。人生就是这么不能掌握自己的命运，没有自由，甚至可以说是稀里糊涂，那么，与其挖空心思地你争我夺、分辨是非善恶，还不如看破一切，随世浮沉，一切都不放在心上，从而达到全性保真的目的。

庄子还认为，人们往往因为忧惧死亡的到来而陷入极大的痛苦，所以他用了很多篇幅来讨论死亡的问题，企图使人们能摆脱这一痛苦。因此，在他看来，人们不但应当看透人生，还应看透生死，把生死置之度外，《庄子·至乐》篇中说：

庄子妻死，惠子吊之，庄子则方箕踞鼓盆而歌。惠子曰："与人居，长子老身，死不哭亦足矣，又鼓盆而歌，不亦甚乎？"庄子曰："不然。是其始死也，我独何能无概！然察其始而本无生，非徒无生也，而本无形；非徒无形也，而本无气。杂乎芒芴之间，变而有气，气变而有形，形变而有生。今又变而之死，是相与为春秋冬夏四时行也。人且偃然寝于巨室，而我嗷嗷然随而哭之。自以为不通乎命，故止也。"

庄子的根本思想是，人生活在世界上，死是不可避免的。生和死都是自然的正常现象，不必要为生而欢乐，为死而悲哀。而且，在当时的社会中，对于有些遭受到各种痛苦、折磨和困难的人来说，死了之后，这些痛苦、折磨和灾难，也就随着消失了，这也并不一定就是坏事。

人生在世，不但不应该以死亡为不幸，甚至要认识到死亡比有些活着而受罪的人更能摆脱一些烦恼。这种论点，庄子在《至乐》篇中通过一个"髑髅见梦"的寓言进行了引人入胜的表述。这个寓言说：

庄子之楚，见空髑髅，髐然有形，撽以马捶，因而问之，曰："夫子贪生失理，而为此乎？将子有亡国之事，斧钺之诛，而为此乎？将子有不善之行，愧遗父母妻子之丑，而为此乎？将子有冻馁之患，而为此乎？将子之春秋故及此乎？"于是语卒，援髑髅，枕而卧。夜半，髑髅见梦曰："子之谈者似辩士。视子所言，皆生人之累也，死则无此矣。子欲闻死之说乎？"庄子曰："然。"髑髅曰："死，无君于上，无臣于下；亦无四时之事，从然以天地为春秋，虽南面王乐，不能过也。"庄子不信，曰："吾使司命复生子形，为子骨肉肌肤，反子父母妻子闾里知识，子欲之乎？"髑髅深矉蹙頞曰："吾安能弃南面王乐而复为人间之劳乎！"

这是说：庄周在去楚国的途中，看见一个早已枯朽的空髑髅。庄周对着这个空髑髅感慨发问道："你是因为贪生失去道理而成这样的呢？还是因为国家灭亡，遭到斧钺之诛而成这样的呢？还是因为做了不道德的事，怕给父母妻子留下耻辱惭愧而死，而成为这样的呢？还是冻饿而死或老死而成为这样的呢？"说完了这些话后，庄子便把空髑髅拉过来，枕在头下睡着了。到了半夜，空髑髅在梦中对庄子说："听您提出的问题，您似乎是一个辩士。但你所说的这一切都是活在世上受到各种折磨、痛苦、压迫和不幸的人才有的烦恼,死了就没有这些忧愁了。"又说:"人死了,上面没有君,下面没有臣,没有一年到头的各种劳累的事情,安闲自在,和天地那样长寿,就是在世间做一个皇帝,也不能超过这种快乐啊!"庄子不信,想考验一下髑髅说的是不是真话,就说:"我请司命之神来恢复你的生命,使你回到父母妻女及乡邻之中,你愿意吗?"空髑髅听了,却愁眉苦脸地说:"我怎么能愿意抛弃这种胜过皇帝的快乐而再一次去经受那人间的痛苦呢?"庄子这个寓言的实际意义是说,人们如果不能摆脱人世的痛苦、约束和纷扰,每日受着无尽的烦恼,死去就不一定不好。当然,庄子不是劝导人们都去寻死,而是认为,在现实社会中,人们对于许多压迫、剥削、灾难、不幸都无力摆脱,因此,要人们看透生死,不要自寻烦恼,要采取一种超然的处世态度,过一种无拘无束、放任自流、逍遥自在的生活。

鲁迅在他的《故事新编》的《起死》中,嘲讽和批判了庄子的这种人生哲学。《起死》中说:当庄子使这个髑髅复活以后,他却非常希望活着。他活过来后全身赤条条的一丝不挂。他想起来自己是去探亲的,还随身携带着衣服、包裹和雨伞,走到这个地方,好像头顶上轰的一声,眼前一黑,就倒下了。因此,他向庄子要自己身穿的衣服及丢失了的雨伞和包裹(里面有 52 个圆钱,半斤白糖,二斤南枣),并且说:"不还我的东西,我先揍死你!"说着就捏着拳头去揪庄子,逼得庄子从袖子里摸出警笛,狂吹了三声。一个带着警棍的巡士赶来,才解了庄子的围。鲁迅写这个故事,反映了鲁迅在新的时代条件下,对某些人借用庄子的思想来宣传消极的人生观的尖锐批判。

从整个庄子的思想看,庄子并不轻生,而是要人们与世无争,自然无为地享尽天年。庄子崇尚自然,主张要保持人的自然寿命,反对为争夺名利而轻生横死。他在《庄子·养生主》中,提出了一套"养生"的理论。其中"庖丁解牛"的寓言,更富有他所说的养生的道理。庖丁告诉文惠君说,他的宰牛技术之所以这样高超,最主要的功夫就是能"以无厚入有间"。在他看来,牛身上的每一部分都有间隙,要用心体察这些间隙,使自己的薄得"无厚"的刀子能在其中游刃自由而毫无磨损。这正好像人生活在社会上一样,只有善于体察人、事之中的"间隙",善于在你争我夺的环境中寻求可以苟安的"世外桃源",方可以"应而无伤"，尽可能活得长久了。很显然，庖丁所说的"以无厚入有间"不仅仅是一种修养的方法，它还是一种修养的"原则"。这种原则就是不去碰那些"硬骨头"、"粗牛筋"，偏安于"间隙"之中，不受伤害。

庄子认为，为了更好地保全自己，最好的办法是使自己对任何人来说，都没有可以利用的地方，即对什么人都没有用处，这样也就可以免遭祸害了。《庄子·人间世》中说：

> 匠石之齐，至乎曲辕，见栎社树，其大蔽数千牛，絜之百围，其高临山，十仞而后有枝。其可以为舟者旁十数。观者如市，匠伯不顾。遂行不辍。弟子厌观之。走及匠石。曰："自吾执斧斤以随夫子，未尝见材如此其美也。先生不肯视，行不辍，何邪？"曰："已矣，勿言之矣！散木也，以为舟则沉，以为棺椁则速腐，以为器则速毁，以为门户则液樠，以为柱则蠹。是不材之木也，无所可用，故能若是之寿。"匠石归，栎社见梦曰："女将恶乎比予哉？若将比予于文木邪？夫柤梨橘柚，果蓏之属，实熟则剥，剥则辱，大枝折，小枝泄。此以其能苦其生者也，故不终其天年而中道夭，自掊击于世俗者也。物莫不若是。且予求无所可用久矣，几死。乃今得之，为予大用。使予也而有用，且得有此大也邪？"

这就是说，栎树之所以能够有这么长久的寿命，就是因为什么人都觉得它无用。人要保存自己，就要像栎树那样，使任何人都不能利用他达到某种目的。只有无用之用，才是自己的最大的用。如果多少能为别人所利用，别人就会打你的算盘。"山木自寇也，膏火自煎也。桂可食，故伐之；漆可用，故割之。人皆知有用之用，而莫知无用之用也。"（《庄子·人间世》）庄子在这里所宣扬的是一种"贵己"、"重生"的为我哲学。一切都以保全自己为最重要。为了保全自己，完全无用有时也不能达到目的。因为，完全无用，又往往会被人们所抛弃、伤害和摧残，所以他又提出，为了保存自己，最好使自己处于有用和无用之间。《庄子·山木》篇有这样一段话：

> 夫子出于山，舍于故人之家。故人喜，命竖子杀雁而烹之。竖子请曰："其一能鸣，其一不能鸣。请奚杀？"主人曰："杀不能鸣者。"明日，弟子问于庄子曰："昨日山中之木，以不材得终其天

年，今主人之雁，以不材死，先生将何处？"庄子笑曰："周将处乎
材与不材之间。材与不材之间，似之而非也，故未免乎累。"

这段话可以这样理解：人为了保全自己，或者是以"不材"保其天年，
或者是在"材与不材之间"来求得自己的生存。

庄子认为，生和死之间没有绝对的界限，"方生方死，方死方生"
（《庄子·齐物论》），所以，人们只要能自然地生、安宁地生、自由自在
地生，然后自然而然地死，就算是一种最成功的人生。《庄子·列御寇》
中说："庄子将死，弟子欲厚葬之。庄子曰：'吾以天地为棺椁，以日月
为连璧，星辰为珠玑，万物为赍送。吾葬具岂不备邪？何以加此！'弟
子曰：'吾恐乌鸢之食夫子也。'庄子曰：'在上为乌鸢食，在下为蝼蚁
食，夺彼与此，何其偏也！'"庄子把死者看做是回归到自然中去了。因
此，一点也不觉得悲哀。他也希望人们都能看透人生，看透生死，做那
种"安时而处顺"、自然无为、全生尽年的人。

四、强调人的自然本性，强调超脱义利，
反对儒墨道德的束缚

庄子伦理思想的一个重要内容，就是他反对儒家所宣扬的仁义道
德，还反对用任何圣人制定的道德规范来调整人和人之间的关系。他崇
尚人的自然本性，认为圣人和当权者加于人们头上的任何规范都是对人
的美好的自然本性的残害。在反对儒家所鼓吹的仁义道德时，庄子的思
想有合理因素，因为他看到了当时社会中存在的许多不合理现象，并揭
露了剥削阶级道德的虚伪的一面，指出了仁义道德不过是少数人愚弄众
人的工具。

庄子认为，儒墨两家所提倡的道德规范，是对人们的个性自由的束
缚；人们要想获得自由，按照人的本性去生活，就必须顺乎自然，去掉
羁绊，摆脱儒墨两家以道德规范形式所加给人们的种种束缚。这一问
题，实质上，是伦理学问题上的自由和必然关系问题的一个部分，或者
说是一个方面。在庄子看来，在没有儒墨两家的道德说教以前，人们按
照自己的本性生活，他们自由自在，不受拘束，也没有那种虚伪的假仁
假义。在那种人们都有着淳朴道德的至德之世，人们按照自己的本性去

行动，根本不需要什么仁义道德的说教。他认为，在那种"至德之世"，"彼民有常性，织而衣，耕而食，是谓同德。一而不党，命曰天放"（《庄子·马蹄》）。是说，那时人人都靠劳动吃饭，家家都靠织布穿衣，人们同心同德，一心一意，谁也不结党营私，这就是每个人的顺乎自然的生活。大家都很淳朴，谁去追求豪华和享受？人人都自己劳动，谁还去剥削别人？人人都有着淳朴的道德，那还用得着什么"圣人"来讲仁义和兼爱？所以，庄子认为当时社会中的道德规范、法律、制度就像是络马首、穿牛鼻一样，是对人们的限制，它只能束缚人们的自由，使人们受到压制。因此，他认为制定仁义的圣人，是犯了一个大错误。他说：

> 夫至德之世，同与禽兽居，族与万物并，恶乎知君子小人哉！同乎无知，其德不离；同乎无欲，是谓素朴，素朴而民性得矣。……夫赫胥氏之时，民居不知所为，行不知所之，含哺而熙，鼓腹而游，民能以此矣。及至圣人，屈折礼乐以匡天下之形，县跂仁义以慰天下之心，而民乃始踶跂好知，争归于利，不可止也。此亦圣人之过也。（同上）

在庄周看来，仁义道德的出现，是对人们的淳朴的本性进行残害的结果："纯朴（即全木）不残，孰为牺尊！白玉不毁，孰为珪璋！道德不废，安取仁义！性情不离，安用礼乐！五色不乱，孰为文采！五声不乱，孰应六律！夫残朴以为器，工匠之罪也；毁道德以为仁义，圣人之过也！"（同上）由于圣人显才逞能，败坏了人们的高尚的道德，使社会风气堕落了。儒墨两家继承圣人的事业，也进行道德说教，这也正是人们道德堕落的重要原因。他说：

> 昔者黄帝始以仁义撄人之心，尧舜于是乎股无胈，胫无毛，以养天下之形，愁其五藏以为仁义，矜其血气以规法度。然犹有不胜也，尧于是放讙兜于崇山，投三苗于三峗，流共工于幽都，此不胜天下也。夫施及三王而天下大骇矣。下有桀跖，上有曾史，而儒墨毕起。于是乎喜怒相疑，愚知相欺，善否相非，诞信相讥，而天下衰矣。大德不同，而性命烂漫矣。（《庄子·在宥》）

这就是说，社会中的一切弊端的出现，都是圣人推行仁义的结果，仁义推行得越厉害，社会秩序和人与人之间的关系就越糟糕。由于儒家和墨家进行仁义道德的说教，才导致了智人和愚人的相互欺骗，引起了善人和恶人的彼此责难，形成了诚实的人和不诚实的人之间的嘲讽和讥诮。正是由于这种原因，社会混乱了，天下衰落了，人们的自然本性也遭到破坏了。可见，儒墨的"仁义"，是不利于调整人和人之间的关系的。

庄子认为，仁义总是被奸恶者用以美化自己的："田成子一旦杀齐君而盗其国，所盗者岂独其国邪？并与其圣知之法而盗之。故田成子有乎盗贼之名，而身处尧舜之安，小国不敢非，大国不敢诛，十二世有齐国。则是不乃窃齐国并与其圣知之法，以守其盗贼之身乎？"（《庄子·胠箧》）田成子一旦杀死齐国的国君，抢夺了他的天下，而且连其治理国家的法律和道德一并都盗去了，他所做的一切，也都是合乎仁义道德的了。只要有权有势，身居诸侯高位，就可以窃取仁义道德的美名；相反，如果无权无势，身为百姓，就是只拿了人家的一个钩子，也可能被统治者诛杀，这就是"窃钩者诛，窃国者为诸侯，诸侯之门而仁义存焉"（同上）。这种对当时社会的揭露是很深刻的。我们也可以说，庄子以他自己的方式，看到了仁义道德的阶级实质。

庄子还认为，仁义道德不但不能防奸止恶，而且还起着指导人们为非作歹的作用。在《庄子》一书中，他提出了著名的"盗亦有道"说。他认为，圣人们所说的仁人道德也可以成为强盗之间的一种规范和准则，并且可以成全小强盗成为大强盗。他说：

> 故跖之徒问于跖曰："盗亦有道乎？"跖曰："何适而无有道邪？夫妄意室中之藏，圣也；入先，勇也；出后，义也；知可否，知也；分均，仁也。五者不备而能成大盗者，天下未之有也。"由是观之，善人不得圣人之道不立，跖不得圣人之道不行；天下之善人少，而不善人多，则圣人之利天下也少，而害天下也多。故曰：唇竭则齿寒，鲁酒薄而邯郸围，圣人生而大盗起。掊击圣人，纵舍盗贼，而天下始治矣！（同上）

关于庄子所说的"盗亦有道"的意义，后来的思想家们曾做过各种各样的解释：有的说，这里反映了劳动人民也有自己的道德，它是中国思想史上最早的关于劳动人民道德观念的记载；有的说，这里指出了不同阶级可以有共同的道德规范，反映了人类的公共生活规则，或者说反映了道德所具有的全人类的特点；有的还以此为论据，认为一个道德命题都有着抽象意义和具体意义两个方面，而一切抽象意义都是可以继承的。但是，我们在这里必须指出，以上所说的这些观点，都不是庄子思想的本义。这些说法，是从庄子的这段话中引申出来的，也都有着某些合理的因素。庄子的"盗亦有道"说，主要是用寓言的方式来说明儒墨两家的圣人所制定的道或仁义道德并不是好东西，因为所有的强盗都正是根据它们来危害社会的。只有打倒了圣人，大盗才能消灭，只有废弃了仁义，罪恶才能消除，天下才能大治。

从庄子的著作中，我们经常可以看到这样的情形：他对社会中人和人之间的关系及许多社会现象的观察和分析，有其深邃独到的地方，有时候真可以说是入木三分，极有见地。但是，由于他的世界观和道德观的局限，庄子往往走上极端，得出极其片面的结论。在这里，庄子由反对统治阶级所提倡的仁义道德得出了这样一种结论，即为了提高人们的道德水平，最好的办法就是要抛弃一切道德说教和一切道德规范的约束。他把一切社会的法制、礼乐、道德都看成是对人性的戕削和损害，认为人的最理想的行为，就是在没有任何外力约束下的顺着人的本性发展的行为。这种非道德主义的观点，当然是错误的。

由于过分强调人的自然本性，庄子和老子一样，认为科学技术以至百工技能的发展和进步，都会使人的淳朴道德败坏。《庄子·天地》中说：

> 子贡南游于楚，反于晋，过汉阴，见一丈人方将为圃畦，凿隧而入井，抱瓮而出灌，搰搰然用力甚多而见功寡。子贡曰："有械于此，一日浸百畦，用力甚寡而见功多，夫子不欲乎？"为圃者仰而视之曰："奈何？"曰："凿木为机，后重前轻。挈水若抽，数如泆汤。其名为槔。"为圃者忿然作色而笑曰："吾闻之吾师：有机械者必有机事，有机事者必有机心。机心存于胸中，则纯白不备；纯白不备，则神生不定；神生不定，道之所不载也。吾非不知，羞而不为也。"子贡瞒然惭，俯而不对。

庄子认为，天下最纯正的道术，就是无所作为，听任万物自然而然地生长发展。他还认为，最理想的、道德最高尚的人，就是没有知识、没有世俗中所崇尚的道德，像一个浑沌一样。《庄子》内篇的《应帝王》中说："南海之帝为倏，北海之帝为忽，中央之帝为浑沌。倏与忽时相与遇于浑沌之地，浑沌待之甚善。倏与忽谋报浑沌之德，曰：'人皆有七窍以视听食息，此独无有，尝试凿之。'日凿一窍，七日而浑沌死。"这个寓言是说：南海的帝王叫做倏，北海的帝王叫做忽，中央的帝王叫做浑沌。倏和忽经常在浑沌的地方见面，浑沌待他们很好。倏和忽在一起商量如何报答浑沌的情意。说："人人都有七窍，用以看、听、吃饭、呼吸，惟独浑沌没有，我们试着给他凿出七窍吧。"倏和忽一天给浑沌凿出一窍，到了第七天，浑沌就死了。庄子讲的这个寓言，可以说有两个方面的意思：从倏和忽来说，弄巧成拙，坏了一条命，这就是"有为"造成的恶果，是违反了浑沌的自然本性，是好心办了坏事；从浑沌这方面来说，天然的无知无欲，不受任何外物的影响，这是最好的，他不需要任何外物加在自己身上。违背了他的自然本性，非要给他开凿七窍，使他能够视、听、食、息，那么，这个最完美的人，也就因此而不复存在了。

五、庄子的人生理想论

在中国伦理思想史上，庄子可以说是第一个最为系统地探讨了人生理想问题的思想家。圣人、贤人、君子这样一些概念，在孔子时已经明确地作为一种道德理想提了出来，但并未进行过专门的、系统的论述。庄子提出并系统地阐述了他自己的人生理想和道德理想，这就是他所说的"真人"。在《庄子》一书中，另外还有所谓"至人"、"神人"、"圣人"（和儒家所说的"圣人"是大相径庭的）等提法，这是庄子对其人生理想和理想人格的不同称谓，和他所说的"真人"是一致的。

庄子的人生理想是和他的人生观密切相联系的。从"为我"和"保全自己"出发，庄子认为"真人"或"圣人"所具备的理想品质，就是顺应自然，安时处顺。在《庄子》内篇的《大宗师》中，庄周对自己提出的这一人生理想做了详细的描绘：

何谓真人？古之真人，不逆寡，不雄成，不谟士。若然者，过

　　而弗悔，当而不自得也。若然者，登高不慄，入水不濡，入火不热，是知之能登假于道者也若此。

这就是说，一个理想的"真人"，能够"不违逆失败，不追求成功，不思虑什么事情"。他错过了时机而不追悔，顺利得志而不自得。他登高而不战栗，入水也不觉得湿，入火也不知热。他没有普通人所具有的情感、忧虑和知觉，他对安危都全不在乎，能把生死看做没有差别，所以，任何恶劣的外界条件都奈何不得他了。

　　古之真人，其寝不梦，其觉无忧，其食不甘，其息深深。真人之息以踵，众人之息以喉。（《庄子·大宗师》）

这就是说，一个理想的真人，睡觉的时候不做梦，醒的时候无忧无虑，他吃起饭来不觉得甘美，他的呼吸是深匀细长的。一般人的呼吸是用喉咙，真人的呼吸则是从脚后跟开始用力的。

　　古之真人，不知说生，不知恶死；其出不䜣，其入不距；翛然而往，翛然而来而已矣。不忘其所始，不求其所终；受而喜之，忘而复之，是之谓不以心捐道，不以人助天。是之谓真人。若然者，其心忘，其容寂，其颡頯；凄然似秋，暖然似春，喜怒通四时，与物有宜而莫知其极。（同上）

这就是说，一个理想中的"真人"，不以活着为快乐，不以死去为不幸。他出生的时候，也不高兴。要死了也不拒绝，自然而然地来了，自然而然地去了，死生也不过如此，他不忘记自己的开始，不追求自己的归宿，不论什么事情来到他身上，他都欢欢喜喜地接受。他忘记了什么是生死，把死亡看做又回复到自然，这就叫做不用心思去损害道，不用人来帮助天。他忘掉了一切，其容貌寂静安闲，额头宽大，发着纯朴的光彩。他严肃时像秋天一般，温暖时像春天一般，喜怒如同四时运行一样自然，他能顺应事物的变化，随遇而安，和万物相处没有不适宜的。人们简直无法了解他那宽广心怀的边际。

　　古之真人，其状义而不朋，若不足而不承；与乎其觚而不坚也，张乎其虚而不华也，邴邴乎其似喜乎！崔乎其不得已乎！滀乎进我色也，与乎止我德也；厉乎其似世乎！謷乎其未可制也；连乎

其似好闭也, 悗乎忘其言也。(《庄子·大宗师》)

这就是说, 一个理想的真人, 他处世的情形是中立而不偏倚, 好像不足而不企求增加, 好像有棱角而不固执。他胸襟开阔, 心情虚淡而不夸饰。他那怡然自得的样子, 好像非常喜欢; 处人处事, 又好像是不得已而如此。和蔼的容貌, 使人亲近; 宽厚的样子, 好像叫人去归依他。他那严肃的样子, 好像毫不马虎; 他那高远的样子, 好像不能控制; 他那沉默的样子, 好似把自己的感觉都闭了起来; 他那无心的样子, 好像忘记了自己要说些什么。

《庄子·大宗师》中的这一大段叙述, 可以说是全面、系统地表述了庄子的人生理想或理想人格。他认为, 对于人与人之间的一切关系, 对于社会上的一切事、物, 都要视若浮云。《大宗师》中还说:"且夫得者, 时也; 失者, 顺也。安时而处顺, 哀乐不能入也。"《庄子·应帝王》中说:"至人之用心若镜, 不将不迎, 应而不藏, 故能胜物而不伤。"这是说, 得到了也不过是由于时机好, 失掉了也只是顺应事物的变化。"真人"能够安于时机而得, 也顺从事物的变化而失。因此, 悲哀和欢乐就都不能侵入到"真人"的心中了。

总之,"真人"的处事用心, 就如同镜子一样, 它可以照见万物, 明察一切, 谅解一切, 但不会在自己身上留下什么痕迹。事物去了不送, 来了也不迎, 和他们和睦相处, 又不依赖他们, 一切任其自然。真人没有什么喜怒哀乐的感情, 没有生死的观念, 即使有, 也从不放在心上。这种人没有任何追求, 他就是那样怡然自得, 浑浑噩噩地活着。这种人的品德是至高无上的, 和天地、道浑然一体。这种人的精神是绝对自由的, 不受任何条件限制。庄子虚构出具有上述种种特点, 并且是以脚后跟呼吸,"入水不濡, 入火不热"的"真人", 让人们顶礼膜拜, 让人们效仿。庄周的这种思想反映了少部分知识分子既看到现实的黑暗, 又无力改变现实的一种自命清高的消极遁世的人生哲学。

《庄子·大宗师》中还提出了一种"坐忘"的修行方法。所谓"坐忘", 也就是所谓"堕肢体, 黜聪明, 离形去知, 同于大通", 即废弃肢体, 丢掉聪明, 离开身躯, 抛弃智慧和大道混同相通, 没有任何私好, 不拘常理, 随自然的变化而变化。对这种坐忘的修行方法,《庄子·齐物论》做了形象的描绘: 南郭子綦靠着几案坐着, 仰头向天, 吐着气,神情木然，精神仿佛离开了躯体，形同枯木，心如死灰。大概"坐忘"的修行方法实行起来不过如此。然而，能达到"坐忘"的程度，还得经过"不谴是非以与世俗处"、忘却仁义礼乐生死等一系列的阶段。总之，"坐忘"可以达到与万物浑然一体的境界，可以获得精神上的绝对自由。学会了"坐忘"，也就离"真人"不远了。

庄子的人生理想以及他所阐述的实现人生理想的方法，是消极的。由私有制及剥削制度产生的利己主义，加剧了人们之间的争夺倾轧，这种无情的争夺倾轧，使得某些人备受肉体上的痛苦和精神上的煎熬，他们失去了希望，对现实深为不满，但又无力改变，这样一种社会状况和社会心理，也就是庄子的人生理想论产生的渊源。

六、庄子伦理思想的两重性及其历史影响

庄子伦理思想是战国时期诸侯争夺中对现实不满、自命清高的退隐知识分子思想的代表。由于庄子及他那一派对当权者抱着敌视和不合作的态度，因此，在其伦理思想中，一方面，宣扬保全自己，与人交往中甘处下流，与人无争，与世无争，泯除善恶，以谋求自我的长存长立，表现为一种消极避世、自我善保的个体主义思想意识；另一方面，由于不满于现实，庄子对当时的社会以及统治者们的卑劣生活进行了辛辣的讽刺和嘲笑。这种嘲笑和批判，尽管是从消极避世的立场出发，但也确实刺中了统治阶级及其道德的要害，并且有的批判还是相当深刻的。正如前面所说，庄子揭露了"窃钩者诛，窃国者为诸侯，诸侯之门而仁义存焉"的社会现象，尖锐地指出了仁义道德的阶级性及其社会作用的实质。不仅如此，庄子还对那些追求富贵利禄但行为卑鄙的人，进行了淋漓尽致的刻画和无情的揭露。《庄子·列御寇》中说：

> 宋人有曹商者，为宋王使秦。其往也，得车数乘，王悦之，益车百乘。反于宋，见庄子曰："夫处穷闾阨巷，困窘织屦，槁项黄馘者，商之所短也；一悟万乘之主而从车百乘者，商之所长也。"庄子曰："秦王有病召医，破痈溃痤者得车一乘，舐痔者得车五乘，所治愈下，得车愈多。子岂治其痔邪，何得车之多也？子行矣！"

这个故事是说，曹商为宋王出使秦国，由于得到了秦王的欢心，秦王便赠给了他一百辆车子。回到宋国后，他向庄子夸耀自己奉迎的本领，说："你住在破巷子里，穷得靠织草鞋糊口，饿得脖颈细长、面黄肌瘦，从这一点上说，我比不了你。至于去会见大国的君主，就能得到百辆车子的赏赐，这就是我的长处了。"庄子却极其机智而轻蔑地回答说："听说秦王得了痔疮，把痔疮弄破的就赏给一辆车子，能舐他的痔疮的，就赏给五辆车子，治病的手段越下流，赏的车子就越多。你是不是给秦王治过痔疮？不然怎么能搞到这么多的车子呢？快走吧！"

庄子及其一派还深刻地揭露了当时社会中人和人的关系，都是尔虞我诈、相互倾轧的关系，人们都在争名图利、暗算别人、保全自己。《庄子·山木》还通过一个寓言，对社会中的这种关系做了极其形象的描述。其中说：庄子在一个栗园里面游玩，看见一只异鹊飞来落在栗林中，就准备用弹弓打它。忽然又看见一只蝉正隐身于树叶之下，"得美荫而忘其身"；有一只螳螂却用树叶遮蔽了自己，准备用"刀"去捕杀这只蝉，竟"见得而忘其形"，忘掉了自己身后有着很大的危险；此时，异鹊看到螳螂是一块好肉，正准备啄死这只螳螂，它"见利而忘其身"，岂能知道庄子正在树下"搴裳躩步，执弹而留之"，即提起衣裳，举步疾行，准备好了弹弓，正要打它呢。当庄子看明了这一切之后，恍然大悟，恐怕自己身后也有什么危险，就赶紧扔掉弹弓，转身要离开这个是非之地。可惜，已经晚了，看管栗园的人早已注意到了他，认为他是偷栗子的小偷，前来对他进行追问。这一次庄子深深地感受到了很大的侮辱，三个月都没有到大庭上与学生见面。整部《庄子》说到庄子受辱的只有这一次，也真可说有感而发了。庄子"三月不庭"，也许是由这件事联想到人与人之间的关系，深深地为自己的安危而忧虑的缘故吧。

庄子的人生哲学也有其积极的一面。把他的思想说成是虚无主义、阿Q精神、滑头主义、悲观主义，否认他的思想体系有任何积极作用，则是不正确的。我们要注意正确分析和评价庄子思想的本来意义。不能否认，庄子的伦理思想，从本质上讲是自命清高的、虚无主义的和消极出世的人生哲学，即使在当时，它的影响也确实是消极的，因为它不能给人以奋发有为、积极入世的激励，但是，也应当看到庄子对尔虞我诈、相互倾轧的私有制社会的不满，对剥削阶级的行为及其所鼓吹的仁义道德的揭露。庄子拒绝为统治者效劳，主张隐世、出世，这也是对当时的统治阶级的一种反抗，尽管这种反抗是消极的。

庄子的消极厌世的人生哲学的产生，是有着阶级根源的。历史事实说明，每当一个社会走向腐败的时候，由于政治黑暗、社会风气不好，人与人之间钩心斗角，统治者你争我夺，阴谋权术此起彼伏，陷害倾夺比比皆是，整个社会只有强权没有公理，只有暴戾没有人道，知识分子首当其冲即要对这些现象进行更深的思考。其中，一部分知识分子，甚至某些很正直的人，在他们感到现实黑暗而又无力改变，更不愿意同现实同流合污时，就往往会产生这种自命清高的所谓隐士的思想。庄子伦理思想的思想渊源，是老子的某些思想，是对老子的思想的继承和发挥。因此，后世称他们的学说为"老庄学派"。但是，庄子的人生哲学并不是老子思想的简单重复，而是从隐士思想的方面把老子的这一伦理思想发展到了登峰造极的地步。

庄子的人生哲学，在历史上有着很大的影响，在历代部分知识分子中间有着很大的市场。魏晋南北朝时期的追求个性自由、向往放任自然的社会风气和唯心主义的玄学思想，是与庄子人生哲学的消极影响分不开的。道教形成后，《庄子》一书被列为道教的经典之一，称为《南华真经》，庄子本人也被奉为道教的祖师之一，自此，庄子的思想又成了统治阶级愚弄人民、维护自己统治的工具。当然，这不是庄子本人所能想到的。庄子看到了社会上的丑恶现象而又无力改变之，看到了世俗的那些善恶的争议都是无谓的，他希望自己能从这令人压抑、愁苦、烦闷的社会中解脱出来，但他并不是用宗教迷信来获得自己的精神安慰，而是用一种人生哲学来寻求满足。这种人生哲学就是要试图指导人们从现世生活的痛苦、烦恼、忧郁、悲伤中解脱出来，使人们能够"安时"、"处顺"、"保身"、"全生"。无疑，这是庄子在伦理思想史上的一大贡献。这种人生哲学是人们对人生的认识链条上的一个环节。它的提出，深化了人们对人生问题的认识。

当然，庄子的齐善恶、齐是非以及非道德主义的观点都是错误的。废弃道德，不能使人类回到纯朴的"至德之世"，反而会使人类远离文明，堕落到野蛮社会状态中去。他的"人生如梦"、"不谴是非以与世俗处"、"处乎材与不材之间"、"以无厚入有间"等思想，包含着较多的消极因素，是应当批判的，否则，只能产生不关心社会、不关心集体、不关心他人，只关心个人生命的颓废的一代。但是，他反对人们争名争利，强调要顺应自然、反对剥削阶级道德的虚伪，强调在混浊的社会中要洁身自处等人生哲学，却包含着合理的因素，是值得批判继承的。

第七章
法家"重利贱义"的伦理思想

第一节 《管子》中所反映的齐法家的伦理思想

一、管子的生平

管仲名夷吾，生于约公元前725年，死于公元前645年，颍上（今安徽省颍上县）人，少时家贫，后与鲍叔牙共同经商，他们两人的友谊，在中国伦理思想史上传为美谈，对朋友之间的关系发生了重要影响。管仲后来成为齐桓公的宰相，前后40年，"九合诸侯，一匡天下"，是先秦一位著名的政治家、思想家。

现存《管子》一书，经某些学者们考证，有一部分是管仲自著，如《牧民》、《形势》、《权修》、《乘马》、《七法》、《版法》、《五辅》、《宙合》、《八观》、《法禁》、《重令》、《法法》、《问》、《地图》、《参患》、《君臣上》、《君臣下》、《正言》、《任法》、《明法》、《正世》、《治国》、《禁藏》、《入国》、《九守》等。此外，还有一部分是管仲后学依据历史资料所整理的管仲思想。现存《管子》中的不少篇章，是管仲学派的学者对管仲思想的发挥。

关于管仲和鲍叔牙的友谊，《史记·管晏列传》中有一段生动记载：

> 管仲夷吾者，颍上人也。少时常与鲍叔牙游，鲍叔知其贤。管仲贫困，常欺鲍叔，鲍叔终善遇之，不以为言。已而鲍叔事齐公子

小白，管仲事公子纠。及小白立为桓公，公子纠死，管仲囚焉，鲍叔遂进管仲，管仲既用，任政于齐，齐桓公以霸，九合诸侯，一匡天下，管仲之谋也。

《史记·管晏列传》还转引了管仲的一段自白：

吾始困时，尝与鲍叔贾，分财利多自与，鲍叔不以我为贪，知我贫也。吾尝为鲍叔谋事而更穷困，鲍叔不以我为愚，知时有利不利也。吾尝三仕三见逐于君，鲍叔不以我为不肖，知我不遭时也。吾尝三战三走，鲍叔不以我为怯，知我有老母也。公子纠败，召忽死之，吾幽囚受辱，鲍叔不以我为无耻，知我不羞小节而耻功名不显于天下也。生我者父母，知我者鲍子也。

鲍叔既进管仲，以身下之……天下不多管仲之贤而多鲍叔能知人也。

《管子·内言》记述了管仲辅相桓公的历史，其中也记载了鲍叔举荐管仲的言行（"得管仲……则社稷定矣"）以及管鲍交往的史事。

据《韩诗外传》记载："鲍叔荐管仲曰：'臣所不如管夷吾者五。宽惠柔爱，臣弗如也；忠信可结于百姓，臣弗如也；制礼约法于四方，臣弗如也；决狱折中，臣弗如也；执枹鼓立于军门，使士卒勇，臣弗如也。'"在中国伦理思想史上，传诵着许多有关友谊的道德轶事，管鲍之交是其中最著名的一个，这说明真诚的信任和帮助，确实是朋友之间的道德准则。

管仲在中国思想史上，长期以来，一直被认为是法家。韩非在自己的著作中，曾多次引用过管仲《牧民》、《权修》等篇的内容，并把管仲、商鞅都视为法家。汉代刘歆及刘向也都把管仲归入《汉书·艺文志》的法家类中。其实，管仲的思想同商鞅、李悝、吴起、慎到以及韩非等三晋法家的思想是有重大不同的。管仲及其后学，或者说以《管子》一书为代表的一个学派，我们称之为"齐法家"，而以李悝（魏）、吴起（魏）、申不害（事韩昭侯）、慎到及韩非等人为代表的一派，我们称之为"晋法家"（商鞅也曾是魏相公孙座家臣，又名公孙鞅，后入秦为相）。这两派虽然都强调法的重要，但从伦理思想史来看，是有重大不同的。因此，应注意这两派学术思想的异同。

法家的这两个流派有其共同的特点，如他们都代表着一种新兴的朝气蓬勃的思想，要求改革，要求发展生产，在当时各国间频繁发生彼此争夺的情况下，强调耕战的重要。与此同时，他们强调厉行法治，认为法是一个标准，可以维护国君的尊严，可以维护和巩固当时的等级制度，可以成为他们革新的一个重要保证。他们都认为人性是好利恶害的，因此，要根据人的这种本性，利用人们的这种本性，使人们更好地为他们的政治目的服务。他们都是政治家，都希望自己的理论能够为当时的某一个国君所采用，从而在实际的政治生活中推行自己的理论。在自然观上，他们不相信天命，强调人为，要用政治上的力量来改变或改造当时的社会。在历史观上，他们都持有比较进步的历史观，强调法后王，反对法先王，强调改革，反对保守。

首先，从伦理思想史上来看，以管仲为代表的齐法家，强调法治和德治的相辅相成，强调法律制裁和道德教化的相互配合。《管子·权修》中说："厚爱利足以亲之，明智礼足以教之，上身服以先之，审度量以闲之，乡置师以说道之，然后申之以宪令，劝之以庆赏，振之以刑罚，故百姓皆说为善，则暴乱之行无由至矣。"他们不但没有忽视道德的作用，甚至可以说他们非常重视道德教化对于巩固社稷、治国安民的重要意义。他们从"尊君"的思想出发，认为"立君臣，等上下，使父子有礼，六亲有纪，非天之所为，人之所设也。夫人之所设，不为不立，不植则僵，不修则坏"（《汉书·贾谊传》）。因此，必须加强道德教育和思想灌输，使人们能够树立起以等级为核心的道德观念，以利于他们所说的"尊君"和"安国"。这是从唯物主义自然观引出的德法并重的理论，有一定的进步意义。

其次，管仲一派认为，礼是人类社会的等级秩序，义是这种等级秩序的内容或原则，它们的目的就是要使人们的行为合乎一定的规则（理），而法和礼是同一个目的，不同的只不过是法有强制性而已。"故礼者，谓有理也；理也者，明分以谕义之意也。故礼出乎义，义出乎理，理因乎宜者也。法者所以同出，不得不然者也，故杀戮禁诛以一之也"（《管子·心术上》）。这就是说，管仲一派已经认识到，道德和法律对于统治阶级来说，它们的目的是共同的，只是它们的凭借不同而已。

总之，他们一方面强调法律可以统一人民的言论行动，能发展和维持国家，另一方面也意识到没有教育感化，不足以服民心，因此，为了维护一个社会的统治秩序，还必须靠仁义礼乐的教化。

二、礼法相辅相成的伦理观

管仲强调法治的重要，认为要想使国家富强，必须进行改革，发展生产，强调用法律来"尊君"，用法律和道德约束人民，规范人民，使其安于统治阶级所规定的等级制度。

仁义礼乐当然重要，但是，这些仁义礼乐必须有法律作后盾，才能发生作用。管仲说："故黄帝之治也，置法而不变，使民安其法者也。所谓仁义礼乐者，皆出于法，此先圣之所以一民者也。"（《管子·任法》）这就是说，没有法律，仁义礼乐是不能统一人民的。从这一点来说，法律是更为重要的。

《管子·牧民》中说："国有四维。一维绝则倾，二维绝则危，三维绝则覆，四维绝则灭。倾可正也，危可安也，覆可起也，灭不可复错也。何谓四维？一曰礼，二曰义，三曰廉，四曰耻。"因而管仲认为，如果"四维不张"，就要"国乃灭亡"。他主张一个国家的统治者，在管理老百姓方面，最重要的是要能使老百姓"修礼"、"行义"、"饰廉"和"谨耻"，从而把"国之四维"提高到极其重要的地位。

为什么管仲如此强调"礼"、"义"、"廉"、"耻"这四维呢？并在"礼"、"义"之外又提出"廉"、"耻"两维呢？这后两维不但没有受到人们的重视，反而受到后人的批评，如唐朝的柳宗元作《四维论》，认为"廉"、"耻"皆从"礼"、"义"中出，只应有二维就好了，不应有所谓四维。我们究竟应当怎样看待呢？

什么是"义"？管仲认为，"义"就是"各处其宜"，就是孝、悌、忠、信、慈惠、恭敬和中正等七个方面。

什么是"礼"？管仲认为，"礼"的重要内容是"上下有义，贵贱有分，长幼有等，贫富有度"（《管子·五辅》）。只要做到了这些，就可以"下不倍上，臣不杀君，贱不逾贵，少不陵长，远不间亲，新不间旧，小不加大，淫不破义"（同上），也就可以达到维护社会秩序的目的了。

什么是"廉"？"廉"就是廉洁，就是清廉，就是"不苟得"，就是要见利思义，就是要见得思义。一个人如果不能廉洁，只想贪得，社会秩序就不能维持。"廉"并不像柳宗元所说的只是"义之小节"，不能与礼义并提，其实，在调整人和人之间的关系上，廉是有重要意义的。

什么是"耻"？"耻"就是羞耻，就是知耻，就是一种荣辱观。这是一种良心的作用，是人们的道德意识和道德信念的一种功能。正是靠了这种知耻心和荣辱观，人们才能够去遵行义礼，才能够廉洁公正。所以，管仲特别强调"耻"的作用。

从以上情况可以看出："礼"是形式上的规范，只是要求上下有义（即原则）、贵贱有分、长幼有等、贫富有度等，而"义"是处理这些关系的原则。一个可以说是形式，一个可以说是内容。"礼者所谓有理也"，即每人各处自己的名位而不错乱，就是"礼"。所以，"礼出乎义，义出乎理，理因乎宜者也"，礼是从义产生的。礼和义是从人与人之间关系的方面来维持一个社会秩序所必需的。

廉是一种个人的品德，这里，已经从人与人之间的关系转向了强调个体道德的重要。当然，礼、义也有对个体道德的要求，但更重视人与人之间的相互义务。而廉则着重于对每一个人的品德要求。论个人品德，最重要的是廉。管仲是一个政治家，他主要讲的是"牧民"的原则及方法，他的伦理思想是和他的政治思想密切联系在一起的。

耻是一种道德意识，比廉这种个体道德品质又更深一层。为了使人们能守礼、守义，特别是为了使人们能够守法，管仲认为最重要的还是要培养人们内心的荣辱感，能够在做了不道德、不合法的事情时知道羞耻。孔子作为儒家的创始人，在道德和法律的关系上，也强调耻的重要。他说："道之以政，齐之以刑，民免而无耻；道之以德，齐之以礼，有耻且格。"在孔子看来，老百姓如果没有羞耻之心，即便不敢犯法，但一旦有可能，他们仍然会做坏事。只有使人们知道了羞耻，才会从心里改正，才不会再犯，这是有远见的法家的思想家们所承认的。

正是由于强调礼、义、廉、耻的重要，管仲认为，一个人品德的好坏，道德的优劣，关键是在于他的"心"。他说：

> 君之在国都也，若心之在身体也。道德定于上，则百姓化于下矣。戒心形于内，则容貌动于外矣。正也者，所以明其德。知得诸

己，知得诸民，从其理也。知失诸民，退而修诸己，反其本也。所求于己者多，故德行立；所求于人者少，故民轻给之。(《管子·君臣下》)

这里强调了只有"戒心形于内"，才能够"容貌动于外"，认为只有做国君的能够自己从内心中知道应当有什么样的道德，老百姓才会跟着有什么样的道德，这是必然的。如果老百姓不知道有道德，就应当追本求源，反省自己。所以说，国君只有对自己严格要求，自己才能有道德；正因为对老百姓宽厚，所以老百姓才肯为国君作出贡献。

三、"趋利避害"的人性论和人情论

从中国伦理思想史来考察，关于人的性情问题，管仲最早提出了"趋利避害"和"欲乐恶忧"的思想，并对以后的荀子、韩非有着重要影响。从理论渊源上说，荀子的性恶论，正是对管仲这一思想的继承和发展。

管仲认为，所有人的性情，都是趋利避害的。他说："夫凡人之情，见利莫能勿就，见害莫能勿避。其商人通贾，倍道兼行，夜以续日，千里而不远者，利在前也。渔人之入海，海深万仞，就波逆流，乘危百里，宿夜不出者，利在水也。故利之所在，虽千仞之山，无所不上，深源之下，无所不入焉。"(《管子·禁藏》)这就是说，为了追求利益，一切危险都在所不惜。只要有利可图，有财可得，那么，人们就会"不推而往，不引而来"，"如鸟之覆卵，无形无声，而唯见其成"(同上)。因此，统治者只要认识到老百姓的趋利的本性，就可以"顺以导之"，从而达到国富民强的目的。

管仲还认为，人们的快乐和忧伤(痛苦)这两种情感，是同他们的利害得失密切相关的。人们得到了他们所追求的利益，就快乐，受到了损害就忧伤、就痛苦。他说："凡人之情，得所欲则乐，逢所恶则忧，此贵贱之所同有也。"(同上)但是，人们的好恶是不同的，趋避也往往是相异的。为什么都要趋利避害、欲乐恶忧，而人们的趋避欲恶却有不同？这是由于人们的精神面貌、思想情操和精神境界不同造成的。

四、对道德与物质基础的关系的初步探讨

法家的思想特点之一是奖励耕战，强调仓廪充实的重要。商鞅在强调耕战时认为，如果不能使民耕战，国家没有实力，这样，"孝子难以为其亲，忠臣难以为其君"（《商君书·慎法》）。这已初步认识到物质财富、经济生活与道德的关系。管仲更向前发展了一步，提出了"仓廪实则知礼节，衣食足则知荣辱"（《管子·牧民》）的思想。他说："不务天时，则财不生；不务地利，则仓廪不盈。野芜旷，则民乃菅（奸）；上无量，则民乃妄。"（同上）这就是说，如果四野荒芜，仓廪空虚，老百姓没有粮食可吃，他们就会犯上作乱，就会违背社会的礼义规范，超越不同人之间的等级规定，不知道什么是羞耻，什么是荣辱，也就不可能有道德了。总之，社会如果没有一定的物质基础，国家如果不发展经济，君主如果不关心老百姓的生活，社会风气、道德风尚就会恶化。

只有满足了衣食住行等起码的物质生活的需要，才能够有道德，这是一种唯物主义的思想。一般来说，它包含着真理的因素，反映了人们对道德同经济生活关系的认识的深入。这一思想同那些完全否认道德同人们实际利益、生活水平有关的思想相比，当然是一种进步。但是，我们还应当看到，这里所说的"仓廪实"和"衣食足"，并不意味着社会物质丰富了，百姓生活富裕，就一定有良好的道德面貌，它强调的是物质生活水平对人们道德面貌的影响。对于统治者来说，如果能使劳动者吃饱了肚子，就容易使他们遵守礼义，知道荣辱，就不会犯上作乱。对于管仲的这段话，也只能在特定的意义上使用，超过了一定限度，就会得出错误的结论，似乎不论对什么人，也不论在什么社会，只要物质生活水平提高了，只要有吃有喝，有穿有住，道德面貌就会自然而然地提高；甚至会得出物质生活水平越高，人们的道德水平就会越高等错误推论。在私有制社会，地主、资产阶级都是"仓廪实"和"衣足食"的，他们的道德同劳动人民的道德相比又如何呢？即便在社会主义社会，也应该看到，富裕的生活，充分的物质财富，确实是社会主义道德提高的一个必要条件，但它不是社会主义道德提高的一个充分条件。物质文明

的高度发展，并不意味着可以自然而然地带来精神文明的提高。影响社会主义精神文明、影响人们道德水平提高的，还有其他许多重要条件。

总之，管仲是从"牧民"的立场，认为"明王"应当注意使老百姓"仓廪实"和"衣食足"，因而有一定进步作用，以后韩非、王充等人进一步发展了管仲的这一思想，形成了中国伦理思想史上重视物质利益特别是消费生活水平同道德进步的关系的一个学派。儒家在孟子的时代，还比较强调"无恒产者，无恒心"（《孟子·滕文公上》）的理论，但是到宋明以后，从唯心主义的性善论出发，也就很少强调物质生活水平的重要意义了。

第二节　韩非的伦理思想

一、韩非的生平

韩非，战国时期韩国人，出身没落贵族，生于公元前 280 年前后，死于公元前 233 年，他和李斯都是荀子的学生，著有《韩非子》55 篇。

《史记·老庄申韩列传》说他是韩国贵族的后代，说话口吃，但善于著述。"喜形名法术之学，而其归本于黄老"，"与李斯俱事荀卿，斯自以为不如非"。秦始皇虽读过他的书，很佩服他的学问才识，但不知道这些书是什么人写的。"人或传其书至秦。秦王见《孤愤》、《五蠹》之书，曰：'嗟乎，寡人得见此人与之游，死不恨矣！'李斯曰：'此韩非之所著书也。'秦因急攻韩。韩王始不用非，及急，乃遣非使秦。"秦始皇虽然得到了韩非，但在还没有对韩非完全信任之前，秦始皇的两个大臣李斯和姚贾害怕韩非得势后对他们不利，就在始皇面前陷害韩非说："韩非，韩之诸公子也。今王欲并诸侯，非终为韩不为秦，此人之情也。今王不用，久留而归之，此自遗患也，不如以过法诛之。""秦王以为然，下吏治非。李斯使人遗非药，使自杀。韩非欲自陈，不得见。秦王后悔之，使人赦之，非已死矣。"

韩非是战国末年地主阶级激进派的代表，他继承并发展了先秦法家的思想，是法家思想之集大成者。在社会政治思想上，韩非提出了进步的历史观，强调法治，反对儒家的仁义，强调统一，反映了历史的要求，有一定进步意义。在伦理思想上，他大胆地赤裸裸地宣扬剥削阶级的利己主义和政治权术，否认道德的作用，又走向了另一个极端。

二、进步的历史观

在历史领域里，韩非提出了历史是不断进化的理论，有一定的进步意义。

在先秦诸子中，一种普遍的认识是，上古是进步的、讲道德的，后来，人与人之间的关系愈来愈恶化，人们彼此就不断地进行争斗。韩非则不然，他第一个比较系统地提出了自己的有关社会发展的理论。他把历史分为四个时期，即上古之世、中古之世、近古之世和当今之世。他说："上古之世，人民少而禽兽众，人民不胜禽兽虫蛇。有圣人作，构木为巢以避群害，而民悦之，使王天下，号曰有巢氏。民食果蓏蚌蛤，腥臊恶臭而伤害腹胃，民多疾病。有圣人作，钻燧取火，以化腥臊，而民悦之，使王天下，号之曰燧人氏。"（《韩非子·五蠹》）很显然，这个上古之世，说的就是原始社会。

韩非认为，在"上古之世"以后，人们进入了"中古之世"。"中古之世，天下大水，而鲧禹决渎。"（同上）这是一个人和自然作斗争的时代。"尧之王天下也，茅茨不剪，采椽不斫，粝粢之食，藜藿之羹，冬日麑裘，夏日葛衣，虽监门之服养，不亏于此矣。禹之王天下也，身执耒臿以为民先，股无胈，胫不生毛，虽臣虏之劳不苦于此矣。"（同上）尧虽然做了天下的君主，但他以茅草搭房子，也不加以修剪，以采木作椽，也不砍削加工，以粝（粗米）粢（谷粒）为食物，把藜（野菜）藿（豆叶）作汤，用兽皮和麻做衣服，他的生活同一个看门人的水平也差不了多少。那时候的帝王，也需每日劳动。正是因为这种原因，尧舜等才会把天下让给别人，这并不能说明他们的行为值得称赞，也说不上有道德。"以是言之，夫古之让天子者，是去监门之养而离臣虏之劳也，古传天下而不足多也。"（同上）这应该是指原始社会末期。以后，人类社会进入了奴隶社会。

在"中古之世"之后，是韩非所谓"近古之世"。他认为在这个

"近古之世"中,"桀纣暴乱,而汤武征伐"。这是一个充满着斗争和战争的年代,相当于我们所说的奴隶制时代。以后,就进入了他所说的"当今之世",即指刚刚确立的封建社会。

韩非认为,时代不断发展,也不断进步,因此,必须坚持进步的历史观。他说:"今有构木钻燧于夏后氏之世者,必为鲧禹笑矣。有决渎于殷周之世者,必为汤武笑矣。然则今有美尧舜汤武禹之道于当今之世者,必为新圣笑矣。是以圣人不期修古,不法常可,论世之事,因为之备。"(《韩非子·五蠹》)韩非的这种历史观,是根据历史知识并对历史现象进行深刻分析得出的,有一些合理的因素。

在坚持历史进化的同时,韩非又提出了人与人之间的关系是与经济发展的水平以及物质财富的多寡有关系的。他说,在"上古之世",由于物质财富比较丰富,人又比较少,所以老百姓没有不足,因而也就没有争夺。以后,人与人之间之所以有了争夺,就是由于物质财富不足造成的。他继承管仲的"仓廪实则知礼节,衣食足则知荣辱"的思想,更系统地提出了人与人之间的关系是由生活条件所决定的观点。

> 夫山居而谷汲者,媵腊而相遗以水;泽居苦水者,买庸而决窦。故饥岁之春,幼弟不饷,穰岁之秋,疏客必食。非疏骨肉爱过客也,多少之实异也。是以古之易财,非仁也,财多也;今之争夺,非鄙也,财寡也;轻辞天子,非高也,势薄也;重争土橐,非下也,权重也。(同上)

这就是说,人们赖以生活的物质财富的多少,对人与人之间的关系有决定性的影响。韩非不承认儒家的仁义道德,更不承认道德有什么能动作用。他从经济生活水平会对人们的道德水平发生影响这一正确的前提出发,却得出了否认人的行为有道德价值的结论,这是错误的。他认为,古代的人相处比较大方,不是因为他们心好,而是因为财物比较多。今天的人们你争我夺,不是因为他们卑鄙,而是因为财物缺少。古代的人,可以把天下让给别人,并不能因此说他们道德高尚,而是因为那时天子的权势很小,没有什么个人利益可得。今天的人争着做官和投靠主子,也不是什么品德低下,而是因为做了官可以有很大的权势,得到很大的好处。所以,人们之间的这种关系,只能从财富多少和人的需要来理解，不能用什么道德的高尚和低下来评价。住在山上的人，要到溪谷底下去打水，逢年过节，把水作为珍贵的礼物相互赠送；而住在洼地受到水涝之苦的人，却要花钱雇人来挖渠排水。在荒年的春天，正值青黄不接的缺粮时候，就是自己的小弟弟也不能管他饭吃；来年秋收的时候，就是很疏远的过客也一定招待他吃饭。韩非由此得出结论，圣人治理天下，最重要的是要考虑社会上物质财富的多少，以制定自己的政策。他的以农为本、奖励耕战等思想，也都是从这一进步的历史观出发的。

在社会历史观中，韩非第一次提出人口的发展如果同物质财富的发展不相称，就会引起社会的动荡，影响社会的发展。他说：

> 古者丈夫不耕，草木之实足食也；妇人不织，禽兽之皮足衣也。不事力而养足，人民少而财有余，故民不争。是以厚赏不行，重罚不用，而民自治。今人有五子不为多，子又有五子，大父未死而有二十五孙，是以人民众而货财寡，事力劳而供养薄，故民争，虽倍赏累罚而不免于乱。（《韩非子·五蠹》）

当然，他把人与人之间所以有争夺，归结为人口增多的结果，是错误的。但他看到了人口增长同社会经济的发展存在着一定关系，是有合理因素的。

总之，韩非的历史观，特别是他所强调的社会生活条件同人与人之间的关系的理论，是有进步作用的。但他把圣人当作历史发展的最后决定力量，否认道德的能动作用等，则是错误的。

三、人皆挟自为心

在人性问题上，韩非继承荀子的人性恶的理论，并且根据当时社会的现实情况，进一步发展了这一理论。在荀子看来，人性是恶的，应该用师法礼义来"化性起伪"。韩非则不然，他认为人性不但是一种生存的欲望，天生的本能，而且是一种自私心，即他所谓的"自为心"，这种自私性是永远不可能改变的。一个人从生到死，他的一切所为，都必然要受这种自私心的支配。在人与人的关系中，绝不要想去取消或改变人的这种自私心，而只能去利用这种自私心。

韩非所说的人的自私心或"自为心"，不但是生来的、先天的本性，而且人的后天活动必然使这种本性不断地得到发展，成为人们处理各种事物时的"人情"。什么是"人情"？就是他所说的好利恶害的自私自利的习性。一方面，人有"求利之心"；另一方面，则"欲利者必恶害，害者，利之反也，反于所欲，焉得无恶"(《韩非子·六反》)。总之，人情可以概括成一句话，"趋利避害"或"欲利恶害"。

对于这种"欲利恶害"的人的本性，或者说这种"人情"，能不能通过教育使之改变呢？荀子认为是可以用师法教育来加以改变的，但韩非认为不能。韩非举例说："今有不才之子，父母怒之弗为改，乡人谯之弗为动，师长教之弗为变。夫以父母之爱，乡人之行，师长之智，三美加焉，而终不动其胫毛，不改。"(《韩非子·五蠹》) 由此可见，韩非虽然是荀子的学生，但和荀子不同，他完全否认老师所特别强调的"化性起伪"，否认道德教育、道德修养的重要作用。正是从这一点出发，韩非认为，最好的办法是"因人之情"，即利用这种一切人都有的好恶的感情。人们既然喜欢谋取私利，厌恶对自己不利，那么就可以用赏的办法使他们去努力从事某一些事，用罚的办法使他们不敢去做另一些事。他说："凡治天下，必因人情。人情者，有好恶，故赏罚可用。赏罚可用，则禁令可立，而治道具矣。"(《韩非子·八经》)对于那些不才之子，尽管父母的斥责、乡人的批评、师长的教育都没有效果，但一旦"州部之吏，操官兵，推公法而求索奸人，然后恐惧，变其节，易其行矣"(《韩非子·五蠹》)。可见，教育是无效的，法治和赏罚是惟一重要的。

韩非之所以特别强调法治，反对仁义道德的说教，正是从他的人性论出发的。或者换句话说，他的关于人性的理论，是他的法治思想的基础。韩非立论的根本目的，是要为新兴的统治阶级，特别是它的最高统治者出谋划策。他认为统治阶级必须紧紧抓住人们这种求利避害的私心，把赏罚作为两种重要的法术，从而达到发展生产、加强军备和统治人民的目的。这就是说，只有"抱法处势"，运用赏罚这"二柄"，才能使人民不敢犯法。他说：

　　故父母之爱不足以教子，必待州部之严刑者，民因骄于爱，听于威矣。……是以赏莫如厚而信，使民利之；罚莫如重而必，使民畏之；法莫如一而固，使民知之。故主施赏不迁，行诛无赦。誉辅其赏，毁随其罚，则贤不肖俱尽其力矣。（《韩非子·五蠹》）

四、人与人之间的交往都是一种"计数"（或计算）关系

韩非从剥削阶级的立场出发，把人与人之间的一切关系（包括儒家所说的最神圣的君臣、父子、夫妻、长幼、朋友的关系）都看做是彼此为着自己的相互利用的关系。他继承其先驱慎到的"人莫不自为"（《慎子·因循》）的思想，提出了"人皆挟自为心"的理论。既然每一个人都是自私自利的，人与人之间的一切关系也就只能是一种相互利用的关系，即利害关系。由此出发，韩非认为，人与人之间的交往、相处，都在考虑着是否对自己有利。有利的，就干；不利的，就不干。不但要计较眼前的利害，而且还要从长远的方面考虑。他认为父子夫妇之间的关系，也都是一种纯粹的利害关系。

且父母之于子也，产男则相贺，产女则杀之。此俱出父母之怀衽，然男子受贺，女子杀之者，虑其后便，计之长利也。故父母之于子也，犹用计算之心以相待也，而况无父子之泽乎？（《韩非子·六反》）

以孔子为代表的儒家，总是把君臣、父子看做是最重要的人伦关系，韩非毫不隐讳，他认为就是君臣之间，同样也是一种利害关系，一种彼此利用、彼此计算的关系。这种计算就好像商人之间买卖东西一样，买主和卖主都在考虑着自己的利益。"主卖官爵，臣卖智力。"也就是说，做臣子的靠出卖自己的智力以买得君主的官爵，而君主靠出卖自己的官爵以买得臣子的智力。"臣尽死力以与君市，君垂爵禄以与臣市，君臣之际，非父子之亲也，计数之所出也。"（《韩非子·难一》）既然君臣之间都是为了获得各自的利益在斤斤计较，哪里还有什么仁义道德呢？

韩非的整部著作都贯穿着一个思想，就是要替君王出主意、想办法，以便使他们制服自己的臣子，统治他们的国民。但是，韩非结果却

被君王处死了，这是一个悲剧。这其中除了因为有人忌妒而陷害他以外，原因之一可能是他道破了君王们不愿让人们都知道的秘密。

在韩非看来，既然君臣关系也只是一种买卖关系，国君就必须特别防备他的重臣（即权力大的臣子），免得他们篡夺自己的权力。他说："人臣之于其君，非有骨肉之亲也，缚于势而不得不事也。"（《韩非子·备内》）又说："臣之所以不弑其君者，党与不具也。"（《韩非子·扬权》）所以，"党与之具，臣之宝也"（同上）。因此，他认为："人主之所以身危国亡者，大臣太贵，左右太威也。"（《韩非子·人主》）他警告"人主"，在君臣之间的这种计算中，要小心提防，免遭重臣的暗算。

不但君臣、父子之间的关系是买卖关系，而且地主和农民、一般人和人之间的关系，也都是一种计较利害的买卖关系。他说：

> 人为婴儿也，父母养之简，子长而怨。子盛壮成人，其供养薄，父母怒而诮之。子、父，至亲也，而或谯或怨者，皆挟相为而不周于为己也（老抱着别人帮助自己的希望，而不在自助上周密地考虑——引者注）。夫买庸（佣）而播耕者，主人费家而美食、调布而求易钱者，非爱庸客也；曰：如是，耕者且深，耨者且熟耘也。庸客致力而疾耘耕者，尽巧而正畦陌畦畤者，非爱主人也；曰：如是，羹且美，钱布且易云也。此其养功力，有父子之泽矣，而心调于用者，皆挟自为心也。故人行事施予，以利之为心，则越人易和；以害之为心，而父子离且怨。（《韩非子·外储说左上》）

总之，韩非认为人都是自私的，都是为自己的，是受自私心所支配的。因此，对一个人来说，根本说不上道德高尚或不高尚，也无法说明什么是善人或恶人。制作轿子的人，总是希望人们富贵，制作棺材的人，总是希望人们早死。但这绝不能说做轿子的人有什么好心肠，更不能说那些制棺材的人有什么坏心肠，他们都不过是为了个人的利益而已。至于医生之所以能给患伤病的病人吸出脓血，也只是因为有利可图的原因。

五、对儒家仁义道德的批驳

从维护封建专制主义的原则出发，韩非对孔子、孟子等所宣扬的仁义道德，从根本上持否定的态度。他把谈论仁义的人斥为国家的"五蠹"之一，把儒学斥为"乱国之学"，表明了先秦法家对儒家仁义道德的批判态度。在他看来，如果照着这种仁义道德去做，不但不能够巩固新兴的封建制度，且有亡国的危险。

首先，韩非认为，儒家所宣扬的仁义道德，特别是他们所宣扬的孝亲，是直接危害国家利益的。针对孔子所说的孝悌是"仁"的根本的思想，韩非强调了"孝亲"和"忠君"是矛盾的。如果一味地强调对自己双亲的孝顺，就会走到忘记国家，损害国家，以至背叛国家的地步。因此，在他看来，儒家的"孝亲"的理论是一条亡国的路线。

《韩非子·五蠹》中说：

> 楚之有直躬，其父窃羊而谒之吏。令尹曰："杀之!"以为直于君而曲于父，报而罪之。以是观之，夫君之直臣，父之暴子也。鲁人从君战，三战三北。仲尼问其故。对曰："吾有老父，身死莫之养也。"仲尼以为孝，举而上之。以是观之，夫父之孝子，君之背臣也。故令尹诛而楚奸不上闻，仲尼赏而鲁民易降北。

这就是说，父亲犯了罪，儿子去上告，按儒家的理论，这是大逆不道。一个鲁国人，在对外作战中，临阵逃跑了三次。孔子问他什么原因，他说家里有老父靠他供养。孔子认为他是孝子，还推荐他做了官。所以，父亲的孝子必然会是国君的叛臣，可见儒家"孝亲"的危害了。

其次，儒家所说的孝悌忠顺之道，不但不能维持封建社会的统治秩序，反而会引起弑君、弑父来。尧、舜、禹、汤以及周文王和武王，都被说成是一种能行仁义之道的榜样。可是，尧实行禅让，把自己的君位让给了舜；而舜本来是尧的臣子，最后竟然成了君主，反而把自己的君主当成自己的臣子。汤、武原来都是人的臣子，最后竟然都以实行仁义的名义杀掉了自己的君主而自立为国君，所以他们在口头上高唱仁义道德和孝悌忠信，实际上却都违反君臣之道。"天下皆以孝悌忠顺之道为是也，而莫知察孝悌忠顺之道而审行之，是以天下乱；皆以尧舜之道为是而法之，是以有弑君，有曲父。尧舜汤武，或反君臣之义，乱后世之教者也。"（《韩非子·忠孝》）韩非认为，儒家的孝悌忠顺之道，是乱世的根源。

最后，在韩非看来，既然儒家所说的仁义，不但会造成犯上作乱，而且还要引起弑君曲父、窃国取家的后果，"故至今为人子者有取其父之家，为人臣者有取其君之国者矣"（《韩非子·忠孝》）。他认为，"父而让子，君而让臣"不是维护封建专制一统的理论，必须抛弃。韩非从封建专制主义的君主绝对权威出发，认为君臣、父子、夫妻之间，不应该是什么仁义道德的关系，而应该是绝对的统治和被统治的关系。一方应具有绝对的权利，另一方只具有服从的义务。他说："臣之所闻曰：'臣事君、子事父、妻事夫，三者顺则天下治，三者逆则天下乱。此天下之常道也。明王贤臣而弗易也。'则人主虽不肖，臣不敢侵也。"（《韩非子·忠孝》）韩非把君臣、父子、夫妇这种绝对统治关系的确立看做是天下之常道。他认为，如果能够确立这种常道，就能达到"人主虽不肖，臣不敢侵"的政治目的。

韩非的这一思想本来是反对儒家的仁义道德的，这种把君臣、父子、夫妇关系绝对化的思想，却又被汉代的儒家大师所改造，并做了进一步发挥，成为"王道"的"三纲"。由此可见，儒家和法家作为地主阶级的思想家，他们虽然在许多理论上是对立的，甚至持截然相反的观点，但由于他们的理论的最终目的都是为了维护封建社会的等级制度，所以他们又往往是彼此相通的。

六、法、术、势相结合的统治术

一个掌握了权力的君主，如何才能巩固自己的地位，驾驭自己的臣下，永远保持自己的绝对统治地位呢？韩非否认道德教化的作用，提出了所谓法、术、势相结合的统治术。

韩非总结了以往法家的各种政治学说，并加以发展。在韩非以前，著名的法家商鞅最注重"法"，而申不害则注重"术"，慎到更注重"势"。韩非则强调这三者的结合。

对于维护统治者的权位来说，韩非很注重"势"。所谓"势"，也就是进行统治的权力。他说："势者，胜众之资也。"（《韩非子·八经》）"势"也叫"威势"，是一种由统治权所产生的力量。韩非在《韩非子·人主》篇中说："夫马之所以能任重引车致远道者，以筋力也。万乘之主、千乘之君所以制天下而征诸侯者，以其威势也。威势者，人主之筋力也。"这就是说，正像马有筋力方能引车致远道一样，君主只有靠"威势"才能保持统治。因此，对于当时存在的所谓"大臣得威，左右擅势"的状况，他认为是国君的最大的威胁，是必须加以预防的。

> 今大臣得威，左右擅势，是人主失力。人主失力而能有国者，千无一人。虎豹之所以能胜人执百兽者，以其爪牙也，当使虎豹失其爪牙，则人必制之矣。今势重者，人主之爪牙也，君人而失其爪牙，虎豹之类也。宋君失其爪牙于子罕，简公失其爪牙于田常，而不蚤夺之，故身死国亡。今无术之主，皆明知宋、简之过也，而不悟其失，不察其事类者也。（《韩非子·人主》）

他还以桀纣和孔子为例说，桀纣并无德行和才能，但因他们有"权势"，却都能统治一个国家；而孔子虽然有德行，但却只能接受别人的统治。正像鱼离不开水一样，国君每时每刻都要保证自己有"势"。

韩非关于"势"的思想，从历史渊源来看，是从慎到那里继承来的。慎到认为，"贤人而诎于不肖者，则权轻位卑也；不肖而能服于贤者，则权重位尊也。尧为匹夫，不能治三人；而桀为天子，能乱天下。吾以此知势位之足恃，而贤智之不足慕也"（《韩非子·难势》）。在慎到看来，对于一个国君来说，道德水平和聪明才智都是不重要的，只有权势才是惟一值得重视的。韩非重"势"的思想，就是继承了慎到的这一思想。

在重视"势"的同时，韩非也非常强调"法"，这就是他所说的"抱法处势"（《韩非子·难势》），不但要手中握有权力，而且要推行法治，施行严刑峻法，以便使君主的统治更加巩固。

韩非说："法者，宪令著于官府，刑罚必于民心，赏存乎慎法，而罚加乎奸令者也，此臣之所师也。君无术则弊于上，臣无法则乱于下，此不可一无，皆帝王之具也。"（《韩非子·定法》）所谓法，就是统治者制定的法律、命令、规定，这一切都要由官府公布，使人们都能了解。凡遵守法令的就赏；违法的就罚。韩非从新兴地主阶级的立场和政治需要出发，强调"法莫如显"（《韩非子·难三》），认为法令要"编著之图籍，设之于官府，而布之于百姓"（同上）。在法的内容上，韩非强调

"法不阿贵，绳不挠曲。法之所加，智者弗能辞，勇者弗敢争。刑过不避大臣，赏善不遗匹夫"（《韩非子·有度》）。不但如此，他还强调法律要根据时代的不同而变化，即"法与时辅"。他反对复古，反对守旧，反对墨守成规。他说："宋人有耕田者，田中有株，兔走，触株折颈而死，因释其耒而守株，冀复得兔，兔不可复得，而身为宋国笑。今欲以先王之政，治当世之民，皆守株之类也。"（《韩非子·五蠹》）又说："故治民无常，惟法为治，法与时转则治，法与世宜则有功。"（《韩非子·心度》）有了上面这三条（法要"布之于百姓"、"法不阿贵"、"法与时转"），就可以达到"以罪受诛，人不怨上"、"以功受赏，臣不德君"（《韩非子·外储说左下》），国家就可以得治，君主的权力就可以保住了。

此外，韩非也认为"术"对国君来说，是很重要的，特别是君主驾驭臣下的技术。他说："术者，因任而授官，循名而责实，操生杀之柄，课群臣之能者也。"（《韩非子·定法》）也就是说，所谓"术"，是统治者任免、考核、惩办乃至处死臣下的权术。这种权术，是一种暗地里驾驭官吏的计谋（"潜御众臣"），只能藏于胸中，并要使臣下猜不到自己的想法，即所谓"用术，则亲爱近习莫之得闻也"（《韩非子·难三》）。这种所谓的"术"，实际上成了君主所使用的一种阴谋诡计，是用来巩固君主权力的。

总之，在"法"、"术"、"势"三者之中，强调法治的思想，具有很大的进步意义，"势"则是强调政治权力的重要性，而"术"则完全成了一种统治的权术，在中国政治思想史中起着很坏的作用。

七、对韩非思想的评价

韩非是先秦法家思想的集大成者，就其整个思想体系来说，他代表了刚刚登上政治舞台的新兴封建地主阶级的利益，从唯物主义的自然观和认识论出发，提出了一整套具有进步倾向的历史观，阐述了法治的重要，强调了"世异"必须"备变"的思想，对地主阶级中央集权制的建立和巩固，起了一定的促进作用。这一点是应该肯定的。

从伦理思想来说，韩非驳斥了当时以儒家为代表的奴隶主阶级仁义道德的说教以及统治阶级推行的虚伪道德，有进步的方面。但他公开地、赤裸裸地把自私和"自为心"当作不可改变的本性，并企图利用这种本性，甚至以发展这种本性来达到他巩固地主阶级的专制政权的目的，反映了剥削阶级思想家的历史局限性。他反对虚伪的道德说教是正确的，但却走向了另一个极端，走向了另一种更大的片面性。他把赏罚或者说刑罚当作惟一的手段，认为用严刑峻法就可以解决一切问题，从而完全否认德治的重要性，否认道德在调整人与人之间关系中的作用。长期以来，奴隶主阶级所一直强调的法治和德治并重的方法，被他彻底抛弃了。这种把道德和法绝对地对立起来，或者说有见于法、无见于德的观点，虽然在一定程度上揭露了私有制社会中剥削阶级的本性和他们所实际奉行的道德原则的虚伪性，有其合理的因素，但总的来说，这种理论的推行带来了巨大的危害；虽然它的产生有一定的社会根据，但在本质上是错误的。这种理论不符合社会生活的客观实际，也无助于维护和巩固统治阶级的统治，片面地强调严刑峻法，甚至会招致劳动人民的更强烈的反抗，是不利于统治阶级的统治的。

统治阶级的法和道德在阶级社会里，都是以规范、准则的形式作用于人民，并为维护统治阶级的利益服务的。法律主要是通过国家政权的强制作用，从外部来约束人们的行为。道德虽然也要靠舆论的作用，但它更重要的是通过教育、自我修养等，形成人们的内心信念，往往能起到法律所不能起的作用。法律和道德，或者是交互使用，或者是同时并重，或者是有所侧重，但是无论如何，只要法律而不要道德，如同只要道德不要法律一样，都是不利于统治阶级的。秦汉以后，韩非的这一思想很快为儒家的德、法并重的思想所代替，不是没有原因的。

第八章
先秦伦理思想集大成者荀子的伦理思想

第一节　荀子的生平

　　荀子（约公元前 298—前 238），名况，时人尊之为"卿"，又称孙卿子，战国后期赵国人。他长期在齐国游学，是当时齐国的稷下先生之一（稷，齐都城临淄，今属山东淄博市），并多次被推举为这个学派的"祭酒"（领袖），受到当时学者的尊崇。他是先秦最杰出的唯物主义思想家。他用唯物主义的自然观，对战国以来的墨家、名家、道家和前期法家的某些观点进行了批判，特别是批判了思孟学派的一些观点，表达了他的"一天下，财万物"（《荀子·非十二子》），实现封建统一，使"通达之属，莫不从服"（同上）的政治理想。他还批判了长期以来所流行的"天命"思想，提出了要人们认识自然规律使万物为人类所利用的"制天命而用之"（《荀子·天论》）的思想。在伦理思想上，他反对天赋道德观念，在人性恶的基础上，建立起一个新的道德理论体系。为了宣传他的政治思想和伦理思想，他曾经到过秦国，见过秦昭王，并考察了秦国的政治风俗，以后又到楚国，楚国的春申君让他做兰陵令。荀子晚年废官居家，在兰陵著书立说，最后死在兰陵。

　　荀子生活在战国末期，新兴地主阶级已经在各国逐渐夺取了政权，相继进行了封建改革。经过长期的兼并战争和经济的发展，出现了建立一个全国统一的地主阶级政权的要求。作为地主阶级思想家的荀子，其思想就是为建立这个统一的集权制国家服务的。

荀子的全部伦理思想都是以他的性恶论为基础的。他的伦理思想体系可以大体概括为：以人性都是好利恶害的性恶论为理论基础，以区别名分等级的"礼"这一规范体系为核心，以师法的教育和制裁为手段，以达到其"化性起伪"，使人们成为合乎封建道德所要求的人为目的。道德原则和道德规范之所以形成，道德教育和道德修养之所以必要，以至于人与人之间道德关系的产生、形成和发展，都是和性恶论密切相联系的。没有性恶的理论，就没有荀子的伦理思想，甚至也不会有荀子的政治思想。总之一句话，他的全部社会、政治、经济和道德理论的大厦，都是建立在人性恶的原理之上的。因此，剖析荀子关于人性的理论，是理解他整个理论的一把钥匙。

在探讨荀子的伦理思想时，有必要先谈一谈"道德"一词的由来和演变。

依据我国古代文献资料，最早使用"道德"一词的是《管子》一书。《管子·君臣下》中曾说："君之在国都也，若心之在身体也。道德定于上，则百姓化于下矣。"这是说，如果统治阶级能以身作则，以道德来教育人民，则百姓就一定可以受到教化。但是，由于在《管子》一书中，只有这一个地方使用了"道德"这一概念，而且又没有确切的解释，所以，并不能说管仲对"道德"这一概念已有了明确的定义。以后，在《庄子》一书中，又多次出现了"道德"一词（如《骈拇》、《天道》、《马蹄》、《天运》等篇）。但较多的是"道德"、"仁义"并提，如"夫残朴以为器，工匠之罪也。毁道德以为仁义，圣人之过也"（《庄子·马蹄》），似乎还没有形成独立的概念。

一般说来，在荀子以前，"道"与"德"各有自己的含义。"道"是一种普遍的、最高的原则。当然，在不同的哲学家那里，这个最高原则含有不同的意义。所谓"德"，就是有所得的意思。"德，得也，得事宜也。"（刘熙《释名》）《管子·心术上》中又说："故德者得也。得也者，其谓所得以然也。"在荀子以前，很多思想家对人们的行为的准则、规范、品德、德目，都只用"德"字来表示。"道德"一词，虽然在《管子》中出现过，但还没有形成一个确定的概念。

从现有的文献资料看，荀子第一次把"道德"作为一个新概念，并赋予了和我们沿用到现在的大体相同的意义。在《荀子》一书中，曾经有12次将"道德"二字连用，并赋予它以确切的意义。因此，我们甚至可以说"道德"一词是由荀子提出来的一个新概念。在《荀子·劝学》篇中他说："故学至乎《礼》而止矣。夫是之谓道德之极。"在《荀子·强国》篇中他提出"威"有三种，即："有道德之威者，有暴察之威者，有狂妄之威者"，认为"礼乐则修，分义则明，举错则时，爱利则形。如是，百姓贵之如帝，高之如天，亲之如父母，畏之如神明。故赏不用而民劝，罚不用而威行。夫是之谓道德之威"。在《荀子·正论》篇中荀子提出"道德纯备，智慧甚明"等，说明他已经自觉地赋予"道德"这个概念以确定的意义了。自此以后，尽管"德"和"道德"还在同时使用，但"德"较多指个人的品德，而"道德"则多指人的行为准则了。

第二节　"好利"、"恶害"的人性论

在荀子活动的年代，孟子的性善论，在当时的社会中占据着绝对的统治地位。这种性善论把人类的本性都说成是具有仁、义、礼、智四端，都有恻隐、羞恶、辞让、是非四心，并以此与禽兽相区别，显示出人的高尚和尊贵，因而能为很多人所接受。但是，当人们的道德思考再深入一步时，就会提出，既然每个人天生都是善良的，为什么这些本性善良的人在一起相互交往、彼此发生关系时，却又产生出与善相对立的恶来呢？孟子曾经解释说，这是因为人们之间相处，由于耳目之官的物质需要和享受欲望，从而把人们引向了不道德的境地。但是，问题还没有解决。人的一切行动都是受人们的"心"（即思想）支配的，为什么人的"良能"、"良心"是善的，而耳、目、口、鼻的需要却又引导出恶呢？尤其重要的是，由于把人性说成是善的，在道德教育、道德修养中，把最重要的手段看成是去发扬善性，去"求放心"，而不能有效地克服人们声、色、淫、乱等种种邪恶。为此，荀子提出了他的性恶论。

什么是人性？荀子继承并发展了告子的思想，认为人性是"生之所以然者"，即先天的、生下来就有的自然本性。"凡性者，天之就也，不

可学，不可事。"（《荀子·性恶》）至于那些后天得来的，不论是由于习惯影响、教育熏陶，或者是由于"礼"、"法"约束而形成的后天的习性，都不能称为人性。什么是人们的天生的本性？这种天生的本性表现在什么地方？荀子说："饥而欲食，寒而欲暖，劳而欲息，好利而恶害，是人之所生而有也。"（《荀子·非相》）"目好色，耳好声，口好味，心好利，骨体肤理好愉佚。"（《荀子·性恶》）这就是人的本性。荀子说："今人之性，生而有好利焉，顺是，故争夺生而辞让亡焉；生而有疾恶焉，顺是，故残贼生而忠信亡焉；生而有耳目之欲，有好声色焉，顺是，故淫乱生而礼义文理亡焉。"（同上）在这里，荀子特别强调所谓"顺是"两个字，即如果顺着人的本性发展的必然结果。由于每个人都是"好利而恶害"，顺着这种本性发展，就会在人和人的关系中发生争夺和互相残害。"从人之性，顺人之情，必出于争夺。"（同上）他举例说，既然"好利欲得"是人的本性，如果兄弟之间要分家，那么，顺着这种人的本性，就必然发生争夺。

荀子所说的这种人的本性就是人的自然本性。这种理论认为，一个人一生下来就受着"好利"和"恶害"这种人的自然本性所制约，就如一种绝对的权威左右着人们行为的意向，谁也不可能超出它们的限定之外。因此，人与人之间必然要发生争夺，所以人性是恶的。

荀子在论述他的人性论时，特别强调了"性"和"伪"的不同，即生而具有的人性和后天的人为的区别。他只是说人性生来是恶的，并不是说人不可以为善；相反，如果能够在后天认真改造自己，人是可以为善的。

荀子在他所著的《荀子·性恶》篇中系统地阐明了他的这一理论。他说："人之性恶，其善者伪也。"什么是"伪"？"伪"在这里，不作"诈欺"解，也不作"虚假"解。古代典籍中"为"与"伪"相通。"为"者作为也，即有所作为。凡是在人出生以后，由人们自己努力并改变原来的性恶而形成的道德品质，即是"伪"。在这里，荀子继承了告子的"性犹杞柳"和"义犹杯棬"的思想，认为孟子所说的恻隐、羞恶、辞让、是非之心，并不是人与生俱来的本性，而是在社会生活中形成的道德品质，是由人们的后天努力而形成的。

关于"性"和"伪"的区别，荀子说得特别清楚。他说："凡性者，天之就也，不可学，不可事；礼义者，圣人之所生也，人之所学而能，所事而成者也。不可学不可事之在人者，谓之性；可学而能，可事而成之在人者，谓之伪，是性、伪之分也。"（《荀子·性恶》）又说："性者，本始材朴也；伪者，文理隆盛也。无性则伪之无所加，无伪则性不能自美。"（《荀子·礼论》）因此，在荀子看来，只有圣人才能使"性伪合"，从而达到"性伪合而天下治"（同上）的目的。人性像未曾加工过的原始材料一样是天生的，礼义道德是后来加工的。

荀子认为，人性只能是与生俱来、生而具有、不学而能、不事而成的。如果是需要经过学习才能达到，通过培养锻炼才会获得的东西，那就只能是人为的结果，即"伪"的结果，不能称为人的本性。在他看来，这就是"性"、"伪"的分别。他举例说："今人之性，目可以见，耳可以听。夫可以见之明不离目，可以听之聪不离耳。目明而耳聪，不可学明矣。"（《荀子·性恶》）因此，他认为，人之所以能有善性，是后天人为的结果。"陶人埏埴而为器，然则器生于工人之伪，非故生于人之性也。故工人斲木而成器，然则器生于工人之伪，非故生于人之性也。"（《荀子·性恶》）人性是原始的材料，伪是加工，没有材料，当然无法加工，但未加工的材料，绝不能直接就成为器皿。

荀子的性恶论还认为，不但一般人的本性都是"好利而欲得"，就是王公大人的本性也同样是恶的。这是他的性恶论的一种彻底的发展。他公开申明，不论是什么人，即使是像尧舜那样被人们公认的至德圣人，其本性也是恶的，是和一切卑贱下等的人同样的。从当时的情况看，不论是儒家、墨家、道家等，都是把尧、舜当作旷古未有的大圣人，把桀、跖看做是罪大恶极的盗贼。荀子却说："凡人之性者，尧、舜之与桀、跖，其性一也；君子之与小人，其性一也。"（同上）把历来认为天生的圣人也说成天性是恶的，不能不说是一个很大胆的见解。以后，荀子被后世儒家批评为不是一个醇儒，也就是因为有许多言论直接损害了儒家所说的圣人形象。当然，荀子还是认为尧、舜经过后天努力而成为圣人的。

荀子的性恶论是针对孟子的性善论而发的，是对性善论的一种尖锐的批判。

荀子说："孟子曰：'人之学者，其性善。'曰：'是不然！是不及知人之性，而不察乎人之性、伪之分者也。"（《荀子·性恶》）这就是说，孟子认为，人之所以能学习，就是因为人的本性是善的。荀子明确指出，孟子在人性论上的最根本的失误，就是没有弄清"性"和"伪"的区别。孟子把人生下来即有的好利、疾恶、争夺、残贼之性，和经过教育、培养和自我锻炼而在后天形成的道德品质混为一谈，并把后天的东西说成是与生俱来的，把道德说成是天生的，因而是极端错误的。荀子认为："然则从人之性，顺人之情，必出于争夺，合于犯分乱理而归于暴。故必将有师法之化，礼义之道，然后出于辞让，合于文理，而归于治。用此观之，然则人之性恶明矣，其善者伪也。"（同上）如果没有师法礼义对人们进行教育，顺着人们的本性发展，我们只能看到人和人之间的相互争夺，而不会看到有什么仁、义、礼、智四端。

孟子的天赋道德论的基石，是人生下来就有仁、义、礼、智四端。但是，荀子却认为，孟子所说的四端并不是天生的，而是后天的，不得已而如此的。荀子说：

> 今人饥，见长而不敢先食者，将有所让也；劳而不敢求息者，将有所代也。夫子之让乎父，弟之让乎兄，子之代乎父，弟之代乎兄，此二行者，皆反于性而悖于情也。然而孝子之道，礼义之文理也。故顺情性则不辞让矣，辞让则悖于情性矣。（同上）

很显然，荀子否认人有先天的道德观念。从世界观和认识论上来看，孟子从先验的唯心主义出发，宣扬先天就有的仁、义、礼、智，认为只要把四端扩而充之，就可以使人成为有道德的人。相反，荀子从他的唯物主义自然观和经验论出发，认为人生而具有的只是生存的本能，即他所说的"饥而欲食，寒而欲暖，劳而欲息"的生理素质，而道德礼义都是后天形成的。在自然观上，荀子主张"天人相分"和"制天命而用之"。在道德问题上，他强调"化性起伪"的重要性。这就是说，要教化人的本性，即对原始材料进行加工，通过人为使人性由恶而向善。由此可见，他的强调人为、强调经验的道德理论是和他的唯物主义的自然观相一致的。尽管他还不能自觉地把他的唯物主义自然观贯彻到历史领域中来，贯彻到对道德的认识中去，但能够认识到人的道德品质是社会的产物，是后天形成的。这是具有较多的合理因素的。

　　总的来说，在人性问题上，荀子同孟子的观点是根本对立的。

　　从唯物主义自然观出发的荀子，反对天赋道德，强调人的"饥而欲食，寒而欲暖"的自然本性，从而主张加强道德教育，以改变人的好利恶害的本性。这同孟子的思想相比，确实有着更多的合理因素。这是我们应该肯定的。但是，也应当看到，用历史唯物主义的观点来看，荀子把人的"饥而欲食，寒而欲暖"的自然本性，同"好利而恶害"这一在私有制社会中所形成的一些人的社会属性，都说成是人的与生俱来的本性，并不加分析地说这种本性就是恶，这当然是错误的。很显然，说人"饥而欲食，寒而欲暖"是有其合理的一面的，但把人的本性看成是好利而恶害却是错误的。荀子不可能了解在原始公有制的漫长时期内，人类社会曾有过纯朴的道德。就是在私有制社会里，把父子、朋友之间的关系都说成是争夺和残贼关系，也是不能自圆其说的。荀子和孟子二人，由于不能正确地区分人的自然本性和社会本性，都把人们在后天社会中所产生的属性加以片面地夸大，并把它说成是与生俱来的本性。所不同的是，孟子认为人的本性是天所赋予的，是善的；荀子认为人的本性是人生而自身所具有的，是恶的。

　　孟子的性善论和荀子的性恶论，都主张所有人的人性都是相同的，或者皆是恶的，或者皆是善的。二者都认为他们所说的人性，就是与生俱来的本性。他们都抱着一个共同的目的，就是要培养具有仁、义、礼、智等道德品质的君子和圣人，以维护当时的封建等级制度。

第三节　对作为规范体系的"礼"的阐发

　　荀子认为，"礼"是人类社会最重要的原则，只有它才能在社会中区分人们的名分等级及其义务，只有它才能维系人类社会的存在，调整人和人之间的关系，巩固和维护当时的社会制度。荀子一方面继承了中国历史上关于"礼"的思想，同时又给予了"礼"以系统的、全面的阐发。这一点在以后伦理思想的发展中有着很重要的意义。在荀子看来，"礼"是一种包罗万象的准则体系，不但有封建等级制度的各种政治、法律措施，有道德原则和各种规范，有人们进行道德活动的各种方式，而且包含着对这些原则、规范的理论论证。"礼"不但能统治社会，有时候，简直成了调整整个自然界的万世不变的永恒的至高无上的法则。荀子说："人无礼则不生，事无礼则不成，国家无礼则不宁。"（《荀子·修身》）又说："礼者，治辨之极也，强国之本也，威行之道也。功名之总也。王公由之，所以得天下也；不由，所以陨社稷也。"（《荀子·议兵》）所以他说"国之命在礼"（《荀子·强国》），可见"礼"对于国家来说是极端重要的了。

　　"礼"是怎么产生的？荀子说："礼起于何也？曰：人生而有欲，欲而不得，则不能无求；求而无度量分界，则不能不争；争则乱，乱则穷。"（《荀子·礼论》）这里可以清楚地看到，依据荀子的性恶论，必然会产生的各自为了满足个人利欲的追求，而且在追求的过程中每个人又总是无限制地想得到他所需要的一切。因此，人们之间一定要发生争夺。这种争夺必将引起社会的纷乱，人们也就无计可施，穷于应付了。如何才能避免这种无计可施的情况呢？这就是"礼"之所以产生的重要的原因。"礼"的目的和作用有两个方面：一个是"分"（又称"别"），一个是"养"。荀子所说的"分"或"别"又有着两方面的意思：一方面是指等级制度，即由最高到最低的等级层次；另一方面指社会中不同人的职业分工。而这两者又是相互交叉，从而为维护当时的封建制度服务。荀子所说的"养"，就是说要在"分"和"别"的基础上，使社会生活中的每一个人，都能根据自己的等级、地位，在履行自己应尽的义务的同时，得到适当的物质生活的满足。这就是荀子所说的"养人之欲，给人之求，使欲必不穷乎物，物必不屈于欲。两者相持而长"（同上）。荀子认为，在"养人之欲，给人之求"时，既要使社会的财富能按照人们的等级，使他们都能得到一定满足，又必须要使人们的欲望不要穷尽社会生产的物质财富。这样，人们的欲望和财富就可以相互促进，从而使社会不断向前发展了。荀子关于"养"的思想，实际上是和他的义利观密切结合在一起的。这里先就他的"分"或"别"的思想作进一步的分析。

　　首先，荀子的"礼"是用以区别社会的贵贱等级的规定，是区分阶级社会中人的不同地位的。"礼"要求人们的行为能够严格遵守当时的统治秩序，维护剥削阶级的统治，荀子说："礼者，贵贱有等，长幼有差，贫富轻重皆有称者也。"（《荀子·富国》）荀子主张"君君、臣臣、父父、子子、兄兄、弟弟一也，农农、士士、工工、商商一也"（《荀子·王制》），即每一个人都应该按照自己的等级和地位的规定来活动，不能越出自己的等级的界限。而且，天下只有按"礼"去做才会治，否则就会乱；只有按礼去做才会安，否则就会危；只有按礼去做才会存，否则就会亡。（参见《荀子·礼论》）这一思想虽然是从《左传》中继承来的，但荀子根据当时的情况做了进一步的发展，更强调了它在维护等级制度中的重要作用。

其次，荀子认为，"礼"是一种道德行为的准则，道德评价的标准，是人们评价事物，特别是评价人的行为的标准。荀子认为，正像秤可以作为一个标准，来衡量物品的轻重一样，"礼"也是一个标准，用来确定人与人之间的关系，即从道德上评价人的行为。他说："程者，物之准也。礼者，节之准也；程以定数，礼以定伦。"（《荀子·致士》）"礼"作为人与人之间的行为规范，是惟一正确的准则。"故绳墨诚陈矣，则不可欺以曲直；衡诚县矣，则不可欺以轻重；规矩诚设矣，则不可欺以方圆；君子审于礼，则不可欺以诈伪。故绳者，直之至；衡者，平之至；规矩者，方圆之至；礼者，人道之极也。"（《荀子·礼论》）这里，荀子把统治阶级的政治原则、法律措施和道德规范统一起来，都视为人们评价事物和人的行为的标准。

此外，荀子认为，"礼"是人类社会所以能够维持自身存在的重要保证。在他看来，人们为了争取自己的生存，为了同自然界作斗争，就必须联合起来，就必须能"群"。但是，要能联合起来，要能"群"，就必须有"礼"（有时又往往说是"义"）。这就是说，"礼"是人作为社会动物的一种需要，没有"礼"，人们就无法联合起来，无法战胜自然界。荀子把人和动物相比较来说明"礼"对人的重要。他说：人，"力不若牛，走不若马，而牛马为用，何也？曰：人能群，彼不能群也。人何以能群？曰：分。分何以能行？曰：义。故义以分则和，和则一，一则多力，多力则强，强则胜物"（《荀子·王制》）。这就是说，人类在自然界中生存，为了战胜自然，必须要有"礼"和"义"。因此，"礼"也就成了人之所以和动物相区别的一个重要标志。在这里，荀子提出了"群"、"分"、"义"三个概念。其中，"义"即道德原则，是最重要的。正因为在人与人之间形成了一定的道德原则和规范（即"义"），才能使人们分出各种不同的等级，从事各种不同的职业（即他所谓的君君、臣臣、父父、子子、农农、士士、工工、商商）。由于人们能够分成各种不同的等级和职业，每人都只从事自己所应做的事而不相逾越，所以人们才能够合成一个群体。这就是荀子所说的"能群"。为什么动物不能群？就是因为它们没有道德准则，不能分出各种不同的等级。荀子认为，"义"是最重要的。有了"义"，才能够"分"；有了"分"，才能够"和"，即才能够形成社会的群体，才能团结一致，才能相互配合，形成一股强大的力量。正因为有了这样强大的力量，人们才能战胜自然界，才能使牛马为人类所用，才能达到他所说的"群居和一"的目的。孟子也认为，人和动物的区别在于人类有"良知"、"良能"，即有恻隐、羞恶、辞让、是非四心，但是，孟子既未能作出理论上的论证，甚至也没有从正面提出人应该有什么样的本质属性，才能适应人类社会的发展。荀子较孟子前进了一步，他对人之所以能够战胜禽畜并最后脱离动物界而成为人作出了较深入的分析，提出了人之所以为人的界说。在中国伦理思想史上，在荀子以前，曾有"惟人万物之灵"（《尚书·泰誓上》）的说法，这是我们可以找到的对人这一概念的最早的定义。但是，这一界说过于笼统。所谓万物之灵，可能是指人有理性，但并没有对此进行具体的论证。从《荀子》一书中我们看到，大约在当时有一种意见，认为人同禽兽的区别就在于人"二足而无毛"，而禽兽则不然，或者是四足有毛，或者是二足有毛。荀子认为，人之所以是人，是由于"其有辨"。

> 饥而欲食，寒而欲暖，劳而欲息，好利而恶害，是人之所生而有也，是无待而然者也，是禹、桀之所同也。然则人之所以为人者，非特以二足而无毛也，以其有辨也。今夫狌狌形笑亦二足而毛也，然而君子啜其羹，食其胾。故人之所以为人者，非特以其二足而无毛也，以其有辨也。夫禽兽有父子而无父子之亲，有牝牡而无男女之别。故人道莫不有辨。辨莫大于分，分莫大于礼，礼莫大于圣王。（《荀子·非相》）

从这里可以看出，荀子所说的"礼"和"义"是相同的，即道德原则。为什么他又说"礼莫大于圣王"呢？因为荀子认为，一切道德原则、道德规范都是圣王制定的，所以圣王在人脱离动物和人之所以成为人这一点上，有着最重要的作用。

荀子所说的"礼"的内容，既包括政治制度、法律准则，同时也包括道德规范。荀子不能区分政治制度、法律准则同道德规范的不同，再加上认识的局限和阶级的制约，他认为，这一切规范准则，都是由圣人制定的。而圣人之所以制定"礼"、"义"，就是要人们各守自己的本分，使生产和消费之间能够相持而长，维持和巩固社会的安定。"礼"既能够调整人和人之间的关系，同时又能产生强大的力量，可以使人类战胜禽兽，并使禽兽为人类所用。

第四节　"德治"和"法治"相辅相成的政治伦理思想

在中国伦理思想史上，荀子是先秦思想的集大成者。所谓集大成，更集中表现在他的政治伦理思想方面，他融会了各家思想中合理的、进步的、有利于治国安民的成分，摒弃了各家的片面的、落后的弊端，并加以综合的创新，把历史上各家治国的理论与实践加以融汇和贯通，最终形成了前所未有的新的理论和思想。

荀子政治伦理思想的"大成"和突出贡献，就是他提出的"隆礼重法"的理念。他第一次全面、深入地阐明了"隆礼"和"重法"、"德治"和"法治"必须密切结合的思想，把从西周以来的治国理念提到了一个新的高度。他的这一"隆礼重法"理念，克服了过去儒家和法家在政治思想、伦理思想和"治国方略"上的"礼"、"法"对立的片面性，开创了我国政治思想和伦理思想上"礼法并重"先河。荀子以后的儒家和法家，都不同程度地吸取了荀子"隆礼重法"的合理创见，并以此来建立自己的治国理念。

在荀子以前，儒家和法家是代表不同治国理念的最重要的两个学派。在政治思想、伦理思想和治理国家方面，它们的主要不同，就是对"礼"和"法"、对"德治"和"法治"在治国中地位的不同态度。商鞅、申不害等强调"法律"、"法治"和"刑罚"的重要；而孔子、孟子则强调"礼治"、"德教"和"德治"的重要。他们的对立，几乎达到了水火不能相容、冰炭不可同炉的程度。

儒家的创始人孔子认为，一个国家的治理，尽管"政"和"刑"也有一定的作用，但是，归根到底，只有"礼"和"德"才是最重要的。"道之以政，齐之以刑，民免而无耻；道之以德，齐之以礼，有耻且格"（《论语·为政》），这就是孔子治国方略的基本思路。他不是把"德"和"刑"放在并重的地位，而是"重德轻刑"。这一"重德轻刑"的思想，还体现在他的"宽猛相济"的思想中，在治理国家中，"宽"（道德教化）和"猛"（刑罚惩治）都是不可缺少的，但他认为，"宽"是要经常应用的，而"猛"只是在不得已的情况下才加以使用。孔子以后的孟子，更加向"重德轻刑"的方面偏离，在大力宣扬和倡导"仁义"的作用时，基本上忽视了"法"和"刑"在治国中的重要作用。

法家的著名代表慎到认为，一个国家的治理，最重要的是凭借"权势"，依靠"法律"。他的治国方略就是四个字"抱法处势"。在他看来，一个统治者，只要有了"权势"，并用这一"权势"来推行"法治"，一个国家，就可以平安无事了。法家另一个著名人物商鞅，更走上了强调"刑罚"的极端。他的治国方略是"厚赏重刑"，对有功者重赏，对有过者重罚。他认为"禁奸止过，莫若重刑"（《商君书·赏刑》），只有严厉的刑罚，才能使老百姓不敢触犯法律，达到"以刑去刑"的目的。这就是说，要采用严厉的刑罚来惩治一切违法犯罪，以达到使人们不敢犯罪的目的。商鞅把儒家的"礼"、"乐"、"诗"、"书"、"仁义"、"孝悌"、"诚信"、"贞廉"等，都看作是必须清除的"害虫"，完全否认道德和道德教育在治理国家中不可忽视的作用。

荀子超越了他以前思想家所达到的高度，以广阔的视野和深刻的观察，从当时已有的治国实践经验中认识到，把"法"和"礼"、"刑罚"和"德教"、"法治"和"德治"对立起来的思想，是片面的，是不利于国家的治理的。由此提出了他的"隆礼重法"和"德法并重"的治国理念。这一治国理念，不但反映了他极大的理论勇气和广阔胸怀，体现出他善于吸取各家优秀成果而融会贯通的能力，而且是对中国历史上治国思想的全面而深刻总结，对后世的治国方略，有着极其重要的影响。

荀子重视"礼"在国家治理中的作用。"礼"的意义，从总的方面来看，荀子赋予它两种不同的内涵。一是包括思想、政治、文化、教育、道德等非常广泛的内涵。荀子往往把政治制度、道德规范、风俗习惯，甚至法律规范也都包含在"礼"的内容之中。在这个意义上，他常常把礼和法看作具有同等重要的意义。"礼"的另一种意义，则专指思想文化和伦理道德等方面的规定，着重指道德规范以及对老百姓所进行的道德教育、道德感化等。在这个意义上，他常常把"礼"同"法"明显地加以区别，认为"礼"和"法"代表着不同的治国理念，主张在治理国家中，应当礼法并举，礼法并重。

荀子对"法"也赋予两种不同的含义。"法"的一种意义就是"法则"、"规范"和"标准"，这也可以说是对"法"的广义的理解。在这个意义上，"法"的内容十分宽泛，"礼"也就包括在"法"之中。荀子说"礼者，法之大分，类之纲纪也"（《荀子·劝学》），认为"礼"是法的一部分。"法"的另一种意义，是专指"法律"、"法治"、"刑罚"等而言，这里，"法"常常和"礼"对举，成为相互影响、相辅相成又相互对立的两个方面。

蔡元培先生在他所著的《中国伦理学史》中，对此曾做了深刻的概括，他说，荀子认为："礼以齐之，乐以化之，而尚有顽冥不灵之民，不师教化，则不得不继之以刑罚，刑罚者非徒惩已著之恶，亦所以慑金人之胆而遏恶于未然者也。"[1] 荀子认为，仅仅靠道德教育是不能彻底解决社会安定问题的，离开了刑罚惩治，也无法达到"禁恶于未萌"的目的。

"礼"和"刑"是治理国家的不可缺少的两个根本要素，二者相辅相成、相互为用，真可以说犹如车之两轮，缺一不可。荀子对这种"隆礼重法"、"德法并重"的思想，用一句最简练、最精辟的话加以概括，这就是他所说的"治之经，礼与刑"（《荀子·成相》），把"隆礼重法"、把法治与德治的结合，提高到治国经典的高度。

荀子对"礼"在治理国家中的重要性，作了十分充分的论述，他的《礼论》，就是专门阐发"礼"在治国中的作用的。

"礼"是为了调整人和人之间的利益关系的。在当时的等级社会内，一方面要调整各个不同等级之间的尊卑关系，另一方面，又要调整各个等级内部的各个成员之间的利益关系。荀子认为"礼"的起源，是为了

---

[1]　蔡元培：《中国伦理学史》，28 页，北京，商务印书馆，1998。

解决人和人之间，因"欲望"得不到满足而发生争夺的问题而产生的。

如前文所述，"礼"的这种功用包含"养"和"别"两个方面。"养"就是使社会所能生产的物质财富，满足社会成员的需要；而"别"，就是使社会物质财富的分配，按照尊卑的不同等级而有所不同。荀子说："曷谓别？曰：贵贱有等，长幼有差，贫富轻重皆有称者也。"（《荀子·礼论》）"礼"的社会功用，就是要既"养人之欲"，又"给人之求"，使每个人的欲望都能得到适当的满足，同时，又能保持社会的协调而避免"争夺"。

强调"礼治"，也就是强调"德治"，强调道德在治理国家中的作用。荀子特别重视"君王"和有道德的"君子"在治国中的重要作用。他在"君道"中反复地说明"君王"和"君子"是"源"，而老百姓是"流"，强调"原清则流清，原浊则流浊"。所以，"上好曲私，则臣下百吏乘是而后偏"，"上好礼义，尚贤使能，无贪利之心，则下亦将綦辞让，致忠信，而谨于臣子矣"（《荀子·君道》）。在荀子看来，对于一个国家的治理来说，只要有了有道德的"君"和"臣"，就会出现"赏不用而民劝，罚不用而民服，有司不劳而事治，政令不烦而俗美"（同上）的太平盛世。

荀子认为，一个社会的安定，除了靠"礼"和"教化"以外，还必须要给违法者以严格的刑罚，特别是对那些"奸民"和屡教不改的"元恶"，如不予以严惩，就无法保证国家的安宁。但是，他的"法治"思想，同以前的法家思想，有显著的区别，可以说他是在批判原来法家思想的基础上，对"法治"作了新的界定和阐释。他否定了"严刑峻法"，认为法律应当是有令必行、无罪不罚。在执法中，要量刑恰当，轻重适当。他说："刑称罪则治，不称罪则乱"（《荀子·正论》），强调量刑必须公平和公正。他认为，量刑是否"公正"，是国家治乱的一个关键。他说："公平者，职之衡也，中和者，听之绳也"（《荀子·王制》），强调"听讼"和"审判"都要"公平"和"公正"，并把"公平"和"公正"视为执法的重要标准。

正是基于上述原因，荀子既不主张儒家不重视刑罚的思想，也反对法家的"轻刑重罚"，而是强调要"轻刑轻罪，重刑重罪"，要求刑罚的"轻重"应同罪行的"轻重"相吻合，从而克服了儒、法两家在这一问题上的片面性。

荀子认识到，不论如何完备的法律，都不可能把违法的方方面面包括无遗。荀子说："法而不议，则法之所不至者必废"（《荀子·王制》）。他认为，如果只是局限于法律的条文，那就会在许多情况下束手无策、不知所措。因此，他强调要掌握立法的基本精神，要懂得"法义"，只有懂得了"法义"，才能够根据立法的精神来正确地解决所遇到的各种法律问题。"有法者以法行，无法者以类举"（同上），就是说，在有法律条文可以依据的时候，就按照法律条文来处理；如果没有法律条文可资依据，就依照同类的法律来作为依据，这样，就可以使执法和量刑过程中所遇到的疑难问题，找到一个普遍适用的原则。

儒家的"德治"强调"尚贤使能"，法家的"法治"强调"赏功罚过"，而荀子则二者并重，认为要想把国家治理好，要想使老百姓道德高尚，就既要"尚贤使能"，又要"赏功罚过"。

在荀子的治国方略中，经常是"礼"、"法"并举，认为二者是相辅相成的。他最常用的词汇就是"礼法之枢要"、"礼法之大分"（《荀子·王霸》）。那么，"礼"和"法"两者相比，哪个更带有根本的意义呢？

从荀子的整体思想来看，他认为，对于保持当时封建社会的政治稳定和国家的长治久安来说，"法"固然重要，但更带有根本性的问题是"礼"，他在"摄法入儒"、大胆纠正儒家德治思想的片面性的同时，还保留着儒家的一些基本观点。他认为"礼"的起源比"法"早，"礼"的作用比"法"更广泛和深入，是带有根本性和基础性的东西。更加值得注意的是，不论"法治"如何重要，归根到底来说，"法"的实行，还是要靠人来执行的。在《荀子·君道》篇中，他说：

> 有乱君，无乱国；有治人，无治法……故法不能独立，类不能自行。得其人则存，失其人则亡。法者，治之端也；君子者，治之原也。故有君子，则法虽省，足以遍矣；无君子，则法虽具，失先后之施，不能应事之变，足以乱矣。

这段话的意思是说，有紊乱的"君主"，没有紊乱的"国家"；国家可以靠人才来治理，不可能仅仅靠"法律"来治理。因为，"法律"是不能独自实施的；制度也不能自动来推行。得到人才，国家就能生存和发展；失掉人才，国家就会灭亡。"法治"是治理国家的开端，有道德的"君子"才是治国的根本所在。所以，只要有了"君子"，法律虽然简略，也足以平治天下；如果没有"君子"，就是法律十分完备，但由于颠倒了治国的先后次序，就无法应付事情的变化，其结果，就必然导致国家的混乱。

在这里，荀子提出了治国方略的"端"和"原"的关系，认为"法者，治之端也；君子者，治之原也"，这是对中国古代治国方略的新的概括。在中国古代思想家中，"本"和"末"是一对基本"范畴"，它主要用来区分事物的两个方面，即第一位和第二位、主要和次要的关系。儒家认为"孝悌"是"仁"的根本，而其他道德规范，都是"仁"的"末梢"。荀子认为，在治国方略中的"原"和"端"的关系，犹如"本"和"末"的关系，是不能错乱倒置的，否则就必然导致社会的动荡和国家的混乱。

总之，荀子认为，"法"和"礼"在治理国家中都十分重要，但是，因为"法"是由人制定并要由人来执行，不论其怎样完备，也不能适应情况的复杂变化，因此，正直的、有道德的"圣君"、"贤相"和有道德的"人才"，就显得更为重要。

第五节 "义与利者，人之所两有"的义利观

在"义"和"利"的关系上，荀子不同意孔子、孟子的重义轻利的思想，提出"义与利者，人之所两有也"（《荀子·大略》）的理论。从某种意义上，也可以说是荀子对性善论的一种让步或妥协，或者说是对自己的性恶论的一种修正或补充。他认为，对于义利两者，要根据情况，分析比较，既不能只重义而轻利，也不能只重利而轻义。人既有"好利"的本能，也有"好义"的本能。荀子继承了墨子、孟子的义利观，使中国思想史上关于义利关系的问题又有了进一步的发展。

首先，荀子认为"利"，也就是"欲利"，是人人生而具有的生存欲望，是不可能从人身上消除的。要想消除人的"欲利"，也就必然会消

除人本身。而且，人们的道德原则并不和人的"欲利"相矛盾，只不过是在二者的关系上，应该使"欲利"服从道德原则，而不能使道德原则服从人们的"欲利"。荀子说：

> 义与利者，人之所两有也，虽尧舜不能去民之欲利，然而能使其欲利不克其好义也。虽桀纣亦不能去民之好义，然而能使其好义不胜其欲利也。故义胜利者为治世，利克义者为乱世。上重义则义克利，上重利则利克义。（《荀子·大略》）

这里，荀子承认老百姓的物质利益是不应该被否认的，认为做国君的应该适当满足人们的物质利益，并加强对老百姓的道德教育。总之，最重要的并不是取消"欲利"，而是不要让"欲利"之心超过"好义"之心，这样，国家就可以"治"而不"乱"了。

"利欲"既然是人人都有的，不应该否定的，那么，人们在"利欲"面前，应该采取什么态度呢？怎样才能使"好义"克服"好利"呢？荀子提出了一种理论，就是要权衡比较。

什么是权衡比较？就是说，在决定对"利欲"的取舍时，必须考虑其所产生的影响，考虑到它将产生什么后果。这种后果又可以分为两个方面：一是对社会到底是有利还是有害；一是对自己到底会带来荣誉还是招致羞辱。他说："见其可欲也，则必前后虑其可恶也者；见其可利也，则必前后虑其可害也者；而兼权之，孰计之，然后定其欲恶取舍。如是，则常不失陷矣。"（《荀子·不苟》）为什么荀子特别强调在利欲面前必须深虑和熟计呢？这也是和他的性恶论有密切关系的。人的本性是恶的，也就是说，是趋利避害的，总是喜欢获得利欲而忽视礼义，所以，在利欲面前的权衡就更为重要，要防止和反对偏于某一方面而使人受到损害。"凡人之患，偏伤之也。见其可欲也，则不虑其可恶也者；见其可利也，则不顾其可害也者。是以动则必陷，为则必辱，是偏伤之患也。"（同上）正由于这种原因，权衡、计算、考虑和比较就尤为必要了。荀子之所以要人们权衡，并不是说，只要能对自己有利，能够满足自己的欲望的，就可以做，而是有着道德的原则的。这一原则他有时候叫做"义"、"礼"，有时候又叫做"道"。

荀子认为他所说的权衡有一个确定的标准。荀子说："道者，古今之正权也。离道而内自择，则不知祸福之所托。"（《荀子·正名》）又说："何谓衡？曰道。故心不可以不知道。心不知道，则不可道而可非道。"（《荀子·解蔽》）在荀子看来，"道"是封建社会中评价一切事物的最高标准，因此，当人们有利欲打算时，必须用这个标准加以衡量。如果抛弃了封建社会的这个惟一标准，只是根据内心的情欲去判断，就必然会招来祸患。同样，心里如果不懂得"道"，也就自然要离开道而走向非道了。

荀子是一个新兴地主阶级的思想家，在利欲问题上也提出了比较进步的思想，这就是他从"养"出发所提出的"虽为守门，欲不可去"，"虽为天子，欲不可尽"（《荀子·正名》）的理论。既然"礼"的一个重要作用是要按照等级制度和职业分工来"养人之欲，给人之求"的，那么，不但君主、天子有欲望，就是看门的卑贱之人，也同样有自己的欲望。对于这两种人，由于他们在封建社会中处于不同的地位，有的欲望可以满足得多一些，有的欲望只能满足得少一些。但是，天子不应该无限制地为所欲为，守门人也不能够连起码的欲望也得不到满足。荀子认为，人的本性是好利恶害，这是天生的。这种人的本性之质体，发而为情，与这种情相应，就产生了人们的种种欲求。所以，从人的本性到人的感情，从感情到欲望，都是必然的，是可以追求而且应该获得一定满足的。他说：

> 性者，天之就也；情者，性之质也，欲者，情之应也。以所欲为可得而求之，情之所必不免也，以为可而道之，知所必出也。故虽为守门，欲不可去，性之具也。虽为天子，欲不可尽。欲虽不可尽，可以近尽也；欲虽不可去，求可节也。所欲虽不可尽，求者犹近尽；欲虽不可去，所求不得，虑者欲节求也。（同上）

天子的欲望，虽可以几乎完全满足，但不能够一切都满足，守门人的欲望，虽然不能完全达到，但他们总是在考虑如何节制自己的欲望以求得到一定程度的满足。总之，荀子的"礼"的作用，也可以说是用"养"和"别"来调整人和人之间的关系，包含着一定程度上也要照顾到劳动人民的某些最必要的生活要求，有着某些合理的因素。

第六节　强调"师法"、"义礼"的道德教育论

从"人之性恶，其善者伪也"的理论出发，荀子极端重视道德教育和道德修养。在他看来，既然人的本性是恶的，所以人与人之间就要产生争夺；为了调和人与人之间的矛盾，就要"化性起伪"，使人们形成善性，养成道德观念。那么，究竟怎样去"化性起伪"呢？荀子认为，必须从两个方面入手。一方面，就是要有"师法"、"礼义"的教育，即从外部对人们施加道德上的影响。另一方面，又必须使人们认识到修身的重要，使人们能够自觉地努力提高自己的道德品质。因此，在荀子看来，学习的目的不是为了别的，就是为了从这两个方面来提高人们的品德。

在中国伦理思想史上，关于道德的教育和修养，从孔子到孟子，都强调"内省"、"反省"和"自省"。这种方法也可以称之为"内省法"。由孔子所提倡、由孟子所发展和系统化了的这一为寻找已失去的善良本性而重视个人修养的方法，在春秋以后的较长时期中，又有了更进一步的发展，并对中国的修养论和修养践履有着深刻影响。荀子的观点同孔、孟的观点不同。在他看来，人的本性既然都是好利恶害，都是恶的，那就不可能通过单纯的"自省"、"反省"而达到至善。善不是从内心中可以产生的，它是一种强加的、人为的、外在的东西，主要的方法必须要由外部来灌输，也可以叫做"教化"法，即必须对人们施加礼义"教化"，才可能使人们有好的道德品质。在道德教育和道德修养中，孟子强调"内省"，而荀子则强调"灌输"。这是他们的一个重大不同。

在道德教育方面，荀子认为，最重要的有两个方面，即老师的教育和法律的约束。既然人的本性都是好利恶害，如果没有老师的教育和法律的制裁，他们就会沿着利欲的方向，走到邪路上去。他说："人无师法，则隆性矣；有师法，则隆积矣。"（《荀子·儒效》）又说："人之生固小人，无师无法，则唯利之见耳。"（《荀子·荣辱》）因此，必须用"师法"来进行教育，即用所谓"注措习俗"来转变人的本性，他认为，一个人生下来的本性，就好像是一根弯弯曲曲的木料，必须要经过各种

工具的矫正才会直，或者说，就好像是一个很钝的金属用器，必须要在磨刀石上刮磨才会锋利。"故枸木必将待檃栝烝矫然后直，钝金必将待砻厉然后利。今人之性恶，必将待师法然后正，得礼义然后治。今人无师法，则偏险而不正；无礼义，则悖乱而不治。"（《荀子·性恶》）在这里，荀子把性恶论作为道德教育和道德修养的前提，把"师法"作为重要的手段，把"礼义"作为师法教育的内容，从而达到他所说的"化性起伪"的目的。正是由于这种原因，荀子特别强调学习的重要性。他认为，一个君子，只有"博学而日参省乎己"，才能"知明而行无过"（《荀子·劝学》）。他说："吾尝终日而思矣，不如须臾之所学也。"（同上）同时他还特别强调，君子，即一个有道德的人的学习，必须要做到学用一致。"君子之学也，入乎耳，箸乎心，布乎四体，形乎动静；端而言，蠕而动，一可以为法则。"（同上）他痛恨那些"入乎耳，出乎口"，只是用所学到的知识来美化自己的小人。他说："古之学者为己，今之学者为人。"（同上）一个是为了善其身，一个是为了夸耀自己的知识。荀子也承认学习包括《诗》、《书》、《礼》、《乐》这些内容，但他认为"礼"最为重要，不但可以移风易俗，甚至可以使人达到一种最高的道德境界。荀况说："学至乎《礼》而止矣，夫是之谓道德之极。"正是在这种意义上，荀子强调"故礼者，养也"（《荀子·礼论》）。他认为，正像粮食可以养口，音乐可以养耳一样，"礼"是用来养人的道德的。尽管荀子把"礼"看成是圣人制定的观点是不科学的，但强调"礼"的教育作用，还是有合理因素的。

在强调师法教育的同时，荀子还特别注意到环境在人的道德品质形成中所起的重要作用，在一定意义上，他甚至认为，环境起着决定性的作用。他说："干、越、夷、貉之子，生而同声，长而异俗，教使之然也。"（《荀子·劝学》）又说："蓬生麻中，不扶而直。白沙在涅，与之俱黑。兰槐之根是为芷，其渐之滫，君子不近，庶人不服，其质非不美也，所渐者然也。故君子居必择乡，游必就士，所以防邪僻而近中正也。"（同上）兰槐本来是一种香草，如果它的根浸泡在臭水里，它就会因受到臭水的浸泡而变质。因此一个人在社会上生活，为了培养自己的道德品质，就一定要注意周围环境以及所接触的人物对自己的影响。

显然，在荀子的这些论述中包含着明显的矛盾。一方面，他认为人的道德品质的好坏，是环境的产物，是教育的结果。有什么样的环境、接受什么样的教育，就会形成什么样的道德。这是从唯物主义的认识论出发的，是一种以经验为前提的包含着合理因素的道德教育理论。另一方面，他认为人性生来都是恶的，那么，什么地方会形成一个好的环境呢？由什么人来担任教育工作者，才能把人们教育成为有道德的人呢？在人的本性都是恶的社会里，他所说的好环境、好老师、好法律又是从哪里产生出来的呢？如果不能，那么这个所谓的"化性起伪"的工作，岂不是无法做到了吗？荀子认识到了这个矛盾，但他无法克服它。因此，这个从经验出发的理论，也就只好又部分地陷入了先验论的误区。

荀子认为，在环境和"师法"之上，还有一个"圣王"，这是一个天生的圣人，只有他才能组织国家、制定礼义，"化性起伪"。人性既然是恶的，人与人之间必然要彼此争夺，所以只有靠天生的圣王来解决人们的性恶问题。"古者圣王以人之性恶，以为偏险而不正，悖乱而不治，是以为之起礼义，制法度，以矫饰人之情性而正之，以扰化人之情性而导之也。始皆出于治，合于道者也。"（《荀子·性恶》）这样看来，圣王既然能起礼义，制法度，当然应当是不属于常人的"超人"了。但是，荀子又不肯承认圣王是天生的圣人，只承认他是后天努力的结果，是好"积善成德"的结果。然而，在既无环境、又无师法教育的情况下，圣王或圣人又怎能"积善成德"呢？对于这个矛盾，荀子却无法回答了。

为了培养人们的道德品质，在强调"师法"、"礼义"的同时，荀子也十分注意道德上的自我锻炼。荀子的《修身》篇是继墨子《修身》篇之后的论述道德修养的理论。墨子的《修身》篇，虽然强调了修身的重要性，强调习染对人的道德的影响，但并没有从理论上加以发挥。因此，可以说，荀子的《修身》篇，在中国伦理思想史上，是第一次较为系统地建立了道德修养的理论，使人们对修身这一问题的研究，又向前推进了一步。

什么是修身？荀子对此做了一个非常全面的解释。他说：

> 见善，修然必以自存也；见不善，愀然必以自省也。善在身，介然必以自好也；不善在身，菑然必以自恶也。故非我而当者，吾师也；是我而当者，吾友也；谄谀我者，吾贼也。故君子隆师而亲

友，以致恶其贼。好善无厌，受谏而能诫，虽欲无进，得乎哉？小人反是：致乱而恶人之非己也；致不肖而欲人之贤己也；心如虎狼，行如禽兽，而又恶人之贼己也。谄谀者亲，谏争者疏，修正为笑，至忠为贼，虽欲无灭亡，得乎哉？（《荀子·修身》）

按照荀子的这一解释，可以说修身就是一种在道德上对自己的严格要求，它包括反省、检讨以及在实践中践履道德和纠正过失。孔子说"见贤思齐，见不贤而内自省"。荀子进一步认为，看见有道德的人，就要认真地检查自己是否具有这种高尚的道德；看见不道德的人，应该警惕地反省自己有没有类似的行为。有了好的道德，要好好地保持；有了不好的行为，要像被玷污一样痛恨自己。凡是能正确指出我的缺点的人，是我的老师；凡是能正确肯定我的优点的人，是我的朋友；而对我只说好话，奉迎巴结的人，是对我的贼害。在荀子看来，要想成为一个有道德的君子，就必须隆师而亲友，并极端厌恶贼害自己的人。

在道德修养中，荀子特别强调一个"积"字，强调一种锲而不舍的精神。在《荀子·性恶》篇中，他反复指出"人之性恶也，其善者伪也"。他对这个"伪"字的解释是："心虑而能为之动为之伪，虑积焉，能习焉而后成谓之伪。"他不相信圣人是可以用"求放心"、"内省"、"自讼"等办法达到的，而认为只有经过人为的积累才能成为圣人。在荀子看来，不论什么人，只要能持之以恒，决心为善，日积月累，就可以使自己的道德品质逐步得到提高。圣人是天生的，但是，一个普通的人，一个老百姓，如果能长期积善，也可以成为圣人。他说，正像"积土而为山，积水而为海"（《荀子·儒效》）一样，"涂之人百姓，积善而全尽，谓之圣人。彼求之而后得，为之而后成，积之而后高，尽之而后圣。故圣人也者，人之所积也"（同上）。他还用人们的亲身经验中的事例做对比："人积耨耕而为农夫，积斲削而为工匠，积反货而为商贾，积礼义而为君子。"（同上）就是说，人在农业生产中，由于不断积累生产经验而成为农夫，在手工业劳动中不断积累经验而成为工匠，在经商中不断积累经验而成为商人，在道德修养中不断积累善行，就一定会成为有道德的君子。

荀子竭力反对在道德修养上的自暴自弃，强调在量的积累的基础上，最后必然会发生根本的变化。

> 故不积跬步，无以至千里；不积小流，无以成江海。骐骥一
> 跃，不能十步；驽马十驾，功在不舍。锲而舍之，朽木不折；锲而
> 不舍，金石可镂。蚓无爪牙之利、筋骨之强，上食埃土，下饮黄
> 泉，用心一也。蟹六跪而二螯，非蛇蟮之穴无可寄托者，用心躁
> 也。是故无冥冥之志者，无昭昭之明；无惛惛之事者，无赫赫之
> 功。（《荀子·劝学》）

这就是说，没有精诚专一的刻苦努力，就不可能有所成就；没有默默无
闻的长期努力，就不可能做成出类拔萃的事业。

荀子强调修养的目的是要达到圣人的境界，即我们所谓的道德理
想。在荀子看来，圣人不但是有着高尚道德的人，而且是有着最高智慧
的人。"圣人备道全美者也，是县天下之权称也。"（《荀子·正论》）这
就是说，圣人的全部言行，是人们行为的标准，甚至是人们判断一切事
物的标准。圣人的所作所为，都能"本仁义，当是非，齐言行"（《荀
子·儒效》）。圣人不但能制定礼义法度（"圣人积思虑，习伪故，以生
礼义而起法度"），而且只有圣人才能统治天下，管理人民。在荀子看
来，尧、舜、禹、汤就是他理想中的圣人。尽管圣人是如此神圣，但荀
子却认为"涂之人可以为禹"（《荀子·性恶》），并不是不可能达到的。

荀子认为，圣人是最高的道德理想，是所有人学习的目的。他说：
"故天者，高之极也；地者，下之极也；无穷者，广之极也；圣人者，
道之极也。故学者，固学为圣人也。非特学为无方之民也。"（《荀子·
礼论》）这就是说，学习就是要学习道德上的楷模，而不只是去学习知
识，要学习成为那些有品德的人。正因为人性是恶的，正因为人之
所学是要学圣人，而圣人的道德品质又是那么高尚，所以刻苦修养，
认真锻炼，不断积累，坚持不懈，就成为重要的为学的功夫了。

第九章

儒家伦理思想的系统化

——《礼记》、《孝经》中的伦理思想

第一节 《礼记》的伦理思想

《礼记》是中国伦理思想史上重要的经典，尤其是其中的《大学》、《中庸》两篇对后世影响极大，《礼运》中所包含的有关理想社会的思想以及《礼记》一书对男女、夫妇关系的规定也都值得我们深入研究。

一、《大学》的伦理思想

从中国伦理思想发展的历史来看，《大学》不像《论语》、《孟子》那样，使伦理思想散见于孔子、孟子与他们的弟子的问答中；也不像《墨子》、《庄子》、《荀子》、《韩非子》一样，使伦理思想分见于这些书的不同的篇、章中。《大学》把孔子、孟子、荀子等人关于伦理思想的主要内容，经过融会贯通，清理出主次脉络，明确各部分的先后关系，荟萃众说，熔为一炉，形成了一个前所未有的比较完整的伦理学体系。

《大学》所提出的这个体系的基本轮廓，可以从《大学》的开头的一段话中看到它的主要脉络：

> 大学之道，在明明德，在亲民，在止于至善。知止而后有定，定而后能静，静而后能安，安而后能虑，虑而后能得。物有本末，事有终始，知所先后，则近道矣。古之欲明明德于天下者，先治其

国。欲治其国者，先齐其家。欲齐其家者，先修其身。欲修其身者，先正其心。欲正其心者，先诚其意。欲诚其意者，先致其知。致知在格物。物格而后知至，知至而后意诚，意诚而后心正，心正而后身修，身修而后家齐，家齐而后国治，国治而后天下平。自天子以至于庶人，壹是皆以修身为本。其本乱而末治者否矣。其所厚者薄，而其所薄者厚，未之有也……此谓知本，此谓知之至也。

后人把《大学》的这段话概括为"三纲领"和"八条目"。朱熹说这段话是《大学》中的"经"，这篇经文是"孔子之言，而曾子述之"。所谓"三纲领"，就是"明德"、"亲民"（又作"新民"）和"止于至善"。所谓"八条目"就是"格物"、"致知"、"诚意"、"正心"、"修身"、"齐家"、"治国"、"平天下"。

第一纲是"明德"，就是指封建地主阶级的道德原则和道德规范，即指仁义、孝悌、忠恕等。这是最重要的。"明明德"是发扬这些道德原则、规范的光辉。

第二纲是"亲民"，亲民又作新民。程颐解释："新者，革其旧之谓也。言既自明其明德，又当推以及人，使之亦有以去其旧染之污也。"（朱熹：《四书章句集注·大学》）这是说明"明德"的目的是要用这些道德原则和规范来感化、教育老百姓，使他们驯服地接受统治，这就是"亲民"。荀子在《荀子·致仕》中说："今人主有能明其德者，则天下归之。若蝉之归明火也。"这就是说，一个统治者只要能把儒家的一套仁义、孝悌、忠恕的道德发扬光大，人民就会归顺于他，接受他的统治。这种以"明明德"来"亲民"的路线，也就是中国历史上的所谓"统治路线"。

第三纲"止于至善"。所谓"止于至善"，是指道德教育和道德修养的最终目的，就是要使人们达到最高的道德的理想境界。荀子在《荀子·解蔽》中说："凡以知，人之性也；可以知，物之理也。以可以知人之性，求可以知物之理，而无所疑（俞樾云：'疑训定'）止之，则没世穷年，不能遍也。""故学也者，固学止之也，恶乎止之？曰：止诸至足。曷谓至足？曰：圣也。"这段话可以说是对大学"止于至善"的一段最好的注释。所谓"止诸至足"，止于"圣人"，也就是"止于至善"的意思。

在所谓"八条目"中，《大学》不但提出了"格物、致知、诚意、正心、修身、齐家、治国、平天下"这八个条目，而且强调了"修身"的重要，认为"修身"是"齐家"、"治国"的根本。这是有重要意义的。中国的伦理思想从孔子开始，甚至远在孔子以前，就强调个体道德或者说个人道德在整个伦理思想中的地位。《大学》所说的"三纲领"和其他的七条目，都是以修身为中心，从修身出发。这种极端重视个体道德，特别是强调个人修养的道德体系，是中国伦理思想的一个很重要的特点，这是我们所必须注意的。

《大学》在论述"三纲领"与"八条目"的关系时，不但特别强调修身的重要，并给了这种重要性以理论上的论证。在中国伦理学史上，墨子虽最早写了《修身》篇，但比较零散；荀子写了《修身》，在理论上有许多论述，但没有高度概括。《大学》继承了孔子、孟子、墨子、荀子关于修身的理论，并把这一理论发展到一个新的高度。

《大学》认为，任何一个事物都有它的本末和终始。本就是根本，末就是末梢，终是完了，始是起头。因此，不论从事什么事情，都必须知道应该先做什么、后做什么。否则，不但会事倍功半，甚至可能完全失败。这就是所谓"物有本末，事有终始。知所先后，则近道矣"的理论。那么，在道德问题上，什么是根本，应该从什么地方开始呢？《大学》认为，整个道德或者说道德教育、道德修养以至伦理学，都应该以"修身"为本。

首先，从《大学》关于修身、齐家、治国的次序来看，认为只有先使自己有高尚的道德品质，才能使自己的"家"和睦一致（"齐家"，也可以作整齐其家），也才能够治理自己的国家。先秦以来，中国的思想家们都认为道德是和政治紧密结合在一起的，他们强调的是平定天下和治理国家，总是把道德上的"止于至善"同国家社会的安定联系起来。这是儒家道德思想和道家道德思想的一个重要区别。因为儒家是站在统治阶级的立场上观察和思考问题的，而道家则是反映了在野的知识分子对社会、政治的观察与思考。所以，儒家表现出强烈的政治色彩，或者说他们的所思表现为入世的特色；而道家思想则突出地表现为超政治和出世的特点。儒家思想的这一特点也是儒家道德之所以能为统治阶级所接受的一个重要原因。正是从这一点出发，《大学》将这"八条目"的关系表述为："古之欲明明德于天下者，先治其国。欲治其国者，先齐其家。欲齐其家者，先修其身。欲修其身者，先正其心。欲正其心者，先诚其意。欲诚其意者，先致其知。致知在格物。"这里，把"修身"当作是开始，当作是根本，是有重要意义的，也是符合实际的。在《论语》中，就已经很强调修身，特别是强调只有自己的行为端正，才能使别人的行为也端正。"季康子问政于孔子。孔子对曰：'政者，正也。子帅以正，孰敢不正？'"（《论语·颜渊》）"季康子患盗，问于孔子。孔子对曰：'苟子之不欲，虽赏之不窃。'"（同上）"季康子问政于孔子曰：'如杀无道，以就有道，何如？'孔子对曰：'子为政，焉用杀？子欲善而民善矣。君子之德风，小人之德草。草上之风，必偃。'"（同上）正是依据孔子的上述思想，《大学》又特别强调了"自天子以至于庶人，壹是皆以修身为本"，即强调了"天子"、国君必须修身的理论。"尧舜率天下以仁，而民从之。桀纣率天下以暴，而民从之，其所令反其所好，而民不从。是故君子有诸己而后求诸人，无诸己而后非诸人。所藏乎身不恕，而能喻诸人者，未之有也。"（《大学》）在《荀子·君道》中，荀子说："请问为国？曰：'闻修身，未尝闻为国也。君者，仪也，民者，景也，仪正而景正；君者，槃也，民者，水也，槃圆而水圆；君者，盂也，盂方而水方。君射则臣决。楚庄王好细腰，故朝有饿人。故曰：闻修身，未尝闻为国也。"为什么要求统治者必须修身呢？因为他是一个国家的仪表、模范和众人效法的榜样，所以统治者必须以修身为本。

《大学》中强调只有先修身才能治国、平天下，这个道理说得很明白。主张以道德仁义来统治天下的儒家自然会认为，如果自己都没有很好的道德品质，又怎么能齐家、治国呢？关于"修身"，《大学》又进一步提出了"欲修其身者，先正其心；欲正其心者，先诚其意；欲诚其意者，先致其知；致知在格物"的理论：

> 所谓修身在正其心者，身有所忿懥，则不得其正；有所恐惧，则不得其正；有所好乐，则不得其正；有所忧患，则不得其正。（《大学》）

按照我们今天的理解，修身最重要的是要在心中排除各种杂念，不要有所愤怒，不要有所恐惧，不要有所好乐和忧患，即不要有个人的得失。这也就是朱熹所说的不要为外物所束缚。如果撇开个人得失、个人追求，即如有所好乐、忧患、愤恨、恐惧，也不会滞留胸中，影响自身的道德修养。

荀子在《荀子·解蔽》中说：

> 故人心譬如槃水，正错而勿动，则湛浊在下而清明在上，则足以见须眉而察理矣。微风过之，湛浊动乎下，清明乱于上，则不可以得本（原作大，依王校改）形之正也。心亦如是矣。故导之以理，养之以清，物莫之倾。则足以定是非、决嫌疑矣。

从这里可以看到，《大学》所说的正心，是从荀子的这一思想发展来的。孟子也十分强调心的作用，强调修养必须使心能够端正，不过他没有荀子讲得这么清楚。荀子虽然批评了孟子，但在关于心的作用上，二者是一致的。

仅仅只有"正心"还不行。为了"正心"，还必须"诚意"。就是说，不但不应该有个人打算、个人追求，心不要为外物所束缚，而且还必须要对封建道德的仁义礼智抱着虔诚的信仰才行。

> 所谓诚其意者，毋自欺也，如恶恶臭，如好好色，此之谓自谦。故君子必慎其独也！小人闲居为不善，无所不至，见君子而后厌然，掩其不善，而著其善。人之视己，如见其肺肝然，则何益矣。此谓诚于中，形于外，故君子必慎其独也。（《大学》）

这里，牵涉到了中国古代所讲的道德修养的最重要的问题，就是所谓"诚其意"的"诚"字。"诚其意"，就是在思想上，在意识里，在内心深处，必须是身体力行。知道了善就要照着善去做，决不应该口头上说知道了什么是善，实际上却并不照着去做，这就叫做不诚或自欺。

朱熹对这一段的注释是有合理因素的。他说："诚其意者，自修之首也。""自欺云者，知为善以去恶，而心之所发有未实也。"（朱熹：《四书章句集注·大学》）他把"诚意"看做是自修之首，也是有道理的。

为了能够"诚其意"，大学在这里提出了所谓"慎独"的要求。"诚意"既然是不自欺，那就应该是表里如一，"如恶恶臭，如好好色"。所谓"如恶恶臭"一样，就必然是避之惟恐不及，在身务要除去，这才是真正的恶恶。对于好善来说，要如同好色一样，见而心中喜悦，悦而必求得之。如果只是口头上说恶，而见之并不躲避，甚至内心还有所偏爱、欣赏，或者其恶已经在身，而且明知身已有恶，但只是口头上说是厌恶，而实际上并不断然抛弃，这就是不诚。《大学》认为，如果没有一个"诚"字，或者说不能"诚其意"，那是无法做到"正心"的。

什么是"自谦"？"谦，快也，足也"，应该作"慊"字，是心中快足之意。对于好恶，只有做到"如好好色、如恶恶臭"，才是心中快足。

但是，一些没有道德的"小人"，并不能做到"意诚"，他们说的和做的不一致，背地里和公开里往往是完全两样。这就是自欺。"闲居"，就是独处、独居之时，也就是没有人看见或不可能被人看见、不可能被人知道的情况。这时候，"小人"就往往会不讲道德、做出许多坏事来，但是，等到见了"君子"，他也知道羞耻，知道惶恐，显出不安的样子，就把自己的一切不道德的言论和行动掩盖起来，假装着要行善的样子，从而认为可以把自己肮脏的灵魂掩盖起来。其实，这是做不到的，一个人是否做到了意诚，是要表现出来的。不论你怎么掩饰，别人对你的思想、行为都看得明明白白，恰似看见一个人肚子里的肺、肝一样。就是那认为只有自己一个人知道的地方，也必然会有形迹露在外面，要想掩盖，也是没有用处的。正是从这一意义上，《大学》强调"慎独"，强调在个人独处、无人知道的情况下，也要能够"意诚"，也要"勿自欺"，这是一个有道德的人必须十分注意的。《大学》引曾子的话说："十目所视，十手所指，其严乎？"十者，言其多也。一个人，即使处在幽独隐微之中，身居深僻秘奥之地，也要如同在大庭广众之中，人所共见之处一样，谨慎自己的言论和行为。这里，可以有两方面的意思：对于小人来说，则是"欲掩其恶而卒不可掩，欲诈为善而卒不可诈"（朱熹：《四书章句集注·大学》），是毫无用处的。因为他们自以为聪明所做的一切，其实都是掩盖不了他们内心的肮脏的。对于君子和有道德的人来说，将以此引为鉴戒，努力慎独，这也是君子之所以不敢自欺的原因。

《大学》还认为，如果人们真正能够做到正心、诚意，有了崇高的道德，那么身体也就会从容舒展、心广体胖，身心一体、内外交融，浑然成为一种有德的气象。《大学》说:"富润屋,德润身,心广体胖,故君子必诚其意。"这就是说,人若能富足有钱,必然经济宽裕,就会使自己的住宅华丽,使自己房内的家具摆设显得阔绰起来;而一个有道德的人,就会使自己的心灵纯洁,不愧不怍,不矜不肆,广大宽平,从而能够舒而自得,心广体胖,这也就是所谓"诚于中形于外"的道德。

总之,心之所以不能正,身之所以不能修,其重要的原因就在于意不能诚。因此,"诚意"、"勿自欺"、"慎独"、"自谦"和"如好好色、如恶恶臭"等,就成了《大学》讲修身的重点。因此也可以说,"诚意"是《大学》整个伦理思想的一个最基本的概念。根据朱熹所说的"序不可乱、功不可阙"的道理,只要有了"诚",只要使意能够诚,就可以做到"心正",也就可以做到"修身"了。

但是,"意诚"还不是最后的归宿,还必须有格物致知。怎么才能做到"意诚"呢?《大学》说"知至而后意诚"。什么是"至"?就是尽处、极处。朱熹说:"知至者,吾心之所知无不尽也。"又说:"致,推极也,知,犹识也。推极吾之知识,欲其所知无不尽也。"(朱熹:《四书章句集注·大学》)只有"知至",才能道理明白。其实"知至",不应该解释为无不尽,应该是认识至善的意思。只有认识了至善,即达到了最高的善,才能做到意诚。这里所说的至善,也就是儒家的仁义礼智,就是封建道德的最高的原则和规范。如果把"知至"理解为无所穷尽的知识,那就确实容易走入支离破碎和文物簿册中去用工夫。这和《大学》所说的"知至"的原意是不相合的。张居正在他的《四书集注直解》中对"致知"的解释也有某些合理的因素,可作为我们理解"知至"的参考。张居正说:

> 至于心之明觉谓之知,若要诚实其意,又必先推极吾心之知,见得道理无不明白,然后意之所发或真或妄,不至错杂。所以说欲诚其意者,先致其知。

这就是说,"致知"就是要明白、透彻地理解事物的道理,即了解封建道德原则规范的道理,也就是从仁义礼智到"三纲五常"。在"致知"的问题上,必须排除一切异端邪说,必须批判一切非儒家的道德理论,也就是要"解蔽"。正是在这个意义上,《大学》认为"致知"也就是

"知至"。也就是说，只有使知达到了至处，才算是真正懂得了善恶真妄的区别；从心上发出的"意"，才能都符合善的标准。否则，即便是想不自欺、想无虚妄，但由于没有致其知，这种目的也是达不到的。

最后，最重要的是格物。《大学》特别强调"致知在格物"。"致知"有得到知识、"止于至善"这样两层意思，但一般来说，"致知"是说，要进行修养，必先得到知识。怎样才能有知识，即所谓"致知"或"知至"呢？《大学》认为："物格而后知至。"因此，什么是"格物"为历代思想家们所关注。

《大学》中对于"格物"没有明确的解释，不能不说是一种疏忽。因为根据整个《大学》中关于"修身"的理论，"格物"是一个最重要的环节。后来的思想家们按照自己对于哲学基本问题的理解，依据自己伦理思想体系来解释"格物"，其中三种解释最具代表性。

首先，朱熹在《四书集注》中对"格物"做了解释。朱熹解"格"为至，解"物"为一般事物。"格物"，就是"即物穷理"，即在事物上穷究其理。但他又认为天下事物之理就是心中之理，穷究了事物之理，于是心中之理也就完全显露出来了。朱熹认为，《大学》中本来有一章是"释格物、致知之义"的，可是"而今亡矣"。他自己加以补充说："所谓致知在格物者，言欲致吾之知，在即物而穷其理也。盖人心之灵莫不有知，而天下之物莫不有理，惟于理有未穷，故其知有不尽也。是以大学始教，必使学者即凡天下之物，莫不因其已知之理而益穷之，以求至乎其极。至于用力之久，而一旦豁然贯通焉，则众物之表里精粗无不到。而吾心之全体大用无不明矣。此谓物格，此谓知之至也。"当然，不论是事物之理，还是心中之理，在朱熹看来，其主要内容都是指人伦关系之理，即人和人之间的道德关系以及这种道德关系在观念中的反映。实际上，也就是封建阶级的道德原则和规范。

明代的王阳明对"格物致知"又提出一种解释。他认为"格"就是正，"物"就是指意念所到之处，也就是"意念所在"。"格物"就是改正自己的所思所念，即摒除自己的私欲杂念。只有如此，才能使人们恢复良知。"问格物。先生曰：'格者，正也，正其不正以归于正也。'"（《传习录》上）王阳明认为："意之所用，必有其物。物即事也，如意用于事亲，即事亲为一物；意用于治民，即治民为一物；意用于读书，即读书为一物；意用于听讼，即听讼为一物。凡意之所用，无有无物者，有是意即有是物，无是意即无是物矣。物非意之用乎?"（《传习录》中）他更反对朱熹对于"格"的解释。他说：

> "格"字之义，有以"至"字训者，如"格于文祖"、"有苗来格"，是以"至"训者也。然"格于文祖"，必纯孝诚敬，幽明之间，无一不得其理，而后谓之"格"。有苗之顽，实以文德诞敷而后格，则亦兼有"正"字义在其间，未可专以"至"字尽之也。如"格其非心"，"大臣格君心之非"之类，是则一皆"正其不正以归于正"之义，而不可以"至"字为训矣。且《大学》"格物"之训，又安知其不以"正"，字为训，而必以"至"字为义乎? 如以"至"字为义者，必曰"穷至事物之理"，而后其说始通。是其用功之要，全在一"穷"字，用力之地，全在一"理"字也。若上去一"穷"、下去一"理"字，而直曰"致知在至物"，其可通乎? 夫"穷理尽性"，圣人之成训，见于《系辞》者也。苟格物之说而果即穷理之义，则圣人何不直曰"致知在穷理"，而必为此转折不完之语，以启后世之弊邪? 盖《大学》"格物"之说，自与《系辞》"穷理"大旨虽同，而微有分辨。穷理者，兼格、致、诚、正而为功也。故言穷理，则格、致、诚、正之功皆在其中。言格物，则必兼举致知、诚意、正心，而后其功始备而密。今偏举格物而遂谓之穷理，此所以专以穷理属知，而谓格物未常有行，非惟不得格物之旨，并穷理之义而失之矣。此后世之学，所以析知行为先后两截，日以支离决裂，而圣学益以残晦者，其端实始于此。（《传习录》中）

王阳明还认为，"心者身之主也。而心之虚灵明觉，即所谓本然之良知也。其虚灵明觉之良知，应感而动者谓之意。有知而后有意，无知则无意矣"。这就是说，心、意、物这三者，在王阳明看来，都是一个东西，这就是他的唯心主义的解释。他对"格物"的说法在伦理思想史上还是有影响的。

清代的颜元对"格物"则提出了自己的唯物主义的解释。他认为，"格"应解为"手格猛兽之'格'"，格物就是"犯手（动手）实做其

事"。"格物致知"就是"手格其物而后知至"，必须通过实际活动才能
得到知识。

> 今之言"致知"者，不过读书、讲问、思辨已耳，不知致吾知
> 者，皆不在此也。辟如欲知礼，任读几百遍礼书，讲问几十次，思
> 辨几十层，总不算知。直须跪拜周旋，捧玉爵，执币帛，亲下手一
> 番，方知礼是如此，知礼者斯至矣。辟如欲知乐，任读乐谱几百
> 遍，讲问思辨几十层，总不能知。直须搏拊击吹，口歌身舞，亲下
> 手一番，方知乐是如此，知乐者斯至矣。是谓"物格而后知至"。
> 故吾断以为"物"即三物之物，"格"即手格猛兽之"格"。手
> "格"杀之之"格"。此二"格"字，见古史及汉书。(《颜元集·四
> 书正误·大学》)

这里，颜元把"格物"解释为动手实做其事，从道德方面来说，也就是
强调了道德实践的重要。什么是"格"？《史记·殷本纪》言纣"材力过
人，手格猛兽"，《后汉书·刘盆子传》说"皆可格杀"，这两个"格"，
都有"击"、"斗"之意，又可解为"拘执"的意思。什么是"物"？颜
元认为"物即三物之物"。什么是"三物"？就是依据《礼记》中所说的
"六德"、"六行"、"六艺"三种事。《周礼·地官·大司徒》载，"六德"
是知、仁、圣、义、忠、和，"六行"是指孝、友、睦、姻、任、恤，
"六艺"是指礼、乐、射、御、书、数。如果照颜元的这个意思来解释，
就是只有通过道德行为和道德实践，才能获得道德的真正知识，才能诚
意、正心，才能修身齐家，才能治国平天下。这一思想可能是颜元自己
的理解。

长期以来，"格物致知"在中国哲学史上是作为一个很重要的认识
论的命题来讨论的，但未能很好地作为一个伦理学的命题来分析。王阳
明把"物"解释为"意之所在"，强调所谓"格其非心"、"惟大人能格
君心之非"，认为在道德修养上的所谓"格物"就是要"正其不正以归
于正"，只有这样，才能"致知"，才能"知至"。很明显，在王阳明那
里，"格物致知"并不单纯地是一个认识论的命题，而是把它作为一个
道德修养的问题来看待的。从整个道德修养的理论来看，能不能自觉地
端正、纠正自己的不正确的意识，对于能否获得关于道德的知识，能否

诚意、正心，都有极重要的关系。因此，王阳明的解释可能更符合《大学》的原意。

二、《中庸》的伦理思想

《中庸》是《礼记》中的一篇，相传为孔子之孙子思所作。《史记·孔子世家》中说："子思作中庸。"今人认为，《中庸》中的有些思想，如"今天下车同轨、书同文、行同伦"等，显然是指秦始皇统一以后的情况，据此，此书当是秦汉之际儒者的著述。但综观整个《中庸》的思想，确是和子思、孟子的思想接近，也可能是子思、孟子一派的著作，到秦统一后，又杂入了当时人的一些思想。

《中庸》一书所说的"中庸"这一概念，不能理解为"调和"、"折衷"，它是一个最高的道德原则，有点类似于亚里士多德的"中道"，但却包含着更为丰富的内容。

道德的原则和规范是人们不可须臾离的。

《中庸》认为，圣人所知道的、一般人所片刻都不能离开的道，就其实质来说，即我们所说的最高道德原则。《中庸》说：

> 天下之达道五，所以行之者三。曰：君臣也，父子也，夫妇也，昆弟也，朋友之交也。五者，天下之达道也。知、仁、勇三者，天下之达德也，所以行之者一也。

这里所说的君臣、父子、夫妇、昆弟、朋友，就是孟子所说的五伦，是封建社会中，人和人之间的最基本的、最重要的五种关系。这里所说的"达德"，也就是封建社会中被认为最重要的三种道德品质，即孔子所说的"仁"、"智"、"勇"。正是由于这种原因，《中庸》认为，它所说的"道"是不可"须臾离"的，如果人们的社会生活、日常活动能够离开这五种关系，那也就不成其为道了。"道也者，不可须臾离也，可离非道也。"一般的老百姓，尽管每一个人都处在一定的人际关系中，都处于君臣、父子、夫妇、昆弟、朋友的关系之中，但他们并不知道他们是按照这五种关系的准则去行动的。每天都必须照着道德准则去做，但是不知道什么叫道德准则，所以说他们是"日用而不知"，是"终身由之而不知其道"，正像"人莫不饮食也，鲜能知味也"。当然，尽管老百姓每天都在行道，但要完全符合并达到至为完满的程度，则是很难的，"君子之道费而隐。夫妇之愚，可以与知焉。及其至也，虽圣人亦有所不知焉，夫妇之不肖，可以能行焉。及其至也，虽圣人亦有所不能焉"。

在处理人与人的五种关系中，究竟应该怎样才算达到尽善尽美的程度呢？《中庸》提出了所谓"中"的思想。

从中国伦理思想的发展来看，孔子已经十分重视"中"、"中庸"的思想。孔子说："中庸之为德也，其至矣乎！民鲜久矣。"（《论语·雍也》）"中庸"作为最高尚的道德，人们很少能够达到。他还强调："不得中行而与之，必也狂狷乎！"（《论语·子路》）孔子强调要"允执其中"，认为过和不及都是不好的。因此，主张在处理任何事情时，都不要"过"，也不要"不及"；而要恰到好处，不左不右，不偏不倚。

《中庸》中所说的"中"，是指人的思想、行为或情感要恰如其分，恰到好处，合乎道德准则。我们知道，有些人达不到统治阶级的道德标准；有些人又企图超越封建阶级的道德标准；有些人沽名钓誉，故意做些似乎很高尚的行为，春秋时期所传说的微生高的行为，就是这样的情形。《论语·公治长》中孔子说："孰谓微生高直？或乞醯焉，乞诸其邻而与之。"对于微生高的这种行为，孔子认为不能算是直，有点过分了。《战国策·燕策·人有恶苏秦于燕王者》中苏秦曰："信如尾生，期而不来，抱梁柱而死。""且夫信行者，所以自为也，非所以为人也。皆自覆之术，非进取之道也。"《庄子·盗跖》中说："尾生与女子期于梁下，女子不来，水至不去，抱梁柱而死。"此外，《淮南子》中的《氾论训》、《说林训》也记载了此事。《说林训》："尾生之信，不如随牛之诞。"《氾论训》："直躬其父攘羊而子证之，尾生与妇人期而死之，直而证父，信而溺死，虽有直信，孰能贵之？"此外，《吕氏春秋》曾载，有二侠一起出游，在饮酒时，因有酒无肉，他们竟各割自己身上的肉来作肴，以请别人来吃，最后两人都因此死去。这些行为虽然在某些方面体现了信义、忠贞等道德，但根据孔子和《中庸》倡导的"中"德来看，都趋于极端，不合乎"中"和"中庸"，都是不足为法的。

《中庸》中说：

> 子曰：道之不行也，我知之矣。知者过之，愚者不及也。道之

不明也，我知之矣。贤者过之，不肖者不及也。

《中庸》认为"过"和"不及"都不符合人们的行为准则的"至善"原则。一个人如果能够谨守"中庸"之德，就可以说是一个有至德的人。《中庸》引用孔子的话说："回之为人也，择乎中庸。得一善，则拳拳服膺而弗失之矣。"说明只有极高明的人，才能够事事合乎"中庸"。"故君子尊德性而道问学，致广大而尽精微，极高明而道中庸，温故而知新，敦厚以崇礼。是故居上不骄，为下不倍。国有道，其言足以兴，国无道，其默足以容。《诗》曰：'既明且哲。以保其身。'其此之谓与！"这一方面是说明"中庸"的准则，另一方面，也是说只有掌握了"中庸"的准则，才能运用自如。

正如《中庸》所说："喜怒哀乐之未发，谓之中。发而皆中节，谓之和。中也者，天下之大本也。和也者，天下之达道也。致中和，天地位焉，万物育焉。"

《中庸》从性善论出发，从所谓"天命之谓性，率性之谓道，修道之谓教"出发，认为人性是由上天赋予的善端，认为人的喜怒哀乐在未发的时候，即未受外物影响的时候，是不偏不倚、无过无不及，保持着仁义道德的善性。但是，当发出来以后，就有两种可能，即中节和不中节的分别。如果一个人的喜怒哀乐皆能发而中节，就是达到了"和"。在这里，"和"是就发而为用的效果来说的，"和"、"中"是一个意思。这里所说的发而皆中节，当然有一个量的界限，而且不同的人各有不同的"节"的特点。

《中庸》认为这种"发而皆中节"的"中和"作用十分重要，以致能达到"天地位焉，万物育焉"的功用。喜怒哀乐是人们的感情，它不是上天赋予的，而是人们在社会生活中，在人和人的交往中产生、形成并发展变化的。喜怒哀乐之发，是在处理对事、对人的关系中产生的，是在处理个人利益、欲望同社会利益的关系中形成的。孟子说："有大人之事，有小人之事。"（《孟子·滕文公上》）"或劳心，或劳力。劳心者治人，劳力者治于人。治于人者食人，治人者食于人，天下之通义也。"（同上）如果依照这一理论，一个老百姓，如果不满意自己的地位，如果不愿意受压迫，那么，他的喜怒哀乐所发，必然不符合封建社会的道德准则，也就是发而不能中节，自然也就不能达到"天地位焉，万物育焉"的目的。由此可见，从一定意义上说，《中庸》有一种调和阶级矛盾的思想。

同时，《中庸》中的"和"，虽然有着日常意义上的恰到好处，不过分也无不及的情况，但《中庸》用"和"来表示人和人关系上的"中"，也是有一定意义的。"和"也可以理解为"和睦"、"团结"。在封建等级社会中，有着各种不同的等级，处于每种等级地位的人，有着各种不同的职分、"义务"，如果大家都能尽伦尽职，他们的喜怒哀乐都合乎"中"，就可以得到"和"。

为了获得"中庸"的品德，为了能够按照"中庸"的道德准则去行动，《中庸》也极端强调"修身"和"慎独"的重要。这一点，它和《大学》中的思想完全是相辅相成的。《中庸》曰："知所以修身，则知所以治人，知所以治人，则知所以治天下国家矣。"又说："是故君子戒慎乎其所不睹，恐惧乎其所不闻，莫见乎隐，莫显乎微，故君子慎其独也。"强调"修身"和"慎独"，并以此作为治天下、国家的根本，是中国伦理思想的特点。但是《中庸》使这一思想有了某种程度的深化，即它除了强调以修身为本来齐家、治国、平天下之外，还特别突出一个"诚"字，它和《大学》相配合，但把"诚"的意义又加以扩大。《大学》中只说到"诚意"，这里则把"诚"扩大为自然和人类社会的一种规律。

从中国伦理思想史看，《中庸》的"诚"，是承接孟子、子思而来的。孟子最早提出了"诚"这个范畴。他说："悦亲有道，反身不诚，不悦于亲矣。诚身有道，不明乎善，不诚其身矣。是故诚者天之道也，思诚者人之道也。至诚而不动者，未之有也。不诚，未有能动者也。"（《孟子·离娄上》）这就是说，要尽孝道，要想使自己的父母亲高兴，最重要的是要有"诚"心。如果反躬自问，自己的所作所为只是一种为孝而孝的行为，心意不诚，那也就不会使父母高兴了。要使自己诚心诚意，就必须明白什么是善，如果不明白什么是善，也就不能使自己诚心诚意。因此，"诚"是天的法则，追求"诚"是做人的规律。极端诚心而不能使人感动的，是不会有的事；如果自己内心不诚，是不会感动别人的。

在孟子之后，荀子也极端重视"诚"。他说：

  君子养心莫善于诚。致诚则无它事矣。唯仁之为守，唯义之为行。诚心守仁则形，形则神，神则能化矣。诚心行义则理，理则明，明则能变矣。变化代兴，谓之天德。天不言而人推高焉，地不言而人推厚焉，四时不言而百姓期焉，夫此有常，以至其诚者也。（《荀子·不苟》）

  天地为大矣，不诚则不能化万物。圣人为知矣，不诚则不能化万民。父子为亲矣，不诚则疏。君上为尊矣，不诚则卑。夫诚者，君子之所守也，而政事之本也。唯所居以其类至。（同上）

由此可见，荀子同样把"诚"看成是一种在道德活动中的诚挚、笃实的心理和行为。

《中庸》继承了孟子、荀子的思想，也认为"诚"是天之道，不过它对"诚"又做了许多新的解释：

  诚者，天之道也；诚之者，人之道也。诚者不勉而中，不思而得，从容中道，圣人也。诚之者，择善而固执之者也。博学之，审问之，慎思之，明辨之，笃行之。有弗学，学之勿能弗措也；有弗问，问之弗知弗措也；有弗思，思之弗得弗措也；有弗辨，辨之弗明弗措也；有弗行，行之弗笃弗措也。人一能之己百之，人十能之己千之。果能此道矣，虽愚必明，虽柔必强。

  诚者物之终始，不诚无物。是故君子诚之为贵。诚者，非自成己而已也，所以成物也。成己，仁也；成物，知也。性之德也，合外内之道也，故时措之宜也。

这就是说，"诚"是上天自来就有的本然之理，只要按照由上天所赋予的本性去做，就会"不勉而中，不思而得"，但这一点，只有圣人才能做到。因为圣人不但天赋有善良本性，而且能保持这一善良本性。但是，对普通人来说，尽管有先天的善性，但由于不能保持，所以必须用心去求，即所谓"诚之者"。为了能够达到"诚"，就必须"择善而固执之"。怎样才能"择善而固执之"呢？这就要靠博学、审问、慎思、明辨、笃行五个方面的功夫。这种功夫很受宋明的一些道学家所欣赏，朱熹甚至把它写在白鹿洞书院中作为学规。《中庸》认为，只有这样才能达到"虽愚必明"的目的，这也就是所谓"自诚明谓之性，自明诚谓之教。诚则明矣，明则诚矣"的"诚"和"明"的关系。

《中庸》进一步扩大了"诚"的内容，不但认为人在处理任何事情上都需要"诚"，而且提出了"不诚无物"的看法，认为没有"诚"，也就不可能有任何符合封建道德规范的事情。它认为，君子之所以要强调"诚"，即以"诚"为贵，绝不仅仅是为了成全自己，而且是要成全别人。一个能够行"诚"的人，不但要使自己的道德品质十分高尚，而且也要使别人具有高尚的品德，即把"成己"和"成人"的功夫集中于自己的身上，即所谓"合内外之道"。正是由于这种原因，在任何时候，用"诚"来处理问题，都是合适的。所以说，"至诚无息，不息则久，久则征，征则悠远。悠远则博厚，博厚则高明"。"诚"的作用可以说悠远长久，永不停息，广博深厚，高大光明。

"诚"的作用达到了"至诚"，就可以"赞天地之化育"。《中庸》说：

> 唯天下至诚，为能经纶天下之大经，立天下之大本，知天地之化育。

> 唯天下至诚，为能尽其性。能尽其性，则能尽人之性。能尽人之性，则能尽物之性。能尽物之性，则可以赞天地之化育。可以赞天地之化育，则可以与天地参矣。

这就是说，当一个人修养到了"至诚"，即完全符合统治阶级的仁义等道德规范，并达到了一种最高的境界时，就可以参与天地之化育，即能同天地一样去化育万物，这个人也就可以和天地并立、和天地齐一了。

到宋明以后，"诚"更成为思想家、修养家们所十分注意的问题。司马光说他一生惟一信奉的就是一个"诚"字。刘安世（宋时一个论事刚直的谏议大夫）在《元城道濩录》说："安世从温公学，凡五年，得一语曰'诚'。安世问其目，公喜曰：'此问甚善。当自不妄语入。'予初甚易之，乃退而櫽栝日之所行。与凡所言，自相掣肘矛盾者多矣。力行七年而成，自此言行一致，表里相应，遇事坦然，常有馀裕。"他又说："某之学初无多言，旧所学于老先生者，只云由诚入。某平生所受用处，但是不欺耳。"这里所说的老先生，即指司马光。宋明道学家们在讲到"诚"时，除强调"不欺"之外，又特别强调"无妄"，即没有虚妄，没有虚假。只有"无妄"、"不欺"，才能够达到所谓"言行一致"、"表里相应"。

三、《礼运》的伦理思想

在《礼记》的《礼运》篇中，提出了一种理想的社会和一种理想的人与人之间的关系。从一定意义上，这也可以说是中国最早的一种空想的社会制度和社会关系。这一理想的社会制度和社会关系，尽管只是一种乌托邦，但是它在中国的政治思想史和伦理思想史上，还是有重要影响的。后世的许多进步思想家，他们不满于当时的社会制度，又找不到自己的理想社会，就往往把希望寄托在这一乌托邦中。这种理想不但包含着政治组织、生产分配等内容，而且包含着人与人之间的一种最美好的团结互助的道德关系，包含着每一个人都具有的高度的道德水平。《礼运》假借孔子与子游的问答，当然是不可信的。一般学者认为，它可能是战国时期"子游氏之儒"一派的著作。《礼运》出现在公元前 3 世纪，在世界伦理思想史上是最早描述理想的大同世界的文献。

《礼记·礼运》中说：

> 昔者仲尼与于蜡宾。事毕，出游于观之上，喟然而叹。仲尼之叹，盖叹鲁也。言偃在侧，曰："君子何叹？"孔子曰："大道之行也，与三代之英，丘未之逮也，而有志焉。大道之行也，天下为公，选贤与能，讲信修睦，故人不独亲其亲，不独子其子，使老有所终，壮有所用，幼有所长，矜寡孤独废疾者皆有所养，男有分，女有归。货恶其弃于地也，不必藏于己；力恶其不出于身也，不必为己。是故谋闭而不兴，盗窃乱贼而不作，故外户而不闭，是谓大同。今大道既隐，天下为家，各亲其亲，各子其子，货力为己，大人世及以为礼，城郭沟池以为固，礼义以为纪，以正君臣，以笃父子，以睦兄弟，以和夫妇，以设制度，以立田里，以贤勇知，以功为己。故谋用是作，而兵由此起，禹、汤、文、武、成王、周公，由此其选也。此六君子者，未有不谨于礼者也。以著其义，以考其信，著有过，刑仁讲让，示民有常。如有不由此者，在势者去，众

以为殃。是谓小康。"

从《礼运》描述的这一理想社会来看，主要具有以下特点：

其一，这一社会的特点是"天下为公"，即整个社会的财富是为所有的人所共有的。这里没有私有财产，没有人对人的剥削和压迫，没有人去强占别人的劳动。这里没有人统治人的国家机器，全体人民共同劳动、共同分配，人人都过着幸福的生活。

其二，在这一社会中，人与人之间的关系是非常融洽的，人人都有很高尚的道德水平。首先，每个人都尽自己最大的力量去劳动，努力工作，但不是为私人的利益，不计较报酬的多少。"力恶其不出于身也，不必为己。"这就是说，不劳而食是可耻的，只有劳动才是光荣的，劳动是人对社会的义务，劳动不是为了自己。从这里也可以看到，《礼运》的思想反映了战国时期小生产者的思想。当时的小生产者痛感剥削阶级不劳而获的不合理，强调要"力出于己"，厌恶那些"力不出于己"、不劳而获的人。其次，"货恶其弃于地也，不必藏于己"。尽管物质财富十分丰富，但人们仍非常注意爱护这些财物，而且人们之所以爱护这些财物，不是想拿到自己家里，而是为了所有的人们。再次，人们之间相互关心、相互帮助。人们不仅奉养自己的双亲，而且也把别人的双亲视同自己的双亲；不但爱护、养育自己的子女，而且也同样爱护、养育别人的子女。一切失去劳动能力的人，都由社会负责。

其三，在这个社会中，人人在政治上都享有充分的民主。一切管理工作，都是由人民推举的贤者来担任的。这里没有阴谋，没有争权夺利。

总之，《礼运》中所描述的社会，是一种理想的、人人劳动、道德高尚的社会。在阶级社会中，它只能是一种空想。作者也承认这种社会已经一去不复返了。

当然，《礼运》的作者并不是号召人们去追求、实现这样一个理想社会，而是认为，这种社会虽然好，孔子也愿意有这样的社会，但这种社会已经过去了。现在时代不同了，因为现在是私有制社会，人们都是为自己打算，彼此争夺，因此，必须要靠"礼"来约束，即"谨于礼"的时代。作者认为，先王就是依据上天之道和体会人民的感情才制定了"礼"的。因此，"礼"对于人们来说，是极其重要的，有了它就能活，失去了它就会死去。"夫礼，先王以承天之道，以治人之情，故失之者死，得之者生"。

在长期的封建社会中，《礼运》中的大同思想，因不符合地主阶级的利益，一直没有受到上层统治阶级的注意，而只是部分士人的理想。

四、《礼记》中关于夫妇伦理关系的思想

《礼记》（包括《大戴礼记》和《小戴礼记》）中对男女、夫妇的伦理关系做了系统的规定，是对先秦典籍中关于夫妇有别理论的进一步概括和发挥，从而为整个封建社会确立男尊女卑的伦常制度奠定了理论上的基础。所谓男女有别者，就是男外女内、男尊女卑的意思。

关于男尊女卑的这种伦理道德，《大戴礼记·本命》有一段理论上的说明：

> 男者任也，子者孳也，男子者，言任天地之道，如长万物之义也。
>
> 故谓之丈夫。丈者长也，夫者扶也，言长万物也。
>
> 女者如也，子者孳也，女子者，言如男子之教，而长其义理者也。故谓之妇人。
>
> 妇人，伏于人也。是故无专制之义，有三从之道，在家从父，适人从夫，夫死从子，无所敢自遂也。教令不出闺门，事在馈食之间而已矣。是故女及日乎闺门之内，不百里而奔丧。事无独为，行无独成之道，参知而后动，可验而后言，宵夜行烛，宫事必量，六畜蕃于宫中，谓之信也。所以正妇德也。

这是最早利用文字训诂来阐述和论证封建道德的合理性。男、任二字，以音近转相训诂，从而来宣扬统治阶级的伦理观念。由于一个字往往有许多相近或同音的字，再加上古文字多以声寄义，常常因音而通义，这就更给统治阶级的思想家们以利用的机会。

这里，第一次提出了妇女的"三从"，即"在家从父，适人从夫，夫死从子"。其中前两从，是可以从儒家的传统伦理道德中推演出来的。因为依据孔子的"君君、臣臣、父父、子子"的等级思想和孟子的"父

子有亲、君臣有义、夫妇有别、长幼有序、朋友有信"的五伦关系，女子出嫁以前应该从父，出嫁以后应该从夫。这似乎都是理所当然的。但是，"夫死从子"，却是过去封建道德中所没有的。尽管以后的封建阶级思想家不断强化这一条，但因为同"孝"的理论有矛盾，始终没有能够成为一条真正的道德规范。

《大戴礼记·本命》给妇女规定了一系列的约束：她们不但不能独立自主地干事情，而且只能是围着锅台转，其职权范围只能限于闺房之中。不论做什么事情，都必须和丈夫商量，一切行动都需要由男人参与决定。一切言论，都必须是男子已经做出并可以验证的。

除"三从"之外，认为"女有五不取"和"妇有七去"：

> 女有五不取：逆家子不取，乱家子不取，世有刑人不取，世有恶疾不取，丧妇长子不取。逆家子者为其逆德也；乱家子者，为其乱人伦也；世有刑人者，为其弃于人也；世有恶疾者，为其弃于天也；丧妇长子者，为其无所受命也。（《大戴礼记·本命》）

这里所谓的"五不取"，完全是男方对女方的片面要求。所谓"逆家"，即所谓不忠、不孝、不仁、不义之家。所谓"乱家"，即所谓乱伦之家。至于说"丧妇长子不取"更是荒唐。为什么只是因为死了母亲就不能嫁人呢？因为根据孟子的说法："女子之嫁也，母命之，往送之门，戒之曰：'往之女嫁，必敬必戒，无违夫子。以顺为正者，妾妇之道也。'"（《孟子·滕文公下》）母死，女子便无所受命，故不取。这都是对女子的横加之罪，是套在女子身上沉重的封建枷锁。

> 妇有七去：不顺父母去，无子去，淫去，妒去，有恶疾去，多言去，窃盗去。……妇有三不去：有所取，无所归，不去；与更三年丧，不去；前贫贱，后富贵，不去。（《大戴礼记·本命》）

不但妒忌要去，不生儿子要去，有重病的要去，就是多说话也成了去的一个理由。可见这种男女不平等的程度。

第二节　《孝经》的伦理思想

《孝经》究竟是什么时候、什么人作的？直到现在还有争论。自汉朝开始，有"七经"的名称，在"五经"以外，又加上了《论语》、《孝经》。梁启超认为："若论它的文章，和《礼记》相同，倒很像是《礼记》的一部分"。虽然汉代那些竭力推尊《孝经》的人，都说此书是孔子所作，"其实那上面记的都是孔子和曾子的问答之辞，不仅不是孔子作的，而且也不是曾子作的，最早也不过是曾子的门人作的。以文体论，若放进《礼记》倒非常像。它的年代不能很古，至少战国末至汉初才有"。"也许不是战国的书，而是汉代的书，最早不能早过战国，这部书不是孔子作的。是可放入《礼记》，作为孔门后学推衍孝字的一部分"。王正己作《孝经今考》认为，"《孝经》成书在《庄子》以后，《吕氏春秋》以前"。他的理由是："称经之始，起于庄子，《天运》篇说'丘治诗、书、礼、乐、易、春秋'六经'。可知庄子时已有六经的名称了。以前未见。"此处未提到《孝经》，可见《孝经》在《庄子》以后。此外，《吕氏春秋》引过《孝经》。《察微》篇："孝经曰：高而不危，所以长守贵也；满而不溢，所以长守富也；富贵不离其身，然后能保其社稷，而和其民人。"此段文字，与今文《孝经》毫无差别。又《孝行》篇中同样有一段话和《孝经·天子》章的内容大体相同。由吕氏引《孝经》来看，吕氏是一定看过《孝经》的。引《孝经》的书，《吕氏春秋》是头一部。所以认为《孝经》成书的年代，最晚不得后于吕氏。《孝经》可能在秦时已有，不过这本书经过汉初人的加工，并使其发挥光大，则是有可能的。

《孝经》正式出现于西汉初年，是儒家关于"孝"的理论的系统化的经典。在《孝经》中，把"孝"的道德说成是一切道德的根本，说成是社会安定、国家巩固、上下和睦、以顺天下的"至德要道"，并给予它以较为系统的理论说明。此后，经过封建统治阶级的提倡，《孝经》所宣扬的这种理论，在中国的长期封建社会中曾发生过特殊的影响。

"孝"是氏族道德的一个最根本、最重要的内容。中国奴隶社会的一个特点，就是以氏族为纽带的宗法制度。因此，注重"孝"的道德，就成为中国奴隶社会以来的伦理思想的特点。

孔子的弟子有若曾经强调过"孝"的重要性。他说："其为人也孝弟，而好犯上者，鲜矣；不好犯上，而好作乱者，未之有也。君子务本，本立而道生。孝弟也者，其为仁之本与！"（《论语·学而》）此外，孔子和他弟子的问答中，也多次阐明过"孝"的重要，以后孟子、荀子都曾着重讨论过"孝"的问题。《孝经》正式作为儒家的一经，进一步赋予"孝"在道德中以至高无上的意义。

第一，《孝经》强调"孝"是一切道德的根本，或者说，一切道德都是由"孝"派生出来的。有了"孝"就可以有别的道德。没有"孝"就不可能有别的道德。很显然，这是中国伦理思想的一个重要特点，是西方伦理思想中所不曾有的。

《孝经》开宗明义，第一章就指出："先王有至德要道，以顺天下，民用和睦，上下无怨。"这个所谓的"至德要道"，就是儒家所说的"孝"。又说："夫孝，德之本也，教之所由生也。""身体发肤，受之父母，不敢毁伤，孝之始也。立身行道，扬名于后世，以显父母，孝之终也。夫孝，始于事亲，中于事君，终于立身。"由此可见，一切道德原则、道德规范以及人们的道德品质，都是由"孝"产生的。一切道德教育、道德修养都是由"孝"出发的。既然一个人的身体发肤，都是由父母所给的，所以必须要爱护自己的身体，并且用它来扬名后世，以显父母。

为什么儿子应该对父母孝顺？《孝经》明确地认为，这主要是因为父母生育了子女，即所谓"身体发肤，受之父母"，没有父母，就没有子女。所以，子女应该以对父母进孝道。在"孝"的内容上，最重要的就是要继承、发扬父母的意愿，即所谓"三年无改于父之道，可谓孝矣"（《论语·学而》）的原则。这是说，最好能一生都能顺着父之道去做，但最低要求是三年之内，什么也不要改变。其次是养亲，即所谓赡养父母。但是，儒家自孔子以来就强调"色难"，即在"有事弟子服其劳"（《论语·为政》）时，要和颜悦色，顺从父母的意志，并"扬名于后世，以显父母"。这就是封建社会所说的"荣宗耀祖"，替祖宗争一个好的名声。由此而来的第四个也是很重要的内容，就是要继承祖先的嗣系，保持祖先的宗脉，要生儿育女，特别是要有子嗣。这就是孟子所说的"不孝有三，无后为大"（《孟子·离娄上》）的意义。当然，与此相连的还有所谓对自己的身体"不敢毁伤"的最低要求。

把"孝"的内容规定为保全自己的这方面的意义，在《礼记·祭义》中有详细的说明："天之所生，地之所养，无人为大。父母全而生

之，子全而归之，可谓孝矣。不亏其体，不辱其身，可谓全矣。故君子
顷步而弗敢忘孝也。……壹举足而不敢忘父母，壹出言而不敢忘父母。
壹举足而不敢忘父母，是故道而不径，舟而不游。不敢以先父母之遗体
行殆。壹出言而不敢忘父母，是故恶言不出于口，忿言不反于身，不辱
其身，不羞其亲，可谓孝矣。"正是依据这一理论，儒家认为，孝亲最
重要的是要保全自己。这样，一切违法乱纪的事情也都要避免，一切冒
险的行动都不敢去做，对统治阶级的秩序的保护和巩固，自然也就十分
有利了。这一点，也正是儒家讲"孝"的一个重要的内容。

　　第二，《孝经》还认为，"孝"是天地万物和人们行动的一个至高无
上的原则。《孝经·三才》说："夫孝，天之经也，地之义也，民之行
也。天地之经而民是则之。则天之明，因地之利，以顺天下。是以其教
不肃而成，其政不严而治。先王见教之可以化民也，是故先之以博爱而
民莫遗其亲。陈之以德义而民兴行。先之以敬让而民不争。道之以礼乐
而民和睦。示之以好恶而民知禁。"为什么"孝"是天之经、地之义呢？
过去的有些注释家们也解释不清楚。只能说是一种"泛说"，是就一般
的意义而言的。这就是说，"孝"像天经地义一样，是人类行为的最高
原则，先王之所以能够使人民不遗弃他们的父老，使百姓彼此和睦、不
违法乱纪，都是因为进行"孝"的教育的结果。

　　第三，《孝经》有意识地把"孝"和"忠"联系起来，使"孝"由
氏族道德进而成为封建社会中上层建筑和意识形态的一个重要组成部
分。《孝经》之所以强调"孝"，最重要的目的还并不是养亲、敬亲，而
是要维持社会的等级制度，要捍卫君臣父子的不可僭越的关系。奴隶社
会也好，封建社会也好，其一切伦理思想都是为维持这一等级制度服务
的。从表面上看，他们要维持的是子对父的"孝"，而实际上，更重要
的是要维持臣对君的"忠"。《孝经·士》中说："资于事父以事母，而
爱同；资于事父以事君，而敬同。故母取其爱而君取其敬，兼之者父
也。故以孝事君则忠，以敬事长则顺。忠顺不失，以事其上，然后能保
其禄位，而守其祭祀，盖士之孝也。"又说："事亲者居上不骄，为下不
乱，在丑不争。居上而骄则亡，为下而乱则刑。在丑而争则兵。三者
不除，虽日用三牲之养，犹为不孝也。"（《孝经·纪孝行》）这都清楚
地说明了"孝"的最重要的作用是要能够事君忠。所谓"君子之事亲

孝，故忠可移于君"，是要能够为下不乱，是要维护等级制度的尊严。这样，就更明确地把父和君联系起来，把子和臣联系起来，把封建道德中人和人之间的最重要的君臣关系也看作是父子关系，从而使贵族和平民、官吏和百姓、上级和下级、老师和学生、师傅和徒弟等之间的关系，也都变为一种父子关系。既然儿子应该绝对地服从父亲，那么封建社会的各种关系，也就只能是绝对服从的关系了。只有能够孝顺父母的人，才能够很好地事奉自己的君主，只有能够孝亲、忠君，才能使自己一生的立身行事保持高尚的节操。这正是宗法制度的根本利益所要求的。汉朝的统治者们在认识到这一点之后，更进而从政治、法律以及官吏的选举制度上来鼓吹"孝"的重要。在汉时，凡被举为"孝弟为田"的人，都要受到政府的奖励，以后还有所谓"举孝廉"，被举为孝廉的人，就可以逐步升官。甚至皇帝死了以后的谥号，也都冠以"孝"字。由此可见，到了秦汉以后，由于封建社会的统治者更加强调"孝"，所以"孝"的道德在中国社会中的作用就更加显得重要了。

宋代的理学家们认为，《孝经》中"先王见教之可以化民也"中的"教"字，应是"孝"字之误。他们认为，只有用"孝"来教育人民，才可以使人不但孝敬自己的父母，而且能"老吾老及人之老"，可以使人民"博爱"而不遗弃自己的长辈。在理学家们看来，通过"孝"的教育，还可以告诉老百姓什么是他们应当去做的，从而使他们的行为都能循规蹈矩；先使他们知道敬让从而就可以避免争夺，然后，用礼乐来调整他们之间的各种矛盾，就可以使他们不再违反法律。这也就是所谓"先王有至德要道，以顺天下，民用和睦，上下无怨"（《孝经·开宗明义》）的道理。

第十章
董仲舒对儒家伦理思想的神学论证

第一节　生平及其著作

董仲舒，约生于汉文帝前元元年（公元前 179 年），卒于武帝太初元年（公元前 104 年），广川（今河北省景县）人，是西汉时期重要的唯心主义哲学家和伦理思想家。景帝时，曾做过讲授儒家经典的"博士"。据说他刻苦自学，"专精于述古"（《太平御览》）、"三年不窥园"（《汉书·董仲舒传》），桓谭在《新论·本造》中说："董仲舒专精于述古，年至六十余不窥园中菜。"《太平御览》中说他"乘马不觉牡牝，志在经传也"。他在汉武帝时应试，受到最高统治者的重视，成为官方哲学的代言人。他晚年虽然"家居"，但"朝廷如有大议，使使者及廷尉（最高司法官，掌刑狱）张汤就其家而问之"。他讲学时常"下帷讲诵"，而且还往往由他的弟子吕步舒等转相传授。"弟子传以久次相授业，或莫见其面"，有的弟子跟他学了多年，但未直接听他讲过课，也没有和他本人见过面。他的著作流传下来的有他向武帝的征问作答《举贤良对策》（又称《天人三策》）和一本名为《春秋繁露》的论文集。

董仲舒是一个把儒家伦理学说理论化和系统化的代表人物。他从神学目的论和阴阳五行说出发，建立了一套以"天人感应"为基础、"三纲五常"为核心、以维护封建大一统为目的的伦理思想体系。

董仲舒认为，天是有目的、有意志的最高主宰，"仁义制度之数，尽取之天"，"王道之三纲，可求于天"（《春秋繁露·基义》）。在他看来，道德就是天启示圣人制定的行为规范，"三纲"、"五常"也都是由上天的意志所发出的。"三纲"、"五常"都是"取诸阴阳之道"（同上）。天道是"阳贵而阴贱"（《春秋繁露·天辨在人》），君臣、父子、夫妻之间的主从、尊卑关系，也就像天道一样不变，即"天不变，道亦不变"（《汉书·董仲舒传》）。

第二节　为什么要"独尊儒术"

汉王朝自刘邦夺取了政权以后，经过几十年的休养生息，长期动乱的社会政治、经济取得了某种程度的稳定和发展。历史上第一次出现了一个繁荣、强盛和统一的封建大帝国。与此同时，在哲学、政治和道德上，都迫切要求能建立起与之相适应的意识形态。与这种要求相适应，一方面是《仪礼》、《周礼》和《礼记》以"经"的面目出现，在汉王朝内，开始了一个制礼作乐的行动；另一方面，又要求能从根本上给这种礼乐以天命神学的论证，董仲舒的《天人三策》和《春秋繁露》，就是为了适应这一要求而建立起来的哲学、政治、伦理体系。

董仲舒在对汉武帝的献策中，曾提出了"罢黜百家"的主张，在中国思想史上有着重要的影响。

秦汉开始，实行察举制度，由下级推举人才，由中央任命为下级官吏。刘邦称帝后，更提出要从地方推举有品德的人。以后，各郡国即按照规定进行推选。首先是要求推举"孝悌力田"（只起模范表率作用，不到政府做官），后又推举孝廉（即孝子廉吏），以后又举贤良方正与能直言极谏者，送到中央，由皇帝亲自询问，主要是发扬民主，听取各方面的意见。以后，又诏举文学，也就是经学，与贤良方正大体上相同而略有不同，即以后所说的贤良文学。在汉武帝即位以后，经常不断地下诏，要求各郡举贤良文学之士（"武帝即位，举贤良文学之士，前后百数"）。这些贤良文学举出后，都要送到京都，由武帝亲自提出问题，要他们回答，有的还要写出书面材料。汉武帝是一个有作为的皇帝，他当时最想知道的，就是如何使汉王朝能够强大兴旺，能够巩固自己的统治，这就是他们说的"大道之要，至论之极"，也就是天人关系。这些问题是："天"是怎样统治、管理、影响和制约人类社会的发展的？自古成大事、立大业的君主帝王，是怎样顺应"天"的意志而统治天下的？自然的灾异之变，农作物的丰歉，人口寿命的长短，社会风气的好坏，这些变化都是由什么原因造成的？董仲舒在三次对策里，首先提出了大一统的理论：

> 春秋大一统者，天地之常经，古今之通谊也。今师异道，人异论，百家殊方，指意不同，是以上亡以持一统；法制数变，下不知所守。臣愚以为，诸不在六艺之科孔子之术者，皆绝其道，勿使并进。邪辟之说灭息，然后统纪可一，而法度可明，民知所从矣。（《汉书·董仲舒传》）

从这里可以看出，汉王朝虽然在政治、经济、军事上已经取得了统一，建立了封建帝国，但在思想意识和伦理道德方面，还存在着很多分歧。秦始皇时曾发生过类似的情况，并把法家思想作为统一思想的标准。但是，随着秦王朝的覆灭，这种统一又被破坏了。随着这种统一的破坏，法家的一整套政治、伦理思想也都失去了应有的地位。严刑峻法、利用人的自私的本性以发展生产、奖励耕战等，也都被人们所否定了。强调德治，强调仁义道德的感化，强调在人和人关系中道德规范的作用，又重新受到了重视。现在，董仲舒依据新的情况，特别是总结了秦灭亡的教训，大胆地提出了自己的意见，即把孔子的思想作为唯一正确的思想，这是有很深刻的原因的。

秦统一中国后二世而亡，这个教训到底是什么？在地主阶级开始登上政治舞台的一段时期内，地主阶级的革新派强调变革，强调法制，把法家作为自己的代言人。但是，随着地主阶级政权的巩固和发展，农民阶级和地主阶级的矛盾日益尖锐，特别是秦王朝迅速覆灭的教训，迫使地主阶级寻找新的思想武器。作为地主阶级的代言人，董仲舒认识到：如果对孔子、孟子的思想加以改造，对当时的统治阶级是极为有利的。首先，孔孟的维护君臣、父子、夫妇等级制度的思想，对封建制度同样是有利的。他们强调"为政以德"的德治思想及其所宣扬的"仁"和"礼"，对于已经统一了的封建帝国将会起到更好地调整人与人之间关系的作用。尤其是孟子的"天命论"和"君权神授"的思想，更能为当权的统治者提供长久统治的理论根据。其次，孔子、孟子的一套理论，从伦理思想上来说，就是强调道德在社会生活中的作用，把伦理道德看作统治阶级进行阶级统治的一种武器。作为与武力镇压同样重要的"一手"，这一思想对统治阶级的重要意义被董仲舒看到了。董仲舒把孔子尊为封建社会中的圣人，强调要"独尊儒术"，把一切不合于儒家学说的思想都视为异端，要"皆绝其道"，从而使儒学成为两千多年来封建社会的正统思想。

第三节 天人感应和天赋道德

为了适应封建专制统一的需要，汉王朝的统治者们需要对当时的政治制度、道德原则从理论上加以论证，以便说明这一切都是由"天"所决定的。正是在这种情形下，董仲舒提出了他的"天人合一"、"君权神授"和"道德天赋"的理论。

在中国古代，"天"有多种意义。殷周时期，"天"往往被看作是一种有意志的、能主宰一切的神。战国末年，荀子提出了"天人相分"的思想，给"天"以唯物主义的解释。但是，相隔100多年之后，董仲舒却又从神学目的论出发来解释"天"。应该说这是有极深刻的经济和政治原因的。

董仲舒认为，"天"是一个有意志、有目的、有人格的神。他说："天者，百神之大君也。"（《春秋繁露·郊语》）这就是说，天是管理众神的最高的神，是宇宙万物的创造者。此外，他还强调："天者，群物之祖也，故遍覆包函而无所殊。建日月风雨以和之，经阴阳寒暑以成之。"（《汉书·董仲舒传》）他认为："父者，子之天也；天者，父之天也。无天而生，未之有也。天者，万物之祖，万物非天不生。"（《春秋繁露·顺命》）总之，董仲舒把天作为自然界和人类社会的最高主宰，并且用明确的理论来加以表述，从而使西周以来中国思想史上关于"天命"、"天道"的唯心主义世界观有了进一步的发展。

董仲舒把"天"说成是一个有意志的"百神之大君"。从政治上来说，其目的是要为"君权神授"建立起一个牢固的理论根据。从伦理思想上来说，最重要的是要建立起"道德天赋"的唯心主义道德起源论。这两者相互配合，从而达到他利用"天"来为封建地主阶级服务的目的。他说："王者承天意以从事。"（《汉书·董仲舒传》）"天以天下予尧舜，尧舜受命于天而王天下"（《春秋繁露·尧舜不擅移汤武不专杀》）。同样，对于汉武帝来说，既然是"天之所大奉使之王者"（《汉书·董仲舒传》），因此，"必有非人力所能致而自至者，此受命之符也"（同上）。这就是说，君主之所以能统治天下，都是"天"的意志的体现。

为了强化"君权神授"和天的意志的神圣不可侵犯，以便建立起封建君主的绝对权威，董仲舒又进一步提出了他所谓的"天人相与"、"天人感应"的理论。

什么是"天人相与"或"天人感应"呢？董仲舒把"天"说成是一个最高的政治统治者：

> 臣谨案《春秋》之中，视前世已行之事，以观天人相与之际，甚可畏也。国家将有失道之败，而天乃先出灾害以谴告之，不知自省，又出怪异以警惧之，尚不知变，而伤败乃至。（同上）

> 帝王之将兴也，其美祥亦先见；其将亡也，妖孽亦先见。（《春秋繁露·同类相动》）

为了说明天和人是能够相互感应的，董仲舒又提了一个"人副天数"（《春秋繁露·人副天数》）的理论，把人说成是神按照自己的形象而造出来的，人就是天的"副本"，天有什么，人也有什么。他说："人之为人，本于天。天亦人之曾祖父也。"（《春秋繁露·为人者天》）天和人是怎样相似呢？董仲舒在《春秋繁露》中说：

> 天以终岁之数，成人之身，故小节三百六十六，副日数也；大节十二分，副月数也；内有五脏，副五行数也；外有四肢，副四时数也。乍视乍瞑，副昼夜也；乍刚乍柔，副冬夏也；乍哀乍乐，副阴阳也；心有计虑，副度数也；行有伦理，副天地也。（《春秋繁露·人副天数》）

在董仲舒看来，不但人的形象和天的形象相同，甚至人们的行为规范、道德品质也都是和天相对应的，预先由天规定好了的。正因为如此，人们必须按照天的意志行事。如果符合天的意志，天就喜欢，就会给予赏赐；如果违背了天的意志，天就震怒，就会受到天的惩罚。那么，天的意志是由什么体现的呢？董仲舒认为，皇帝的所作所为就是天的意志的体现，老百姓必须按照皇帝的意志办事。至于皇帝的行为，如果违反了天的意志，自有"天"来进行教育，如天会降下灾异现象进行警告，使其觉悟，如继续冒犯天意，天就会给予惩罚。

董仲舒的"天人感应"说的主要目的是要巩固地主阶级对人民的统治，但同时也妄图用这一理论来劝告统治者推行仁政，不要违反"天意"。董仲舒制造的这一理论差一点使自己因此而被处死。据《汉书·董仲舒传》记载：

> 仲舒治国，以春秋灾异之变推阴阳所以错行，故求雨，闭诸阳，纵诸阴，其止雨反是；行之一国，未尝不得所欲。中废为中大夫，先是辽东高庙、长陵高园殿灾。仲舒居家推说其意①，稾（草稿）未上，主父偃候仲舒，私见，嫉之，窃其书而奏焉。上召视诸儒，仲舒弟子吕步舒不知其师书，以为大愚。于是下仲舒吏，当死，诏赦之。仲舒遂不敢复言灾异。

董仲舒提出"天人感应"、"君权神授"和"天赋道德"的观念，其重要目的之一就是要宣传他所谓的"道之大，原出于天，天不变，道亦不变"（《汉书·董仲舒传》）的思想。什么是"道"？就是封建社会的纲常礼教。董仲舒说："道者，所由适于治之路也，仁、义、礼、乐皆其具也。"（同上）一个社会之所以能"子孙长久安宁数百岁，此皆礼乐教化之功也"（同上）。

第四节　关于"三纲"、"五常"

在道德规范上，董仲舒从儒家的"君君、臣臣、父父、子子"的等

---

① 公元前135年，皇帝祭祖的地方长陵高园殿有了火灾，很不吉利。接着在辽东的高庙，又出现了火灾。董仲舒从"天人感应"出发，认为这是上天对武帝的行动不满，借此提出要汉武帝采纳自己的意见。

级制度和宗族关系出发，提出了所谓"三纲"、"五常"的封建社会最根本的道德规范。由董仲舒所完整化和系统化了的"三纲"、"五常"，经过地主阶级伦理思想家们的不断补充、发展和宣扬，终于成为维护封建制度的最重要的精神支柱，在意识形态领域发生着重要的作用。

从伦理思想史上来看，正如前述，"三纲"的思想是早已有了的。《左传·昭公二十六年》有晏子论礼的一段话说："君令臣共，父慈子孝，兄爱弟敬，夫和妻柔，姑慈妇听，礼也。君令而不违，臣共而不贰；父慈而教，子孝而箴，兄爱而友，弟敬而顺；夫和而义，妻柔而正；姑慈而从，妇听而婉，礼之善物也。"孔子所说的"君君、臣臣、父父、子子"已经包含着"君为臣纲"、"父为子纲"的某些思想内容。孟子提出了"五伦"的思想，即"君臣有义，父子有亲，夫妇有别，长幼有序，朋友有信"。以后，韩非又提出："臣事君，子事父，妻事夫，三者顺则天下治，三者逆则天下乱。此天下之常道也。"（《韩非子·忠孝》）但是，明确地提出"三纲"，并予以理论论证的则是董仲舒。

首先，董仲舒从理论上来说明君臣、父子、夫妇之间的关系是一种阴阳关系。在阴阳关系中总是"阳尊阴卑"，并由此推论出他的"三纲"的理论。

> 凡物必有合。合必有上，必有下，必有左，必有右，必有前，必有后，必有表，必有里。有美必有恶，有顺必有逆，有喜必有怒，有寒必有暑，有昼必有夜，此皆其合也。阴者阳之合，妻者夫之合，子者父之合，臣者君之合。物莫无合，而合各有阴阳。（《春秋繁露·基义》）

> 君臣父子夫妇之义，皆取诸阴阳之道。君为阳，臣为阴；父为阳，子为阴；夫为阳，妇为阴。阴道无所独行，其始也不得专起，其终也不得分功，有所兼之义。（同上）

这一段似乎包含着辩证法因素的言论，在董仲舒那里其实是为封建道德作论证的理论基础。很显然，这里看不到辩证的对立统一，只是形而上学的对立，阴阳之间的关系是永远不会相互转化的，它们之间是不可能有同一性的。董仲舒认为，和阴对立的阳永远是尊的、贵的；和阳对立的阴永远是卑的、贱的。"丈夫虽贱，皆为阳；妇人虽贵，皆为阴。……

诸在上者皆为其下阳，诸在下者皆为其上阴。"（《春秋繁露·阳尊阴卑》）我们知道，所谓"阴阳之道"、"阳尊阴卑"本来是《易传》中的思想，在《易传》中，确实含有朴素的辩证法因素。但董仲舒在阴阳关系上，片面地强调阳的主导作用，把阴的从属作用降低为无条件的服从。他不是从宇宙变化中得出这一理论，而是使阴阳之道符合他的封建伦理道德观念。因此，也可以说，封建的伦理道德规范是董仲舒制定的模式，"阴"和"阳"只不过是他填进这个模式中的两个僵化的概念而已。

其次，董仲舒把"三纲"说成是人与人之间的最根本的道德规范，是由"天"的意志决定的。他从秦王朝"任刑不任德"而招致灭亡的教训出发，认为应该厚德简刑，劝告汉王朝的统治者不要只是用刑罚手段，而应加强像"三纲"这样的道德教育，以达到巩固统治的目的。他说："王道之三纲，可求于天。天出阳，为暖以生之；地出阴，为清以成之。……然而，计其多少之分，则暖暑居百而清寒居一，德教之与刑罚犹此也。故圣人多其爱而少其严，厚其德而简其刑，以此配天。"（《春秋繁露·基义》）董仲舒把"厚德简刑"也披上了神学的外衣，从而替孔子、孟子的德治思想找出了一个"神"的依据，这样就可以更好地欺骗人民，以达到愚弄人们的目的了。

在献给汉武帝的《对策》中，董仲舒说："夫仁、谊、礼、知、信五常之道，王者所当修饬也。五者修饬，故受天之祐，而享鬼神之灵，德施于方外，延及群生也。"（《汉书·董仲舒传》）在这里，他把"五常"说成是五种道德规范，同时也是君主应该养成的品德，并认为，如果王者具有了这种美德，就会受天的保佑而永享爵位，就会使自己的百姓受到恩惠。在《春秋繁露》中，他又把仁、义、智等说成是人人都应该具有的品德。在他看来，"三纲"和"五常"，就是他们说的"道"的重要内容。所谓"道之大原出于天，天不变，道亦不变"。就是说，封建社会的纲常道德像"天"一样，不论历史怎样变化，王朝怎样更替，这个由他们所发现的"道"则是永远也不会变化的。

从伦理思想史来看，董仲舒第一次把仁、义、礼、智、信合在一起。孔子曾特别注意"仁"和"礼"，也强调过"信"、"义"，并曾提出过"智、仁、勇"等；孟子把仁、义、礼、智四者合在一起，认为这是人先天具有的善端。董仲舒则把这五者联在一起，称为"五常"，在

"五常"中，他特别注意"仁、义"，并把"仁、义"解释为人与我的关系。

> 春秋之所治，人与我也。所以治人与我者，仁与义也。以仁安人，以义正我，故仁之为言人也，义之为言我也。(《春秋繁露·仁义法》)

> 是故春秋为仁义法：仁之法在爱人，不在爱我；义之法在正我，不在正人。我不自正，虽能正人，弗予为义。人不被其爱，虽厚自爱，不予为仁。(同上)

> 君子求仁义之别，以纪人我之间，然后辨乎内外之分。而著于顺逆之处也。(同上)

总之，在董仲舒看来，"仁"这一道德规范，主要是讲对别人的关系，即要爱别人，不在于爱自己；而"义"的道德规范是要"自正"，即使自己的行为合于道德原则，不在于"正"别人。此外，董仲舒还特别强调"智"和"仁"的关系，他认为，"莫近于仁，莫急于智"(《春秋繁露·必仁且智》)，"仁而不智，则爱而不别也；智而不仁，则知而不为也。故仁者所以爱人类也，智者所以除其害也"(同上)。他认为，要达到"仁"，必"以其智先规而后为之"，惟有智者才能"见祸福远"、"智利害早"，才能"其动中伦，其言当务"。如果是"仁"而不"智"，其行为之结果，不仅无益于别人，甚至会自己招来灾祸。

第五节　"性有善质而未能为善"的人性论

在人性问题上，董仲舒提出了人性可分为三等的理论。在先秦时期，曾有过人性善恶问题的大争论。孟子主张性善，告子主张性无善恶，荀子主张性恶，世硕认为性有善恶，等等。董仲舒批判地继承了先秦思想家们关于人性的理论，认为人性可分为三等。这样，在有关人性的问题上又出现了一种新理论。这种理论后来经过王充、韩愈、王安石等人的发展，在相当长的时期内成为一种有重要意义的人性论。

为什么说人性可分为三等呢？董仲舒认为，人生下来之后，因先天的禀赋不同，从道德品质上来看，大体可以分为上等人、下等人和中民。这三种人各有不同的人性，所以说人性可以分为三等。

董仲舒说："圣人之性，不可以名性，斗筲之性，又不可以名性。名性者，中民之性。"（《春秋繁露·实性》）又说："名性，不以上，不以下，以其中名之。"（《春秋繁露·深察名号》）这就是说，圣人之性，是至善的，小人（斗筲，即小人）的性，是至恶的，都说不上什么人性。只有"中民"是可善可恶的，才可以说得上是人性。董仲舒认为，人性是能够通过教化而使之改变的。圣人不需要教化和改变，小人则不能教化和改变，只有"中民"是需要而且可能教化的，所以只有"中民"才可以谈得上人性。这样看来，董仲舒所说的性三品，也只是性一品而已。圣人和小人的人性是至善、至恶，不必去讨论，因此，董仲舒有关人性的理论，实际上只是有关"中民"之性的理论。

董仲舒认为，在讨论人性问题时，必须把人的"性"和"情"区别开来，否则就会陷于混乱。这种区分"性"和"情"的人性理论，对宋明理学有着很大影响。

董仲舒用阴阳学说来解释人性，认为正像天有阴阳一样，人有性有情。"身之有性情也，若天之有阴阳也。言人之质而无其情，犹言天之阳而无其阴也"（同上）。又说："人之诚，有贪有仁，仁贪之气，两在于身。身之名，取诸天，天两有阴阳之施，身亦两有贪仁之性。天有阴阳禁，身有情欲栣，与天道一也。"（同上）在他看来，人生本来就有性和情两个方面：性是阳，是主导的方面，性有善的质，可以发展为善；情是贪，是欲，是恶。这就是说，人性中有善质，而人情则是恶的，性和情是两个概念，不应混淆。

董仲舒认为，中人之性，虽有善质，但不能说人性就是善，他驳斥性善论说：

> 善如米，性如禾，禾虽出米，而禾未可谓米也。性虽出善，而性未可谓善也。米与善，人之继天而成于外也，非在天所为之内也。天所为，有所至而止。止之内谓之天，止之外谓之王教。王教在性外，而性不得不遂。故曰性有善质，而未能为善也。（《春秋繁露·实性》）

> 天之所为，止于茧麻与禾，以麻为布，以茧为丝，以米为饭，以性为善，此皆圣人所继天而进也，非情性质朴之能至也，故不可

谓性。(《春秋繁露·实性》)

这就是说，米虽然从禾中生出来，但是禾只有生长发育到了一定的程度，依靠阳光、水分和肥料才能结出稻穗，再经过加工才能成为米，怎么能说禾就是米呢？人虽然生来性中就有善质，但却不能认为人性中本来已有善性。人的天生本性中的善质，只有经过圣人的教化才能使人具有善性。他说："中民之性如茧如卵，卵待覆二十日而后能为雏，茧待缲以涫汤而后能为丝，性待渐于教训而后能为善。"（同上）或曰："性有善端，心有善质，尚安非善？应之曰：非也。茧有丝而茧非丝也，卵有雏而卵非雏也，比类率然，有何疑焉。"（《春秋繁露·深察名号》）在人性问题上，董仲舒明确表示，他推崇孔子的"性相近也，习相远也"和"上智与下愚不移"的人性观点，反对孟子所谓的人性善的理论。他说："质于禽兽之性，则万民之性善矣。质于人道之善，则民性弗及也。万民之性善于禽兽者许之，圣人之所谓善者，勿许。吾质之命性者异孟子。孟子下质于禽兽之所为，故曰性已善；吾上质于圣人之所善，故谓性未善。"（同上）这里公开指责孟子的人性论，只是把人同禽兽相比，是不符合孔子的理论的。为了替封建等级制度作论证，为了证明劳动人民虽有善性而并不能认为性已是善，董仲舒把性和善比作"目"和"见"的关系，他说：

> 性有似目，目卧幽而瞑，待觉而后见。当其未觉，可谓有见质，而不可谓见。今万民之性，有其质而未能觉，譬如瞑者待觉，教之然后善。当其未觉，可谓有善质，而未可谓善，与目之瞑而觉，一概之比也。静心徐察之，其言可见矣。性而瞑之未觉，天所为也。效天所为，为之起号，故谓之民。民之为言，固犹瞑也。（同上）

> 民之号，取之瞑也。使性而已善，则何故以瞑为号？以瞑言者，弗扶将，则颠陷猖狂，安能善？（同上）

这就是说，老百姓之所以叫民，也就是瞑，其原因就是因为他们的性还瞑而未觉，如果没有圣人教化，就是"顽瞑不化"。董仲舒说："万民之性苟已善，则王者受命尚何任也？"如果真的像有些人所说，人们的性都是善的，那帝王、圣人还干什么呢？

第六节　"正谊"、"明道"的动机论

在动机和效果的问题上，董仲舒明确地提出了自己的动机论，即对一切人的所为的道德判断和道德评价，以至法律的判决，都要以动机为唯一的标准，只要动机是善良的，其后果如何是不必计较的。

在《春秋繁露》中有《对胶西王越大夫不得为仁》一章，内容是董仲舒做了胶西王相国以后对胶西王的一篇谈话。越王勾践和大夫泄庸、蠡、种等共谋伐吴，洗雪了过去被吴王打败的会稽之耻。因此，胶西王许以"越有三仁"并询问董仲舒的看法。胶西王对董仲舒说："越王（勾践）与此五大夫（庸、种、蠡、睪、车成）谋伐吴，遂灭之。"孔子称"殷有三仁"，"寡人亦以为越有三仁"，"桓公决疑于管仲，寡人决疑于君"。但董仲舒却不以为然。在这一段对话中董仲舒发挥了他的动机论的理论。他说：

> 臣仲舒闻，昔者鲁君问于柳下惠曰："我欲攻齐，何如？"柳下惠对曰："不可。"退而有忧色。曰："吾闻之也。谋伐国者，不问于仁人也。此何为至于我？"但见问而尚羞之，而况乃与为诈以伐吴乎？其不宜明矣。以此观之，越本无一仁，而安得三仁？仁人者，正其道不谋其利，修其理不急其功。[1]
>
> 致无为而习俗大化，可谓仁圣矣，三王是也。春秋之义贵信而贱诈。诈人而胜之，虽有功，君子弗为也。是以仲尼之门，五尺童子，言羞称五伯。为其诈以成功，苟为而已也，故不足称于大君子之门。五伯者，比于他诸侯为贤者，比于仁贤，何贤之有？譬犹珷玞比于美玉也。（《春秋繁露·对胶西王越大夫不得为仁》）

照董仲舒的意见来看，由于越王勾践等"为诈伐吴"，不但不能称仁，简直是大逆不道。这种假装投降又暗中用计的行为，尽管收到了显赫的功利，但是为道德所不取的。

---

[1]　《汉书·董仲舒传》作：正其谊不谋其利，明其道不计其功，"不急其功"和"不计其功"，其意相去甚远，似以"不计其功"同董仲舒的示意较近。

董仲舒不但在伦理思想上把动机作为评价行为的标准，并且还直接应用到法律和判罪上。当时，朝廷的许多重大法律案件，董仲舒都是参与讨论的。张汤曾根据董仲舒对许多重大问题的解答写成《春秋决狱》一书。《汉书·艺文志》著录有《公羊董仲舒治狱》十六卷，可惜没有流传下来。《太平御览》卷六百四十载：

> 董仲舒决狱曰：甲父乙与丙争言相斗。丙以佩刀刺乙，甲即以杖击丙。误伤乙。甲当何论。或曰：殴父也，当枭首。议曰：臣愚以父子至亲也。闻其斗莫不有怵怅之心。扶伏而救之，非所以欲诟父也。春秋之义，许止父病。进药于其父而卒，君子原心，赦而不诛。甲非律所谓殴父也，不当坐。

这就是说，法律判决只应考虑其动机的好坏。所谓"君子原心，赦而不诛"，意思是许止在动机上并不是要害死他的父亲，而是为了替父亲治病，吃错了药，依据"原心定罪"，所以不能诛。《春秋繁露·精华》认为听狱"必本其事而原其志"，即要根据事情的经过，考察产生这一行为的动机，并按照动机的好坏来"原心定罪"。如果其"志"在于为善，这种行为就应当受到赞扬；如果其"志"不完全在于为善，只是不得已而为之，那么，这种行为只应受到较小的赞扬；如果其"志"根本不是为善，即使有了善的后果，也不应当予以赞扬。相反，如果其"志"在于为恶，不论其行动是否已产生了恶的结果，都应当受到惩罚；如果为恶是不得已的，则可给予轻微的惩罚；如果根本无意为恶而产生了恶的后果，则不应该给予任何惩罚。以上就是董仲舒说的"志邪者不待成"、"本直者其论轻"（《春秋繁露·精华》）的动机论。

董仲舒的"明道不计功，正谊不谋利"的动机论是片面的。离开了行为的效果，又怎么能确切地检验动机？而且，一个人的行为总是要引起一定的后果，而社会、阶级又总是要求人们的行为要达到一定的效果，怎么能够在评定一个人的行为时，可以只问动机不管效果呢？但是，我们也应当看到，董仲舒强调行为的动机，强调"原心"和"原志"，对于全面评价一个法律行为和道德行为来说，是有合理因素的。

道德行为的正确评价与判断，应该既强调动机又强调效果，既坚持原则又要求功利。在中国的长期封建社会中，一些思想家们经常引用董仲舒的"正其谊而不谋其利，明其道而不计其功"的话，片面地强调动机在道德评价中的地位。宋明的道学家们更把这两句话奉为尊道的经典名言加以宣扬。程颐甚至说："董仲舒曰：正其义不谋其利，明其道不计其功，此董子所以度越诸子。"（《程氏易传·贲卦》）说明他对这句话服膺到何种程度。一些宋明道学家们所宣扬的片面的动机论，应当说是同董仲舒的理论有关的。

第七节　"利以养体"、"义以养心"的义利观

董仲舒承接儒家孔子、孟子的重义轻利的思想，进一步提出了自己的义利观。

董仲舒承认对"义"和"利"的追求是人生来就有的，并把这两者的作用加以区分，认为"利"是用来养育身体的，"义"是用来培养思想的。他说："天之生人也，使人生义与利，利以养其体，义以养其心。心不得义不能乐，体不得利不能安。"（《春秋繁露·身之养重于义》）在这里，"利"就是物质利益和生活上的需要，认为没有这些东西人就活不下去，这是正确的。董仲舒所说的"义"，重点是指他们说的道德原则和规范。他认为这对于涵养人的品质有重要意义。董仲舒认为，如果把"义"和"利"作一比较，那么，"义"应当是最"贵"的。"义者心之养也，利者体之养也。体莫贵于心，故养莫重于义，义之养生人大于利"（同上）。董仲舒说：

> 夫人有义者，虽贫能自乐也；而大无义者，虽富莫能自存。吾以此实义之养生人，大于利而厚于财也。民不能知而常反之，皆忘义而殉利。去理而走邪，以贼其身而祸其家。此非其自为计不忠也，则其知之所不能明也。（同上）

这就是说，只要有了"义"，能够遵守道德规范，涵养封建道德所要求的品质，就是物质生活条件较差，处于贫穷的地位，仍然能安于贫穷。否则，如果只顾着去追求个人的物质利益，放弃原则去干那些歪门邪道的事，就必然会触犯法律，使自身和家庭都要遭受祸害。正由于此，董仲舒认为，圣人的作用就是要用"义"来照耀百姓之所闇，使劳

动人民都能"大化"而不犯法。他说："故曰圣人天地动四时化者，非有他也，其见义大故能动，动故能化，化故能大行，化大行故法不犯，法不犯故刑不用，刑不用则尧舜之功德，此大治之道也。"（《春秋繁露·身之养重于义》）由此可见，董仲舒所强调的重义的原则完全是为巩固当时的社会制度服务的。

第十一章
儒家伦理规范体系的完善
及其正统地位的确立
——白虎观会议

第一节　白虎观会议召开的原因

在汉代，曾由皇帝亲自召集了两次会议来讨论"五经同异"问题，一次是石渠阁会议，一次是白虎观会议。这两次会议讨论的虽然是有关理学的问题，但在后一次会议中涉及了十分重要的伦理问题。

第一次会议是在公元前51年由汉宣帝召集的。据《汉书·宣帝本纪》记载，汉宣帝甘露三年（公元前51年），"诏诸儒讲五经同异，太子太傅萧望之等平奏其议，上亲称制临决焉"。这次会议名为讨论五经同异，实际上主要是讨论了《春秋》的同异。当时治《春秋》的今文经学中，分为公羊和穀梁两派。二者对《春秋》的解释互有不同。由于当时的人们把《春秋》中对一些事件、人物的处理和看法都视为至高无上的权威，因此，《春秋》往往起着法律条文和道德规范的双重作用。①为了能够更好地、统一地解释《春秋》并维护其权威，充分地发挥《春秋》的作用，宣帝亲自召集了这次会议。因为这次会议是在石渠阁举行，所以叫石渠阁会议。参加这次会议的人都是些五经名儒，不但评论了《公羊》、《穀梁》的同异，而且"议三十余事"，要求这些儒者根据

---

① 据皮锡瑞《经学历史·经学极盛时代》："武帝罢黜百家，表章六经，孔教已定于一尊矣。……元、成以后，刑名渐废。上无异教、下无异学、皇帝诏书、君臣奏议，莫不援引经义，以为据依。国有大疑，辄引《春秋》为断。"

自己的理解来分析解决这些问题。据说，经过讨论，大多数儒者最后都同意《穀梁》的解释："议三十余事，望之等十一人，各以经谊对，多从《穀梁》。由是穀梁之学大盛。"（《汉书·瑕丘江公传》）另据说，因为宣帝的祖父戾太子喜欢《穀梁》，所以宣帝也倾向于《穀梁》。

今文经学和古文经学的区别何在？今文经是指汉代学者们所传述的儒家的经典。它们大都有秦以前的古文旧本，是由战国以来的学者们讲授传述的。秦始皇"焚书坑儒"后，中断了一段时期，汉以后又开始讲授，并用当时的文字隶书加以记录，这就是当时的所谓今文经，如《书》出于伏生、《礼》出于高堂生、《春秋公羊》出于公羊氏和胡母生等。在西汉，今文经学适应当时政治上的需要，着重发挥经中的"大义"，用以为当时的政治服务，所以人们认为今文经学强调"合时"，即结合当时的社会现实，微言大义，从理论上、神学上作论证，为汉王朝的统治效力。

什么是古文经学？这是指秦以前用古文书写的、而由汉代学者加以训释的儒家经典。据《汉书·艺文志》记载，汉武帝时，鲁恭王刘馀坏孔子宅，得《古文尚书》、《礼》、《论语》和《孝经》等凡数十篇，都是用汉以前的文字（隶书以前的文字）写成。以后，又从民间献上来许多古文的经书。由于这些古文的经书，有不少是后人用秦以前文字写成的，再加上经过篡改和文字歧异，就需要有一个辨认的过程。为了辨认这些经典，逐步建立起文字训诂的工作，出现了《尔雅》和《说文解字》。古文经学派主要是强调"合古"，即合于古时的情况，对经学的解释上多重文字考证（研究今文经学的重视《春秋》，研究古文经学的强调《周礼》）。到了东汉，郑玄在古文经学的基础上吸收今文经学，自成一体，融两家为一炉，从而使经学的今、古文统一起来。但是，对待经学上的两种态度，即"合古"和"合时"，却成为两种方法一直流传下来，在中国思想史上有着重要影响。

石渠阁会议形成了很多文件，经过刘向整理的叫做"杂议"，即《五经杂议》，这些文件都已佚亡。

第二次会议是在公元79年（建初四年）由东汉章帝在未央宫宫内主持召开的白虎观会议。这次会议从形式上来看，是效法石渠阁会议，继续讨论五经同异的，但这次会议同上次会议相比有几个突出的特点：

（1）在石渠阁会议时，分歧主要是今文经学内部的分歧，即主要是公羊和穀梁的斗争；而白虎观会议则主要是古文经学和今文经学的斗争，就其实质来说，这次会议的召开是由于自古文经学出现以后，在文字、思想、师说各方面都同今文经学发生了尖锐的矛盾，使今文经学内的两派认为有必要联合起来以战胜古文经学，并通过皇帝的权威来形成自己的优势，以便保持和巩固思想上的统治地位。白虎观会议的基本思想，是今文经学董仲舒等人的唯心主义、神秘主义哲学思想的进一步发展。

（2）石渠阁会议主要议论了《春秋》异同，讨论的中心内容很多；白虎观会议虽也涉及各方面问题，但更加注意了伦理道德方面的问题，使其在中国伦理思想发展中具有重要的地位。

（3）石渠阁会议的人数、规模都较小，时间也较短；而白虎观会议则持续开了好几个月，参加的人也很多，"名儒丁鸿、楼望、成封、桓郁、班固、贾逵及广平王羡皆与焉"（《资治通鉴》卷四十六）。这就是说，不仅有名儒，而且有诸生和达官贵人。

（4）石渠阁会议的文件都已不存在，但白虎观会议的文件却在班固等整理编撰的《白虎通义》保留下来了。依据后人考证，如孙诒让的《白虎通义考》，《籀顾述林》卷四认为，当时成篇的有《白虎议奏》、《白虎通德论》（《议奏》可能是专论一经的，《白虎通德论》是通论五经的）和班固撰集成书的《白虎通义》。《议奏》久亡，《通义》行而《通德论》也遗亡了。自晋以来，人们看到的，就是现在的《白虎通义》。清卢文绍有校刻本，自称凡文明以来伪谬之处，十去八九，最称善本。清代陈立撰《白虎通疏证》，对此书作了较详细的注释，是现存的一本有用的参考资料。

《白虎通义》的内容很复杂，涉及爵、号、谥、五祀、社稷、礼乐、封公侯、京师、五行、三军、诛伐、谏诤、乡射、致仕、辟雍、灾变、耕桑、封禅、巡狩、考黜、王者不臣、蓍龟、圣人、八风、商贾、瑞贽、三正、三教、三纲、六纪、情性、寿命、宗族、姓名、天地、日月、四时、衣裳、五刑、五经、嫁娶、绂冕、丧服、崩薨等。其中如三纲、六纪、情性、圣人、礼乐、谏诤等部分，对我们研究汉代的道德关系和伦理思想都有重要的意义。

第二节　白虎观会议和谶纬神学

在汉代，自董仲舒《春秋繁露》的"天人感应"说产生之后，出现了所谓的谶纬之学（民间谶语早就存在，如秦末有"亡秦者，胡亥也"）。谶，完全是神学迷信之说；纬，往往从文字解释入手，再加以附会，有时还保有一定的思想资料。这种谶纬之学在西汉末年和东汉初年最为流行，特别是当时的纬书，主要是用来解释"经"书的。据《隋书·经籍志》著录，有《易纬》八卷、《尚书纬》三卷、《尚书中侯》五卷、《诗纬》十八卷、《礼纬》三卷、《孝经钩命决》六卷、《孝经援神契》七卷、《孝经内事》一卷等。为什么谶纬之学在东汉得到了特别的发展呢？《隋书·经籍志》说，在西汉已逐渐流行有《七经纬》，伪托孔子所作。后来，"王莽好符命，光武以图谶兴，遂盛行于世"。这些纬书对经典的附会，不但十分离奇古怪，而且十分荒唐，包含着"非常异义可怪之论"。这些纬书本来是统治者可以利用的工具，但到了后来，又往往对统治者造成一定威胁。"至宋大明中，始禁图谶"，隋文帝"禁之逾切"，"炀帝即位，乃发使四出，搜天下书籍与谶纬相涉者，皆焚之，为吏所纠者至死。自是无复其学，秘府之内，亦多散亡。今录其见存，列于六经之下，以备异说"（《隋书·经籍志》）。由此可见，纬书当时虽然极为流行，隋以后就大部分散失了，现在保留下来的只有《易纬》中的几篇：《乾凿度》、《稽览图》、《是类谋》等。《尚书纬》、《孝经纬》等零碎字句还散见于其他一些书中，其中《白虎通义》保存了不少纬书的段落和句子，从中可以看到当时纬书内容的一般。

据《后汉书·方士列传》注记《七纬》名目云："七纬者，《易纬》：《稽览图》、《乾凿度》、《坤灵图》、《通卦验》、《是类谋》、《辨终备也》；《书纬》：《璇机钤》、《考灵耀》、《刑德放》、《帝命验》、《运期授》也；《诗纬》：《推度灾》、《记历枢》、《含神务》也；《礼纬》：《含文嘉》、《稽命征》、《斗威仪》也；《乐纬》：《动声仪》、《稽耀嘉》、《汁图徵》也；《孝经纬》：《援神契》、《钩命诀》也；《春秋纬》：《演孔图》、《元命包》、《文耀钩》、《运斗枢》、《感精符》、《合诚图》、《考异邮》、《保乾图》、

《汉含孳》、《佑助期》、《握诚图》、《潜潭巴》、《说题辞》也。"我们知道，所谓"三纲六纪"，就其思想来说，出于董仲舒的《春秋繁露》，就其第一次用明确的文字加以表达来说，出自《礼纬》中的《含文嘉》。《含文嘉》中说："礼者，履也。三纲为君为臣纲，父为子纲，夫为妻纲。""三纲六纪"由于白虎观会议而被最高统治者所批准，因而在中国历史上发生了重大的作用。

第三节　"三纲"、"五常"的正统地位的确立

从伦理思想史来看，白虎观会议的一个重要内容是确立了中国封建社会的"三纲"、"五常"的道德原则和规范。虽然董仲舒从"人副天数"、"天人合一"的思想出发，已经提出了"三纲"、"五常"的思想，但他没有给"三纲"、"五常"以确切的解释，甚至没有明确说出"三纲"的具体内容。在白虎观会议以前，"三纲"、"五常"还只是一种学说、一种主张。但是，由皇帝亲自主持召集的这次会议，是作为官方的文件下达到全国的。自此以后，"三纲"、"五常"才成为中国封建社会中人人都必须遵守的道德规范。由于它能够维护封建社会的等级制度和巩固地主阶级的统治，尽管在以后的时期内，随着封建社会的发展而不断变化其具体要求，但基本上没有离开白虎观会议的内容。

《白虎通义》中说：

> 三纲者，何谓也？谓君臣、父子、夫妇也。六纪者，谓诸父、兄弟、族人、诸舅、师长、朋友也。故《含文嘉》曰："君为臣纲，父为子纲，夫为妻纲。"又曰："敬诸父兄，六纪道行，诸舅有义，族人有序，昆弟有亲，师长有尊，朋友有旧。"（《白虎通义·三纲六纪》）

这里除"三纲"外，又提出了"六纪"，这"六纪"主要是以氏族家庭关系为主的一种扩大（诸父、兄弟、族人、诸舅），再加上师长、朋友的关系。《白虎通义》中把师长的关系提到了一个新的地位，可能是以后天地君亲师理论的来源。"六纪"的理论尽管在以后没有得到进一步的发展，但它在汉以后的道德思想中仍占有着十分重要的地位。

什么是纲纪？《白虎通义·三纲六纪》解释说：

> 纲者，张也，纪者，理也。大者为纲，小者为纪。所以强理上下、整齐人道也。人皆怀五常之性，有亲爱之心，是以纪纲为化，若罗网之有纲纪而万目张也。《诗》云：亹亹文王、纲纪四方。

董仲舒只是从阴阳上来讨论"三纲五常"，《白虎通义》又给予理论上的论证，并从文字的解释上来说明：

> 君臣、父子、夫妇六人也。所以称三纲何？一阴一阳谓之道，阳得阴而成，阴得阳而序，刚柔相配，故六人为三纲。（《白虎通义·总论纲记》）

> 君臣者，何谓也？君，群也，群下之所归心也。臣者，缠坚也，厉志自坚固也。春秋传曰，"君处此，臣请归也"。

> 父子者，何谓也？父者，矩也，以法度教子也。子者，孳也，孳孳无已也。故《孝经》曰："父有争子，则身不陷于不义。"

> 夫妇者，何谓也？夫者，扶也，以道扶接也。妇者，服也，以礼屈服也。《昏礼》曰："夫亲脱妇之缨。"《传》曰："夫妇判合也。"

这些解释，尽管增加了很多附会的内容，但基本上是东汉以前古人对字的意义的了解，如："父，矩也"，就是《说文》的解释；"夫者，扶也"，就是《大戴礼记·本命》篇的原话；"君，群也"，就是《广雅·释言》的解释。很显然，这里力图把古文字的解释和董仲舒的那一套封建道德结合起来，不但从阴阳上、理论上，而且从对字义的解释上来为封建道德找根据，把这种封建道德说成是天经地义的。

但是，值得指出的是，董仲舒只是说"身之有性情也，若天之有阴阳也，言人之质而无真情，独言天之阳而无其阴也"（《春秋繁露·深察名号》），而《白虎通义》又进一步发挥为"性者阳之施，情者阴之化。人禀阴阳气而生，故内怀五性六情"（《白虎通义·情性》），进一步确立了"性生于阳"、"情生于阴"的性阳情阴的理论。按照《白虎通义》的解释，阳是主导的一面，阴是从属的一面；阳是积极的一面，阴是消极的一面。从整个天地来说，天是阳，地是阴，二气相感而生人。但从人来说，男人是阳，女人是阴。从一个人来说，性是阳，情是阴。这种"性生于阳"、"情生于阴"的理论，对以后中国关于人性的理论是有着重要影响的。到了唐代，就正式形成了所谓性善情恶论，并使这种理论得到了充分的发展。

《白虎通义》称"五常"为"五性"。在"三纲六纪"之后，认为性情是最重要的。

> 情性者，何谓也，性者阳之施，情者阴之化也。人禀阴阳气而生，故内怀五性六情。情者，静也，性者，生也。此人所禀六气以生者也。故《钩命诀》曰：情生于阴，欲以时念也。性生于阳，以就理也。阳气者仁，阴气者贪，故情有利欲，性有仁也。（《白虎通义·情性》）

在中国伦理思想史上，曾发端于董仲舒的性善情恶论，第一次有了完整的、确切的表述。性是禀天地之正气所生，所以是善的；情属于阴，阴气是贪的，所以情是有利欲的。

正因为性是善的，是天赋的道德品质，所以正如孟子所说，人生而具有仁义礼智四端。

> 五性者，何谓？仁义礼智信也。仁者，不忍也，施生爱人也。义者，宜也，断决得中也。礼者，履也，履道成文也。智者，知也，独见前闻，不惑于事，见微知著也。信者，诚也，专一不移也。故人生而应八卦之体，得五气以为常，仁义礼智信也。六情者，何谓也？喜怒哀乐爱恶谓六情，所以扶成五性。（同上）

所谓"施"者，好也。所谓"应八卦之体"，韦注："乾为首、坤为腹、震为足、巽为股、离为目、兑为口、坎为耳、艮为手，是人应八卦之体也。"（《白虎通义疏证·情性》韦注）同样，对仁义礼智信，不但从字义上，而且从理论上、从神学的观点上来加以解释。"五性"并没有很长的生命力，以后的思想家们，不再称"三纲五性"，还是一直引用董仲舒的"三纲五常"。

关于朋友的关系，虽然一直是中国人所说的五伦之一，但未能得到进一步的论证。子夏说："与朋友交，言而有信。"（《论语·学而》）曾子曰："吾日三省吾身：为人谋而不忠乎？与朋友交而不信乎？传不习乎？"（《论语·学而》）孟子说："朋友有信。"（《孟子·滕文公上》）《白虎通义》对朋友一伦作了进一步的解释：

> 朋友者，何谓也？朋者，党也，友者，有也。《礼记》曰："同门曰朋，同志曰友。"（《白虎通义·三纲六纪》）

　　朋友之交，近则谤其言，远则不相讪，一人有善，其心好之，一人有恶，其心痛之，贷则（则，当系财之误）通而不计，共忧患而相救，生不属，死不托（推托），故《论语》曰："子路云：愿车马衣轻裘与朋友共，敝之而无憾。"又曰："朋友无所归，生于我乎馆，死于我乎殡。"（《白虎通义·三纲六纪》）

　　朋友之道，亲存不得行者二。不得许友以其身，不得专通财之恩。友饥，则白之于父兄，父兄许之，乃称父兄与之，不听则止。故曰：友饥为之减餐，友寒为之不重裘。故《论语》曰："有父兄在，如之何其闻斯行之也。"①（同上）

　　朋友之道有四焉，通财不在其中：近则正之，远则称之，乐则思之，患则死之。（《白虎通义·隐恶之义》）

这里给朋友下了一个界说，即同志，这也就是说朋友是志同道合的人。这里特别提倡朋友在一起时，要公开批评、指责他的言论的错误（谤在这里不作毁谤，而作指责、批评）；不在一起时，不互相诋毁。朋友有了优点，心里喜欢，朋友有了缺点，感到痛心。财货互相使用，不彼此计较，有了灾祸不幸，互相救助。生时不相附属，平等友爱，朋友死了，对他负责，不推托应做的事。这些说法概括了古代人对朋友之间的应有关系的认识，包含着合理的因素。

为了适应等级制度、维护"三纲六纪"，《白虎通义·嫁娶》还把《大戴礼记》中关于男有"五不娶"（乱家之子不娶、逆家之子不娶、世有刑人不娶、恶疾不娶、丧妇长子不娶）和女要"三从"（未嫁从父、既嫁从夫、夫死从子）（《白虎通义·妇人无爵》）重新写入其中，强调"夫为妇纲"的重要，而且还规定：

　　妻妾者，何谓也？妻者，齐也，与夫齐体。自天子下至庶人，其义一也。妾者，接也，以时接见也。（《白虎通义·妻妾》）

　　夫妇者，何谓也？夫者，扶也，扶以人道者也。妇者，服也，服于家事，事人者也。（《白虎通义·嫁娶》）

《白虎通义》一方面强调"五不娶"，强调"出妇之义必送之，接以

---

① 《礼记·曲礼上》云："父母存不许友以死。家财为父母所有，不得自专。"

宾客之礼。君子绝愈于小人之交"，另一方面，对于妇女，则强调终身不再改嫁。"夫有恶行，妻不得去者，地无去天之义也。夫虽有恶，不得去也。故《礼·郊特牲》曰：一与之齐，终身不改。"（《白虎通义·嫁娶》）这就是后世所谓的嫁鸡随鸡、嫁狗随狗。只有一种情况允许妻子再嫁，就是："悖逆人伦，杀妻父母，废绝纲纪，乱之大者也，义绝，乃得去也。"（同上）

《白虎通义》在强调封建道德的同时，还着重论证了封建等级制度的合乎天理，认为它是不可改变的永恒真理。整个封建等级制的最上层是天子。"天子者，爵称也。爵所以称天子何？王者父天母地，为天之子也。"（《白虎通义·爵》）这是《白虎通义》的第一句话。"帝王之德有优劣，所以俱称天子者何？以其俱命于天，而王治五千里内也。"（同上）为了给等级制度作理论上的论证，《白虎通义》又从各方面作了解释：

> 春秋传曰：天子三公称公，王者之后称公，其余大国称侯，小者称伯子男也。王制曰：公侯田方万里、伯七十里、子男五十里。所以名之为公侯者何？公者，通也，公正无私之意也。侯者，候也，候逆顺也，人皆千乘，象雷震百里所润同。伯者百也，子者孳也，孳孳无已也。男者任也，人皆五十里。（《白虎通义·号皇帝王之号》）

> 帝王者何？号也。号者，功之表也。所以表功明德，号令臣下者也。德合天地者称帝、仁义合者称王，别优劣也。礼记谥法曰：德象天地称帝、仁义所生称王。（同上）

> 王者，往也，天下所归往。（同上）

整个《白虎通义》的内容，可以说贯穿一条极为明显的主线，这就是维护封建等级制度，宣扬"三纲"、"六纪"、"五常"。从爵、号、谥开始直到最后，几乎可以说每一部分的每一个思想，都是要用封建的道德观念、政治思想来维护封建的等级制度，它对每一个字的解释，总是通过先引古义，然后穿凿附会，以达到其维护封建等级制度的目的。

关于法律和道德的关系，《白虎通义》强调了刑罚是辅助道德来维护和巩固统治秩序的。"圣人治天下，必有刑罚何？所以佐德助治，顺天之度也。故悬爵赏者，示有所劝也。设刑罚者，明有所惧也。"（《白虎通义·五刑》）这里，把刑罚的作用归结为"佐德助治"四个字，是总结了统治阶级的经验之后所作的比较准确的概括。

《白虎通义》对道德和法律的许多概念都作了较为详细的解释，反映了这些概念在中国产生的渊源。如关于刑罚的解释：

> 五刑者，五常之鞭策也，刑所以五何？法五行也。大辟法水之灭火，宫者法土之壅水，膑者法金之刻木，劓者法木之穿土，墨者法火之胜金。……墨者，墨其额也。劓者，劓其鼻也。腓者，脱其膑也。宫者，女子淫执，执置宫中，不得出也。丈夫淫，割去其势也。大辟者，谓死也。（同上）

当然，除了解释什么是"五刑"以外，更重要的还是要为巩固封建等级制度服务。《白虎通义》中又专门论述了"刑不上大夫"和"礼不下庶人"的原因。"刑不上大夫何？尊大夫。礼不下庶人，欲勉民使至于士。故礼为有知制，刑为无知设也。庶人虽有千金之币，不得服（'不得服'当是'不得弗服刑'之误）。刑不上大夫者，据礼无大夫刑。"所谓庶人者，工、商、农也。这就是说，只有到了士这个阶层，才能有礼，才能行礼，才能讲礼；如果是庶人，不论你有多少财富，由于没有一定的等级地位，仍然不能享受到"礼"这种待遇，别人也不会以"礼"待你，你也不能以"礼"待人，所以，说"礼不下庶人"，是对庶人的勉励，要使他们努力达到士的身份。

《白虎通义》中有许多关于当时政治生活、道德生活的记载。这些记载有的可能是当时实际施行的制度、规范，有的可能是经过白虎观会议之后，认为根据过去《礼记》、《仪礼》等的规定应该去做的，但不一定都是已经做到的。我们仅仅举所谓"悬车致仕"来看：

> 臣年七十，悬车致仕者，臣以执事趋走为职，七十阳道极，耳目不聪明，跋蹄之属，是以退老去，避贤者路，所以长廉远耻也，悬车，示不用也。（《白虎通义·致仕》）

> 致事者，致其事于君，君不使退而自去者，尊贤者也。故曲礼曰："大夫七十而致仕"，王制曰："七十致政。"（同上）

> 卿大夫老，有盛德者留，赐之几杖，不（"不"下疑脱一质字）

备之以筋力之礼。在家者三分其禄，以一与之，所以厚贤也。(《白
虎通义·致仕》)

《曲礼》曰："大夫致仕，若不得谢，则必赐之几杖。"《王度
记》曰："臣致仕于君者，养之以其禄之半。"(同上)

臣老归，年九十，君欲有问，则就其室以珍从，明尊贤也。故
《礼·祭义》云："八十不俟朝，君问则就之。"大夫老归，死，以
大夫礼葬，车马衣服如之何？曰：尽如故也。(同上)

上面这几段话，大体上可以反映出当时的政府高级官吏的离休、退
休的方法及待遇。之所以强调七十岁就要"悬车致仕"，主要是从身体
健康和尊贤着眼的。之所以允许例外，一个是老有盛德，一个应当是健
康条件允许，而且还对他有特别的照顾("赐之几杖")。

在《白虎通义》中，关于君臣的关系，除了强调"君为臣纲"以
外，也还认为，君子可以对国君提出批评，这就是所谓的"谏诤"问
题。自殷周以来的所谓"谏诤"，主要是指臣对君的批评，以后又有所
发展。这一方面反映了"谏诤"对于维护统治的重要，另一方面也反映
了从政者所应具有的品德。在《孝经》中只说到"谏诤"的重要，还没
有进一步发挥。《白虎通义》则作了进一步发挥：

臣所以有谏君之义何？尽忠纳诚也。《论语》曰："爱之能勿劳
乎？忠焉能勿诲乎？"(《白虎通义·谏诤》)

《白虎通义》援引《礼记·曲礼》认为，臣对君之谏，如果三谏不
听，就可以离去，以达到"屈尊申卑，孤恶君"的目的。但是又规定：
"去曰：'某质性顽钝，言愚不任用，请退避贤。'如是，君待之以礼，
臣待放；如不以礼待，遂去。""所以言放者，臣为君讳，若言有罪放之
也。"(同上)它也明确规定："子谏父，父不从，不得去者，父子一体
而分，无相离之法。犹火去木而灭也。《论语》：'事父母几谏，下言
"又敬不违"'。《礼记·曲礼》曰："为人子之礼，不显谏，三谏而不听，
则号泣而随之。"又《内则》云："父母有过，下气怡色，柔声以谏，谏
若不入，起敬起孝。悦则复谏，不悦，与其得罪于乡党州里，宁熟谏。
父母怒，不悦而挞之流血，不敢疾怨，起敬起孝。"这一切，仍是为维
护等级制度服务的。

《白虎通义》将谏诤分为五种，这是对封建社会谏诤的一种概括：

> 谏者何？谏者，间也，更也。是非相间，革更其行也。人怀五常，故知谏有五。一曰讽谏，二曰顺谏，三曰阙谏，四曰指谏，五曰陷谏。讽谏者，智也，知祸患之萌，深睹其事，未彰而讽告焉。此智之性也。顺谏者，仁也。出词逊顺，不逆君心，此仁之性也。阙谏者，礼也。视君颜色不悦，且郄，悦则复前，以礼进退，此礼之性也。指谏者，信也。指者，质也。质相其事而谏。此信之性也。陷谏者，义也。恻隐发于中，直言国之害，励志忘生，为君不避丧身。此义之性也。孔子曰："谏有五，吾从讽之谏。"事君进思尽忠，退思补过，去而不讪，谏而不露。（《白虎通义·谏诤》）

第四节　白虎观会议的意义

从哲学上来看，白虎观会议并没有什么重要的意义。但是，从伦理思想来看，这是一次很重要的会议。这次会议形成的官方文件汇编《白虎通义》，是一部由皇帝亲自主持编辑的有关政治、文化、教育、伦理、法律以及日常生活准则的辞典或百科全书，几乎对当时社会的各种问题都作出了一个标准答案。从内容上来说，这次会议以董仲舒的《春秋繁露》和当时的纬书为依据，综合了秦汉以来《礼记》、《仪礼》、《周礼》和《孝经》等书的相关思想，以贯彻封建伦理道德为主，以神秘主义和唯心主义为指导思想，从文字解释入手，用穿凿附会、望文生义的方法，写成了一部包罗万象的官方文件。这种以官方文件的形式系统地阐述各种伦理、教育思想，特别是明确地提出封建社会的"三纲"、"六纪"、"五常"等内容，在历史上还是第一次。

第十二章
对神学伦理思想的批判

第一节 扬雄的伦理思想

一、生平及其著作

扬雄，字子云，生于公元前 53 年，卒于公元 18 年，蜀郡成都人，西汉末年著名的史学家、哲学家和伦理思想家。他的主要著作是《太玄》和《法言》。《太玄》是按照《周易》的模式而写成的一部占筮用的书。在《太玄》中，扬雄把他的世界图式编成一首歌诀。这个歌诀"太玄图"，后人以图表之，就是后来宋朝的刘牧所谓的《洛书》，亦即朱熹所谓的《河图》，不过《河图》于中

央又加了五个白圈（ ⚬ ）。

这个图和它的歌诀是：

> 一与六共宗，二与七并明，
> 三与八成友，四与九同道，
> 五与五共守。（《太玄图》）

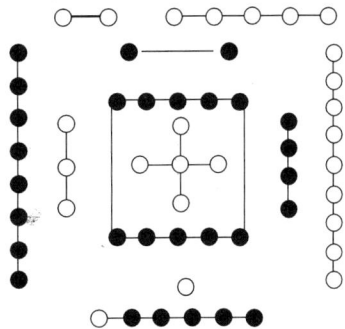

《太玄图》图示

扬雄的《太玄》较多地继承了《老子》和《易经》的辩证法思想，并以此来观察人类社会和自然界事

物的变化，对于生死、贵贱、祸福等有关的人生观和道德观问题也作了辩证的考察。从整个伦理思想来看，他主要是服膺孔子，认为他是继承文王、周公传统的一个大圣人。他主张对古代的思想要有"因"有"革"，既要继承优秀的东西，又要有所益损变革。他之所以要作《法言》，就是因为后世的学者不明圣人之道，甚至有离经背道的情况，所以他才仿照《论语》的样子做了《法言》。《汉书·扬雄传》说："雄见诸子各以其知舛驰，大氐诋訾圣人，即为怪迂，析辩诡辞，以挠世事。虽小辩，终破大道而或众，使溺于所闻而不自知其非也。及太史公记六国，历楚汉，讫麟止，不与圣人同，是非颇谬于经。故人时有问雄者，常用法应之，譔以为十三卷，象《论语》，号曰《法言》。"

扬雄的伦理思想主要反映在他的《法言》中。他从善恶混的人性论出发，建立起一套关于道德修养、为学目的、道德教育、道德理想等的理论。

二、"人之性也善恶混"的人性论

在人性问题上，扬雄提出了自己的看法。他说："人之性也善恶混，修其善则为善人，修其恶则为恶人。气也者，所以适善恶之马也与。"（《法言·修身》）

在人性问题上，孟子以为人性善，荀子以为人性恶，告子以为人性无善无恶。王充在《论衡·本性》篇中提出，周人世硕以为人性有善有恶，举人之善性养而致之则善长，恶性养而致之则恶长。这就是说周人世硕认为人性中包含着善恶，关键是人们如何去培养自己的本性。因此，"世子作《养性书》一篇，密子贱、漆雕开、公孙尼子之徒，亦论情性。与世子相出入，皆言性有善有恶"（《论衡·本性》）。这也就是说，善恶混的思想早在春秋时代就已经由世硕提出了。

但是世硕究系何时人不很清楚，他的理论的详细内容也不可得知。《孟子》中曾提到这一理论："或曰：有性善有性不善，是故以尧为君而有象，以瞽瞍为父而有舜。"（《孟子·告子上》）后人认为《孟子》中所说的这一思想可能就是世硕的思想。

　　董仲舒也强调人性中有善有恶，但他主要认为，所谓人性也就是中人之性。

　　扬雄的人性论和世硕的说法基本相同，但他明确地提出了"善恶混"这一命题，而且对此做了论证。他不但指出人性中既有善的因素，也有恶的因素，把善的因素加以培养，就可以发展成为善人，顺着恶的因素发展下去，就会成为恶人；而且他还提出了"气也者，所以适善恶之马"的思想。从伦理思想史来看，扬雄所提出的"气"是有重要意义的。

　　什么是"气"？按照我们的理解，相对于善恶来说，"气"就是一种道德选择的能力。人们在社会中生活，在许多时间、地点和场合下，经常会遇到多种不同的、甚至相互对立的行为选择。如果自己的行为选择得正确，就会沿着有道德的、善的方向前进；如果选择得不正确，就会陷入罪恶的、不道德的、恶的泥坑。为什么这种选择会有两种截然相反的结果，就是因为人性中本来就是善恶混的，既有善的因素又有恶的因素。如何才能促使这种选择向善的方向发展，扬雄提出了"气"的重要思想。

　　人性既然是善恶混的，因此，对人的道德行为来说，可以把它看做是一匹"善恶之马"，它可以日行千里，把你引向正途；它也可以失去控制，把你带入深渊。为了更好地驾驭这匹善恶之马，就必须要培养一种道德上的正气。这种正气也可以说是一种觉悟，一种动机，一种道德选择的能力。

　　在中国伦理思想史上，孟子曾经强调过"浩然之气"的重要，主要是从道德修养的方面认为一个人只要能修养成一种"浩然之气"，就可以达到"富贵不能淫，贫贱不能移，威武不能屈"和"舍生取义"的高尚境界，但孟子还未能着重从人的道德行为的选择能力方面来对此加以阐述。

　　扬雄从他的人性善恶混的理论出发，也特别强调"气"的作用。

　　在《法言·学行》中，扬雄说：

　　　　学者，所以修性也。视听言貌思，性所有也。学则正，否则邪。……习乎习！以习非之胜是，况习是之胜非乎？於戏！学者审其是而已矣。

扬雄认为，学习的目的就是要修性。性既然是善恶混的，所以修性就是要扬善去恶，也就是说要达到修其善者为善人的目的。扬雄根据《尚书·洪范》认为视、听、言、貌、思这五官是人的本性所有的，是天生与之俱来的。但是，怎么才能使其归于正呢？就是要学。视、听、言、貌、思五种感官欲望不能说都是恶的，也不能说天生都是善的，它们是有善有恶的。只要我们能修善，那就可以善，由此可见，学是多么重要了。

扬雄认为，学是修性，也就是"胜己之私"，也就是孔子所提倡的"克己"。在扬雄以前，对《论语》的"克己"只是解作"约身"、"约俭"、"约束"，而扬雄则明确提出"胜己之私谓之克"（《法言·问神》）。这一解释为后来的思想家们所重视。比如，孔疏引刘炫云："克训胜也，己谓身也，身有着欲，当以礼义齐之，着欲与礼义交战，使礼义胜其着欲，身得归复于礼，如此乃为仁也。"朱熹在《论语集注·颜渊》中说："克，胜也；己，谓身之私欲也。""盖心之全德，莫非天理，而亦不能不坏于人欲。故为仁者，必有以胜私欲而复于礼，则事皆天理，而本心之德复全于我矣。"朱熹的这一解释就是根据扬雄的解释并从自己的宇宙观加以引申而成的。

扬雄从自己的人性论和修养论出发，认为能不能养自己的正气，这是人和禽兽之所以不同的重要方面：

> 鸟兽触其情者也，众人则异乎！贤人则异众人矣。圣人则异贤人矣。礼义之作，有以矣夫！人而不学，虽无忧，如禽何！学者所以求为君子也。求而不得者有矣夫，未有不求而得之者也。（《法言·学行》）

什么是"触"？动也。这就是说，鸟兽只是按照它们的情欲行动。而人由礼义，即按照一定的道德原则和道德规范行动，所以和禽兽不同。人如果只是触情纵欲，也就和禽兽差不多了。贤人和一般人不同，圣人又和贤人不同。贤人能够身体力行，并用礼教教人，众人则不能。圣人更是能制作礼教，和贤人又有不同了。

人和禽兽的区别就在于人能学习，能知道礼义，如果不知道礼义，不遵守道德，即使能够满足自己的欲望，无忧无虑地过着享乐的生活，这和禽兽又有什么区别呢？由此可见，"学"也就是学为"君子"，学做一个有道德的人。既然一个人的人性中有善有恶，如果能够为学以求为君子，要求自己成为一个有道德的人，那就一定能达到"修其善则为善人"的目的。如果根本不去努力，不去追求，不去发扬自己的善性，那当然也就不可能成为一个有道德的人了。清末王荣宝作《法言义疏》，把晋李轨的注又加以疏，认为"求而不得者有矣夫"中的"有矣夫"应为"鲜矣夫"，并认为只有这样才符合扬雄的思想发展，这个看法是有道理的。

扬雄又说："天下有三门：由于情欲，入自禽门。由于礼义，入自人门。由于独智，入自圣门。"（《法言·修身》）这是说，如果一个人放纵情欲，放任性中之恶去发展，也就是"修其恶则为恶人"；只有按照礼义去行动的人，才能和禽兽区别开来，才可以称为人。但是，同样按照礼义去行动，只有有很深的造诣和独到的明智，才能达到圣人的境地。扬雄把具有礼义而又有独智的圣人作为人性的最高价值目标，这一见解是很深刻的。

扬雄十分重视道德教育的重要作用，也强调学的作用。

> 或曰学无益也，如质何：曰未之思矣。夫有刀者砻诸，有玉者错诸，不砻不错，焉攸用。砻而错诸，质在其中矣，否则辍。螟蛉之子，殪而逢蜾蠃，祝之曰：类我类我，久则肖之矣。速哉，七十子之肖仲尼也。（《法言·学行》）

这里也可以说是讲修养的重要，虽有美玉，不经过切磋琢磨，不能成为玉器；虽有良金，不磨不能锐利。关于蜾蠃（一种细腰蜂）常将螟蛉（螟蛾的幼虫）收为养子，并把它教育得和蜾蠃一样，这只是一种生物学上的错误认识。扬雄很形象地说明，只要经过认真的教育，就可以使人们形成好的品质，孔子的七十弟子，不是在孔子的教育下很快改变了自己的本性而像孔子一样成为有德行的人吗？

第二节　王充的伦理思想

一、生平及其著作

王充，字仲任，生于公元 27 年（汉光武帝建武三年），卒于公元 97 年（汉和帝永元九年）。根据《自纪》所载，他的祖先原住魏郡的元城（今河北大名），因参军有功，曾被封在会稽郡的阳亭。但是，一年后就失去封爵在阳亭落户，依靠耕田种桑过活。由于他家有任侠的传统，依靠自身的勇武，经常打抱不平，因而，他的祖父、父亲和伯父等都曾多次与土豪丁伯结怨，被迫多次迁移，先从阳亭迁至钱塘，后又搬到上虞（今浙江省上虞县）。

王充自幼聪慧，二十岁左右被保送入京师太学受业，并拜当时名儒班彪为师，先后做过地方上的小官，但因不愿趋炎附势，终于弃官归里，从事理论著述。但在王充看来，这并不是一种妥协，而是一种战斗的方式。

由于王充出身"细族孤门"，受到社会的鄙视，所以他对于当权的"豪族强宗"及其哲学伦理思想极为厌恶。他"淫渎古文，甘闻异言"，对于"世书俗说，多所不安"。他自己认为："《诗》三百，一言以蔽之曰：'思无邪。'《论衡》篇以十数，亦一言也，曰：'疾虚妄。'"（《论衡·佚文》）由此可见，他的《论衡》完全是一部探索真理、批判谬误的战斗性论著。

王充的著作很多，据记载有《六儒论》《诫倝节义》、《政务》、《论衡》等。《自纪》篇说："充既疾俗情，作《讥俗》之书；又闵人君之政，徒欲治人，不得其宜，不晓其务，愁精苦思，不睹所趋，故作《政务》之书；又伤伪书俗文多不实诚，故为《论衡》之书。"到晚年又作《养性之书》（这很可能是一本有关道德品质修养的书），可惜留下来的只有《论衡》八十五篇。

二、唯物主义的自然观和认识论

由于西汉官方哲学家董仲舒极力宣扬"天人感应"的唯心主义神秘哲学和伦理观念，在很长一段时间里，唯心主义的"善恶报应"和穿凿附会的"灾异"神学大为盛行。汉王朝的统治者为了利用唯心主义的哲学和道德伦理观念来麻痹人民、欺骗人民，以缓和人民的斗争意志，曾先后召开过石渠阁会议和白虎观会议，以加强官方的今文经学的地位和封建道德的作用。白虎观会议正式确立了"三纲五常"道德规范在封建社会中的绝对统治地位，并把神学的理论进一步运用于道德理论之中。王充是当时古文经学的主要代表。他的哲学就是作为唯心主义神学的对立面而出现的，矛头主要是指向董仲舒的"天人感应"和所谓谶纬神学，并对许多伦理道德问题提出了前人所未发的新论点。

什么是"天"？对于这个自有人类社会以来人们就思索的问题，王充继承荀子的理论，针对董仲舒所宣扬的天有意志的唯心主义思想，认为天是由"气"组成的。他说："天之行也，施气自然也，施气则物自生。"（《论衡·说日》）又说："夫天覆于上，地偃于下，下气蒸上，上气降下，万物自生其中间矣。"（《论衡·自然》）他公开驳斥了那种认为天地都是有目的地创生人类和万物的神学目的论，指出这种"天地故生人"（上天是有目的地生下人类的）的理论完全是虚妄的。他说："儒者论曰：'天地故生人。'此言妄也。夫天地合气，人偶自生也，犹夫妇合气，子则自生也。夫妇合气，非当时欲得生子，情欲动而合，合而生子矣。且夫妇不故生子，以知天地不故生人也。然则人生于天地也，犹鱼之（生）于渊，虮虱之（生）于人也。因气而生，种类相产，万物生天地之间，皆一实也。"（《论衡·物势》）

在王充看来，人不是"天"有意生出来的，只是由于天地的气相结合，像鱼生在渊中，虮虱生在人身上一样，是一种自然现象。他说："夫天道，自然也，无为。如谴告人，是有为，非自然也。黄老之家，论说天道，得其实矣。"（《论衡·谴告》）

天地是由什么构成的？王充认为，都是由物质性的东西构成的，或者是气，或者是玉、石之类，总之，都是物质。在《论衡·谈天》中，他说："且夫天者，气邪？体也？如气乎，云烟无异，安得柱而折之？女娲以石补之，是体也。如审然，天乃玉石之类也。"此外，在《论衡》的《谈天》和《说日》中，王充提出了一个系统的有关天体的理论，这就是他的"盖天说"。他认为天并不只是由气构成的，天体是一个由玉、石构成的大盖，覆于地上。太阳和月亮运行的方向和天的运行方向相反，天由东向西（左行），日、月由西向东。日月在天上的运转，像蚂蚁爬在磨盘上一样，自己不断爬行，但也随着磨盘转，只不过方向相反而已。王充在对"天"作了唯物主义解释的同时，认为人可以说是由气构成的。"人，物也。万物之中有知慧者也。其受命于天，禀气于元，与物无异。"（《论衡·辨祟》）"人之生，其犹水也，水凝而为冰，气积而为人；冰极一冬而释，人竟百岁而死。"（《论衡·道虚》）王充坚持了天人不相与的观点，有力地回击了董仲舒的神学目的论。

在精神和物质的关系上，王充坚持唯物主义的自然观。在论证"天"是一种自然的物质的同时，他又着重论证了人的意识只是物质的产物，离开了物质也就不可能有人的意识。

东汉初年，桓谭在反对谶纬迷信的唯心主义斗争中，曾提出了著名的烛火的比喻。他把身体比作蜡烛，把精神比作蜡烛的燃烧。人的精神不能脱离肉体而存在，正像火光不能离开蜡烛一样。他说："精神居形体，犹火之然烛矣……烛无，火亦不能独行于虚空。"（《新论·祛蔽》）王充提出了自己的神形观，认为人的精神和人的身体都是由气构成的。精神是阳气，身体是阴气，二者互相结合，人才能保持生命的存在，否则，人就会灭亡。他说：

> 夫人所以生者，阴阳气也。阴气主为骨肉，阳气主为精神。人之生也，阴阳气具，故骨肉坚，精气盛。精气为知，骨肉为强。故精神言谈，形体固守。骨肉精神，合错相持，故能常见而不灭亡也。（《论衡·订鬼》）

> 人之所以生者，精气也，死而精气灭。能为精气者，血脉也。人死血脉竭，竭而精气灭，灭而形体朽，朽而成灰土，何用为鬼？（《论衡·论死》）

这就是说，人的思想、精神必须依附于形体，形体灭亡了，精神也必然灭亡，根本不可能存在什么离开肉体的"鬼"。他还进一步论证说，人之所以有聪明智慧，就是因为人含有五常之气，而人之所以有五常之气，是由于有五脏这样的器官。五脏不伤，一个人就有智慧；五脏有病，人就会感到恍惚以至愚痴。人如果死了，五脏就必然要腐朽，哪里还能有知觉呢？因此，他认为："天下无独燃之火，世间安得有无体独知之精？"（《论衡·论死》）

人们要获得知识，必须要由感觉器官接触外界事物，否则人们就不可能得到正确的认识。他说："儒者论圣人，以为前知千岁，后知万世，有独见之明，独听之聪，事来则名，不学自知，不问自晓。"（《论衡·实知》）王充认为，这都是臆造，都是虚妄。"使一人立于墙东，令之出声，使圣人听之墙西，能知其黑白、短长、乡里、姓字、所自从出乎？沟有流堙，泽有枯骨，发首陋亡，肌肉腐绝，使人询之，能知其农商、老少、若所犯而坐死乎？"（同上）由此可见，没有感觉经验，是不可能得到正确的认识的。他还以当时人们所最称颂的孔子为例，并举出许多有说服力的事例证明孔子不能"先知"。他说："子畏于匡，颜渊后。孔子曰：吾以汝为死矣。如孔子先知，当知颜渊必不触害，匡人必不加悖。见颜渊之来，乃知不死，未来之时，谓以为死，圣人不能先知。"（同上）又说："阳货欲见孔子，孔子不见，馈孔子豚，孔子时其亡也而往拜之，遇诸涂。孔子不欲见，既往候时其亡，是势必不欲见也，反，遇于路。以孔子遇阳虎言之，圣人不能先知。"（同上）

总之，在王充看来，感觉是认识的来源，只有通过人的感官和外界事物接触，人们才能对客观事物有所认识。连圣人都是如此，一般人就更不用说了。

三、关于人性的理论

王充作为一个唯物主义哲学家，试图用唯物主义的观点来建立自己的人性论。他认为，人是由气组成的，人性的善恶也是由所禀气的厚薄决定的。在中国伦理思想史上，他第一次给予"性三品"这一理论以确切解释，并从唯物主义的角度，赋予了它新的意义。

王充在人性问题上的贡献主要有四个方面：（1）他力图从人的自然

本性上来解释人性，反对人性是由天命和神所赋予的。尽管他最终走向了命定论，但仍然有重要的进步意义。（2）他进一步总结了历史上的人性论，提出了较董仲舒更为完备、更为全面的"性三品"的理论。（3）他明确地指出，人的自然本性是可以在后天改变的，人之性，善可变为恶，恶可变为善。（4）他强调了道德教育对改变人性的重要意义。他认为，对性恶的要教、告、率、勉，使"恶化于善"，"成为性行"（《论衡·率性》）。

正如我们在论述董仲舒的伦理思想时所提到的，尽管董仲舒依据孔子的思想提出人性有三等的思想，即圣人之性、斗筲之性和中人之性，但在他看来，"名性者，中民之性"（《春秋繁露·实性》），"名性不以上，不以下，以其中名之"（《春秋繁露·深察名号》）。这就是说，只有中人之性才是性的标准。他的性三品实际上只是性一品。

王充在《论衡·本性》中分析批判了孟子的性善论、荀子的性恶论、告子的性无善恶论以及扬雄的性善恶混论。他认为，孟子的性善论指的是孔子所说的"上智"，即董仲舒的圣人之性；荀子所说的是指中人以下的下愚，即所谓斗筲之性；告子和扬雄讲的都是"中人之性"，并认为中人之性是可以改变的，而上智与下愚是不可改变的。王充由于强调了人性是由禀气不同而决定的，所以有着较大的进步意义。王充认为，人性的善恶因人们禀受的气的清浊多少而不同。"气有少多，故性有贤愚。"（《论衡·率性》）他服膺于孔子的人性论，他说：

> 故孔子曰："中人以上，可以语上也；中人以下，不可以语上也。"告子之以决水喻者，徒谓中人，不指极善极恶也。孔子曰："性相近也，习相远也。"夫中人之性，在所习焉。习善而为善，习恶而为恶也。至于极善极恶，非复在习。故孔子曰："惟上智与下愚不移。"性有善不善，圣化贤教，不能复移易也。（《论衡·本性》）

在王充看来，自孔子以后直到东汉初年，所有论性的人都没有说清楚什么是人性，只有"世硕，公孙尼子之徒，颇得其正"。"周人世硕以为人性有善有恶，举人之善性，养而致之则善长；恶性，养而致之则恶长。如此，则情性各有阴阳，善恶在所养焉，故世子作《养性书》一篇。密子贱、漆雕开、公孙尼子之徒，亦论情性。与世子相出入，皆言性有善有恶。"(《论衡·本性》)其实，世硕所谓的人性中有善有恶和王充所说的人性有善有恶还是大不相同的。世硕所说的善恶混是指每个人的人性中都既有善的因素也有恶的因素，实际上是说所有人的人性都是一样的，都包含着善与恶的成分。而王充所说的性有善有恶，比较多地吸收了董仲舒的思想，认为不同等级的人的性是彼此不同的，不过他说得更加完整、更加明确而已。王充所说的人性有善有恶也是一种先天的人性论。他说：

> 实者，人性有善有恶，犹人才有高有下也。高不可下，下不可高。谓性无善恶，是谓人才无高下也。……九州田土之性，善恶不均，故有黄赤黑之别，上中下之差；水潦不同，故有清浊之流，东西南北之趋。人禀天地之性，怀五常之气，或仁或义，性术乖也。动作趋翔，或重或轻，性识诡也。面色或白或黑，身形或长或短。至老极死，不可变易，天性然也。皆知水土物器形性不同，而莫知善恶禀之异也。余固以孟轲言人性善者，中人以上者也；孙卿言人性恶者，中人以下者也；扬雄言人性善恶混者，中人也。(同上)

尽管人性的善恶是先天的，但是，经过后天的教育、学习和修养，可以在一定范围内和一定程度上改变人的性情。特别是对中人来说，教育和修养更有极其重要的意义。他说："夫中人之性，在所习焉，习善而为善，习恶而为恶也。"(同上)他引用荀子的话说："蓬生麻间，不扶自直，白纱入缁，不练自黑。彼蓬之性不直，纱之质不黑，麻扶缁染，使之直黑。夫人之性犹蓬纱也，在所渐染而善恶变矣。"(《论衡·率性》)因此，王充强调，对于那些已染恶习的人，只要能够加以教育，就可以改变已染的恶性，使之趋向于善。他用铁矿石可以炼成有名的宝剑为例说明，铁矿石尚可改变本质，人的本性又有什么不能改变呢？他的结论是：人之性，善可变为恶，恶可变为善，善恶像练丝一样，"染之蓝则青，染之丹则赤"(同上)。人从小受到什么样的习染，就会有什么样的人性。

四、关于物质生活同道德的关系

在自然观上，王充是一个比较彻底的唯物主义者；在社会观上，他力求用自然的原因来说明和解释社会现象；在伦理观上，他非常强调物质生活水平对人的道德面貌、社会的风尚习俗的制约和影响。

长期以来，一些思想家认为整个社会治乱的关键在于是否能够有贤明的国君和所谓圣贤。如果有明君、圣贤对老百姓实行仁义道德，就可以使社会安宁，人民幸福。相反，如果统治者是一个不好的君主，暴虐无道，不讲仁义道德，社会就要大乱，人民就要遭受痛苦。王充认为，这种认识只是看到了事物的外部现象而没有看到问题的实质，是"明于善恶之外形，不见祸福之内实也"（《论衡·治期》）。王充认为，社会的治乱，以及人们的道德水平、思想品质，并不是由明君、圣贤决定的，而是由人们的物质生活水平决定的。他说：

> 夫世之所以为乱者，不以贼盗众多，兵革并起，民弃礼义，负畔其上乎？若此者，由谷食乏绝，不能忍饥寒。夫饥寒并至而能无为非者寡，然则温饱并至而能不为善者希。《传》曰："仓谷实，民知礼节；衣食足，民知荣辱。"让生于有余，争起于不足。谷足食多，礼义之心生；礼丰义重，平安之基立矣。故饥岁之春，不食亲戚，穰岁之秋，召及四邻。不食亲戚，恶行也；召及四邻，善义也。为善恶之行，不在人之性，在于岁之饥穰。由此言之，礼义之行，在谷足也。（同上）

王充所说的社会治乱的最根本原因并不是经济关系，只是物质生活水平，或者只是指粮食产量的多少。他认为，老百姓没有饭吃，就必然要为非作恶；能够吃饱穿暖，就会道德高尚。那么，怎样才能丰衣足食、吃饱穿暖呢？他又特别强调风调雨顺、五谷蕃熟的重要，认为"年岁水旱，五谷不成"，便会导致"兵革并起，民弃礼义"。同时，他认为，社会的治乱、人民道德水平的高低，"非政所致，时数然也"。归根到底是由风调雨顺这种自然现象所决定的。这种看法尽管包含着一定真理的因素，却是非常片面的。人民群众的"兵革并起，民弃礼义"，不仅是"年岁水旱，五谷不成"造成的，更多的情况却是由于忍受不了剥削和压迫而引起的。而且也不能笼统地说，只要丰衣足食、吃饱穿暖，人们的道德水平就可以提高。一个社会的道德水平，固然和物质生活水平和粮食的产量有关，但更重要的是，它是由经济关系、政治统治以及多种因素所决定的，不是由消费水平的高低决定的。

但是，应该看到，王充从这一理论中得出了一个结论，即必须满足人民的起码的衣食需要。这在当时来说，是一种进步思想。他用这一观点反对孔子的唯心主义的道德观。他在《论衡·问孔》中说：

> 子贡问政，子曰："足食足兵，民信之矣。"曰："必不得已而去，于斯三者何先？"曰："去兵。"曰："必不得已而去，于斯二者何先？"曰："去食。自古皆有死，民无信不立。"信最重也。问："使治国无食，民饿。弃礼义，礼义弃，信安所立？"
>
> 春秋之时，战国饥饿，易子而食，析骸而炊，口饥不食，不暇顾恩义也。夫父子之恩，信矣，饥饿弃信，以子为食。孔子教子贡去食存信，如何？夫去信存食，虽不欲信，信自生矣；去食存信，虽欲为信，信不立矣。

由此可见，王充所说的"食"，主要是指广大劳动人民的吃饭问题。在他看来，如果劳动人民无衣无食，又怎么能叫他们为统治者守"信"呢？

五、性之善恶与命之吉凶

在西汉末年，谶纬神学盛行，把人的祸福问题总是和善恶联系起来说明，并提出了所谓善恶报应的福善祸淫说。这种学说宣扬行善的一定可以得福，作恶的一定要有祸；进而认为有福的一定是行善的，受祸的必然是作恶的。王充极力反对当时的所谓善有善报、恶有恶报的理论。他说："世论行善者福至，为恶者祸来。福祸之应，皆天也，人为之，天应之。阳恩，人君赏其行；阴惠，天地报其德。无贵贱贤愚，莫谓不然。"（《论衡·福虚》）又说："世谓受福佑者，既以为行善所致；又谓被祸害者，为恶所得。以为有沉恶伏过，天地罚之，鬼神报之。天地所罚，小大犹发；鬼神所报，远近犹至。"(《论衡·祸虚》）王充认为这种理论是不符合人类社会的实际情况的，而是一种虚妄。在他看来，人的善恶是由性而来的，而人的祸福吉凶是由命定的。一个人在人性上的善恶同他命运中的吉凶，往往是不一致的。他说："夫性与命异，或性善而命凶，或性恶而命吉。操行善恶者，性也；祸福吉凶者，命也。或行善而得祸，是性善而命凶；或行恶而得福，是性恶而命吉也。性自有善恶，命自有吉凶。使命吉之人，虽不行善，未必无福；凶命之人，虽勉操行，未必无祸。"(《论衡·命义》）这就是说，作恶的人不一定都有祸，行善的人也不一定都能有福；一个人只要"命"好，就是做了很多坏事，仍可以享福；如果命不好，就是有很好的德行，也仍然要受祸。

由此，王充得出了一个在当时来说有重要意义的进步结论，即道德高尚和道德败坏同富贵贫贱没有必然的联系。达官显贵，尽管有福，但不一定有德。"操行有常贤，仕宦无常遇。贤不贤，才也；遇不遇，时也。才高行洁，不可保以必尊贵；能薄操浊，不可保以必卑贱。"(《论衡·逢遇》）"处尊居显，未必贤，遇也；位卑在下，未必愚，不遇也。故遇，或抱漆行，尊于桀之朝；不遇，或持洁节，卑于尧之廷。"（同上）这就是说，居于统治阶级高位的人，并不一定就是具有道德的好人，那些"能薄操浊"，即既缺德又无才的人，却往往爬在别人头上作威作福，这都是"世各自有以取士，士亦各自得以进"的原因。这一理论直接揭露了封建社会的阴暗面，应当说是大胆而深刻的。

王充不相信"天人感应"，更不相信"善恶报应"，因此，提出了人的善恶祸福都是由"命"决定的理论，在伦理思想史上被称为"命定论"，即认为人的祸福得失、生死寿夭都是由命运决定的理论。

什么是王充所说的"命"呢？他认为，这个"命"不是"天命"，而是"自然"之命。他说："人生性命当富贵者，初禀自然之气，养育长大，富贵之命效矣。"(《论衡·初禀》）又说："命谓初所禀得而生也。人生受性，则受命矣，性、命俱禀，同时并得，非先禀性，后乃受命也。"（同上）这里，王充的历史唯心主义就暴露得更加明显了。他本来想否认所谓有意志的天对人的命运的作用，但却得出了一种神秘主义的荒谬结论，认为一个人的祸福寿夭在一生下来时就已经决定了，不过它不是由"天"决定的，而是由"命"决定的。这样，王充所说的"命"

和董仲舒所说的"天"也就没有太大的区别了。但是，王充仍力图给自己的"命"以自然的解释，认为"命"不是神的意志，而是人的骨相。他说："人曰命难知，命甚易知。知之何用？用之骨体。人命禀于天，则有表候于体，察表候以知命，犹察斗斛以知容矣。表候者，骨法之谓也。"（《论衡·骨相》）又说："富贵之骨不遇贫贱之苦，贫贱之相不遭富贵之乐。"（同上）这就是说，一个人一生的祸福寿夭，在一生下来的时候就显露在他的骨相上，只要懂得这种骨相术，也就可以察知一个人一生的祸福吉凶。不仅如此，他还说："天施气而众星布精，天所施气，众星之气在其中矣。人禀气而生，含气而长，得贵则贵，得贱则贱，贵或秩有高下，富或资有多少，皆星位尊卑小大之所授也。"（《论衡·命义》）这样一来，人的富贵寿夭又成了天象"星位尊卑大小"的授予，同样回到唯心主义的星象学。因此，是"骨相"也好，"星象"也好，王充都是想运用他在自然观上的唯物主义理论来反对当时流行的"天人感应"的神秘的唯心主义。他从大门里把唯心主义赶了出去，但却又从窗口把它迎了进来。由此可见，只是自然观上的唯物主义，并不能导致历史唯物主义的结论。历史常常跟人们开玩笑，一心想坚持唯物论的王充，在历史观上，却是从反对唯心论开始，最终又陷入了唯心论。

恩格斯在《自然辩证法》一书中曾经指出：

> 与此对立的是决定论，它从法国唯物主义传到自然科学中，并且力图用根本否认偶然性的办法来对付偶然性。按照这种观点，在自然界中占统治地位的，只是简单的直接的必然性。这一个豌豆荚中有五粒豌豆，而不是四粒或六粒；这条狗的尾巴是五英寸长，不长一丝一毫，也不短一丝一毫；……这一切都是由一种不可更动的因果连锁、由一种坚定不移的必然性所引起的事实……承认这种必然性，我们也还是没有从神学的自然观中走出来。[①]

同样，王充的这种命定论并没有使他从天命论中走出来。既然一切都是命定的，还要人的能动性干什么呢？人们在社会生活中，根本不必要有所作为，只须坐待"命"来摆布就行了。"信命者则可幽居俟时，不须

---

① 《马克思恩格斯全集》，中文1版，第20卷，561页，北京，人民出版社，1971。

劳精苦形求索之也。"(《论衡·命禄》)"故命贵,从贱地自达;命贱,从富位自危。故夫富贵若有神助,贫贱若有鬼祸。"(同上)一切都"生死有命,富贵在天",一切都神秘莫测,除了"幽居俟时"以外,一个人对自己的命运是没有别的办法的。

六、养德和养力

在中国伦理思想史上,关于养德和养力,即道德教育和刑罚究竟哪一个更为重要,是有着尖锐的争论的。王充尽管在自然观和认识论上和韩非基本一致,但对韩非片面否认道德作用的理论又给予了坚决的驳斥,这就是他在《论衡》中所以写《非韩》篇的主要原因。

> 治国之道,所养有二:一曰养德,二曰养力。养德者,养名高之人,以示能敬贤;养力者,养有力之士,以明能用兵。此所谓文武张设,德力且足者也。事或可以德怀,或可以力摧,外以德自立,内以力自备。慕德者不战而服,犯德者畏兵而却。徐偃王修行仁义,陆地朝者三十二国。强楚闻之,举兵而灭之。此有德守,无力备者也。夫德不可独任以治国,力不可直任以御敌也。韩子之术不养德,偃王之操不任力,二者偏驳,各有不足。(《论衡·非韩》)

王充强调"养德",认为"养德"就是要养那些有很高道德声望的儒生,因为他们能够教人们以道德,使人民为善。他特别反对韩非把懂得礼义道德的儒生看作是蛀虫("比之于一蠹")、强调"明法尚功"的观点,认为这是"舍本逐末",不利于政权的巩固。他说:"国之所以存者,礼义也。民无礼义,倾国危主。"(同上)他认为道德是国家生死存亡和君主祸福安危的关键,"治国不能废德"。王充以个人和国家作比喻,认为对一个人自身来说,最重要的是要修养自己的品德,如果为人处事缺少恩德,亲戚朋友就会和他疏远而断绝关系。同样,治理一个国家,就一定要用道德来感化百姓,给百姓以仁爱恩惠,百姓知道感恩,国家也就不会发生暴乱了。当然,王充也认识到,"德不可独任以治国",还需要有"力"来镇压被剥削阶级的反抗,并用以抵抗外部的侵略。这就是说,王充强调了统治者的"力"和"德",即强调了治国中的道德教育和政治镇压这两种手段，并认为应以"德"为主，这是对孔子关于"德治"思想的发挥。

第三节　王符的伦理思想

一、生平及其著作

王符（约公元85—162年），字节信，是东汉时期著名的政治、伦理思想家。他与扬雄、王充等人在谶纬神学思想流行时期，不随波逐流，力挽狂澜，竭力反对董仲舒等人的神学目的论的伦理思想，强调道德来源于人民物质生活水平的提高，否认天赋道德的唯心主义思想，主张"人之善恶"在于每个人实际的情操和品德，不在于出身的贵贱。在政治伦理思想上，他继承儒家的传统，揭露了当时社会上的种种歪风邪气，嘲讽了当时道德上的腐朽和堕落，提倡以孔子之经治世，以黄帝之术治身（"治身有黄帝之术，治世有孔子之经"），是汉代伦理思想方面有重要影响的思想家。

王符出身于"俗鄙庶孽"，因而幼年时"为乡人所贱"，只是靠自己的刻苦好学，才成为著名的思想家。由于他看不惯当时社会的种种黑暗现象，不肯趋炎附势，随波逐流，所以官场失意，因而"志意蕴愤，乃隐居著书三十余篇，以讥当时失得"（《后汉书·王符传》）。他留传下来的著作有《潜夫论》一书。为什么把自己的书命名为《潜夫论》？主要是"不欲彰显其名"。王符在自然观上，坚持朴素的唯物主义，主张"气"是世界万物的本源，自然界的一切现象并不是"天"的意志的产物，都是由气所生的，"虽有至圣，不生而知；虽有至材，不生而能"（《潜夫论·赞学》），一切天才、圣贤都是后天学习锻炼而成的。王符的这一思想，不但对当时的思想界从神学目的论中摆脱出来有重要意义，而且对于当时的政治黑暗也是一种尖锐、深刻的批评。

二、反对"以位论德"

东汉自王充以来，在社会生活中出现了一个十分惹人注目的社会问题，即那些身居高位、管理国家行政的各级官吏，本来都是经过国家的察举（选举）制度推荐考核的精通五经或以孝廉闻名的人，但实际上，他们自身则往往是贪赃枉法、为非作恶、不忠不孝、骄侈淫逸的没有道德的人。他们身居高位，利用权势，相互包庇，又自称贤人君子。对这一问题究竟应当怎样认识？王符和王充一样，不避嫌疑，不怕忌讳，大胆地提出了自己对这一问题的认识。王符的论述是针对当时的社会现实的，从中也可以看出东汉的社会道德风尚及其存在的问题。

王符认为，"高位厚禄、富贵荣华"的人，并不一定就是有道德的贤人君子，身处贫贱冻馁、困辱危穷地位的人，并不一定就是没有道德的小人。这就是说，一个人的道德水平同权势、财物没有必然的联系。他说："所谓贤人君子者，非必高位厚禄富贵荣华之谓也。此则君子之所宜有，而非其所以为君子者也。所谓小人者，非必贫贱冻馁、困辱阨穷之谓也，此则小人之所宜处，而非其所以为小人者也。"（《潜夫论·论荣》）因此，他的结论是"人之善恶，不必世族"，"宠位不足以尊我，而卑贱不足以卑己"（同上）。他说，像夏桀、商纣这样的帝王，尽管他们的地位很高，权势很大，由于"其心行恶"，因此，只能是没有道德的"小人"；而伯夷、叔齐，饿夫也，傅说（音悦）胥靡，而井伯虞虏也，但由于他们有"志节美"，仍然是有道德的君子。

王符的这一思想还有另一个意义，即只有那些有道德的贤人君子，才应该得到"高位厚禄、荣华富贵"，而那些没有道德的小人，尽管当时享受着"高位厚禄、荣华富贵"，倒是应该处于卑贱地位。他竭力反对以是否出于"名门望族"作为推荐孝廉的主要根据，痛斥当时以封建出身门第和显赫地位来论人的道德品质的错误。他指出，"以族举德、以位命贤"（同上）的传统观念应该彻底打破，否则，这种恶性循环将有增无减，社会的腐败将发展到不可收拾的地步。因为对于名门望族来说，不论有德与否，都可以推举为孝廉，委任为高官，而这些高官又依此再向朝廷推荐，这样下去，道德和位禄就愈来愈不相称，甚至会产生严重的社会腐败，社会将会陷入无法克服的混乱之中。

在人和人的关系上，特别是在友谊问题上，王符认为，人们都愿和有钱有势的人结识，并以此为荣，而不愿和有道德却无权无势的人交友，而且怕因此而受到损害。在他看来，这也是社会上人和人交往的一

种严重的不正之风。他指出："与富贵交者，上有称举之用，下有货财
之益；与贫贱交者，大有赈贷之费，小有假借之损。"（《潜夫论·交
际》）但是，即使是"颜闵之贤，苟被褐而造门，人犹以为辱而恐其复
来，况其实有损者乎？"（同上）据此，他对当时的"富贵则人争附之"，
"贫贱则人争去之"（同上）的人和人之间的关系深为不满，并表示自己
宁愿被人疏远而不愿与权贵交往。他之所以著《潜夫论》一书，也显示
出他高尚的不趋炎附势的品德。

三、礼义生于富足

在道德和人们物质生活水平的关系问题上，王符继承了王充的思
想，认为人们的道德水平是由人们的富足和贫穷决定的。他说："礼义
生于富足，盗窃起于贫穷，富足生于宽暇，贫穷起于无日。圣人深知，
力者乃民之本也，而国之基也，故务省役而为民爱日。"（《潜夫论·爱
日》）

王符的伦理思想是同他进步的政治思想密切联系的。他深感东汉初
年的劳役繁重、官僚腐败，统治者为了享乐，不惜以各种方式动用民
力，从而导致民不聊生，盗窃兴起，道德沦丧。为此，他提出"为民爱
日"、使民富足的思想，认为只有老百姓生活水平提高了，才能知礼守
义，社会也就可以安宁了。

王符的"礼义生于富足"的思想，是对当时实际的社会生活进行思
考后得出的结论。当时，封建剥削和自然灾害引发了不断的农民起义。
这些农民为什么会抛弃封建社会的所谓仁义道德去铤而走险呢？他认
为，这主要是由老百姓过于穷困、不能维持最起码的生活而引起的。
"民贫则背善"，"饥寒并至，安能不为非？"（《潜夫论·浮侈》）因此，
为了使老百姓有道德，必须使他们有富足的生活。怎样才能富足呢？最
重要的就是要使老百姓有充分的时间去从事农业生产，发挥他们的劳动
积极性，而繁重的徭役、过多的征用民力、大兴土木都浪费了劳动力，
因此，爱惜劳动力、爱惜时间是使人民有道德的一个重要条件。

四、"好义而彰，好利而亡"

在义利关系上，王符针对当时社会上人们皆趋利而舍义的情况，发展了儒家重义轻利的思想。他认为，义利之辨是一个人立身处世的最重要的原则问题。他从对大量历史事件和人物的考察中证明，那些只顾利而忘义的人都没有好下场："自古于今，上以天子，下至庶人，蔑有好利而不亡者，好义而不彰者也。"（《潜夫论·遏利》）如"周厉王好专利，芮良夫谏而不入"，"虞公屡求以失其国"，"公叔戌崇贿以为罪"，"桓魋不节饮食以见弑"（《潜夫论·遏制》）等，此皆以货自亡，用财自灭。相反，那些重义轻利的人，如楚令尹子文，三为令尹而有饥色，妻子冻馁。季文子，相四君，马不饩粟，妾不衣帛。子罕归玉，晏子归宅。此皆能弃利约身，故无怨于人。介子推、伯夷叔齐等人，因为有高尚的道德、坚定的气节、崇高的情操，尽管没有高官厚禄，但他们对后世的影响，是那些虽有高官厚禄的人所不能比拟的，即"虽有四海之主弗能与之方名，列国之君不能与之钧重"（《潜夫论·遏利》），因为他们"义溢乎九州之外，信立乎千载之上，而名传乎百世之际"（同上）。在义利问题上，王符并不像孟子那样完全否认利的重要，更不像后来的宋明道学家那样提倡什么"存天理、灭人欲"，而是倡导"遏利"，认为不可过分追求利益，更不能不顾义而只顾利。他说："知脂蜡之可明镫也，而不知其甚多则冥之；知利之可娱己也，不知其积而必有祸也。""象以齿焚身，蚌以珠剖体"。"子孙若贤，不待多富，若其不贤，则多以征怨"（同上）。王符的这些思想反映了当时社会上许多正直人的处世之道，也是对当时社会上那种一味追求财利的风气的批判。

第十三章
心学伦理思想

第一节 陆九渊的伦理思想

一、生平及著述

陆九渊，字子静，抚州金溪（今江西抚州金溪）人，生于公元1139年（宋高宗绍兴九年），卒于公元1192年（宋光宗绍熙三年）。中年以后，陆九渊曾在贵溪象山讲学，史称象山先生。曾做过几任地方官，晚年知荆门军。

陆九渊的著作，经他的儿子陆持之编辑为《象山先生全集》，今人重编为《陆九渊集》，共三十六卷。

陆九渊是宋明"心学"的开创者。他提出了"心即理"、"宇宙便是吾心、吾心便是宇宙"的伦理思想体系，强调了"发明本心"、"先立乎其大"的修养方法，确定了"万物皆备于我"的"天人合一"的道德理想境界，在中国伦理思想史上，独树一帜，别开生面。对陆九渊的"心学"，长期以来，学者们较多地从哲学本体论上和认识论上进行探讨，对他哲学思想中的主观唯心主义的各个方面多有阐发，但较少从道德理论的方面进行研究，对许多伦理学的概念、范畴和命题，较多地还是从哲学的方面去了解，未能注意到它们的伦理学意义。一般来说，哲学的概念、范畴和命题与伦理学的概念、范畴和命题，是既有联系又有区别的，思想家们在不同情况下去使用这些概念、范畴和命题也是清楚的。

但是，由于中国哲学的自身特点，即长期以来，伦理学和哲学融为一体，伦理学没有成为单独的学科，因而常常造成人们对二者的混淆，有时会产生很大的误解。陆象山和王阳明，就是受到这种误解较多的两个哲学家。因此，对陆九渊的伦理思想有必要做一番新探，主要从伦理学方面对"心学"做一些分析。

从整个哲学体系来说，陆象山所提出的"心即是理"、"宇宙便是吾心、吾心便是宇宙"的"心学"，是一种主观唯心主义的学说，它颠倒了物质和意识、客观和主观的关系。指出这种本体论上的颠倒，固然是重要的，但这是远远不够的。对我们来说，更重要的是，应该对这种从根本上来说是一种伦理体系的思想、范畴和概念进行深入的分析，弄清楚陆象山是怎样论证它们的，他是在什么意义上来使用这些范畴和概念的，以及他的学说为什么得到当时那么多人的赞同（据说他在象山讲学五年，四方学者结庐问学，来者逾数千人），以后又有那么大的影响，在他的学说中，究竟有没有可供我们吸取的合理因素。

二、"心"是一个理性的实体

一般来说，陆象山是一个以发明本心、强调"心"的重要而著称的思想家，所以他的学说被称为"心学"。在中国伦理思想史上，他把"本心"、"存心"、"心"作为道德思考的中心，并以此为基点，建立起一个前所未有、影响深远的伦理学体系。因此，弄清楚陆象山的"心"或"本心"究竟是什么含义，他所说的"心"和一般哲学家所说的"心"有什么不同，这是我们研究陆象山伦理思想所必须首先注意的。只有确切地弄清楚他所说的"心"的意义，对于他的整个学说才能有一个正确的理解。

从中国思想史来看，"心"一般有四种意义：一是指生理上的功能，一是指知觉的作用，一是指意志的能力，一是指道德的品性。除生理上的功能只在特殊情况下使用外，宋代的道学家们主要是在后三种意义上来使用"心"这一概念的。他们有时强调心的知觉的作用，如朱熹说"心者，人之知觉，主于身而应事物者也"（《尚书·大禹谟》，见《朱子文集》卷六五），在这里，朱熹认为"心"的功能，就是认识各种各样的事物。他们有时强调"心"有一种意志的能力，是万事的主宰，朱熹也经常强调"心"的这一种作用，他说："心，主宰之谓也。"（《朱子语类》卷五）"一身之中，浑然有个主宰者，心也。"（《朱子语类》卷二〇）认为"心是管摄主宰者，此心之所以为大也"（《朱子语类》卷五）。朱熹还认为，"心"是一种给一切别的东西下命令而不接受别的东西的命令的主宰。"夫心者，人之所以主乎身者也，一而不二者也，为主而不为客者也，命物而不命于物者也。"（《观心说》）宋代的道学家们，一般也都认为"心"又是人们的道德品质的体现，强调所谓道德的心。不过对于朱熹来说，他把生理功能的心称为"人心"，而把道德之心称为"道心"。他说："只是这一个心，知觉从耳目之欲上去，便是人心；知觉从义理上去，便是道心。"（《朱子语类》卷七八）他还说："虽圣人不能无人心，如饥食渴饮之类；虽小人不能无道心，如恻隐之心是也。"（同上）"道心本来是禀受得仁义礼智之心"。陆象山对心的理解，除了和朱熹等人有相同的方面以外，又有着自己的特殊理解。

从哲学思想和伦理思想来说，归根到底最重要的一点就是，陆象山把"心"主要看做一个伦理性的实体。当然，在陆象山看来，"心"也有生理的本能，也有知觉的作用，也有意志的力量，但最主要、最本质、最核心、最经常的意义，则认为"心"只是一个伦理的实体，而且其他意义都是由这个意义所引出，并从属于这个意义的。作为一个伦理性的实体，在陆象山看来，心主要有三个方面的意思。

首先，陆象山继承了孟子的理论，认为"心"是人的先天的一种道德品性，是与生俱来的，是天之所与我的。他明确指出，这种先天就有的、与生俱来的、所有人都具有的品性，就是孔子所说的"仁"和孟子所说的"仁义礼智"四端。他说："故仁义者，人之本心也。"（《与赵监》）"四端者，即此心也。"（《与李宰》）又说："义理之在人心，实天之所与，而不可泯灭焉者也。"（《思则得之》）陆象山认为人的这种天生的道德品性也就是人们的恻隐、羞恶、辞让、是非之心。不仅如此，陆九渊甚至还认为，人之所以有这种本心，是人之所以区别于动物的本质特征。他说："仁，人心也，心之在人，是人之所以为人，而与禽兽草木异焉者也。"（《学问求放心》）在陆九渊看来，动物和人的区别，不在于知觉，不在于认识，而在于道德，只有人类才是有道德的，而一切动物是无道德可言的，所以道德之心是人和动物的重要区别。

其次，陆九渊认为，"心"不仅是人们所具有的一种天生的道德品质，而且还是一种能够知善知恶的道德评价的能力，一种辨别善恶是非的道德认识能力和道德判断能力。他说："苟此心之存，则此理自明，当恻隐处自恻隐，当羞恶，当辞逊，是非在前，自能辨之。"（《语录》上）在陆象山看来，"心"确有一种知觉、认识的功能，但这种认识主要是指道德的认识，它的功能也主要是指这种道德上的应变能力和判断能力。在陆象山看来，这种"千古不磨"之心的能力，也就是人们的良心。这种良心可以使人们知孝、知悌，懂得"爱其亲"，知道"敬其兄"，见孺子将入于井而有怵惕恻隐之心，遇到可羞之事则羞之，见到可恶之事则恶之，是知其为是，非知其为非，需要辞让的时候能辞让，应该谦逊的时候能谦逊……所有这一切，都是因为"心"具有这种判断能力和应变能力的缘故。一个人只要不失掉自己的良心，就是有道德的人。

陆象山强调"心"的这种道德认识和道德评价上的对己、对人和对一切事情的判断能力，强调"心"作为良心的功能，是有重要意义的。在中国伦理思想史上，孟子最早提出了良心这一概念，但未做进一步的解释。朱熹只强调良心是一种羞耻之心，对良心的理解未免失之过狭。在陆象山看来，良心不仅包含着与生俱来的善良本性，是人之所以区别于禽兽的一个根本特征，"心之在人，是人之所以为人，而与禽兽草木异焉者也"（《学问求放心》），而且是一种能辨明是非、判断善恶、识别正邪、认清公私的特殊的能力，这是有合理因素的。

关于什么是"本心"的问题，陆九渊年谱中有一段话，记载了当时富阳主簿杨敬仲（杨简）和他的问答：

> 问："如何是本心？"先生曰："恻隐，仁之端也，羞恶，义之端也，辞让，礼之端也，是非，智之端也。此即是本心。"对曰："简儿时已晓得，毕竟如何是本心？"凡数问，先生终不易其说，敬仲亦未省。偶有鬻扇者讼至于庭，敬仲断其曲直讫，又问如初。先生曰："闻适来断扇讼，是者知其为是，非者知其为非，此即敬仲本心。"敬仲忽大觉，始北面纳弟子礼。故敬仲每云："简发本心之

问，先生举是日扇讼是非答，简忽省此心之无始末，忽省此心之无所不通。"先生尝语人曰："敬仲可谓一日千里。"(《年谱》)

最后，在陆象山看来，"心"还是一种能体认一切永恒不变的道德原则和道德规范以至一切事物原则的绝对实体。陆象山认为，人和人之间的道德原则和规范，如三纲五常、忠孝节义、仁义礼智等，都是永恒不变、永世长存的，千百年以前和千百年以后，是永远如此的。他认为，人的"心"能认识这些原则和规范，能保持这些原则和规范，能操守、践履这些原则和规范，能发扬光大这些原则和规范。正像他的学生杨简所说的："人心自善、人心自灵、人心自明。"(《二陆先生祠记》，见《慈湖遗书》卷二)把"心"的作用做了无限的夸大，从而使之成为决定一切的东西。

在陆九渊看来，"心"既然是一种能体认永恒不变的道德原则和道德规范的实体，那么，所有人的心，就必然是共同的了。所以，他特别强调人们的这种"本心"、"心"都是相同的。他说："心只是一个心。某之心，吾友之心，上而千百载圣贤之心，下而千百载复有一圣贤，其心亦只如此。"(《语录》下)又说："东海有圣人出焉，此心同也，此理同也。西海有圣人出焉，此心同也，此理同也。千百世之上至千百世之下，有圣人出焉，此心此理亦莫不同也。"(《年谱》)所以他认为，所有的人都是"人同此心"的。在陆九渊看来，在当时的封建社会中，是非、善恶、正邪、公私都是有共同标准的，这个标准就是封建社会的三纲五常，就是君臣、父子、夫妇之道，不论是哪一个人，都应该如此，所以在陆九渊看来，也就必然是"人同此心"了。

三、"心"即是理

陆九渊在他的"心学"中提出了一个重要的命题，即"心即理"。他说："人皆有是心，心皆具是理，心即理也。"(《与李宰》之二)又说："盖心，一心也；理，一理也。至当归一，精义无二，此心此理，实不容有二。"(《与曾宅之书》)这也就是说，"心"和"理"实际上是一个东西，它们是不可分割的。陆九渊更把这一命题加以引申，发展成为"宇宙便是吾心，吾心便是宇宙"的似乎是极为荒谬的结论。诚然，从认识论上来看，它确实是一种不能为人们所理解的主观唯心主义，但在伦理思想上却有着重要的思维教训。

为了更好地弄清这一问题，我们还应该看看什么是陆九渊所说的"理"。

从北宋的程颢、程颐开始，建立了所谓的"理"学，朱熹继承并发展了二程的学说，对"理"又有了新的发挥。二程、朱熹等人，对"理"有着详细的解释，给予了"理"以确定的界说。一般来说，二程和朱熹对"理"这一范畴的使用，有三个层次的含义：第一个层次，他们认为理是世界上万事万物的本原，所以又称为"太极"。从作为一切事物的最终本原来看，"理"是一个实而不有、虚而不无、超越一切时间和空间的永不灭失的东西，"万一山河大地都陷了，毕竟'理'却只在这里"（《朱子语类》卷一）。第二个层次，由万物的本原加以引申。他们认为，"理"是一个事物的本质属性，从而推广到一个事物之所以存在的规律。"且如这个椅子，有四只脚，可以坐，此椅之理也。若除去一只脚，坐不得，便失其椅之理矣。"（《朱子语类》卷六二）所以，椅子有椅子的理，扇子有扇子的理，一切事物，都有一切事物之理。第三个层次，从"理"是万物的本原，推衍到事物的本质属性，再加以发展，他们把理看成是人和人之间的必然的、永恒的伦理原则和道德规范。在这个意义上，"理"也就是"道"，也就是"天理"。朱熹认为："道者，古今共由之理，如父之慈、子之孝、君仁臣忠，是一个公共底道理。"（《朱子语类》卷五七）按照二程、朱熹的说法，"心"和"理"当然是不能混同的。

陆九渊也承认"理"是一切事物的最终本原，包括天、地、人三者，都是由这个最终的本原所派生的。他认为"塞宇宙，一理耳"（《与赵咏道书之四》）。同时，他也认为理是天地万物的主宰，甚至连天地鬼神都不能违背这个至高无上的"理"的规定，他说："此理充塞宇宙，天地鬼神且不能违异，况于人乎?"（《与吴子嗣之八》）陆九渊同朱熹一样，把这种事物的本原的"理"推演为一切事物之所以成为一切事物的规律，所不同的是，陆九渊在很多情况下所说的"理"，主要是指人和人之间的永恒不变的人伦关系之理，也即是所谓"古圣相传"的仁义道德之理。做国君的有国君之理，做臣子的有臣子之理，皇极有皇极之理，彝伦有彝伦之理，……这就是所谓君臣父子夫妇之道，也就是"理"。正是在这个意义上，陆象山认为，"心"和"理"具有一个共同的本质属性，它们都是一种永恒不变的道德规范，都是人伦关系的至高无上的原则，归根到底，它们都可以说是一种伦理实体。所不同的只是，"心"是从主体的方面来说的，"理"是从"客体"（当然和我们今天所说的客体不是一个意思）方面来说的，即从这些人伦关系所体现的规律性方面来说的。作为一种道德主体的"心"，它可以体认、掌握这些原则并用以评价和判断一切事物。作为人伦关系的一种客观的规律，是和人的"心"、"本心""良心"完全一致的。"心"即"理"的意思，就是说这两者是完全统一的和同一的。天理、良心在陆九渊那里是一而二、二而一，不可分割的一码事。

四、"先立乎其大"的修养论

从强调"心"和"本心"出发，在道德修养论上，陆九渊特别强调"先立乎其大"的重要意义。他在对自己学生的教诲中，反复地提出，必须注意到"先立乎其大"这一个道德修养的根本原则。反对他的人说，陆象山除了"先立乎其大"这句话以外，什么本事也没有，陆象山听了以后，竟欣然同意，说："近有议吾者云：'除了先立乎其大者一句，全无伎俩'，吾闻之。曰：诚然。"可见，弄清楚"先立乎其大"的内容和他之所以强调"先立乎其大"的原因，是我们了解陆象山伦理思想的关键。

陆象山所说的"大"，就是他所说的"本"、"本心"、"心"、"道心"和"良心"等，"先立乎其大"，就是要先发明自己的"本心"，强调良心的重要作用。

陆象山说："凡物必有本末，且如就树木观之，则其根本必差大。吾之教人，大概使其本常重，不为末所累。"（《语录》上）这就是说，树木之所以有的枝叶盛茂，有的枯萎凋谢，考其原因，它们的根本必然相差很大。同样，对一个人来说，有的道德高尚，有的品性卑劣，最重要的原因，就是有的能够存心、养心和发明本心，有的则使心为物欲所蔽、为利欲所害、为邪念所陷。因此，为了陶冶性情、变化气质、培养品德，就必须对"心"所受到的蒙蔽、损害和陷溺加以医治，这种功夫，就是去欲、寡欲，也就是"剥落"。陆九渊说："夫所以害吾心者何也？欲也。欲之多，则心之存者必寡，欲之寡，则心之存者必多……欲去则心自存矣。"（《养心莫善于寡欲》）又说："有所蒙蔽，有所夺移，有所陷溺，则此心为之不灵，此理为之不明，是谓不得其正……"因此，为了"保吾心之良"、"去吾心之害"，就必须对这些邪念、物欲、蒙蔽等加以"剥落"。"人心有病，须是剥落，剥落得一番即一番清明，后随起来，又剥落又清明，须是剥落得净尽方是。"（《语录》下）在陆九渊看来，"发明本心"、"存心"、"养心"、"求放心"，同"剥落"功夫是同一个过程的不同方面，是相辅相成而相互促进的。它们的主要方法，就是要"切己自反、改过迁善"（《语录》上），要诚心诚意地"反而思之"，一方面要剥落一切外物的诱蔽，一方面"日夕保养灌溉使之畅茂条达"（《与舒西美》）。正是在这个意义上，陆九渊认为，为学的目的，不是要学得很多知识，以此来炫耀自己，而是要学会怎样做人，懂得怎样来陶冶自己的品性，特别重要的是要切实地践履自己所体认的先天的道德原则和道德规范，使自己成为一个有道德的人。他说："今所学果为何事？人生天地间，为人当尽人道，学者所以为学，学为人而已，非有为也。"（《语录》下）因此，只有品德的进步才是检验学习成绩的惟一标准。

在中外伦理思想史上，关于增长知识和涵养道德的关系，是一个长期争论不休的问题。这个问题的实质是，一个人的道德水平的提高和知识的增长之间究竟有没有关系？如果有，到底是什么关系？在这个问题上，陆象山和朱熹曾进行过激烈的争论，尽管两人都有一定的片面性，但从当时的社会弊端来说，应该说陆九渊的思想中含有更多的合理因素。

朱熹也认为"为学"是要陶冶人的品德和锤炼人的气质。但是，朱熹强调的修养方法是"居敬"、"穷理"和"格物"、"致知"。在他看来，要想使人们的道德品质能够提高，必须要先学习古圣先贤的遗教和历代各朝道德上的典范，特别是要熟读《四书》、《五经》、诸子百家。为达这些目的，他除了用毕生精力编写了《四书集注》外，还辑录了《小学》、《近思录》、《五朝名臣言行录》等书，要人们学习。在朱熹看来，

"格物"、"穷理"将有助于德性的提高，把"道问学"作为"尊德性"的先决条件。

陆象山却不然，他针对当时的时弊，针对那些用学问来求得高官厚禄、用知识来获取个人名利的恶劣风气，针对那些口头上大谈"圣贤之书"，而实际行为则完全"与圣贤背道而驰"的人，大胆地提出了自己的主张。他直言不讳地讽刺那些"疲精神、劳思虑、皓首穷年"，以"通经学古，而内无益于身，外无益于人"的蠹虫。他认为，"为学之道"主要是变化气质，反对终日埋头于经书的传注之中。他说："某读书只看古注，圣人之言自明白，且如'弟子入则孝、出则悌'，是分明说与你入便孝出便悌，何须得传注。学者疲精神于此，是以担子越重。到某这里，只是与他减担。"（《语录》下）陆象山还说："若某则不识一个字，亦须还我堂堂地做个人。"（同上）在他看来，一个人愈是在簿册文字上下工夫，他就愈容易陷入支离破碎之途，而且有些人虽然读书万卷，却于德行无补。对于古圣先贤来说，他们的高尚纯洁，为人仰慕，主要在于他们的廓然大公的精神而不在于他们的文字。他们的文字，只是他们精神的表现。他极其机智地嘲笑朱熹说，如果说只有熟记背诵古圣先贤的遗言之后，才能获得高尚的道德品质，那么，请问尧、舜这两个品德高尚的圣人，他们到底读了哪些书？对朱熹来说，这确实是一个很难回答的问题。尧、舜是朱熹认为的大圣人，朱熹所说的经书，都是在尧、舜以后才写成的。对于这个问题，朱熹只好求助于他的圣人史观，在他看来，圣人是天生的，他不需要读书就是圣人，而其他的人，则必须先读圣人的书。

陆象山关于增长知识和涵养道德的关系的看法，对当时的社会病态来说，无疑是一剂最好的药方。朱熹自己也承认，由于"日前讲论，只是口说，不曾实体于身，故在己在人，都不得力"。他自己原认为，"只如此讲学渐涵，自能入德，不谓末流之弊，只成说话至于人伦日用最切近处，亦都不得毫毛气力，此不可不深惩而痛警也"，从而承认了自己在道德修养上的失误。关于陆象山，他说："大抵子思以来，教人之法惟以尊德性、道问学两事为用力之要，今子静所说，专是尊德性事，而熹平日所论却是问学上多了。所以为彼学者，多持守可观，而看得义理全不子细，又别说一种杜撰道理，遮盖不肯放下。而熹自觉，虽于义理上不敢乱说，却于紧要为己为人上多不得力。今当反身用力，去短集长，庶几不堕一边耳。"（《答项平父》之二，见《朱文公文集》卷五十四）从而肯定了陆象山强调"尊德性"的重要意义。

在怎样"先立乎其大"的问题上，陆九渊非常重视"义利公私"之辨。他认为，区别一个人的道德是高尚还是卑劣，判断一个人是有德还是无德、是君子还是小人，惟一的标准就是看他是怎样对待义、利问题的。他认为，应"以义利判君子小人"，"凡欲学者，当先识义利公私之辨"。他对义利有自己的解释，他所说的"义"，指的是公义，他所说的"利"，指的是私利。在他看来，"义"不但指的是道德的原则，指的是依据"本心"所应做的事的必然之理，而且包括国家人民的公利。宋孝宗淳熙八年（1184年），陆象山43岁时，为了请朱熹给他死去的哥哥撰写墓志铭，曾访朱熹于南康。（六年前，他和朱熹曾进行过一次学术性的大辩论，此后分歧不断加深）朱熹请他到自己的书院白鹿洞给学生们讲课，陆象山就专门讲了孔子的"君子喻于义，小人喻于利"这一章，详细阐述了"先识义利公私之辨"的重要，认为"人之所喻由其所习，所习由其所志。志乎义，则所习者必在于义，所习在义，斯喻于义矣。志乎利，则所习者必在于利，所习在利，斯喻于利矣。故学者之志不可不辨也"（《白鹿洞书院论语讲义》）。这就是说，为了使人们有高尚的道德，必须注意人们的行为及其动机，强调了由"志"到"习"，才可以认识、懂得"义"的重要，认为"喻"是由"习"形成的，"习"是由"志"决定的，强调了一个人的正确的价值目标的作用，这是有合理因素的。陆象山痛斥了当时那些只图个人私利、不顾国家公义的"小人"的无耻行为，指出他们读书就是为了得官，得官后，又不断要求升官，是一种"自少至老，自顶至踵，无非为利"的可耻行径。陆象山从当时封建国家和人民的"公利"出发，认为，一个读书人，在从政为官时，一定要抛弃私利，"悉心力于国事民隐"，应该有"恭其职，勤其事，心乎国，心乎民，而不为身计"的精神。这篇义利之辨的讲话，连朱熹也认为"发明敷畅"、"恳到明白"、"切中学者隐微深痼之病"，"说得这义理分明，是说得好"，甚至认为他自己在讲学中，也未能达到如此程度，深以为愧，即"熹在此不曾说到这里，负愧何言"，还专门让陆象山写成讲义，后又刻之石上，"熹当与诸生共守，以无忘陆先生之训"。陆象山自己也认为写的讲义太简单,"当时说得来痛快,至有流涕者,元晦深感动,天气微冷,而汗出挥扇"(《年谱》)。初春二月,连朱熹也感动得"汗出挥扇",可见这次"义利之辨"的讲演是十分成功的。

五、"万物皆备于我"和"宇宙便是吾心, 吾心便是宇宙"的圣人境界

在陆九渊的伦理思想中,受到后人批评较多的是他的"万物皆备于我"和"宇宙便是吾心,吾心便是宇宙"这两个命题。批评的论点较多的也是从世界观和认识论上着眼,而较少涉及他的伦理思想。

"万物皆备于我"和"宇宙便是吾心,吾心便是宇宙"的思想,对于陆象山来说,主要不是一个世界观和方法论的命题,而是一个伦理学的命题,或者更确切地说,它只是指的道德修养中的一种至高无上的道德境界。陆象山的这一思想是直接从孟子那里继承来的。

孟子最早提出"万物皆备于我"的"天人合一"的境界,认为这种境界是至高无上的。孟子认为"心"是一种人与生俱来的伦理本源,所谓恻隐、是非、羞恶、辞让这些道德本能,都是心的作用。正由于此,孟子强调要"存其心、养其性",即保存人的善良本心,并把仁义礼智四端加以扩充发挥。孟子认为,如果一个人能够"存其心、养其性",就是"知性"。"知其性",也就可以达到"知天"。因为人的善良的"本心"不是从外面来的,是天所赐给我的,"是天之所与也,非外铄也",所以一个人如果能达到"尽性"、"知天"的境界,就能从天所赋予自己的善良本性出发,使自己的思想、感情、志趣、追求,都能充满正气,从而形成一种至大至刚的"浩然正气",就能够"居天下之广居,立天下之正位,行天下之大道",就能够"富贵不能淫,贫贱不能移,威武不能屈",就能够像孟子所说的"所过者化,所存者神,上下与天地同流"(《孟子·尽心上》)。正是在这个意义上,孟子说:所不虑而知者,其良知也,所不学而能者,其良能也。此天之所与我者,我固有之,非由外铄我也。又说:"万物皆备于我矣,反身而诚,乐莫大焉。"(同上)这也就是说,由于人的"心"所具有的良知良能是天所赋予的,因此,一切立身行事,对人对事的原则、态度和方法,也都在我的心中,只要人

们能"反求诸己",发扬本心,并将其扩而充之,并且信实笃诚地去践履,就会使人的这种本心发展成为一种至高无上的境界。处于这种境界的人,就会感到"万物皆备于我",这"万物"便是一切立身行事,对人对事的原则、态度和方法,都能得心应手,无一不是依心即天理,便是"皆备于我"。因此,也就能"乐莫大焉"了。

在孟子以后,尽性、知天的思想,在秦汉儒家所作的《中庸》中又有了进一步的发展。《中庸》说:"惟天下至诚为能尽其性;能尽其性,则能尽人之性;能尽人之性,则能尽物之性;能尽物之性,则可以赞天地之化育,可以赞天地之化育,则可以与天地参矣。"这就是说,只要一个人能发明本心、尽性知天,就可以充分发挥万事万物的本性,就能够帮助天地而化育万物,这样的人,就可与天地并列为三,也就达到"万物皆备于我"与"天地合一"的境界了。宋代的许多道学家们如程颢、程颐、张载及朱熹等,也都强调了圣人可以"与天地参"的这种最高境界,但都没有做进一步的阐释。陆象山从自己的"发明本心"出发,对这种境界做了进一步的发挥。

陆象山是怎样论证他的"宇宙便是吾心,吾心便是宇宙"的呢?他说:

> 四方上下曰宇,往古来今曰宙。宇宙便是吾心,吾心即是宇宙。千万世之前,有圣人出焉,同此心、同此理也。千万世之后,有圣人出焉,同此心、同此理也。东南西北海有圣人出焉,同此心、同此理也。……宇宙内事,是己分内事,己分内事,是宇宙内事。人心至灵,此理至明,人皆有是心,心皆具理。(《杂说》)

从这段话里可以看出,由于人的"本心"是至灵的,是天所赋予的,只要经过"发明本心"的为学功夫,人人都可以达到圣人。只要修养成为圣人,不论是"往古来今",不论"四方上下",即不论是千万世之前,还是千万世之后,也不论是东海南海,更不论是西海北海,只要能成为圣人,他们的认识和觉悟,他们的道德境界,都一定是相同的。因此,他说:"心之体甚大,若能尽我之心,便与天同。"(《语录》下)即一个人"若能尽吾之性,便与天同"(同上)。在陆象山看来,一个人如果能"发明本心",把利欲"剥落"净尽,就能够"自我主宰,万物皆备于我"（《语录》下），就可以"以天下为己任"，把天下大事当做是自己分内之事，而自己分内之事，也就只有天下国家大事，即能够抛除个人私利，"悉心力于国事民隐"。这样，一个人也就可以达到那种"宇宙便是吾心、吾心便是宇宙"的"与天同"的最高境界了。

六、陆九渊伦理思想的再认识

陆九渊在中国伦理思想史上的重要贡献是他第一次强调了"心"、"本心"的重要意义，使中国伦理思想对"本心"在人们的道德行为、道德评价中的作用有了进一步的认识，从而使中国伦理思想关于"良心"的理论更加精密、更加严谨，并为王阳明提出以"良知"为核心的伦理体系打下了基础。

陆九渊所说的"本心"，就其主要意义来说，大体上相当于我们今天所说的"良心"（陆九渊有时也使用"良心"，并赋予"良心"以大体相同于"本心"的意义，但他更经常使用的则是"心"和"本心"），对"本心"作用的阐发，也大体上相当于对"良心"作用的认识。

从伦理学的理论发展来看，对"本心"或"良心"的逐步深入的认识，反映了人们道德思考的重大进步。"良心"或"本心"对人们的道德品质、道德情操、道德评价和道德行为，都有极重要的作用。"良心"是一个人道德上的自我评价能力，是道德上的自我意识和自我感觉的统一体，"良心"总是同个人在一定社会中应尽的义务融合在一起，总是同自己在社会上的荣誉和自尊相结合，从而对自己的行为进行自我调节、自我监督和自我控制。它既是个人的高尚德行的赞扬者，又是个人不道德行为的抵制者。它在人们的行为以前，总要使人们在道德选择中去恶从善。如果做到了这一点，"良心"就能感到自我安慰。"良心"在行为的过程中，又往往使人们对自己的行为进行"自我鉴定"，鼓励人们去从事善行或阻止人们走入邪恶。它在根本不可能有别人知道或社会舆论监督的情况下，监督自己，要求自己不做坏事。"良心"常常以一种无形的力量，甚至是一种本能的下意识的直觉，使一个人的行为沿着一定的轨道发展。"良心"是一种感性认识和理性认识的统一，是人们的道德情感、道德理想、道德意志、道德信念和道德认识的统一。"良心"还有一种隐蔽而微妙的作用，就是它往往自己能形成一个"主题论证会"，从各个方面对自己的行为进行论证，为自己的行为选择提供根据，有时候，它还能够在人们内心中设立一个"法庭"，并代表"原告"和"被告"双方，对自己的行为进行辩难，并由"法官"最后作出裁决。"良心"起作用的方式从表面上往往是看不到的，但它却是十分有力的。有时候，"良心"的谴责和"良心"的裁判，比政治、法律的力量还要强大，这是人们常常能够体会到的。

从一定意义上来说，陆九渊看到了"本心"或"良心"在人们道德品质和道德行为中的重要作用，并且力图使"本心"的这种隐蔽而微妙的作用得以发挥。当然，他不懂得、不理解这种作用是从人的社会关系中、是在阶级利益中形成的，相反，他却从唯心主义的世界观出发，认为人们所具有的"是者知其为是，非者知其为非"的"本心"、"良心"是先天的、与生俱来的。

当然，"本心"、"良心"的这种能力，是需要培养的。如果能够注意培养，并扩而充之，就可以使这种能力大大加强。孟子早就提出过，这种仁义之心，如果不加以培养，连自己的妻子儿女都会侵害，如果能善于培养，甚至可以对"四海"之人都有好处。陆象山正是看到了培养"本心"的重要意义，提出了"先立乎其大"和"发明本心"的理论。这个所谓"先立乎其大"，就是要通过"切己自反、改过迁善"的修养方法，去私，寡欲，发明本心，即发挥人的"良心"的作用。

从人类伦理思想的发展和道德思考的进步来说，在"心"和"本心"的问题上，是有着非常值得我们注意的思维教训的。"心"、"本心"，或者如我们现在伦理学中所说的"良心"，它的性质、机能、功用等等，确有很多隐蔽、微妙的地方，有时甚至会使人们感到"不可理解"、"神秘莫测"和不可能再进行研究。如果采取简单化的态度，对这种性质、机能和功用不进行深入、细致的考察，从而在应该向前迈进的地方停止了下来，只局限于表面的、一般的、现象的、机械的论证，或者索性拒绝这种考察，把这种考察都称之为唯心主义，就会使我们的伦理思想和道德思考不能发展。但是，如果要对"心"、"本心"和"良心"的性质、机能、功用等进行探讨，就必然会要经历各种艰难曲折，甚至有可能陷入歧途。需要说明的是，尽管这种探讨有时候似乎是唯心主义的，但是，只要人们能够在前人所未开垦过的土地上进行耕耘，在未经探索过的问题上，花费大量的心血，并给后人以启发，对人类伦理思想的发展都是有益处、有贡献的。

从伦理思想发展的历史来看，不论是自古希腊到近代的西方，还是自先秦至五四运动前的中国，虽然唯物主义的思想家们当中也有少数人对"心"做了深入的研究，但总的来说，关于"心"、"本心"、"良心"的研究，关于它的能动的、隐蔽的、微妙的作用，往往是被唯心主义的伦理思想家们片面地、歪曲地加以发展了。

陆象山在认识论上是一个主观唯心主义者，他颠倒了物质世界和人的认识的关系，颠倒了道德意识和道德活动的关系，颠倒了道德上的"本心"同人们的道德生活之间的关系，因此，在伦理思想上，同样总是使人们感到是历史唯心主义的。正像列宁在谈到黑格尔时所说的："在黑格尔这部**最唯心**的著作中，唯心主义**最少**，唯物主义**最多**。'矛盾'，然而是事实！"① 对于陆象山的伦理思想，也有类似的情况。只要我们能把他在"心"、"本心"问题上所做的颠倒加以再颠倒，把他原来头足倒置的伦理体系改变为双脚站直的体系，我们就会看到，他关于"心"、"本心"，即我们所说的"良心"的论证，甚至他所说的"宇宙便是吾心，吾心便是宇宙"以及"万物皆备于我"和"心即理"的命题，都有它们实际的、可被肯定的意义，因而是能够为我们所理解的。

第二节　王守仁的伦理思想

一、生平及其著述

王守仁，字伯安，生于明宪宗成化八年（公元 1472 年），卒于世宗嘉靖七年（公元 1528 年），浙江余姚人。因为他曾隐居绍兴阳明洞，自号阳明子，并创办过阳明书院，后人称为王阳明。

1499 年，王阳明考中进士，曾任刑部主事，后因触怒了宦官刘瑾，被廷杖，后贬黜到贵州龙场当驿丞。王阳明自幼受的是儒家孔孟的教

---

① 《列宁全集》，中文 2 版，第 55 卷，203 页，北京，人民出版社，1990。

育，是封建社会的忠臣孝子。当明王朝的宁王宸濠起兵叛乱时，王守仁"遣诸将率兵迎击"，俘获宸濠，使明王朝转危为安，接着又对当时兴起的农民和少数民族的"叛乱"予以镇压，巩固了明王朝的统治。尽管王阳明曾多次受到宦官、权臣的谗言陷害，但终因他有功于明王朝的封建统治而升任为南京兵部尚书。

在哲学和伦理思想方面，王阳明早年曾服膺程朱理学，"遍求考亭（朱熹）遗书读之"，后来，他深感其过于"支离破碎"，不能达到除去人们"心中贼"的目的，转向了陆象山的"心"学。

王阳明在政治上是为明王朝的统治而尽忠的。他的哲学在本体论上和认识论上，是主观唯心主义的，但是他的伦理思想却包含着不少合理的因素。他所说的"心"和"良知"，在大多数的情况下是指人人所具有的"良心"，如果剥去他给"良知"所披上的神秘外衣，我们就可以很清楚地看到，他的伦理思想所达到的深度，确实是前所未有的。用今天的话说，他关于道德意识问题的研究远远超过了以前的思想家们，而且提供了许多新的思考，使人们对这一问题的认识达到了一个新的高度。

他的著作后人编辑为《王文成公全书》，今人编辑《王阳明全集》（全二册），1992 年由上海古籍出版社出版。

二、天下第一等事是"读书学圣贤"

据历史记载，王阳明很小的时候，就抱定了要成为一个有高尚道德的圣贤的价值目标。11 岁那年，他曾问他的老师："何为第一等事？"老师回答说："惟读书登第耳。"王阳明却回答说："登第恐未为第一等事，或读书学圣贤耳。"从这一段对话中可以看出，幼年的王阳明，在对人生价值和意义的理解上，已经远远超出了当时封建社会的读书做官的庸俗见解，而是要成为一个有高尚道德的圣贤。此后，王阳明的整个一生，本来有许多机会可以向上爬、做大官，但是，他却能够为自己的信念而不屈不畏，冒着被罢官的危险同邪恶势力斗争。他一生行为的价值指向，从幼时的这段轶事已可以看出端倪了。

王阳明 17 岁时，成婚于外舅储公的（养和）官舍。据年谱记载，新婚佳节的当天晚上，王阳明走进了当地的铁柱宫，同一个趺坐在榻上的道士讨论养生的学问，"相与对坐"，以至专心致志而"忘归"。因而，他的外舅储公派人到处寻找，直到次日早晨，才把王阳明找回家来。新婚之夜，竟能与他人讨论学问而忘了回家，这在现实生活中也是很少有的。从这一轶事中可以看出，王阳明把对学问的追求看做人生中最为重要的事。21 岁时，他投考进士未中。一个同他一起投考的人，深以"不得第"为耻，而王阳明却安慰他说："世以不得第为耻，吾以不得第动心为耻。"可见王阳明的思想境界，是远较当时的世俗见解为高的。

王阳明在 57 年的生涯中，始终追求着一种崇高的理想人格，即封建社会的圣贤。他严格要求自己，不求升官发财，只求有利于国家社稷。他敢于同当时的险恶环境搏斗，不计较个人的名利生死。武宗朱厚照即位后，宠用刘瑾、马永成等宦官，依靠这些人实行特务统治。刘瑾等舞弄朝政、为非作恶，南京科道戴铣、薄彦徽等，直言相谏，却得罪了皇帝，被逮捕下狱。在这危急关头，满朝无人敢言，王阳明却挺身而出，上疏抗议说："君仁臣直……铣等职居谏司以言为贵，其言而善，自宜嘉纳施行；如其未善，亦宜包容隐覆以开忠谠之路；乃今赫然下令，远事拘囚，在陛下不过少示惩创，使其后日不敢轻率妄有论列，非果有意怒绝之也。下民无知，亡生疑惧，臣切惜之。……自是而后，虽有上关宗社危疑不制之事，陛下孰从而闻之？陛下聪明超绝，苟念及此，宁不寒心？……伏愿陛下追收前旨，使铣等仍旧供职，扩大公无我之仁，明改过不吝之勇，圣德昭布远迩，人民胥悦，岂不休哉！"（《乞宥言官去权奸以章圣德疏》）因为他直接要求皇帝要有公开承认自己的错误的勇气，以致被廷杖四十，据说曾被打晕过去又复生的，最后，被贬到当时的不毛之地贵州龙场驿。在他去贵州龙场的途中，刘瑾又派人尾随，欲将他害死，他假装投江而逃脱，乘坐一个商船，在月光下，又遇狂涛恶浪，几乎丧生。"险夷原不滞胸中，何异浮云过太空？夜静海涛三万里，明月飞锡下天风"。这是王阳明当时所写的《泛海》一诗，反映了他在这种生死关头所表现的难得的情操，反映了他对险夷镇静自若的态度。

自 1516 年到 1529 年去世，这中间他曾两次镇压过农民和少数民族的起义，王阳明站在统治阶级的立场上，采用了武力镇压与道德教育相结合、军事围剿与宽厚怀柔相结合的方法，剿平了"暴乱"。在这两次对起义民众的围剿中，大量的农民被王阳明的军队所屠杀，这对王阳明来说，尽管是出于他要维护地主阶级的根本利益的需要，但无论如何，这是对劳动人民的一种极为严重的罪行。

1519 年，明王朝的宗室宁王宸濠，起来反对武宗的统治。王阳明出于封建正统思想，起兵平叛了宸濠的叛乱。由于宸濠的分裂背叛，也不利于当时的劳动人民，因而这次平叛活动，不但有利于稳固当时的封建统治，从客观上说，对劳动人民也是有利的。

在被谪贬到龙场的三年时间内，王阳明不但承受了政治上的迫害，而且生活上也极其困难。据他自己说，"横逆之加，无月无有"（《寄希渊》），"贵州三年，百难备尝"（《与王纯甫》）。他在与当时的邪恶势力和病魔斗争的同时，仍旧每日苦苦思考，追求圣贤之道。他努力想成为一个伟人，甚至"日夜端居澄默，以求静一"（《阳明先生年谱》）。这样，在他的这种积以时日、坚持不懈的不断追求中，终于达到了所谓"胸中"超脱于生死名利和祸福荣辱之外的境界，从而进入了豁然贯通的境地，"忽中夜大悟格物致知之旨"，"始知圣人之道，吾性自足，向之求理于事物者，误也"（同上）。原来，他早年受程、朱理学的影响，25 岁时，就曾"遍求考亭遗书读之"（同上），认为要学做"圣人"，必先要格物致知，向外用力。经过他自己的苦思冥索，终于认识到，一个人要想成为圣人，并不需要一味地去追求"格物"，也不必从事物中去求理，最重要的是要能同自我的不正确的思想搏斗，培养自我的浩然正气，发扬自我的为善去恶的能动作用。一个人只要能尊重自己的本性，执著于自己的理想，他就一定可以成为圣人。孔子不是说过"为仁由己"吗？孟子不是说过"人皆可以为尧舜"吗？这不就是孔门的教义吗？当王阳明想通了之后，他高兴极了，在夜半之中，"不觉呼跃"，以致造成了"从者皆惊"的状况。确实，程、朱自认为深得孔孟的真传，但是，他们过分拘泥于极其烦琐的簿册章句的探索，而没有捕捉到孔孟立言的宗旨，孔孟的思想在经过汉儒和宋儒的曲解之后，使人不能明了他们思想的真谛。王阳明认为，蒙蔽于孔孟思想的云雾，现在被他驱散了，这该是何等令人高兴的事啊！

1529 年 1 月 9 日，王阳明病死于从南安北归的船上。死前，曾睁眼看着他的弟子周积说："吾去矣!"当周积问他有什么遗言时,他说了八个字:"此心光明,亦复何言?"这就是说,作为一个封建社会的忠臣孝子,他的一生是光明磊落的,是没有什么事情对不住自己的"良知"的。王阳明一生的最终目的就是要做一个圣人,他不但同当时险佞的奸人搏斗,同自己的病魔搏斗,更注意同自己的"心中贼"搏斗,他既力求静心寡欲,以修养自己的身心,又强调要通过事上的磨炼来发展和完善自己,他一心要实现孔子、孟子的"为仁由己"和发明人的"本心"的要求,以实现自己的价值。他的伦理思想在中国伦理思想史上有重要的意义,不但不能全盘否定,而且值得我们认真地加以分析,批判地进行吸取。

三、"良知"能知善知恶,是心之主宰

在中国伦理思想史上,王阳明继承了陆象山的"发明本心"的主张,第一次建立了以"良知"为核心的伦理思想体系。他进一步突出了"心"、"本心"、"良心",即"良知"在人的道德意识和道德行为中的机制作用,对在人的道德生活中具有隐蔽而微妙特性的"良知"做了更深入的探讨,使人们对"良知"在整个人类道德生活中的性质、功能和作用,有了进一步的认识。

为了弄清楚王阳明的以"良知"为核心的伦理思想体系,最重要的是要弄清楚王阳明所说的"良知"究竟具有什么意义,它包含哪几个方面的内容,以及"良知"在他的伦理思想体系中占有何等重要的位置。

从思想渊源上来说,王阳明所说的"良知"是师承孟子和陆象山的。但是,王阳明对"良知",即对人的"心"、"本心"或"良心"的理解,其内容则更为丰富。一般来说,王阳明所说的"良知",有五个方面的意义,这五个方面是相互联系的。

首先,王阳明继承孟子的思想,认为"良知"是一种人人都有的道德本能,它是与生俱来、不学而能、不虑而知的。孟子说:"人之所不学而能者,其良能也;所不虑而知者,其良知也。孩提之童,无不知爱其亲也;及其长也,无不知敬其兄也。亲亲,仁也;敬长,义也;无他,达之天下也。"(《孟子·尽心上》)王阳明说:"是非之心,不虑而

知，不学而能，所谓'良知'也。良知之在人心，无间于圣愚，天下古今之所同也。"（《传习录》中）又说："人熟无根？良知即是天植灵根自生生不息"（《传习录》下），强调了他所说的"良知"是天所赐予的。在中国伦理思想史上，从孟子开始就把人们在后天获得、在一定社会关系中形成的"亲亲"、"敬长"的仁义道德观念，说成是天所赋予的，把封建社会所教育、熏陶、培养而成的道德意识，说成是人们与生俱来的本能。

其次，"良知"又往往被看成封建社会的道德准则，是人人都应当遵守的天理。王阳明继承陆象山的"心即理"的理论，认为"良知"也就是天理，即封建社会的"孝亲"、"忠君"之理。他说："吾心之良知，即所谓天理也。"（《传习录》中）又说："夫物理不外于吾心，外吾心而求物理，无物理矣。遗物理而求吾心，吾心又何物邪？心之体，性也，性即理也。故有孝亲之心，即有孝之理，无孝亲之心，即无孝之理矣。有忠君之心，即有忠之理；无忠君之心，即无忠之理矣。理岂外于吾心邪？"（同上）这就是说，仁义道德这些"天理"都在我的心中，所以我的"心"或"良知"也就是这些道德准则。王阳明强调，"良知"就是"尔自家的准则"，是一个人在道德上应该而且必须遵守的规范。

第三，王阳明非常强调，他所说的"良知"是一种道德上判断善恶的能力。王阳明说："良知发用之思，自然明白简易，良知亦自能知得。若是私意安排之思，自是纷纭劳扰，良知亦自会分别得。盖思之是非邪正，良知无有不自知者。"（同上）这种判断善恶的能力又可分为两个方面：一个是能判断他人的言行善恶，能对客观的人和事做出道德评价，并能使自己的这种评价成为社会舆论的一种因素，促使社会风气向着正确的方向发展。另一个是"良知"还能对自己的言论、行动和所作所为进行自我认识和自我评价。他说："尔那一点良知，是尔自家的准则。尔意念着处，他是便知是，非便知非，更瞒他一些不得。尔只不要欺他，实实落落依着他做去，善便存，恶便去。"（《传习录》下）在王阳明看来，人的思想、意念，只要一开始发动，就会有两种可能。一种可能是按着"良知"的认识去做，这就是"良知"之发用，由此而做出的行为，必然是善的和正当的。一种是为"利"、"欲"所引诱，为邪思所遮蔽，受"私意"所安排，由此而做出的行为必然是"自私用智"、"纷纭劳扰"。这两种情况，"良知"都能做出判断，也就是说，对一切"善恶之机"、"真妄之辨"，人的良知都能从细枝末节上加以体察。王阳明说："盖思之是非邪正，良知无有不自知者。"（《传习录》中）又说："是非之心，人皆有之，不假外求。"（《传习录》上）因而，人对自己行为的善恶，可以不需要别人评价，而自己就能做出正确的善恶判断，这就是"良知"的一个很重要的作用。王阳明在他的著名的四句教中，提出"知善知恶是良知"，正是突出了"良知"的这种作用。

王阳明还认为，"良知"的这种判断善恶是非的能力，既然是一切人都共有的，是圣人贤人和愚夫愚妇所同具的，因而，在任何情况下，都是不可能完全泯灭的。物欲之所蔽，尽管可以使"良知"不明，但不能使之完全丧失，正像一面镜子一样，灰尘污垢虽使其昏暗，但它总还会有所反映。王阳明说："良知在人，随你如何，不能泯灭，虽盗贼亦自知不当为盗，唤他作盗贼也还忸怩。"（《传习录》下）在人和人的交往中，在利欲的引诱下，一个人尽管道德沦丧，做了很多坏事，但由于他的能够知善知恶的"良知"还没有完全泯灭，因此，他总还是可以通过教育和修养来达到改恶从善的结果的，这也正是王阳明强调"良知"能判断善恶的主要目的之一。

第四，"良知"在行为选择中有特殊的机制作用。王阳明认为，既然"良知"能对人的行为进行善恶的评价，因而，当人们在几种可能的行为中进行选择时，"良知"有促使人们从善去恶的能力。王阳明说："圣人只是顺其良知之发用，天地万物俱在我良知的发用流行中，何尝又有一物超于良知之外能作得障碍？"（同上）在王阳明看来，人们在道德选择中，必然会像人走到十字路口一样，有一个何去何从的问题。王阳明反对宿命论，强调作为道德意志的"良知"的作用，认为只要人们的"良知"能够"发用流行"，发挥它的主观能动的作用，就没有任何一物能阻碍我们弃恶从善。

第五，王阳明认为，在人的行为之后，"良知"不但能对人的行为进行善恶评价，而且还能够促使人们改恶从善。朱熹曾经说过："人作不好底事，心却不安，此是良心。"但这里只说到"不安"，还没有看到良心的积极作用。在行为之前，"良知"有知善知恶的作用，能够使人们认识到什么是善、什么是恶，从而有利于人们的具体的价值目标取向；在行为过程中，"良知"有择善去恶的作用，使人们在多种境遇的道德选择中，特别是在两难境遇的道德选择中，能择善去恶，选择"善"作为自己的行为目标；在行为之后，"良知"能追悔过失，从而促成人们走向"改恶从善"的目的。良知的这三种作用，对人们行为的价值取向有极其重要的意义。

总之，王阳明继承陆象山的思想，从唯心主义的天赋道德论出发，对人的"良知"或"良心"的种种作用做了深入细致的探讨。他看到了人的"良心"确有一种隐蔽、微妙的作用，并对它做了比较深入的分析。"良心"作为一种个体道德意识现象，它自身的形成、发展、变化和机制是非常复杂的。它不但同个体的情感、意志、信念、品德相联系，而且还往往同人们的生理机制、心理机制相交织，从而形成一种似乎是神秘、隐蔽而不易测知的心理和意识现象。王阳明一方面较深入地探究了"良知"的这些现象，给予了它们很多正确的解释，另一方面，又往往陷入唯心主义的臆测，甚至认为"良知"是天地万物的主宰，"良知是造化的精灵。这些精灵，生天生地，成鬼成帝，皆从此出，真是与物无对。"（《传习录》下）但是，如果能剥去王阳明给"良知"所附加的那些唯心主义的、神秘主义的外衣，也就可以看到，他对"良知"或"良心"的认识，和他的前人比较起来，确实又前进了一步。

四、"致良知"就是道德修养上的自我完善

王阳明在强调"良知"、"良心"的性质、作用和功能时，提出了一个重要思想，即"致良知"。

王阳明认为，"良知"是每一个人生下来即有的，是天所赋予人的本能，它能使一个人"知善知恶"，能使人对自己的行为做出正确的评价，而且能指导人们的行为选择，能促使人们改恶从善，等等。但是，为什么在当时的现实社会中，不少人却不能知善知恶，不能对自己的行为做出正确的评价，不能改恶从善呢？王阳明的"致良知"的学说，就是为了解决这个最难回答的问题而作的。

在王阳明看来，人在社会中生活，必然会受到各种物欲、私利的引诱，从而使与生俱来的那种"廓然大公"的"良知"受到蒙蔽。他说：

"性无不善，故知无不良。良知即是未发之中，即是廓然大公、寂然不动之本体，人人之所同具者也。但不能不昏蔽于物欲，故须学以去其昏蔽。"（《传习录》中）因此，"致良知"也就是为了要除掉"私欲"，是恢复人的"本心"、"良心"的一种最重要的功夫。那么，王阳明所说的这种功夫究竟是什么呢？

首先，王阳明认为，"致良知"就是通过对人的"良知"的自我认识，使人们能经常"体察"到"物欲"、"私利"是使自己"良知"昏蔽的主要原因，从而培养一种道德上的自觉的能动性，以时时保持或恢复"吾心之良知"的"廓然大公、寂然不动"的本性。

怎样来认识自己的"良知"呢？最根本的就是自己来认识自己，即王阳明所说的向内用力。这也就是说，"致良知"是自己对自己的认识，是一个先天就有的、与生俱来的、能知善知恶的"良知"，去"体察"那个已被外物和利欲所诱惑了的"良知"。王阳明认为，这种认识的结果可以重新恢复人的与生俱来的"良知"，使那已经"自蔽自昧"了的"良知"重新显现出本来的面目。

正是从这种"自我认识"出发，王阳明对"为学"做了一种新的解释。在他看来，"为学"也不在于要求得多少知识，而在于要求得对自己的认识，即求得人的"良知"，也就是体认自己的"心"。他说："'好古敏求'者，好古人之学，而敏求此心之理耳。心即理也。学者，学此心也；求者，求此心也。"（同上）他又说："学也者，求以尽吾心也。"（《静心录》四）学习知识，就是为了体察、认识自己的"良知"。总之，在王阳明看来，"致良知"是他伦理思想的最重要的目的，因为只有恢复、达到或保持人们的知善知恶的"良知"，才能使他们成为忠于国君的人、孝顺双亲的人、关心老百姓的人、爱护国家财产的人，即成为忠君、孝亲、仁民、爱物的人。

其次，王阳明认为，为了达到"致良知"的目的，必须特别强调"致"的功夫，只有正确地运用了"致"的功夫，才能使"良知"的自觉的能动作用得到真正的发挥。

从程、朱开始，宋明时代的理学家们，都特别喜欢引用《大学》中"致知在于格物"的命题，认为要达到致知的目的，必须要从格物着手。朱熹等人认为，格物就是要对客观事物进行研究。王阳明和朱熹不同，他把这个认识论的命题改造成为一个伦理思想的命题，别立新意，认为从对良知的自我认识来看，"物"不应被看做客观存在的外界事物，而应该是人的某种道德行为或者是关于某种道德行为的"意念"。他说：

> 身之主宰便是心，心之所发便是意，意之本体便是知，意之所在便是物。如意在于事亲，即事亲便是一物；意在于事君，即事君便是一物；意在于仁民、爱物，即仁民爱物便是一物；意在于视、听、言、动，即视听言动便是一物。所以某说无心外之理，无心外之物。（《传习录》上）

在这里，我们可以看到，所谓"知"，就是"良知"，它是人的意念、动机的本体，一切意念、动机，都是由"良知"发出来的。意念、动机直接涉及人们在不同人伦关系中的道德判断、道德认识、道德观念和道德选择，这些就是人们心中所产生的"事"或"物"。正是从这个意义出发，王阳明认为，思想意念中的"事亲"、"事君"，也就是"格物致知"中的物。他说："致知必在于格物。物者，事也，凡意之所发必有其事，意所在之事为之物。"这里很明确，他所说的事，主要是指人们的事亲、事君、仁民、爱物的道德行为，他所说的"物"，就是这些道德行为在观念中的反映，或者说，是人的"良知"对自己道德行为的反思。

什么是"格"呢？王阳明认为："格者，正也，正其不正以归于正之谓也。正其不正者，去恶之谓也；归于正者，为善之谓也。"（《大学问》）因此，格物就是要在人们对道德行为的反思中，清除一切邪欲、恶念，使已经"昏蔽"的"良知"能够恢复，把已经放走了的"心"再找寻回来。王阳明说："若鄙人所谓致知格物者，致吾心之良知于事事物物也；吾心之良知，即所谓'天理'也；致吾心良知之天理于事事物，则事事物物皆得其理矣。致吾心之良知者，致知也；事事物物皆得其理者，格物也；是合心与理而为一者也。"（《传习录》中）这里非常明白，"格物"就是要在对道德行为的反思中，使自己的思想符合于天理；"致知"就是要使吾心能恢复本然的"良知"；而"良知"本身就是封建社会的忠君、孝亲的道德准则，也就是"天理"。所以王阳明认为，"格物"和"致知"是把"心"和"理"合二为一了，这也就是他强调"致良知"的最重要的目的。

第三，在强调"致良知"的同时，王阳明非常强调在自我认识中的"省察克治"之功。王阳明认为，"省察克治"是自我认识的一种特殊形式，是道德修养的一种最重要的方法。这种自我认识或自我修养的过程，包含着犹如猫与鼠之间的一场生死斗争。他说：

> 省察克治之功，无时而可间，如去盗贼，须有个扫除廓清之意。无事时将好色、好货、好名等私逐一追究搜寻出来，定要拔去病根，永不复起，方始为快。常如猫之捕鼠，一眼看去，一耳听着，才有一念萌动，即与克去，斩钉截铁，不可姑容，与他方便，不可窝藏，不可放他出路，方是真实用功，方能扫除廓清。(《传习录》上)

这就是说，在"省察克治"中，一个人先天就有的、能知善知恶的良知，居于主动的地位，它必须最大限度地发挥自己的能动作用，去廓清任何已经萌动了的"好色、好货、好名"等私心邪念。这种情况，正如警卫搜捕盗贼，或者像猫捕老鼠一样，是绝不能、也不会姑息纵容的。王阳明所说的这种自我认识，就其实际意义来说，已经包含着思想领域中善和恶的激烈斗争，因此，这已经不仅仅是一种认识，而是一种很重要的修养功夫了。

正是从强调这种"省察克治"之功出发，王阳明认为修养就好像清除积满了尘垢的镜子一样，必须痛加刮磨，就好像人们冶炼黄金一样，必须将铜、铅成色除去。他说：

> 圣人之所以为圣，只是其心纯乎天理而无人欲之杂，犹精金之所以为精，但以其成色足而无铜铅之杂也。人到纯乎天理方是圣，金到足色方是精。(同上)
>
> 盖所以为精金者，在足色而不在分两，所以为圣者，在纯乎天理而不在财力也。(同上)

在王阳明看来，人皆可以为尧舜，不论什么人，也不论有多少知识，只要能将私欲克除，就可以达到圣人的境界。他说："吾辈用功，只求日减，不求日增。减得一分人欲，便是复得一分天理，何等轻快脱洒！何等简易！"(同上)

总之，王阳明认为"致良知"是一种自我认识，是一种修养功夫，是以主体的能动性为特点的自我斗争。他说:"人心是天渊。心之本体无所不该,原是一个天,只为私欲障碍,则天之本体失了;心之理无穷尽,原是一个渊,只为私欲窒塞,则渊之本体失了。如今念念致良知,将此障碍窒塞一齐去尽,则本体已复,便是天渊了。"(《传习录》下)

五、"知行合一"是道德认识和道德行为的统一

在中国伦理思想史上,王阳明的最突出的贡献是他的"知行合一"论。这一理论的主要特点是,强调在实践中的道德认识和道德行为的统一,力图从伦理观上建立起道德认识和道德行为之间的辩证关系,即建立起道德实践中的知行统一论。

关于知行关系的问题,在认识论中和在伦理观中是有所不同的。在王阳明以前和以后,大多数的哲学家们,对于知行关系主要是从认识论的方面去加以探索,只有王阳明较明确地从伦理观上进行了分析。王阳明"知行合一"论所受到的许多批判,主要是由于对他的"知行合一"观的错误理解而引起的。

从认识论上看,关于知行关系,曾有知行孰先孰后、孰难孰易的争论。《左传·昭公十年》曾有"非知之实难,将在行之"的话,这是说,不患不知,惟患知而不行。后来,在伪《古文尚书》中,又有"非知之艰,行之维艰"的话,认为认识并不困难,而行是更为困难的。宋明的理学家们,从二程到朱熹,从唯心主义的认识论出发,认为"知先行后",强调知的重要。程颐说:"然不致知,怎生行得?勉强行者,安能持久?"(《河南程氏遗书》卷十八)而且,他还由此引出了"知重行轻"的结论。朱熹也认为知先行后,他说:"若泛论知行之理,而就一事之中以观之,则知之为先,行之为后,无可疑者"(《答吴晦叔》,见《朱文公文集卷四十二》),强调知先行后。但朱熹又认为:"论先后,知为先,论轻重,行为重。"(《朱子语类》卷九)强调行的重要,说明了朱熹在知行关系上较程颐又前进了一步,认识到道德行为的重要意义。

在分析王阳明的"知行合一"的学说之前,有必要先弄清王阳明对"知"和"行"这两个概念的理解。

什么是"知"?简言之,就是他所说的"良知"。这种"良知",是

一种先天的道德本能，是人们判断善恶的直觉，是道德选择的能力，是封建社会的道德准则，是支配人的行为的意志，是人们的道德认识。在通常的情况下，当"知"和"行"相对时，"知"主要是指人们的道德认识。王阳明常用"学"来包括知和行，他说："如言学孝则必服劳奉养，躬行孝道，然后谓之学，岂徒悬空口耳讲说，而遂可以谓之学孝乎？学射则必张弓挟矢，引满中的；学书则必伸纸执笔，操觚染翰，尽天下之学，无有不行而可以言学者，则学之始固已即是行矣。"在这里，王阳明认为"学"就是要既学习知识，又从事实际的行动，是知和行的统一。

需要我们认真研究的是，王阳明所说的"行"到底是什么意思？有人认为，他所说的"行"，就相当于我们所说的实践，这当然是不对的。也有人认为，他所说的"行"，仍然还是"知"的意思，这也未必客观。一般来说，王阳明所说的"行"，有行为、行动、行止、践履等意义。当然他所说的"行"，不是整个人类的社会实践活动，更不是我们所说的生产斗争和阶级斗争的实践，而主要是指人们的道德活动，特别是指人们的道德行为。他说："凡谓之行者，只是着实去作这件事。"认为"行"就是人们的行为。当然，在王阳明看来，他所说的行为，主要是指人们在人伦关系中的行为，如父之慈、子之孝、兄之友、弟之恭等行孝、行悌的道德践履活动。

在中国伦理思想史上，张载曾将人的知识分为"见闻之知"和"德性之知"，认识到"德性之知"有其自身的特点，它是"不萌于见闻"，而是和孟子所说的"尽心"、"知性"、"知天"相联系，是依靠主观自悟而达到的对"天理"的认识。王阳明继承并发展了张载的这一思想，除认为"德性之良知非由于见闻"（《传习录》中）外，同时还强调了道德上的"知"（德性之知）和"行"（道德行为）的关系。尽管在形式上，他并没有给他所说的"知"加上"德性之知"这样一个名称，但他所说的"知行合一"中的"知"，在实际上就是指的"道德认识"或道德理性（即西方所说的实践理性）。值得注意的是，他并不特别强调这种"知"即道德认识的神秘、直观的方面，而是着重研究了这种道德认识的特点和它与道德行为的关系。

道德上的"知"有些什么特点呢？

首先，王阳明认为，道德上的"知"，应当是"能知必能行"的，如果不能行，那也就不能算是"知"，所以他说："知而不行，只是未知。"（《传习录》上）对于一般的见闻知识，如果确实弄清楚其中的道理，获得了它的原理，可以承认一个人有了这方面的知识。但伦理道德上的"知"和那些必须由人的感觉亲自体验的"知"相比有自己的特点。他说："就如称某人知孝，某人知弟，必是其人已经行孝行弟，方可称他知孝知弟，不成只是晓得说些孝弟的话便可称为知孝知弟。"（同上）这就是说，一个人尽管熟读了圣贤之书，明白了当孝、当悌的道理，甚至可以背诵给别人听，好像掌握了孝、悌的知识，如果不能照着去做，这又怎么能算懂得了孝、悌的知识？那些伪言矫行、道德败坏、"知识愈广而人欲愈滋、才力愈多而天理愈蔽"的人，又怎么能算是有了道德的知识呢？如果一个人只是把圣贤所讲的关于孝亲的道理，背诵得滚瓜烂熟，而实际上却去虐待、打骂自己的父母，这又怎么能算他有了"孝"的知识呢？因此，在人伦关系中，在人的道德行为中，如"事父之孝"、"事君之忠"、"交友之信"、"治民之仁"等，如果只是"知而不行"，那就"只是未知"，因为圣人教人，就是不仅要使人们知道，而且要使人们做到，即"圣人教人，必要是为行方可谓之知，不然只是不曾知"。所以，不能行的"知"，也就不是"知"了。

其次，伦理道德上的"知"的另一个特点是，在学习这种知识时，本身就应当和人们的践履相结合，否则也就无法学到这种知识。王阳明认为，正如同有些实际技能的学习需要操作一样，人们的伦理道德行为的学习，也只有在实际的笃行中才能学到。他说："夫问思辨行，皆所以为学，未有学而不行者也。如言学孝则必服劳奉养，躬行孝道，然后谓之学，岂徒悬空口耳讲说，而遂可以谓之学孝乎？"此外，如要学习"治民之仁"、"事君之忠"、"交友之信"等，都必须在人与人的实际关系中以实际行动来学习。所以，王阳明认为，为学的目的不是要去学习许多圣人所晓得的知识，而是要在实际的践履中，学习圣人的品德，他针对时弊，批评那些不去身体力行圣人的遗训，而"徒弊精竭力从册子上钻研，名物上考索，形迹上比拟"的不良学风，在当时，也是有其合理因素的。

第三，在王阳明看来，道德上的"知"是一种决心要行的"意志"，这就是他所说的"知是行的主意"。道德上的"知"，不但是为了要去行的，而是决心要照着去行的。在这里，王阳明把"主意"即"意志"包含在"知"的内容之中。任何一个道德行为，都必须是一种"自觉"、"自愿"、"自择"的行为，都必须先有"意志"，然后才能有行动。这里的"知"，已经不仅仅是一种认识，而是一种主观的信念，一种决心的选择，即王阳明所说的"主意"。一个人之所以能够对双亲服劳奉养，就是因为他由知识而形成情感，由情感而形成意志，并最后由意志而付诸行动。王阳明说"知是行的主意"，说明他所说的"知"已经是一种立意要去行动的志愿，并不是一般人们所说的知识。

"知"和"行"是什么关系？王阳明认为，"知是行的主意，行是知的功夫；知是行之始，行是知之成。"（《传习录》上）这就是说，"知"和"行"是一个事物的两个阶段、两个层次或两个方面。在这里，他也承认，"知"是一种"主意"，即意志、思想、认识或动机，而"行"则是一种行为、实习、践履或行动。同时，他又认为，只要"知"了，就等于开始行了，而只有"知"的道理成了现实，才算是真正的"行"。在王阳明看来，"知"与"行"又是不可分离的，他说："知之真切笃实处即是行，行之明觉精察处即是知，知行功夫本不可离；只为后世学者分作两截用功，失却知行本体，故有合一并进之说，真知即所以为行，不行不足谓之知。"（《传习录》中）当然，如果就整个人类认识世界和改造世界的普遍意义来说，王阳明的这种说法，确实是在一定程度上混淆了人们的认识同实践的关系，忽视以至于否认了知识同实践活动的明确的界限。但是，如果我们从王阳明的实际的思想来看，他所说的"知"和"行"，主要指的是人们的道德认识和道德行为。正是由于这一原因，在谈到"知"和"行"时，王阳明总是反复强调，要人们明白他的"立言宗旨"。

什么是王阳明的"知行合一"论的"立言宗旨"呢？他说：

> 此须识我立言宗旨。今人学问，只因知行分作两件，故有一念发动，虽是不善，却未曾行，便不去禁止。我今说个知行合一，正要人晓得一念发动处，便即是行了。发动处有不善，就将这不善的念克倒了，须要彻根彻底，不使那一念不善潜伏在胸中。此是我立言宗旨。（《传习录》下）

这真是一语破的，清楚明白，只要能真的明白了王阳明的这段话，也就能够把握他的"知行合一"论的实质了。

从历史背景来看，王阳明提出"知行合一"和"致良知"，其主要目的就是要针对程颐朱熹所提倡的在伦理道德上的"知"、"行"分离的弊端，力求克服社会上空讲仁义而不付诸实行的矫伪之风。王阳明继承了陆象山的思想，对人的"良知"、"良心"进行了深入细微的探究，强调道德认识和道德行为的统一，强调"知"和"行"的重要，在伦理思想史上是一个重要的发展。明末清初的思想家们，对王学多所指摘，认为他的学说只是叫人静坐沉思、圆融事理，而不能使人们建功立业，这只能说是由于末流积弊，并非王阳明思想之本意。我们评论王阳明的伦理思想，只能从历史的观点加以评论，是不能过于苛求的。

第十四章
传统伦理与道德建设

第一节　儒家思想与政治统治[*]

中国古代儒家思想，发端于春秋末年的孔子，经过孟子的继承发展，形成了以孔孟思想为主体的一个学派。孟子之后，战国末年的荀子，是先秦诸子的集大成者，他在批判各家的同时，又进一步对儒家思想加以发挥，使其具有了更为丰富的内容。汉代以降，儒学成为统治阶级所推崇的意识形态中的一个重要内容。宋明时期，儒家思想又经过程颢、程颐、张载、朱熹、陆象山、王阳明等人的发展，从而成为在理论上更加深刻、体系上更加完备、方法上更加周密的一个学派。儒家思想，在中国历史上起着极为重要的作用。

在中国古代传统思想中，有着众多的学派，儒、墨、道、法，是其中最著名的四大学派，儒家又有着独特的地位。春秋战国时期，儒家和墨家都曾被称为显学，即被称为在社会上有显著影响的学派，但墨家到后来，简直可以说是销声匿迹了；法家的学说，在当时的晋国和秦国，都很受重视，秦国从秦孝公开始，经过六代国君的努力，终于统一了中国，从意识形态的指导思想来看，法家的思想起了重要的作用；至于道家，它在长达两千多年的历史中，始终都有其特殊的影响。为什么其他

---

　　* 本节原载《中外历史问题八人谈》一书，中共中央党校出版社 1998 年 3 月版。

三个学派，都没有儒家那么大的影响呢？其中的原因当然是很多的，我们可以举出很多，但我认为，其中最重要的原因有四个：一是儒家在产生、形成和发展的过程中，继承和发展了西周的政治哲学、世界观和道德思想，从某种意义上可以说，在孔子以前，儒家思想的主要内容，就已经在当时的社会上存在了；二是中国古代社会在社会结构方面，家与国之间的特殊联系，形成一种伦理政治，儒家思想在根本上适应、反映并体现了中国社会的这一特点；三是儒家学者始终都强调学术思想必须与政治结合，力求使自己的思想和理论，能够经世致用，为当时社会的政治和经济服务；四是它强调了道德在人类社会生活中的重要作用，把道德视为维护国家安定、保持人际和谐、提高人的素质、完善人类社会的重要力量。从一定意义上，儒家认为，人和禽兽的区别，就在于禽兽没有道德，而人有道德。在研究和分析中国古代各个学派的时候，必须考虑儒家所特有的这种情况。

墨家作为一个学派，也很重视理论和现实生活的结合，力求为人民大众的利益做出自己的贡献。为什么墨家在长达两千多年的历史时期内，始终没有受到统治者的重视呢？原因当然也是很多的，但主要的可能是两个：一个是他们提出的纲领有些超出了当时社会实际发展的可能；另一个是，他们对道德的作用，还强调得不够。法家作为一个学派，同儒家一样，是非常强调同政治相结合的，它极力主张革新和变法，力求富国和强兵，但由于它完全否认了道德的功用，在历史上被称为一个非道德主义的学派，在秦代以后，也就失去了它原有的地位。

儒家思想产生的一个重要原因，就是它是应当时社会发展的需要，为了"救时之弊"、"忧世之乱"而提出的治国安邦、济世救民之良方。由于它特别强调道德教育和道德感化的作用，因此，在国家处于战争、动荡、革命和混乱之时，总是不可能得到重视，甚至要受到各种各样的非难和嘲笑，往往被视为迂阔之见而不被那些注重功利的政治家们所采用。但是，在国家安定和社会处于和平发展的时期，在需要加强道德教育和提高人的素质的时期，就常常受到了统治阶级的重视。

儒家思想最突出的特点，是它特别强调道德精神，即所谓"仁"，它希望通过每个人的自觉努力，做到"仁者爱人"。儒家认为，一个人生活在社会中，最高的人生追求，就是要成为一个具有"仁"这种道德品质的"圣人"。在儒家看来，为学的目的，就是要提高自己的德性，学作一个有道德的人。儒家思想强调，社会应当明确而详细地规定各种政治、法律制度和道德规范，并以此来约束人的行为，这就是儒家所强调的"礼"。各种礼仪规范，都渗透着一种强烈的伦理道德要求，从而为维护当时的政治制度服务。因此，社会生活中的每个人，都应当消除自己头脑中不符合"礼"的错误思想，以达到"仁"的境界，这就是孔子所说的"克己复礼为仁"。儒家思想是一种为政治服务的伦理思想，又是一种伦理思想同政治的紧密结合。伦理政治化，政治伦理化，是儒家思想区别于其他学派的一个显著特点，也是儒家思想之所以能够在很长历史时期内成为统治阶级意识形态的一个根本原因。

儒家思想是在历史的长河之中，不断发展变化的。先秦是儒家思想的发生、形成的时期，汉代是儒家思想进一步发展和完善的时期，尤其是在伦理政治化方面，得到了进一步的发展。宋明时期，由于封建社会日趋走向衰落，国家经常处于患难之中，政府腐败情况不断加剧，儒家思想也随着走向极端和片面。为了维护封建王朝的统治，"三纲"的思想不断地加以强化，愚忠愚孝的思想也随之发展。

一

中国古代儒家思想的核心和内容，究竟应当怎样来概括，自古以来，学者们都有不同的看法，有的学者认为儒家思想的核心是"仁"，有的学者认为儒家思想的核心是"礼"。至于说儒家思想的内容，学者们的意见就更多了。我个人认为，对于儒家思想的核心和内容，可以概括为五个方面：

（一）仁爱思想

孔子强调"仁"，认为仁者应当爱人。在人和人的相处中，他提出"反求诸己"和"能近取譬"的思想。他从所有的人都是同一个"类"的思想出发，主张人和人之间应当相爱。孔子认为，判断一个人有无道德或道德觉悟的高低，最重要的标准，就是看他能不能"爱人"。《论语》中记载："樊迟问仁，子曰：爱人"，这是孔子对"仁"所作的既重要又深刻的解释。从《论语》中有关"仁"的大量论述来看（据统计，在《论语》一书中，提到"仁"字的地方，就有 104 次），最能代表孔子"爱人"思想的，就是《论语》中的四段话："己所不欲，勿施于人"（《论语·颜渊》）、"己欲立而立人，己欲达而达人"（《论语·雍也》）、"吾不欲人之加诸我也，吾亦欲无加诸人"（《论语·公冶长》）、"能行五者（恭、宽、信、敏、惠）于天下为仁矣"（《论语·阳货》）。我们把这四段话联系起来，就可以理解孔子所说的"仁"的主要意义。在这里，孔子把"仁"看作是一种最高的道德准则和道德品质。"爱人"就要设身处地为他人着想，就要拿自己作比喻。凡是自己不愿意的事，就不要加到别人的头上；凡是自己希望能够有的，也要使别人能够有；自己希望能够达到的，也要设法使别人达到。对一个统治者来说，就是要尽量地设法来满足人民的需要，要"因民之所利而利之"，即根据实际的情况，根据可能，使老百姓富裕起来，就是要"惠民"，要使人民得到实际的恩惠。孔子不但把"己所不欲，勿施于人"当作"爱人"的一个重要内容，而且还强调它的方法论意义，即把"己所不欲，勿施于人"当作一种人和人之间相处的根本方法，即他所说的"为仁之方"。孔子为什么要强调这一"为仁之方"呢？因为孔子认为，他所提出的这些有关"仁"的原则，应当成为一个有道德的人的一切思想和行为的动机、出发点和达到目的的手段。从另一方面来说，只要能从这些原则出发，一个人的行为，也就必然会合乎道德的要求了。

孔子的"爱人"，尽管在当时的社会中，奴隶主阶级不可能真正地去爱奴隶阶级，孔子和当时的贵族也不可能像对待奴隶主那样去对待奴隶，但这一思想的提出，或多或少反映了他对劳动人民的一种宽厚的思想，在当时和以后的封建社会中，都有积极的意义。孔子的这一思想，经过孟子的发展，成了较系统的民本思想。

孟子进一步提出了所谓"民贵君轻"的思想，强调了不但人和人之间要相爱，而且作为统治者，更重要的是要爱民，即要爱护老百姓，否则，老百姓就会反对统治者，社会也就不可能得到稳定。孟子认为，一个统治者，要想使国家富强、保持自己统治的巩固，就必须要得"民心"。他说："桀、纣之失天下也，失其民也；失其民者，失其心也。得天下有道：得其民，斯得天下矣；得其民有道：得其心，斯得民矣；得其心有道：所欲与之聚之，所恶勿施，尔也。民之归仁也，犹水之就下、兽之走圹也。故为渊殴鱼者，獭也；为丛殴爵者，鹯也；为汤武驱民者，桀与纣也。今天下之君有好仁者，则诸侯皆为之殴矣。虽欲无王，不可得已。"（《孟子·离娄上》）孟子又说："三代之得天下也以仁，其失天下也以不仁。国之所以废兴存亡者亦然。天子不仁，不保四海；诸侯不仁，不保社稷；卿大夫不仁，不保宗庙；士庶不仁，不保四体。今恶死亡而乐不仁，是犹恶醉而强酒。"（同上）

孟子认为，一个统治者，最重要的就是要得民心，而为了得民心就必须要有爱民的思想，因为，在他看来，统治者只要有了爱民的思想，他就能够尽量去满足老百姓的要求，老百姓想要的，他就会使他们得到；老百姓厌恶的，就决不加给他们。孟子认为，这一"爱民"思想有着十分广泛和普遍的意义，它不但对于天子、诸侯等上层统治者是必要的，就是对于士大夫和老百姓来说，也都是有重要意义的。总之，我们可以看到，孟子在强调"爱人"是人和人之间的一个重要的道德原则的同时，又着重强调了"爱人"作为一个道德要求，对于统治者来说所具有的更为重要的意义。

荀子是春秋战国时期儒家思想的集大成者，他对儒家的"爱人"思想，也作了新的发展。荀子继承了孔子的思想，进一步更加明确地从"类"的高度来看待"人"所具有的特性。他说："水火有气而无生，草木有生而无知，禽兽有知而无义。人有气、有生、有知，亦且有义。故最为天下贵也。"又说：人"力不若牛，走不若马，而牛马为用，何也？曰：人能群，彼不能群也。人何以能群？曰分。分何以能行？曰义。故义以分则和，和则一，一则多力，多力则强，强则胜物。"（《荀子·王制》）因此，荀子强调人和人之间，应当保持相互之间的和谐。但是，荀子又看到："人生而有欲，欲而不得，则不能无求。求而无度量分界，则不能不争。争则乱，乱则穷。"（《荀子·礼论》）怎样才能克服或者避免这种情况发生，并保证人和人之间的和谐呢？荀子特别强调了"礼"的作用。荀子认为，礼能够"养人之欲，给人之求"，每个人都要根据礼的要求和按照礼的规定，限制自己的欲望，想到在追求和满足自己的欲望时，还要想到别人的欲望，从而保持社会的稳定。与此同时，荀子在他所写的《富国篇》中，还着重强调了发展生产和改善直接生产者的生活的重要。

宋明时期，张载把儒家的"爱人"思想，又作了更广泛的解释，使儒家的这一思想，达到了一个新的高度。张载在他的《正蒙》中有一段话，虽然比较长，但是很重要，我们把它引在下面："乾称父，坤称母；予兹渺焉，乃混然中处。故天地之塞，吾其体；天地之帅，吾其性。民吾同胞，物吾与也。大君者，吾父母之宗子；其大臣，宗子之家相也。尊高年，所以长其长；慈孤弱，所以幼吾幼。圣其合德，贤其秀也。凡天下疲癃残疾、孤独鳏寡，皆吾兄弟之颠连而无告者也。"(《张子正蒙·西铭》)

这段话的意思是很深刻的。它的意思是说，乾坤就是人的父母。人禀气于天，赋形于地，在天地之中生活，是非常渺小的。我们人的身体，就是由天地之间的可象之气构成的，我们每个人的人性，就是由天地之间的清通之神构成的。既然，一切人都是由天地这一共同的父母所生的，因此，所有的人，彼此都是亲兄弟；世界上的其他万物，都是人类的同伴和朋友。帝王和国君，是我们所有的人的共同父母（天和地）的长子，他们的大臣是天地的长子家里的总管家，他们和所有的人也都是亲兄弟的关系。对于天下所有的年老人，我们都要尊敬，就如同尊敬我们自己家中的年长的人那样去尊敬；对天下所有的孤弱的人，我们都要慈爱，就如同我们对自己家中一切幼小的人那样去慈爱。社会中具有高尚道德的圣人，是与天地的道德相合的，一切有才、有德的贤能的人，都是我们兄弟中的优秀的人才。所有那些疲癃残疾、孤独鳏寡的人，都是我们兄弟中的颠连困苦而无处告诉的人，我们都应当给予他们最大的关心和爱护。张载提出的"民吾同胞，物吾与也"的思想，是对儒家"爱人"思想的一个重大的发展，受到宋代以后思想家们的推崇，在中国哲学思想和伦理思想史上，产生了十分重要的影响。

(二) 强调整体精神

在过去很长时期内，对于儒家思想的概括，往往忽视了蕴涵于儒家思想中的这一重要精神。从孔丘开始，在儒家思想中，国家利益、社会利益、民族利益和整体利益，都占有着特殊重要的地位。孔子认为，达到"仁"的唯一条件就是"克己复礼"，即克制自己一切不符合"礼"的思想和行为。《论语·颜渊》中记载："颜渊问仁。子曰：'克己复礼为仁，一日克己复礼，天下归仁焉。'……'请问其目'。孔子曰'非礼勿视，非礼勿听，非礼勿言，非礼勿动。'"他对他的儿子特别强调"不学礼，无以立"(《论语·季氏》)，充分肯定了"礼"的重要。

在古代思想中，"礼"的内容很广泛，主要包括三个方面，即国家的政治制度的要求、法律准则的约束以及伦理道德的规范，一言以蔽之，"礼"代表着国家的利益、整体的利益、民族的利益和社会的利益。《左传》引君子的话说："礼，经国家、定社稷、序民人、利后嗣者也。"(《左传·隐公十一年》)"夫礼，天之经也，地之义也，民之行也。"(《左传·昭公二十五年》)强调"礼不行，则上下昏，何以长世?"(《左传·僖公十一年》)儒家在"礼"之外，又强调"义"，把"义"看作是与个人的"私利"相对立的公共利益。在个人对他人、对社会的关系上，儒家强调"义以为上"、"先义后利"，主张"见得思义"、"见利思义"，反对"见利忘义"、"以私废公"。孔子说："君子喻于义、小人喻于利"，并不是把"君子"和"小人"看成是固定不变的两种相互对立的人格模式，而是提出了一种判断"君子"和"小人"的评价标准。如果"喻"于"私利"并按照是否能满足"私利"去行事，就会成为一个没有道德的"小人"；相反，如果能够"喻"于义，并按照义去行事，就会成为一个有道德的"君子"。在这里，"义"主要是指整体利益，"利"主要是指个人的自私自利。早在《尚书》中就提倡"以公灭私"(《尚书·周官》)，《左传》中多次把"忠"和"公"联系起来，提出："公家之利，知无不为，忠也"(《左传·僖公九年》)、"临患不忘国，忠也"(《左传·昭公元年》)。汉代初年的思想家贾谊又进一步提出"国尔忘家，公尔忘私，利不苟就，害不苟去，唯义所在。"(贾谊:《新书·阶级》)宋代以后，儒家所强调的义利之辨，也同样是要强调国家利益、社会利益的重要，认为义利之辨的实质，就是公私之辨。朱熹认为"君子小人趋向不同，公私之间而已。"(《四书章句集注·论语集注》)

早在春秋末期，孔子针对当时的社会动荡的情况，极力强调中央集权对一个社会的稳定和经济的发展，有着重要的意义。当然，从历史发展的观点来看，确实，他是站在保守方面的，是为了维护已经处于没落地位的奴隶社会服务的。但是，在今天，对于孔子的这些论述，我们还应当以历史唯物主义的方法，进行辩证的分析。在《论语·八佾》中，有两段孔子的话，是有关维护天子和当时的国家统治的，在过去，我们多是从批判的方面，给予了全面的否定，这种否定和批判，应当说，基本上是正确的，但是，今天看来，还应当看到它的另外一个方面。《论语》中记载："孔子谓季氏'八佾舞于庭，是可忍也，孰不可忍也？'"孔子还针对当时"三家者以'雍'彻"的情况说："'相维辟公，天子穆穆'，奚取于三家之堂？"在这里，我们可以看到，孔子的正统思想和维护统治阶级的利益的立场是坚定的，他坚决反对各个诸侯国以下犯上的僭越行为，其中包含着孔子所一直强调的维护国家的整体利益的思想。什么是"八佾舞于庭"，为什么孔子对季氏这件事那么生气呢？季氏在当时，只是周王朝统治下的一个诸侯国中的大夫，爵位是很低的。根据当时的"礼"的规定，天子用八佾（佾是舞的行列，八佾就是一共八行，每行八人，共六十四人），诸侯用六佾，大夫则只能用四佾。孔子认为，季氏的做法，表明了他的僭越思想和行为，发展下去，就会犯上作乱，造成社会的混乱和国家的动荡，这是对社会和国家的最大的危害，所以孔子知道了这件事以后，非常生气，说这样的事季氏都能忍心做出来，还有什么事他不能狠心做出来呢？什么是"三家者以'雍'彻呢？"孔子所指的三家，是指当时鲁国的大夫孟孙、叔孙、季孙三家。根据礼的规定，"雍"的音乐，是只能在天子举行祭礼的时候用的。孔子说，他们三家在举行祭礼完毕的时候，也叫乐工唱"雍"的诗，而这首诗所唱的内容则是"四方的诸侯都来助祭，天子严肃地在那里主祭"，这三家奏这样的乐，到底是什么意思呢？当然，在孔子看来，这是大逆不道的。在《论语·季氏》中，孔子又从另一个方面，论述了他的这一观点。他说："天下有道，则礼乐征伐自天子出；天下无道，则礼乐征伐自诸侯出。自诸侯出，盖十世希不失矣；自大夫出，五世希不失矣；陪臣执国命，三世希不失矣。天下有道，则政不在大夫。天下有道，则庶人不议。"孔子发了这么大的议论，究竟说的是什么意思呢？孔子所说的"道"的意义和内容是很广泛的，在这里，主要指的是一个社会的统治秩序，如果一个社会的统治秩序得到巩固，孔子就认为是天下有道，否则，就是天下无道。那么，判断一个社会是否巩固的标准是什么？孔子认为，一个很重要的标准就是看它的中央政府的权威，看它的政令能不能在全国得到贯彻。如果周天子的大权旁落到诸侯国的国君的手上，大概经过十代很少有不垮台的；如果是落到诸侯国的大夫的手上，那么经过五世很少有不垮台的；如果落在大夫的家臣的手里，经过三代很少有不垮台的。所以孔子说，"天下有道"，国家政权就不能落在各个诸侯国的手里。由此可见，孔子强调，为了保持社会的安定，为了维护一个社会的统治秩序，加强中央领导的权威，是非常重要的。当然，我们应当用马克思主义的历史唯物主义来分析这个问题，孔子所要维护的是奴隶主阶级的统治，他所说的中央集权，是一种剥削阶级对被剥削阶级的压迫和统治，这是应当彻底否定的。但是，孔子思想中的这一精神，对中国社会的发展是有重要影响的，对它在历史上所起的作用，也要作辩证的分析。在今天，国家政权和中央领导的权威，是建立在广泛的人民大众的民主和自由的基础之上的，这是我们必须认识清楚的。

儒家的整体主义思想，对弘扬中华民族的爱国主义，起了重要作用。从孟子的"杀身成仁"、"舍生取义"，到范仲淹的"先天下之忧而忧，后天下之乐而乐"，直到顾炎武的"天下兴亡，匹夫有责"和林则徐的"苟利天下生死以，岂因祸福避趋之"，都可以说是从中国古代儒家的整体主义出发的。

（三）提倡人伦价值

儒家强调每个人在社会人伦关系中的地位及其所应有的义务与权利。人在社会生活中，必然会发生各种不同的关系，因此，就必须要有各种不同的规范来调节人们的各种不同的关系。中国传统伦理道德的一个重要的特点，就是它非常重视每个人在人伦关系中的地位及其价值，强调每个人都必须要根据规范的要求，来尽自己应尽的责任。我们可以看到，早在《尚书》中就提出了"五教"的思想。根据《尚书·舜典》中的记载，在当时，"五教"已经成为社会上人们公认的五条重要的道德规范。据说，舜在未继承尧的帝位以前，就非常注意自己的道德修养，涵养"父义"、"母慈"、"兄友"、"弟恭"、"子孝"这五种人伦要求。后来，他继承了帝位，就委派当时一个叫契的人为掌管教育的司徒，并且对契说："契！百姓不亲，五品不逊。汝作司徒，敬敷五教，在宽。"这里的意思是说，在老百姓中间，父母兄弟子女之间都不和顺，现在让你去作司徒，要认真地进行五种教育，要注意对他们宽厚。这里所说的五种教育，就是"父义、母慈、兄友、弟恭、子孝"。在《左传·文公十八年》中，季文子引臧文仲之言，使史克告曰：高辛氏"举八元，使布五教于四方：父义、母慈、兄友、弟共、子孝，内平外成。"在《左传·昭公二十六年》中记载了齐国的晏子同齐侯的一段对话，晏子告诉齐侯说："礼之可以为国也久矣，与天地并。君令、臣共、父慈、子孝、兄爱、弟敬、夫和、妻柔、姑慈、妇听，礼也。君令而不违，臣共而不贰，父慈而教，子孝而箴，兄爱而友，弟敬而顺，夫和而义，妻柔而正，姑慈而从，妇听而婉：礼之善物也。"在这段话中，晏子对中国古代的道德规范"十义"，作了一个更为全面的解释。

孔子继承了春秋以前关于五教的思想，在上述这些关系中，孔子尤其重视父子关系和君臣关系在各种人伦关系中的地位和作用。《论语》中记载，当齐景公问孔子如何治理国家时，孔子回答说："君君、臣臣、父父、子子"。这就是说，要想治理好一个国家，首先要做到，做国君的要像个做国君的样子，做臣子的要像个做臣子的样子，做父亲的要像个做父亲的样子，做儿子的要像个做儿子的样子，如果君臣父子都能够履行自己在人伦关系中所应尽的责任，那么，国家也就自然可以治理得很好了。孔子特别重视"孝"，把"孝顺父母"看作是人和人一切关系的出发点，从而达到维护封建社会的整体利益和国家利益的目的。正是从这一要求出发，"孝"被称为一切道德的根本，是所有教化的出发点。《论语》开宗明义第一章就提出："其为人也孝悌，而好犯上者，鲜矣；不好犯上，而好作乱者，未之有也。君子务本，本立而道生。孝悌也者，其为仁之本欤！"（《论语·学而》）孔子认为，对父母不但要养，而且要敬。他说："今之孝者，是谓能养。至于犬马，皆能有养，不敬，何以别乎？"（《论语·为政》）儒家强调："孝子之有深爱者必有和气，有和气者必有愉色，有愉色者必有婉容。"（《礼记·祭义》）儒家思想认为，可以从一个人对待父母的态度，来推断他对待国家、民族的态度，只有对自己的父母孝顺，才能够对国家忠诚。如果对抚育自己的父母都不能爱，又怎样希望他去爱国家、爱民族呢？所谓"求忠臣于孝子之门"，也正是从这一前提出发的。到了战国时期，孟子根据当时社会中的人伦关系的新的情况，也概括为五个大的方面，并提出了处理关系的准则，即"父子有亲、君臣有义、夫妇有别、长幼有序、朋友有信"。孟子所提出的这五种人伦关系，包括了父子、君臣、夫妇、长幼、朋友之间的相互关系，并提出了处理这五种关系的五个不同的原则。父子有亲，是说父母对子女应当慈爱，子女对父母应当孝敬；君臣有义，是说国君对臣子有礼，臣子对国君应当尽忠；夫妇有别，是说丈夫应当主管外面的大事，妻子只应管理家内的事情；长幼有序，是说年长的应当在前面，年幼的应当有秩序地在后面；朋友有信，是说朋友之间，相互都要诚实守信。孟子所概括的这五种人伦关系，基本上反映了当时人际关系的实际情况，他所提出的处理这五种关系的五个原则，对于调整当时的人和人之间的各种关系，是有利的。正因为如此，它在历史上受到人们的重视，并且发生着重要的影响。汉代以后，思想家们为了更好地调整不断变化着的人际关系，相继提出了一些新的原则，如董仲舒提出了"仁、义、礼、智、信"五常，宋代的思想家们又提出了所谓"忠、孝、节、义"四大德目等，并不断强化在人伦关系中每个人的责任，强调人伦价值的重要意义。

（四）追求精神境界和理想人格

追求精神境界，向往理想人格，是儒家思想的一个重要内容。孔子主张，在物质生活基本满足的情况下，把追求崇高的理想人格，作为人生诸种需求中一种高层次的需求。他甚至认为，即便在物质生活条件极端困苦的情况下，只要抱有一种高尚的追求，仍然可以生活得乐观愉快、奋发有为。他认为他的学生颜回，就具有了这种境界。他说："贤哉，回也！一箪食，一瓢饮，在陋巷，人不堪其忧，回也不改其乐。贤哉，回也！"（《论语·雍也》）孔子谈到他自己时也说："饭疏食，饮水，曲肱而枕之，乐亦在其中矣。不义而富且贵，于我如浮云。"（《论语·述而》）这里的意思是，由于孔子已经具有了一种崇高的人生追求，所以尽管是只能吃粗粮、喝白开水，穷得睡觉时弯着胳膊当枕头，在这样的生活中也是有很大乐趣的；相反，对于那些用不正当的手段所得到的富贵，对孔子来说，就像天空中的浮云一样，不会去理会它。叶公问孔子的学生子路，怎样评价孔子的为人，子路不知道怎样回答。孔子知道后对子路说："你为什么不这样说：他的为人，可以说是，为了追求一个崇高的理想，经常发愤得忘记了吃饭，高兴得忘记了忧愁，连快要老了都不知道，他就是这样一个人啊！"（"其为人也，发愤忘食，乐以忘忧，不知老之将至云尔。"（《论语·述而》））正因为孔子自己有这种精神，所以他也能特别称赞颜回的这种精神。宋代的儒学家程颢、程颐在教导他们的学生时，还特别要他们寻找和体会，为什么在艰苦的条件下，孔子和颜回会有这样的快乐，这就是儒家所说的"孔颜之乐"。儒家所强调的这种对崇高理想人格的追求，又往往成为实现"杀身成仁"、"舍生取义"、无私奉献、勇于牺牲和爱国爱民的精神支柱。从《论语》中所强调的孔、颜之乐，到《孟子》中的"忧乐天下"和"富贵不能淫，贫贱不能移，威武不能屈"以及"唯义所在"，就是这种追求在人生中的体现。儒家所提倡的这种对崇高理想人格的追求，又总是同"自强不息"、"刚健有为"、"愤发图强"、"知其不可而为之"的人生态度联系在一起的。尽管这种崇高的追求，对一般人来说，并不能"一蹴而就"，甚至很难达到，但是儒家强调，即使是"虽不能至"，仍然要抱着"心向往之"的执着追求，持之以恒地不断努力。

在追求精神境界和理想人格方面，孟子提出了"天爵"和"人爵"的不同。孟子说："有天爵者，有人爵者。仁义忠信，乐善不倦，此天爵也。公卿大夫，此人爵也。"（《孟子·告子上》）孟子所说的"天爵"，就是由一个人的道德行为、道德品质在人民群众中所自然形成的一种道德"爵位"，这是一种最高尚的"爵位"，是一个人的人格价值的最高体现。他所说的"人爵"，就是他在社会上所获得的政治爵位，它只能由别人所给予而又随时可能被别人所罢去的一种职位，所以它同一个人的人格价值并无必然的联系。针对当时社会中的一些人只知道追求权势而不要道德的情况，孟子又说："古之人，修其天爵，而人爵从之；今之人，修其天爵，以要人爵，既得人爵而弃其天爵，则惑之甚者也，终亦必亡而已矣。"（同上）孟子认为，古时候的人，修养自己的道德爵位，政治爵位也就随着来了；现今的人修养自己的道德爵位，却是为了追求自己的政治爵位，而一旦获得了官场中的政治爵位，也就把道德爵位抛弃了，这是一种非常糊涂的想法，其结果是连自己的政治爵位也不能保住。他还提出了所谓"良贵"的思想。他认为，一个人在一生中，一定会有许多追求，其中最值得追求的，并不是权力和爵位，而是自己的道德人格。他说："欲贵者，人之同心也。人人有贵于己者，弗思耳矣。人之所贵者，非良贵也。赵孟之所贵，赵孟能贱之。"（同上）孟子认为，追求富贵是所有的人的共同愿望，这是大家都承认的。但是，对每一个人来说，都有一个对自己来说最贵重、最值得追求的东西，但这却是许多人所不曾仔细考虑的。孟子提出，这个最值得追求的东西就是他所说的"良贵"。"贵"，在中国古代有贵重和值得追求的意思，用今天的话来说，就是有"价值"。因此，所谓"良贵"，就是最有价值，最值得人们追求的东西。这个东西是什么呢？在孟子看来，就是高尚的道德追求和理想人格。

在追求崇高的精神境界上，儒家把"至善"作为最高的道德境界，把"圣人"作为最完善的理想人格。在儒家的经典《大学》中，提出了"大学之道，在明明德，在新民，在止于至善"，认为学习的目的就是：一是要明悉自己本有的善良的德性；二是要把自己明悉了的善良的德性，推以及人；三是要努力使自己的品德修养，达到"至善"的最高的境界。儒家认为，至善虽然是一个极高的道德境界，每个人不一定都能够达到，但是，为了修养自己的品德，都应该而且必须知道有一个最后当止的境界。只有认识了和明确了这样一个最高的境界，一个人的修养，才能有一个明确的目标。如果没有至善这样的目标，在修养的过程中，往往就会迷失方向。

（五）强调修养践履的重要

儒家认为，为学的目的就是要"陶冶性情"、"变化气质"，从而达到成圣成贤的目的。因此，在树立崇高的理想信念和道德人格的同时，儒家认为，最重要的就是要通过"修身"、"躬行"来达到提高道德品质的目的。

儒家从"人性善"出发，认为人人都有与生俱来的"恻隐"、"羞恶"、"辞让"、"是非"之心的"四端"，只要能发扬"本心"、启迪"良知"，再通过长期的切磋琢磨，就可以达到尧舜的道德水平。孔子提倡"修己"、"克己"和"慎独"，提倡"见贤思齐焉，见不贤而内自省"、"见善如不及，见不善如探汤"，曾子要求自己每日"三省吾身"，孟子更主张"养性"、"养身"、"善养吾浩然之气"。宋明道学家们更加在修养的"功夫"上用力，强调自省、存养、克治、知耻、慎独和躬行的重要。

在中国古代儒、墨、道、法的思想中，儒家不但特别重视修养，而且尤其重视所谓"修养的功夫"，即强调要用种种修养的手段，以求达到修养的目的。儒家认为，一个社会的道德规范和道德原则确立之后，最重要的就是要使这些道德原则和道德规范能够很快地转化成人们的思想品德和行为实践，养成良好的道德习惯，形成完善的道德人格。如果一个社会的道德原则和道德规范不能够在人们的思想和行为中发生作用，那么，一切道德教育和道德要求，都只能是一句空话。正是由于这样一个原因，儒家把修养的功夫，看作是解决这一问题的根本的保证。早在孔子的时候，他就非常强调"克己"、"内省"、"修己"和"自省"等，但是，孔子对这些修养的方法和要求，没有作详细的发挥。孔子的学生曾子，虽然把"吾日三省吾身"作为自己修养的要求，并规定了修养的三个方面的内容，但也没有具体地说明他到底是如何进行修养的。孟子进一步发展了孔子的思想，在提出"修身"、"养性"和"我善养吾浩然之气"的同时，又进一步回答了何为"浩然之气"的问题，谈了他是如何修养那种"浩然之气"的。孟子认为，他所说的"浩然之气"，是一种"至大至刚"的正气，如果能够不去伤害它，而且用正义去培养它，它就能"塞于天地之间"，即充满了上下四方，无所不在。一个人如果能够具有这种正气，他就能够不受外界一切邪恶的引诱，保持自己的善良的本心，就能够为一切正义的事业而献身，成为一个道德高尚的人。他认为，在天即将黎明的时候，一个人的思想，正处于一种能够清醒辨别善恶是非的情况之时，因此，应当很好地进行修养和反省。他指出，这种"浩然正气"，必须与"义"和"道"相配合，它是长期的"正义"的思想和行为积累而成的，不是偶然的正义行为所能取得的，只要做一件有愧于心的不道德的事，那种"浩然之气"也就疲软了。他一方面强调要认真地去培养这种"浩然之气"，另一方面又指出，这种"浩然之气"的培养，必须遵守循序渐进的规律，要持之以恒，不能拔苗助长。到了宋明时代，由于受到道家的思想、特别是佛家思想的影响，儒家的修养的理论和实践，有了更进一步的发展，更加重视所谓"修养的功夫"。宋明的理学家们，大多数都强调"静坐"和"内省"的意义，认为这是道德修养的一个最基本的方法。

儒家的经典《礼记·大学》中明确提出，"修身"是齐家、治国、平天下的前提和基础，也是儒家所以强调"修身"的根本的目的。为了使一个国家能够国泰民安、兴旺发达，儒家强调"自天子以至庶民，壹是皆以修身为本"。一个人如果不重视"修身",也就根本不可能去治国和平天下。所以说,要想使国泰民安,就必须要在全国人民中间,强调道德修养的重要。《大学》中又说:"其本乱而末治者否矣,其所厚者薄,而其所薄者厚。未之有也。"这就是说,从最高的国君,到最下层的老百姓,每一个人的道德修养是最根本的。犹如树的根和叶的关系一样,只有根深,才能叶茂。国家的兴旺犹如一棵树的茂盛的枝叶,只有树根很深,树叶才会茂盛,如果树根枯萎了,又怎么能有茂盛的枝叶?在儒家的人性论中,孟、荀各执一端,一个主张发扬人的善良本性,一个主张要加强教育来"化性起伪";一个是"反身而诚",一个是礼法教化,但都主张通过教育和修养来提高人的道德品质,以达到成圣成贤的目的。

二

从上面的分析中,我们可以看到,中国儒家虽然是一个学术派别,但这个学派又是同政治密切相联系的,是以治国安民、经世致用、稳定社会、协调关系、完善人的德性为最终目的的。儒家思想强调,在治理国家、对国家进行管理时,最主要的有以下五个原则:

(一)利民、富民和教民、导民

儒家认为,在治理国家时,一方面要利民、惠民和富民,另一方面更要教民、化民和导民。管理国家的统治阶级,既要使老百姓能够富裕起来,又不要使他们有争财夺利之心,即既要使他们得到利益,又要减少和消除他们的自私自利的思想。

孔子主张"因民之所利而利之",这是孔子教导他的弟子从政的一个主要原则。什么是"因民之所利而利之"呢?就是说,要根据老百姓的要求和实际可能,使他们得到能够得到的利益。因为,只有这样,才能够达到孔子所说的"惠而不费"的目的,即既能使老百姓得到实际的恩惠,又不要花费国家的支出。在《论语》中,我们可以明确地看到,孔子认为,一个有道德的人,决不应当追求个人的私利,另一方面,他又主张要给老百姓以利益。他还强调,对老百姓要"恭、宽、信、敏、惠"。所谓"惠",就是要给老百姓以恩惠,因为"惠则足以使人";他同他的弟子冉有谈到治理人口众多的卫国时，他首先强调要设法使这个国家的老百姓富起来。据《论语·子路》中记载："子适卫，冉有仆。子曰：'庶矣哉！'冉有曰：'既庶矣，又何加焉？'曰：'富之。'曰：'既富矣，又何加焉？'曰：'教之。'"孔子还认为，在"富民"、"利民"和"惠民"的同时，要注意"均"。他说，"不患贫而患不均"，他认为"均无贫"、"和无寡"，强调人和人之间不应该贫富差距过大，否则就引起祸乱，而人和人之间的和谐，对一个国家的稳定是最重要的。

孔子在注重"富民"、"利民"和"惠民"的同时，又特别强调"君子喻于义、小人喻于利"。他认为，如果一个人只知道追求个人的私利，这个人就必然会成为一个没有道德的小人。他还说，在人与人的相处中，如果一个人只知道按照个人的私利去行事，就会招来周围人对他的怨恨，即他所说的"放于利而行，多怨"（《论语·里仁》）。孔子所说的"利"，在大多数的情况下，主要是指个人的私利，因此，儒家认为"欲利于己，必害于人，故多怨"。另外，当孔子的学生子夏问如何从政时，孔子说："无欲速，无见小利。欲速则不达，见小利则大事不成。"（《论语·子路》）这里，孔子认为，在政治上要从长远的观点看问题，不要仅仅注意眼前的狭隘利益而忽视了根本利益。总之，为了成"大事"，就不能看到"小利"。这是儒家的政治思想。

《孟子》继承并发展了孔子的这一思想，对此作了进一步的论述。孟子认为："民事不可缓也，《诗》云：'昼尔于茅，宵尔索绹。亟其乘屋，其始播百谷。'"（《孟子·滕文公上》）统治阶级最重要的就是要使老百姓有必要的物质生活条件，只有使他们有一定的物质生活保证，才能使他们有稳定的、健康的思想。也就是说，只有使老百姓有一定的产业的收入，他们才能遵守一定的道德观念和行为准则。这就是他的"恒产"、"恒心"说。下面三段话，可以代表孟子的这一思想：

> 民之为道也，有恒产者有恒心，无恒产者无恒心。苟无恒心，放僻邪侈，无不为已。及陷乎罪，然后从而刑之，是罔民也。焉有仁人在位罔民而可为也？（同上）

> 是故明君治民之产，必使仰足以事父母，俯足以畜妻子，乐岁终身饱，凶年免于死亡。然后驱而之善，故民之从之也轻。（《孟子·梁惠王上》）

　　　　五亩之宅，树墙下以桑，匹妇蚕之，则老者足以衣帛矣。五母
　　　　鸡、二母彘，无失其时，老者足以无失肉矣。百亩之田，匹夫耕
　　　　之，八口之家足以无饥矣。(《孟子·尽心上》)

　　只有使老百姓有"恒产"，才能有"恒心"，否则，忍饥受寒，老百
姓就会胡作非为、违法乱纪，什么事都可能做得出来。等到他们犯了
罪，然后去加以处罚，这等于陷害。哪有有道德的人掌握政权却做出陷
害老百姓的事呢？

　　所以说，一个英明的君主，在规定人们的产业时，一定要使他们对
上能赡养自己的父母，对下能够养活自己的妻子和儿女；如果遇到了好
的年成，全家都能够丰衣足食，不幸碰上了坏年景，也不至于饿死。然
后再引导他们走上善良的道路，老百姓也就能够很容易地听从了。

　　那么，对于老百姓来说，一个家庭应当有哪些基本的条件需要满足
呢？孟子提出了他自己的标准。用五亩地的地方来盖房屋，并在房下栽
培桑树，由妇女来养蚕缫丝，老年人也就能够有足够的丝和棉来穿了。
在家中能养五只母鸡，两只母猪，并使它们不断繁殖，老年人就可以有
足够的肉吃了。每个家庭能够分到一百亩的土地，由男人们去耕种，八
口人的家庭，也就可以吃饱饭了。

　　孟子在强调"恒产"的重要时，更强调要"教民"，最重要的就是
要去掉老百姓的争利求名之心。《孟子》一书开宗明义第一章，就是与
梁惠王的对话。他说："万乘之国，弑其君者，必千乘之家；千乘之国，
弑其君者，必百乘之家。万取千焉，千取百焉，不为不多矣。苟为后义
而先利，不夺不餍。"(《孟子·梁惠王上》)因此，如果一个国家内的人，
"上下交征利"，那么这个国家也就危险了。孟子认为"未有仁而遗其亲者
也"，从统治者的利益出发，最重要的是要教育人民去掉争"利"之心。

　　在汉代，儒家学者复兴了儒学，进一步发展了儒学教民、导民的思
想，并使之与统治阶级的意识形态结合起来。《周礼》治民思想有二：
一是大宰之"八统"(一曰亲亲，二曰敬政，三曰进贤，四曰使能，五
曰保庸，六曰尊贵，七曰达吏，八曰礼宾)；二是大宰之"九两"(一曰
牧，以地得民；二曰长，以贵得民；三曰师，以贤得民；四曰儒，以道
得民；五曰宗，以族得民，六曰主，以利得民；七曰吏，以治得民；八
曰友，以任得民；九曰薮，以富得民)，根据其总的精神，施教是其核

心部分。汉代的统治者，将施教于万民作为国策固定下来，以后的统治阶级有所增损，对中国社会产生极其重要的影响。

（二）德教为先

在治理国家中，儒家主张"明德慎罚"、"德主刑辅"和"德教为先"的思想，也就是在法治和德教的关系中，更加重视道德教育的作用。

从中国的政治统治的历史来看，先秦是儒、法并行时期。秦国则是先秦各个诸侯国中一个强调法治、实行严刑峻法的国家。秦国从秦孝公采纳商鞅的意见，实行变法之后，彻底地批判并否定了儒家的"德治"思想，把"法治"作为治理国家的惟一的指导原则。根据商鞅奖励耕战、发展农业、增加生产、扩大军备的政策，经过一百多年的努力，终于结束了长达几百年的战乱和动荡时期，实现了中国的统一。但谁也没有想到，秦国在取得了这个伟大的胜利之后仅仅十四年，秦朝竟被灭亡。汉代建立政权后，在长达一百多年的时间内，政治家、思想家们进行了如何接受秦亡教训的大讨论，从而进一步肯定并发展了儒家的这一"德主刑辅"的思想。

儒家在治理国家中的"德主刑辅"的思想，可以追溯到西周初期的周公姬旦。西周的统治者们取代了商朝的统治以后，继承了商朝的王权神授的思想，宣称他们是受天之命来统治国家的。周公根据商朝滥用刑法最终导致灭亡的教训，提出了一个统治者一定要"以德配天"和"敬德保民"，主张通过自身道德的提高和加强对老百姓的道德教育来感化老百姓，强调要"明德慎罚"。西周的统治者们看到"天命靡常"，也就是说，天命不会老是让哪一姓来统治一个国家，只有那些有德的人，才能得到上天的保佑。正因为"皇天无亲，唯德是辅"（《尚书·蔡仲之命》），所以，对于统治者来说，最重要的就是要自己"有德"，并且能够对老百姓少用"刑罚"，多进行道德教育。孔子继承了周公的思想，提出"道之以政，齐之以刑，民免而无耻；道之以德，齐之以礼，有耻且格"（《论语·为政》）的思想。这就是说，在政治统治方面，如果只用政令来教导他们，用刑法去约束他们，老百姓可以免于犯罪而不知道犯罪是可耻的。如果能用道德教育来感化他们，用道德规范来约束他们，老百姓不但不犯罪，而且还知道犯罪是可耻的，这样就能够提高人们的道德品质，改善社会的道德风尚。对于一个统治者来说，孔子强调要"为政以德，譬如北辰，居其所而众星拱之"（《论语·为政》）。意思是说，如果一个国君能够以"德"来统治老百姓，他就会像北斗星一样，坐在那里不动，而别的众星就会围拱着他。孟子强调"仁政"，使"德治"思想得到了进一步的发展。

孟子认为，在治理国家方面，有两种根本不同的方法和道路，一个是他所赞成的"王道"，另一个就是他所反对的"霸道"。他反对一个统治者用强力的方法，使老百姓服从，主张用道德感化的方法，使老百姓心悦诚服。他说："以力假仁者霸，霸必有大国；以德行仁者王，王不待大，汤以七十里，文王以百里。以力服人者，非心服也，力不赡也；以德服人者，中心悦而诚服也，如七十子之服孔子也。"（《孟子·公孙丑上》）孟子所说的"力"，也就是人们所说的"刑罚"的强制；他所说的"德"，就是人们所说的"德教"。在治理国家中，孟子特别强调礼和乐的教化作用，他所大力称赞的"王道"，基本上来说，一个是统治者自己要有道德，另一个是必须要用道德感化的方法来教育人民，不要用压服的手段来对待老百姓。

汉代贾谊、陆贾等人进一步分析了刑罚和道德的本质作用。贾谊认为："凡人之智，能见已然，不能见将然。夫礼者禁于将然之前，而法者禁于已然之后，是故法之所用易见，而礼之所为生难知也。"（贾谊：《治安策》）贾谊认为，道德教育的作用，"贵绝恶于未萌，而起教于微眇，使民日迁善远罪而不自知也"，因此，道德教育和感化的目的，就是要"以德去刑"，所以孔子说："听讼，吾犹人也，必也使勿讼乎。"（《论语·颜渊》）贾谊认为一个社会的安危，都是有许多事情不断积累而造成的，"安者非一日而安也，危者非一日而危也，皆以积渐然，不可不察也。人主之所积，在其取舍。以礼仪治之者，积礼仪；以刑罚讼治之者，积刑罚。刑罚积而民怨背，礼仪积而民和亲。故世主欲民之善同，而所以使民善者或异：或导之以德教，或驱之以法令。导之以德教者，德敬洽而民气乐；驱之以法令者，法令极而民风哀，哀乐之感，祸福之应也。"（贾谊：《治安策》）贾谊这篇被鲁迅称做"西汉一代最好的政论"的《治安策》，是他写给汉文帝的治国纲要。毛泽东同志说，这篇文章"全文切中当时事理，有一种颇好的气氛，值得一看"。强调

"德治"的重要、对德治与法治的不同作用的深刻分析，是这篇论文的一个主要内容和指导思想。

汉初的思想家们，都特别注意研究秦亡的原因，他们认为，只有正确认识了秦始皇灭亡的原因，才能够从中吸取教训，从而巩固汉朝的统治。

贾谊认为：

> 及至秦王，续六世之余烈，振长策而御宇内，吞二周而亡诸侯，履至尊而制六合，执棰拊以鞭笞天下，威震四海。南取百越之地，以为桂林、象郡，百越之君俯首系颈，委命下吏。乃使蒙恬北筑长城而守藩篱，却匈奴七百余里，胡人不敢南下而牧马，士不敢弯弓而抱怨。于是废先生之道，焚百家之言，以愚黔首。隳名城，杀豪俊，收天下之兵聚之咸阳，销锋铸镞，以为金人十二，以弱黔首之民。然后斩华为城，因河为津，据亿丈之城，临不测之谿以为固。良将劲弩守要害之处，信臣精卒陈利兵而谁何，天下以定。秦王之心，自以为关中之固，金城千里，子孙帝王，万世之业也。

从贾谊的这段话来看，在秦始皇消灭六国而统一中国之后，军事、政治的力量都十分强大，威震四海，本来是一个长治久安的大好事业，国家的兴旺发达，有着极为美好的前景。而且，经过春秋战国特别是战国末年的一百多年的大规模的战乱，人民也极其希望有一个安定的环境，"夫寒者利裋褐，而饥者甘糟糠，天下之嗷嗷，新主之资也；此言劳民之易为仁也"，在贾谊看来，只要有一般的领导能力，正确地使用贤良的臣子，适当满足老百姓的要求，大家就会很高兴地安居乐业，任何图谋不轨的人，都不会得到人民的支持。

但是，谁也没有想到，这么强大的一个秦国，竟然在秦始皇统一六国后短短的十四年的时间，遭到了彻底的覆灭。而陈涉是一个"瓮牖绳枢之子，甿隶之人，而迁徙之徒，才能不及中人，非有仲尼、墨翟之贤，陶朱、猗顿之富"，"率罢散之卒，将数百之众，而转攻秦。斩木为兵，揭竿为旗，天下云集响应，赢粮而景从，山东豪杰俊遂并而亡秦族矣"。一个小小的秦国，经过一百多年的六个国君的努力所最终建立起来的一个大国，秦始皇本来想一世、二世一直传到万世的天下大业，在他死后还"坟土未干"的时候，就很快地灭亡了，这到底是什么原因呢？贾谊认为就是："仁义不施而攻守之势异也。"贾谊的意思是说，秦朝在取得全国胜利以后，形势已经发生了根本的变化，但统治者没有认识到在新情况下仁义道德的重要作用，以致原有的人人争夺、相互争利的思想不断发展。由于当时的统治者不懂得"安民可予行义，危民易于为非"的道理，最终导致了自己的灭亡。

儒家在强调道德教化重于刑罚的同时，也强调刑罚的重要，因为这是每一个统治阶级为维护政权所必须的。在孔子活着的时候，郑国发生了"盗"乱，郑国对此进行了镇压。《左传》中记载了这件事，说孔子知道后，说了一段很重要的话：

> 郑子产有疾，谓子大叔曰："我死，子必为政。唯有德者能以宽服民，其次莫如猛。夫火烈，民望而畏之，故鲜死焉。水懦弱，民狎而玩之，则多死焉。故宽难。"疾数月而卒。大叔为政，不忍猛而宽。郑国多盗，取人于萑苻之泽。大叔悔之，曰："吾早从夫子，不及此。"兴徒兵以攻萑苻之盗，尽杀之。盗少止。仲尼曰："善哉！政宽则民慢，慢则纠之以猛。猛则民残，残则施之以宽。宽以济猛，猛以济宽，政是以和。"（《左传·昭公二十年》）

从这里就可以清楚地看出，孔子虽然强调道德教育的重要，但为了维护统治阶级的政权的稳定和巩固，对于犯上作乱的人，他还是主张要坚决加以镇压的。孔子也认为，"政宽则民慢"，即只进行道德教育而不用法律制裁，老百姓就会怠慢而不守规矩，甚至会犯上作乱，所以必须要"纠之以猛"，即对他们施以刑罚。如果只知道用刑罚来镇压人民，那么老百姓就会残忍和暴戾，应当及时地"施之以宽"。自从孔子讲了这句话之后，"宽以济猛，猛以济宽，政是以和"的思想，就成了儒家的既要"刑罚"又要"德教"的两手并用的思想，人们把它简称为"猛宽相济"。

（三）统治者要"以身作则"

在政治统治中，儒家强调统治者"以身作则"的重要作用。孔子讲过很多这样的话。他说："政者，正也。子帅以正，孰敢不正？"（《论语·颜渊》）"苟正其身矣，于从政乎何有？不能正其身，如正人何？"

（《论语·子路》）孔子还认为统治者所颁行的政令能否得到执行，是同国家统治者自身的"正"与"不正"有密切关系的，"其身正，不令而行，其身不正，虽令不从"（同上）。当鲁国的大夫季康子问孔子如何治理国家时，孔子特别强调，如果统治者能够以身作则，他的道德还能够对人民起到道德感化的作用。《论语》记载：

> 季康子问政于孔子曰："如杀无道，以就有道，何如？"孔子对曰："子为政，焉用杀？子欲善而民善矣。君子之德风，小人之德草。草上之风，必偃。"（《论语·颜渊》）

季康子认为，治理一个国家，应该先杀掉那些无道的人，用以成就那些有道的人。但孔子不同意他的话，却提出了一个统治者在道德上"以身作则"的重要。他的意思是说，君子的品德好比是风，小人的品德好比是草，风吹到草上，草就必定会跟着倒向风吹的方向去。在以身作则方面，儒家的从政道德，尤其强调自身廉洁的重要。孔子甚至认为，如果国君能够克制自己的欲望，朴素廉洁，老百姓就会受到感化，也就不会有追求享乐、生活侈靡和抢劫别人财物的行为。《论语》中记载："季康子患盗，问于孔子。孔子对曰：苟子之不欲，虽赏之不窃。"（同上）对于一个从政者来说，孟子更特别强调，一个有道德的人，在取与不取之间，应当以身作则。他说："可以取，可以无取，取伤廉。"（《孟子·离娄下》）这就是说，对于那些可以拿来归于自己，也可以不拿来归于自己的东西，就不要去拿。拿了这些东西，虽然并不违反法律和道德，但对于一个从政的人来说，却伤害了自己的廉洁。三国时蜀汉政治家诸葛亮说："非法不言，非道不行，上之所为，人之所瞻也。……故人君先正其身，然后乃行其令。身不正则令不从，令不从则生变乱。"（《诸葛亮集·便宜十六策》）明代的著名思想家、道德家薛瑄更进一步指出，"廉"也有高低层次之分。他说："世之廉者有三：有见理明而不妄取者，有尚名节而不苟取者，有威法律、保禄位而不敢取者。见理明而不妄取，无所为而然，上也；尚名节而不苟取，狷介之士，其次也；畏法律、保禄位而不敢取，则勉强而然，斯又为下矣。"（《薛瑄全集·薛文清公从政名言录卷二》）后世儒家认为，一个统治者应当在三个方面以身作则。陈宏谋在他所编著的《从政遗规》中指出：

"当官之法，唯有三事：曰清、曰慎、曰勤。知此三者，则知所以持身矣"，又说"唯俭足以养廉"。儒家认为，统治者好比一个人的身体，老百姓就好比他的影子，身正影必正，"未有身正而影曲、上治而下乱者"（《贞观政要·君道》）。正由于这个原因，儒家强调要"举贤才"，使那些有能力而且有道德的人来统治人民。

（四）以民为本

早在周代时期，开明的政治家、思想家和有识之士就注重"民"在安定社会、治理国家中的作用，"因民"、"保民"、"获民"、"庇民"、"托民"、"爱民"词语等频繁地出现在早期的各种文献典籍之中。鲁大夫引《尚书·大誓》说："民之所欲，天必从之。"（《左传·襄公三十一年》）要求当政者注意满足老百姓的要求。陈逢滑说："臣闻国之兴也，视民如伤，是其福也；其亡也，以民为土芥，是其祸也。"（《左传·哀公元年》）意思是说，臣下听说国家的兴起，看待百姓如同受伤的人，这是它的福德；国家的灭亡，把百姓看作粪土和草芥，这是它的祸殃。儒家继承了春秋时期的这些"民本"思想，强调人民大众是社稷、国家之根本，认为"民惟邦本"（《尚书·夏书》）。孔子强调"爱人"、"宽则得众"。孟子则强调"民贵君轻"（"民为贵，社稷次之，君为轻"），荀子进一步提出"君舟民水"，指出水可以载舟，亦可以覆舟。荀子在《王制》中说："传曰：'君者，舟也；庶人者，水也。水则载舟，水则覆舟。'……故人君者，欲安，则莫若平政爱民矣，欲荣，则莫若隆礼敬士矣，欲立功名，则莫若尚贤使能矣，是君人者之大节也。"儒家认为统治者要与民同乐，不能超出老百姓的水平去追求享受而为老百姓所怨恨。因此，必须关心劳苦大众的疾苦，要使广大劳苦人民得到实际的利益，只有这样，国家的统治才能长治久安。

儒家的民本思想，在孟子的"民贵君轻"中有着突出的反映。孟子说："民为贵，社稷次之，君为轻"（《孟子·尽心下》），他把老百姓看作是一个国家的根本，是最重要的，并且认为，除了人民之外，一个国家的政权，比国君还要重要，如果把这三者在一起来比较，那么，国君是最轻的。

这些思想，也可以说是儒家从政治上看到了人民的重要。从一定的意义上来说，孟子的这一思想，是儒家关于统治经验的一个极其深刻的总结。尽管统治阶级及其思想家们，不可能真正认识到人民的历史作用，但是，他们知道，离开了人民的拥护，要想维护自己的统治，是不可能的，也正是从这一点出发，一个聪明的统治者，总是要随时随地考虑到老百姓的利益。

（五）任人唯贤

在任用官吏上，中国古代的传统特别是儒家，强调任人唯贤、反对任人唯亲，在德才兼备的要求下，更注重人的道德品质。

孔子在《论语》中强调要"举贤才"，就是要把那些有道德、有才能的人，推举到领导的岗位上来。《论语》中有一段孔子同鲁哀公的对话，进一步说明了孔子的"举贤才"的思想。

> 哀公问曰："何为则民服？"孔子对曰："举直措诸枉，则民服；举枉措诸直，则民不服。"（《论语·为政》）

鲁哀公是一个昏君，他任用了那些没有道德和没有才能的人来治理国家，所以老百姓都不服。孔子回答他的问题时说，你应当选拔那些正直的、有道德的人来治理国家，并罢黜那些邪恶的人，老百姓就会服从统治了；如果你选拔那些邪恶的人来治理国家，罢黜那些有道德的、正直的人，老百姓当然也就不会服从统治了。

孔子自己也是一个非常尊重贤人的人。他认为"贤者识其大者，不贤者识其小者"。他自己说要"见贤思齐焉，见不贤而内自省也"，又说："君子尊贤而容众"，说明他对贤德的人是十分尊敬的。

孟子继承了孔子的"举贤才"的传统，强调在治理一个国家时，一定要使"贤者在位"和"能者在职"，要求"贤者"能够居于掌握政权的地位。孟子也主张"尚贤"，他认为一个统治者，应当"尊贤使能，俊杰在位"，应当"贵德而尊士"，只有这样，一个国家才能得到很好的治理。

在《晏子春秋》一书中记载，当郑国的大夫叔向到齐国去访问时，他同齐国的大夫晏婴的一段对话，反映了中国古代传统道德对品德的重视。

> 叔向问晏子曰：意孰为高？行孰为厚？对曰：意莫高于爱民，行莫厚于乐民。又问曰：意孰为下？行孰为贱？对曰：意莫下于刻民，行莫贱于害民。（《晏子春秋·内篇问下·第二十二》）

根据民国初年刘师培的考证，此段引文中的四个"意"字，都是"德"字之讹。因为古代的"德"字的写法，是上面一个"直"字，下面一个"心"字，字形和今天的"意"字很接近。由此看来，"意孰为高"，当作"德孰为高"，"意莫高于爱民"，当作"德莫高于爱民"，"意孰为下"，当作"德孰为下"，"意莫下于刻民"，当作"德莫下于刻民"。刘师培的这一理解是正确的，这一理解，体现了中国古代思想家们对这一问题的认识。

一般来说，在任用人才的问题上，儒家是注重德才兼备的，但儒家更强调任人唯贤，反对任人唯亲。儒家特别强调，一个国君在治理国家中，"得贤则昌，失贤则亡"，"治国之道，务在举贤"和"官人无私，唯贤是亲"。

任用人才，必须出于公心，外举不避仇，内举不隐子。在《左传·襄公三年》和《吕氏春秋》中，都曾记载了祁黄羊的故事。晋国中军尉祁黄羊退休离任时，晋悼公要他推荐任事的人，他立即举荐了解狐。晋悼公听了很吃惊，说解狐不是你的仇人吗？他回答说，你问的是谁能代替我作为你的大臣，不是问谁同我有仇啊！以后，悼公又请他举荐一个领兵的将才，祁黄羊举荐了祁午，悼公同样吃惊地问他，祁午不是你的儿子吗？他又回答说，你问的是谁可以担任将领，没有问他是不是我的儿子啊！这两个人都很称职，所以我才举荐了他们。孔子对这件事称赞地说："善哉！祁黄羊之论也。外举不避仇，内举不避子。"（《吕氏春秋·去私》）在中国长期的政治统治中，对中央和地方官的考察，还往往以其所举荐的人的优劣而衡量其本身对国君的忠与不忠。这种荐贤才、举贤良的传统，在一定程度上和一定范围内，对中国的政治生活，也能起到一定的积极作用。

在德才关系上，儒家更加重视一个人的道德品质的作用，强调要以德统才。司马光在他所写的《资治通鉴》中，对于德才关系，作了全面的论述。他说：

> 夫才与德异，而世俗莫之能辨；通为之贤，此其所以失人也。夫聪察强毅之谓才，正直中和之谓德。才者，德之资也；德者，才之帅也。云梦之竹，天下之劲也，然而不矫揉，不羽括，则不能以入坚。棠谿之金，天下之利也；然而不镕范，不砥砺，则不能以击

强。是故才德全尽谓之圣人，才德兼亡谓之愚人；德胜才谓之君子；才胜德谓之小人。凡取人之术，苟不得圣人、君子而与之，与其得小人，不若得愚人。何则？君子挟才以为善，小人挟才以为恶。挟才以为善者，善无不至矣；挟才以为恶者，恶亦无不至矣。愚者虽欲为不善，智不能周，力不能胜，譬如乳狗搏人，人得而制之。小人智足以遂其奸，勇足以决其暴，是虎而翼者也，其为害岂不多哉！夫德者人之所严，而才者人之所爱，爱者易亲，严者易疏，是以察者多蔽于才而遗于德。自古昔以来，国之乱臣，家之败子，才有余而德不足，以至于颠覆者多矣，岂智智伯哉！故为国为家者苟能审于才德之分而知所先后，又何失人之足患哉！（《资治通鉴》卷一）

三

对于中国古代传统文化和传统道德，包括儒家的孔孟之道，我们一定要正确地对待，既要继承其中的精华，弘扬其中的优良部分，又要剔除其中的糟粕，批判和否定其中的消极因素。儒家强调等级制度和尊卑关系，这当然是错误的，但儒家思想中，也确实包含着很多合理的因素，这是我们应当加以分析的。由于儒家思想同社会政治之间所特有的关系，因此，吸取其中的合理的内容，对克服我国当前政治生活中的某些消极因素，是有帮助的。总而言之，对儒家的思想，要采取一分为二的态度。如儒家等级制度是错误的，它提倡尊老、敬贤和尊师，则是好的。儒家强调孝顺父母，我们也应加以分析，其中宣扬愚忠愚孝的部分，当然是错误的，但子女应当尊敬父母和赡养父母，则是应当弘扬的。儒家讲"先义后利"、"见得思义"、"见利思义"等，也有合理的因素，应当加以继承。我们现在搞社会主义市场经济，也要搞竞争，但是，我们所提倡的竞争，与资本主义市场经济条件下的竞争，是不同的，我们提倡的是公平竞争，反对见利忘义，反对见"小利"而"忘大义"。我们要建立的是社会主义的现代化国家，在义利关系上，我们应当强调集体主义的价值导向，而不能允许用自私自利、见利忘义的思想来腐蚀我们的干部和群众。最近几年来，个人主义思想在我国社会生活中又有些沉渣泛起，这对我们的改革开放和社会主义现代化建设是十分有害的，我们不能容许那种把强调个人利益高于一切的思想，不能容许那些置民族利益于不顾的专门牟取自己私利的行为。我们应当坚持以马克思主义为指导，加强集体主义的教育，加强国家利益、民族利益、社会利益高于个人利益的教育，努力弘扬中华民族的优良传统。同时，要十分注意警惕西方意识形态、价值观念对我们的渗透和腐蚀。总之，对于中国古代的传统文化，我们要认真地研究和分析，去其糟粕，取其精华，以利于古为今用。

第二节　传统道德与当代道德建设*

一

中国传统伦理道德，一般说来，主要是指从先秦到辛亥革命时期，以儒、墨、道、法各家伦理道德传统为内容的伦理思想和道德实践活动的行为规范的总和。它是中华民族在长期社会实践中逐渐凝聚起来的民族精神的重要内容。其中，由于中国历史的特殊原因，儒家思想占有重要的地位，具有重要的影响。

中国传统道德是中华民族思想文化传统的重要组成部分，是中国古代思想家对中华民族道德实践经验的总结，对于中国传统文化、民族心理有着巨大的影响和作用。从一定意义上说，中国传统道德是中华民族思想文化传统的核心。

弘扬中华民族优良道德传统，其根本目的在于振奋我们的民族精神，增强民族自豪感和民族责任感，提高民族自尊心和民族自信心；在于使社会主义道德有更丰富的内容，有更能为群众所喜闻乐见的民族形式，有更加具有民族特色的凝聚力和向心力；在于能更好地协调社会主义社会的人际关系，促进社会主义市场经济的健康发展；在于使集体主义、爱国主义和社会主义，真正成为我们社会在思想上的主旋律，从而

---

* 本节原载《中国传统道德》一书，中国人民大学出版社 1995 年 12 月版。收入本书时，略有改动。

促进社会主义精神文明的建设，形成中国特色的价值观和伦理道德规范。

二

弘扬中华民族的优良道德传统，必须树立正确的态度。从中国近现代的历史上看，对于这一问题的态度，曾经历了曲折的过程。中国共产党以马克思主义为指导，对中国古代文化（包括伦理道德）提出了批判继承的正确方针。毛泽东同志说："今天的中国是历史的中国的一个发展；我们是马克思主义的历史主义者，我们不应当割断历史。从孔夫子到孙中山，我们应当给以总结，承继这一份宝贵的遗产。"① 又说："清理古代文化的发展过程，剔除其封建性的糟粕，吸收其民主性的精华，是发展民族新文化提高民族自信心的必要条件；但是决不能无批判地兼收并蓄。"② 对于历史遗产和一切进步的文化，都不能生吞活剥地、毫无批判地吸收，应该"如同我们对于食物一样，必须经过自己的口腔咀嚼和胃肠运动，送进唾液胃液肠液，把它分解为精华和糟粕两部分，然后排泄其糟粕，吸收其精华，才能对我们的身体有益"③。毛泽东同志的这些论述，正确地解决了对待传统文化、包括传统伦理道德的态度和方法问题。

回顾新中国成立以来的几十年，在一段时间内，关于传统文化和传统道德问题，曾受到"左"和右的思想的严重干扰，人们未能正确地对待中国传统文化和传统道德，也使社会主义的思想道德建设受到了影响。

最初是"左"的思想的影响，即对传统文化、特别是传统道德采取了只强调批判、不注意继承的错误态度。从反右派斗争到批判"剥削阶级道德继承论"，再到"文化大革命"中的"破四旧"（旧思想、旧文化、旧风俗、旧习惯）和批判刘少奇"黑修养"，再到"批孔"和"评法批儒"运动，形成了一种否认中国传统文化和传统道德的"左"的思潮。这种思潮对传统伦理道德，尤其是对在中国历史上影响较大的儒家

① 《毛泽东选集》，2版，第2卷，534页。
② 同上书，707～708页。
③ 同上书，707页。

思想，几乎是不加分析地作了全面的否定。在给儒家思想戴上了反动、保守、妄图复辟旧制度和开历史倒车的政治帽子之后，把孔丘、孟轲、程颢、程颐、朱熹、陆九渊、王守仁等古代的哲学家和伦理学家，统统视为为反动阶级复辟、为反革命制造舆论的辩护士。

之后，大约从 1980 年以来，由于西方价值观念对一些人的影响和腐蚀，在一段时期内，又出现了一股全盘西化的右的思潮。在一些人看来，现代化就是西方化，而西方化就必须全面、配套、彻底地把西方的科学技术、政治制度和价值观念，全面地移植到中国来，这也就是所谓的"全盘西化论"。这种全盘西化论的一个重要内容，就是要用西方的以个人主义为中心的价值观来反对社会主义的集体主义价值观。全盘西化论是一种彻底的民族虚无主义的理论。全盘西化论者把中国文化传统看作是一个不能区分精华和糟粕的不可分割的整体，要打破就要整体的打破，以对儒家思想的全面否定来达到全面否定中国文化传统和伦理道德传统的目的。全盘西化论者意识到，中华民族的优秀传统伦理道德，在经过以马克思主义为指导的批判继承之后，同样是抵御西方个人主义伦理道德观的一种重要力量，因而把反对中国传统文化和否定中国传统道德作为他们宣扬资产阶级个人主义伦理道德观的一个重要内容。

当然，在我们回顾新中国成立以来"左"的和右的对待中国传统文化、传统道德的民族虚无主义的错误思潮时，也应当看到另一种思潮即传统保守主义所谓"复兴儒学"思潮的发展及其危害。在五四运动以前，为封建统治阶级服务的儒学，在中国有两千多年的发展历史，可以说是根深蒂固，影响深远。五四运动以后，传统儒学虽然受到"打倒孔家店"的冲击，但在国民党统治时期，复兴儒学的思潮，仍不断有所抬头。所谓"新儒家"，就自称一直是在接着传统儒学的思想向前发展的。目前，在港台和海外，确有一些所谓以"新内圣"开出"新外王"为目的的新儒家学派，一些所谓"儒家资本主义的宣扬者"，用鼓吹复兴儒家文化和儒家伦理来反对社会主义文化和社会主义伦理道德。虽然这种思潮在国内并没有很大市场，但仍然值得我们注意。

我们应当认真总结多年来在对待中国传统文化和传统道德问题上的经验教训，实事求是地对待我们的传统文化和传统道德。

三

我们认为，中华民族的传统道德与当今中国社会主义的现代化建设有着密切的关系。

第一，实现国家的现代化，大力发展国家的经济，使人民的生活更加富裕起来，是世界各发展中国家独立以后所面临的历史任务。任何一个国家的现代化，都是以不同的文化道德传统和价值观念作为指导的。每个不同的民族，都有与其他民族不同的传统文化，任何一个人都要直接或间接地接受包括传统道德在内的传统文化的哺育和影响。在实现现代化的整个过程中，究竟怎样对待自己的传统文化和伦理道德，这是发展中国家所面临的一个重要问题。传统文化包括传统伦理道德，是积淀在民族的思想意识和行为规范里的，是民族心理和民族性格的组成部分，制约和影响着人们的现实生活。一个着眼于未来、大力进行现代化工作的国家和民族，必然不会忘记自己的历史，更不会抛弃本民族的优良道德传统。从这一点出发，世界各发展中国家 20 世纪以来在大力实现现代化的过程中，都极力倡导和弘扬自己国家的价值观念，保持和发扬本民族的优良道德传统。中国的现代化是社会主义的现代化，是以实现共产主义为最终目的的现代化。保持和发扬中华民族的优良传统道德，尤有更特殊的意义。

第二，现代化决不等于西方化，社会主义的现代化更是如此。我们要实现社会主义的现代化，就必须吸收人类文明发展中的一切优秀成果，包括西方近现代伦理思想文化的优秀成果。但是，我们在实现现代化的过程中，决不能受西方拜金主义、享乐主义和极端个人主义的影响。应当看到，由商品经济的负面影响所诱发的自私自利、见利忘义、损人利己和损公肥私的行为，是极端有害的。随着社会主义市场经济体制的形成，在以公有制为主体多种经济成分并存的局面下，在以按劳分配为主多种分配形式并存的局面下，人们必然会面临着多样化的价值取向。但是，社会主义根据其基本的经济、政治和文化制度的要求，在价值导向上必然是一元化的，这就是以马克思主义为指导的社会主义的集体主义。批判继承中国传统道德，也就是用民族的美德来更好地弘扬社会主义的集体主义道德。

第三，中华民族的优秀传统文化，特别是优良道德传统，对于推动我国当前的现代化事业具有重要的意义。从根本上说，我们的现代化既应该包括物质方面的现代化，社会结构和社会关系的现代化，更应该包括保持和发扬强大的精神力量，继承和弘扬中华民族的传统文化，特别是优良道德传统。可以说，中华民族优良的道德传统是社会主义现代化建设必不可少的重要的精神力量。历史的发展说明，中华民族的优良道德传统，对于中国社会优良道德风尚的形成，对于中华民族的团结、和谐与发展，产生过并正在产生着非常重要的作用。中国及其周边一些国家的经济发展，已经并正在有力地证明，古老的东方传统文化，特别是儒家的优良道德传统，不但没有影响这些国家的现代化的发展，而且已经成为维持社会秩序、改善社会风尚、协调人际关系、增强国家凝聚力的精神力量。在社会主义现代化事业中，我们应当使民族的优良道德传统通过改造和发展，在社会主义现代化中发挥巨大的作用。

四

从道德的发展来看，社会主义道德不是凭空产生的，不是从天上掉下来的，而是对过去人类一切优秀道德的继承与发展。社会主义道德必须植根于民族的传统道德。社会主义道德对传统道德并不是简单肯定或否定，而是弃糟取精。尽管传统道德中含有其时代的、阶级的局限性的内容，但又有其不可忽视的超越时代的可继承的内容。热爱祖国、勤劳节俭、尊老慈幼、惩恶扬善、诚实守信、孝亲尊师、廉洁奉公、团结友爱、律己宽人、谦虚礼貌等，仍然是社会主义社会道德的重要内容。"己欲立而立人，己欲达而达人"，"己所不欲，勿施于人"的仁爱精神；童叟无欺、诚实守信、乐善好施、反对为富不仁的商业道德；"富贵不能淫，贫贱不能移，威武不能屈"的大丈夫精神；"天行健，君子以自强不息"的进取精神；"地势坤，君子以厚德载物"的宽厚精神；"知之为知之，不知为不知"，"知耻近于勇"；等等，在中国历史上曾经哺育了无数英雄豪杰和志士仁人，使他们为民族为国家作出了巨大的贡献。在社会主义的今天，发扬中华民族的这些优良传统道德，仍然有其重要的社会价值和道德意义。

毋庸讳言，中国传统道德具有鲜明的矛盾性和两重性。它既有民主性的精华，又有封建性的糟粕；既有积极、进步、革新的一面，又有消极、保守、落后的一面。而且在有些情况下，精华与糟粕又互相结合，良莠混杂，瑕瑜互见。

对于中国传统道德，我们既不能全盘否定，也不能全盘继承。全盘否定势必导致历史虚无主义；全盘继承势必导致复古主义。这两种倾向都是错误的。正确的态度是以历史唯物主义为指导，坚持批判继承、弃糟取精、综合创新和古为今用的方针。"批判继承"是一个总的原则，即强调继承是在历史唯物主义的理论指导下有批判、有选择、有目的的继承，是以是否符合广大人民群众的利益为原则的继承。"弃糟取精"是继承文化遗产、特别是继承传统伦理道德的一个重要要求，是一种弘扬精华、除弃糟粕的继承，是经过咀嚼、消化的继承。"综合创新"是强调在吸取中国传统伦理道德时，要注意进行一种"综合"和"创新"的工作。一方面，对中国历史上诸子百家的伦理道德思想，要择各家之精华，加以比较、分析和综合，使之形成一种新的符合时代需要的思想，并使之成为社会主义、共产主义道德的一个组成部分。另一方面，还要注意对全人类的伦理道德遗产进行整理、对比和鉴别，并善于吸取其中有益的东西，同中国的传统伦理道德相综合，以创造出先进的精神文明。"古为今用"是强调批判继承中华民族道德传统的主要目的，就是为了适应中国特色社会主义建设的需要，解决现实生活中的有关伦理道德问题，为我国的经济建设创造良好的道德环境，保证我国的物质文明建设能够沿着社会主义道德更加健康地向前发展。

五

对中国传统道德的继承，是一种批判的继承。在实际运用过程中，对一个个具体的道德命题，我们究竟应当怎样来弘扬精华、除弃糟粕呢？

一般来说，在中国传统道德中，从我们今天可以继承的角度考虑，大体上可分为几种不同的情况。一些传统道德在今天来看基本上属于精华的部分；另一些传统道德，由于完全同封建等级制度和等级观念相结合，可以说是全属糟粕的部分；同时，也有不少的传统道德，往往是精华与糟粕交织、融合在一起的。对于那些宣扬封建等级观念的糟粕，自然应当一概予以摒弃。我们还应当清楚地看到，即使是基本上属于精华的部分，也仍然是瑕瑜互见的，需要我们精心地加以琢磨切磋。尽管"瑕不掩瑜"，但对于"瑕瑜错陈"的情况，古人从来都是强调"持择须慎"的。

批判的继承，就是要用历史唯物主义的态度，对经过选择而吸取的道德遗产，根据当前历史进步的要求和广大人民群众的利益，根据建设中国特色社会主义的需要，根据千百年来人们在思想中所认同的人际关系的一些准则和规范，根据社会主义社会中处理人与人之间关系的道德原则，予以加工和改造，从而抛弃其封建的、落后的、消极的方面，吸收其反映人民利益的、科学的、积极的方面。

首先，对那些基本上属于精华的传统道德我们也应当进行分析。通过这些分析，可以使我们进一步理解，为什么即使是传统美德，仍然需要以历史唯物主义的态度赋予时代要求的新的意义。例如，"先天下之忧而忧，后天下之乐而乐"这两句在人民群众中广为传诵的名言，是北宋著名的政治家范仲淹在他的《岳阳楼记》一文中所说的。这两句话中所指的"天下"，在当时，既指整个华夏民族所聚居的广袤土地，又兼指宋王朝所统治的范围。而这两句话中的"忧""乐"二字，既有对广大人民群众的忧乐，又有对宋王朝统治的兴衰的忧乐。范仲淹在这篇文章中还提出"居庙堂之高则忧其民，处江湖之远则忧其君"，就是说，在朝廷中身居高位就为人民而忧虑，在山野中隐居为民，就要为君王担心。因而，当我们以历史唯物主义的态度，根据今天社会主义时代的特点和广大人民群众的利益来继承这两句话时，我们理解的"天下"就应当是整个中华民族的利益，即已经以我们所理解的"天下"，取代了范仲淹所说的"天下"，而我们所应当有的"忧"和"乐"，自然也就和范仲淹所说的"忧"和"乐"不同了。

在中国传统道德中，这样的例子还可以举出很多。如"仁者爱人"，"己所不欲，勿施于人"，"己欲立而立人，己欲达而达人"等等，在继承时都要注意抛弃其在当时所包含的调和阶级矛盾和维护统治阶级利益的方面，弘扬其在今天能更好地调节和理顺人民内部各种矛盾、加强人民之间的团结的积极方面。再如："居天下之广居，立天下之正位，行天下之大道。得志，与民由之，不得志，独行其道。富贵不能淫，贫贱不能移，威武不能屈，此之谓大丈夫"（《孟子·滕文公下》），对于其中的"广居"、"天下"、"道"、"志"等，都应当用历史唯物主义的态度以及我们在上面提到的原则，进行批判继承。对于这一类基本上属于优秀传统道德的内容，只要我们掌握这种态度，就能够更好地加以继承。

其次，对于那些较为明显的精华与糟粕相交织甚至融合在一起的传统道德，更需要谨慎地加以鉴别和认真地加以消化。以义利关系问题为例。这是中国传统道德所极为关心的一个问题。《论语》中提出"见利思义"、"见得思义"、"义然后取"等等，这些思想，应当说基本上是属于精华的部分，但其中也夹杂着一些维护封建等级的内容。这就需要正确区分古人所说的义和利与今天所说的义和利所具有的不同的含义，这样我们才能够很好地抛弃其糟粕，吸收其精华。这里还有另一种情况。例如"君子思义而虑利，小人贪利而不顾义"和"君子喻于义，小人喻于利"等道德思想，就可以说是精华与糟粕相互交织在一起的复杂情况，我们今天在继承时，更应当仔细地加以批判和分析。在中国古代社会，"君子"一般是指统治阶级的成员或有道德的人，而"小人"一般多指居下位的卑贱者，有时也指只顾私利而没有道德的人。"君子喻于义，小人喻于利"，总的来看，包含着两个既有联系、又有区别的内容，即一方面认为，只有统治者才明白大义，而劳动人民只知道大利；另一方面也认为，只有道德高尚的人才明白大义，而没有道德的人是只知道私利的。而在长期的剥削阶级占统治地位的社会内，统治者都只强调第一种理解，把他们自身看作是知道大义的，污蔑劳动人民只知道小利，从而为巩固他们的统治制造舆论。对于这一方面的内容，应当彻底地予以批判，但同时，也可以吸收其强调有道德的人是知道大义的人，而无道德的人是只谋私利的人的合理思想，并加以改造，使其在新的时代中，发挥积极的作用。

我们之所以强调批判的继承，还由于中国传统道德是植根于中国古代以农耕为"本务"、以家庭为"单位"的小农经济的自然经济土壤之中的，是在长期的奴隶主阶级和封建阶级统治的社会中孕育、形成和发展的。因而，一切传统道德，都不同程度地打着统治阶级意志的烙印，从本质上来说，是为着巩固当时统治阶级的利益和稳定统治阶级的社会秩序而服务的。在中国长期封建社会中所形成的"三纲五常"、忠孝节义等道德规范和德目，从总体上来说，都是为巩固传统的社会秩序和统治阶级的利益服务的。因此，如果不能以历史唯物主义去批判旧道德，否定旧道德中为统治阶级利益服务的内容，就不可能有正确的继承。

六

对于中国传统道德的批判继承，从方法论上来看，还有一个如何正确对待一般和个别、共性和个性、抽象和具体以及普遍和特殊的关系的问题。

在过去一段时期内，对于中国传统伦理道德之所以存在着两种认识偏向，究其方法论根源，都是因为没有正确认识伦理道德的共性和个性、抽象和具体、一般和个别以及普遍性和特殊性的相互关系而致。彻底否定伦理道德传统可以继承的思想，其错误就在于只看到传统道德形成于某一具体时代、具体人物和具体事物的特殊性，没有看到在其中也包含了超越时代的普遍性因素；主张全盘继承、全盘复古那些人的错误，就在于夸大了传统道德的普遍性，看不到不同时代的特殊性，因而否认了对传统道德进行变革的必要性。

怎样理解批判继承的这种普遍和特殊的关系呢？

恩格斯在《德意志意识形态》中曾经指出，即使在阶级对立的社会中，各阶级之间，既有对立的利益，也有共同的利益，"这种共同的利益不是仅仅作为一种'普遍的东西'存在于观念之中，而且首先是作为彼此分工的个人之间的相互依存关系存在于现实之中"[1]。统治阶级的思想家们，为了维护统治阶级的长远利益，不但利用这种共同利益来制定维护社会稳定的道德规范，举着这种共同的、普遍利益的旗帜来抵抗外来的侵略，并且根据这种共同利益来开发自然和兴修水利，等等。历代统治阶级的清官，从根本上来说所要维护的是统治阶级的利益，但他

---

[1] 《马克思恩格斯全集》，中文 1 版，第 3 卷，37 页，北京，人民出版社，1960。

们都注意到各个阶级所共生共存的普遍的、共同的利益。孔子曾经提出过"因民之所利而利之"的思想，照今天的解释，就是说要根据老百姓自身的利益，使他们得到好处。从其当时的、特殊的目的来说，这仍然是为了维护和巩固统治阶级的政治稳定，但应当说，这也是对人民有利的。同样，孟子提出"省刑罚，薄税敛"，是要缓和阶级矛盾，但也有着在客观上对发展生产有利的方面。

普遍和特殊，抽象和具体，一般和个别，在哲学上本来是相互联系不可分割的。在任何一个道德思想中，都内在地包含着一般和个别、抽象和具体、普遍和特殊的辩证关系。任何特殊的、具体的、个别的道德思想、道德命题、道德要求和道德规范，都是个别的，但这种个别、特殊、具体，又都必然包含着一般的、共同的、普遍的内容。从辩证法的观点来看，个别的东西中就包含有普遍的东西，而普遍的东西，决不是在个别之外，而只能是在个别之中。从伦理道德思想的继承来看，我们首先应当承认，任何一般的、普遍的、共同的东西，都是同特殊的、具体的、个别的东西相联系而存在的，它们只能存在于这些个别的道德思想、道德要求、道德命题和道德原则之中。但是，我们还应当看到，普遍的、一般的、共同的东西，又往往是扬弃了特定时间、特定地点、特定具体含义，而选择、提炼、积淀和保留下来的能为其他时代所接受的共同内容。

道德命题和道德要求，都具有特殊意义和普遍意义。当一个道德要求被提出来的时候，它总是考虑到当时社会人际关系的要求，考虑到社会秩序的安定和谐，在奴隶社会和封建社会，必然要考虑到维护当时的等级制度的巩固，这就是它在当时的特殊意义。但是，由于人们受着社会历史的、阶级的局限，当古人根据那时的特殊环境、特殊目的而提出某些道德命题、道德要求和道德准则时，又往往自认为是发现了人类道德生活的永久不变的真理，并把这些道德命题和道德要求看成是可以万古长存、像"天不变"那样永远不会改变的。当然，这种"天不变，道亦不变"的形而上学的认识，是完全错误的。但是这些根据特殊情况、特殊目的所概括出来的道德要求，仍然反映了作为社会生活中的人所必须共同遵守的某些道德要求，即反映了一些普遍的、共同的、一般的道德要求。这些要求包含了列宁所说的人类在千百年来所形成的公共生活规则，也可以说是在长期的共同的社会生活中所形成的共同的道德要求。正像恩格斯在《反杜林论》中所指出的，某些共同的历史背景，就必然会使道德有某些共同之处。这种"共同之处"，就是我们今天所以能够批判继承的理论根据，而扬弃其特殊的、具体的、个别的、时代的、阶级的特性，把握其一般的、普遍的、共同的属性中的能够适用于今天的内容，就是我们今天能够批判地予以继承的基本内容。

弘扬精华、除弃糟粕，是我们继承中国传统道德的基本原则。我们以什么标准来区分精华和糟粕呢？我们认为，在当前，区分精华与糟粕的根本的标准，就是以是否有利于推动中国特色社会主义建设事业，是否有利于建设和形成中国特色社会主义道德体系，是否有利于广大人民群众的利益，是否有利于培养社会主义的"四有"新人。符合上述要求的就是精华，就具有科学性、进步性和民主性。批判继承就是要继承科学性、民主性、进步性的精华。

在历史上，劳动人民是人类历史的创造者，是孕育、形成、发展社会道德的一个重要方面。正像恩格斯所说的，由于阶级地位不同，在劳动人民之间，确实流行着同剥削阶级的道德不同的另一种道德。尽管统治阶级的思想家们往往也会在不同程度上反映劳动人民的道德，但是，由于历史的局限，劳动人民被剥夺了从事文化、教育的权利，他们尽管在生产斗争和阶级斗争中发挥着重要的作用，但在思想意识形态领域，在文化教育和伦理道德领域，特别是在从人们的现实道德生活去总结、概括道德的思想、理论、要求，并使其形成规范、原则和理论方面，都受到很大的限制。在大多数情况下，他们甚至没有参加、参与制定、形成、确立伦理道德规范的条件。尽管我们也努力去挖掘劳动人民的文化伦理道德遗产，但相对来说，反映他们的道德思想的成果实在太少。

七

中国传统道德的核心及其一贯思想，就是强调为社会、为民族、为国家、为人民的整体主义思想。所谓整体，在中国长期的封建社会中，也就是指的整个社会、民族和国家。可以说，一切传统美德都是围绕着这一整体精神而展开的。《诗经》中提出的"夙夜在公"，贾谊提出的

"国尔忘家，公尔忘私"等，都不断强调着一种为整体而献身的精神。正是在这种精神的影响下，范仲淹提倡"先天下之忧而忧，后天下之乐而乐"；文天祥认为"人生自古谁无死，留取丹心照汗青"；顾炎武提出"天下兴亡，匹夫有责"；颜元力求"富天下，强天下，安天下"；林则徐主张"苟利国家生死以，岂因祸福避趋之"，等等，都显示了强烈的为国家、为民族、为整体的献身精神。也正是从国家利益和整体利益的原则出发，在个人对他人、对社会的关系上，中国传统道德强调先人后己，助人为乐；强调个人对社会尽责；强调自觉地为他人、为社会、为人群。这种整体主义思想，应当说是中国伦理道德传统区别于西方伦理道德传统的一个重要的特点和优点。

历史长河的发展，王朝统治的不断改变，各民族的纷争和融合，一直孕育、形成和培养了这样一种崇高、伟大、朴实的整体主义思想，使中华民族始终没有解体，没有屈服，傲然屹立于世界民族之林，这是世界各国所未有的。国家的统一，民族的团结，反对分裂，反对内战，成为几千年来各族人民的共同愿望，从而决定了中国历史发展的主流和方向。尽管中华民族在历史上也曾经历了无数次严重的外忧，也曾经历了造成国家分裂和地区政权间对立的内患，诸如魏晋南北朝，五代十国，宋、辽、金、西夏并峙等时期，但最终都依靠自己的力量，一次次地获得了新的生机。

中华民族的整体主义思想具有十分丰富的历史内涵。在长达数千年之久的中国历史长河中，中华民族依靠这种精神无所畏惧地战胜了一个又一个的困难，克服了一个又一个的障碍，涌现了一批又一批光照日月、永垂青史的民族英雄，谱写了一曲又一曲高亢激越的整体主义颂歌。今天，弘扬中华民族的整体主义精神，对于团结全国各族人民齐心协力地振兴我们的政治、经济和文化，建设我们伟大的祖国，实现社会主义现代化，不但具有十分深远的历史意义，而且具有十分深刻的现实意义。

当然，我们应当看到，中国传统道德中的整体主义思想，在过去剥削阶级掌握政权的社会中，又总是打上剥削阶级的烙印，成为维护阶级统治的一种思想武器。在长期的封建社会中，统治阶级总是把自己的阶级利益，甚至是把一姓王朝的利益冒充为所谓国家的利益和整体的利益。我们今天批判继承中国传统道德中的整体主义精神，就是要批判这种用一己私利冒充国家利益、整体利益的思想，继承那种"夙夜在公"、"公尔忘私"的精神。国家、社稷和民族的利益，确实是同广大人民群众的生活幸福、社会稳定、生产发展、人际和谐等联系在一起。每当一个王朝的经济得到发展、政治清明廉洁、社会秩序正常、道德风尚良好的时候，社会各个阶层，当然也包括劳动人民，都能够从中得到好处，直接感受到经济利益。相反，每当一个王朝日趋衰落、经济凋敝、政治腐败时，受害最大的又必然是处在最底层的劳动人民。特别是每当一姓王朝处于积贫积弱、日趋没落的境况时，外忧内患的直接结果，必然是使广大劳动人民承受最直接、最深重的灾难，处于水深火热之中而不能自拔。也正是由于这种原因，历史上的无数志士仁人、英雄豪杰，尽管对某一姓封建王朝压迫人民、倒行逆施的腐败统治的认识程度不同，但他们总是勇于献身，杀身成仁，舍生取义，为民族为国家尽自己的忠心。

例如，明末清初的大思想家顾炎武，就是一位独具慧眼的有思想的爱国主义者。他根据自己的切身体会，认识到明代朱姓王朝的腐败，同时又有着强烈的为民族、为人民的献身精神。正是由于这种原因，他特别区分了"亡国"和"亡天下"的不同。他说："有亡国有亡天下。亡国与亡天下奚辨？曰：易姓改号谓之亡国；仁义充塞而至于率兽食人、人将相食，谓之亡天下。"他认为："保国者，其君其臣，肉食者谋之；保天下者，匹夫之贱，与有责焉耳矣。"（《日知录·正始》）在顾炎武看来，"国"既是封建统治阶级一姓王朝的利益体现，因此那些享受到"国"的俸禄的"肉食者"，应当尽力去保"国"；而"天下"则代表着人民的利益，代表着社会的安定，因此，他以仁义充塞、道德沦丧、世风浇薄、文明衰颓为亡天下，从而极力强调，就是对于每一个匹夫来说，都对天下的兴亡，负有重要的责任。顾炎武所主张的"天下兴亡，匹夫有责"（梁启超概括）的爱国主义和整体主义思想，就是中华民族传统道德中的精华。我们今天强调发扬中华民族的整体主义精神，就是要弘扬这种为广大人民利益而献身的精神，并且根据历史的发展，赋予其更新的、具有时代意义的内涵。

第三节 传统文化与人才培养[*]

在世纪之交，传统文化与未来社会人才培养的问题，日益引起人们的关注。处于社会生活中的人们，总是从既定的历史传统、文化氛围、民族心理和生活环境出发，并在这些因素的交互影响下成长和发展。尽管人们总是想摆脱旧的传统、抹去旧的烙印，创造新的生活和形成新的品德，但是，又总是无法完全克服传统对人们的影响。因此，如何正确地对待传统，即怎样消除传统中的消极的东西，弘扬和发挥其积极的方面，就成为我们应当特别注意研究的一个问题。

什么是传统？这是一个有着各种不同看法的范畴。一般来说，我们可以从众说纷纭的各种看法中，大体上找到一个普遍的、大致相同的理解。传统就是已经过去了的事物，是长期以来积淀在社会生活和人们的心理中，并在今天的现实中仍然发挥着影响和作用的一种现象。传统可以是物质的，也可以是精神的。而文化传统则更多的是指同精神、思想、文化道德有关的传统。在整个人类的各种传统中，文化传统对人才培养和人才成长来说，有着特别重要的意义。

什么是文化传统？一般来说，文化传统是对人类在今天以前所创造的精神现象的一个总称，它的内容，就其主要方面来说，包括从一定价值导向出发的哲学的、政治的、经济的、法律的、伦理的、文学的、艺术的、宗教的各种思想观念的总和。文化传统虽然有着多方面的内容，但是，它又有着自己的核心。它的核心究竟是什么，这也是一个有着不同意见并值得讨论的问题。文化传统的核心，从一定的意义上，可以说是人们对善的追求。这一追求，是贯穿于一切哲学的、政治的、经济的、法律的、文学的、艺术的、宗教的等思想中的一根主线，即向往美好、贬斥丑恶，对人类幸福的渴求和对高尚的道德品质的向往。因此，我觉得，我们在讨论传统文化时，着重来探讨它同人才培养的关系，是非常重要而且有意义的。

---

[*] 本节原载《高校理论战线》1998 年第 6 期。收入本书时，略有改动。

当然，我们在探讨 21 世纪人才培养的问题时，首先要考虑的是现实的需要和时代的要求，我们是为了解决人类未来社会中最重要、最迫切的重大问题而思考这一问题的。因此，我们必须要向前看，要面向未来，要尽量地适应时代发展的需要。我们之所以提出要继承和弘扬文化传统，也正是由于在人类的文化传统中，包含着值得我们借鉴、吸收和弘扬的因素和内容。

一、中国传统文化的基本特点

中国传统文化的基本特点是什么？这也是一个需要学者们讨论和研究的重要问题。这里所说的"中国传统文化的基本特点"包含三个方面的意思。第一，它是中国的，这是从它同其他国家相比较的意义上来说的；第二，这里所说的传统文化，主要是指 1840 年以前中国古代的传统文化；第三，这里所说的中国传统文化的特点，只能是一些基本的特点。

中国传统文化包含着极其丰富的内容，就其最主要的部分来说，可以从三个方面来加以考察。

中国传统文化的第一个特点，就是它是重伦理的。在一定的意义上，中国传统文化是一种伦理型的文化，也可以把中国传统文化叫作"崇德"型文化。在整个中国传统文化中，伦理思想的确占有很重要的地位。在中国古代的哲学、政治、历史、文学、教育思想中，伦理思想贯穿其始终，而且哲学思想、政治思想、伦理思想和教育思想等又是紧密结合在一起的。扬善抑恶、褒善贬恶、追求崇高的思想品质、向往理想的道德人格、涵养美好的精神情操，是中国文化的一个主导思想。这一点，也是大多数思想家们所一致认同的。

追求崇高的人生目的，是中国传统文化的一个重要内容。在人和人的相处中，一个人既要有自强不息、奋发有为的创造精神，又要有设身处地为他人着想和爱人如己的博大胸怀。"天行健，君子以自强不息"，"地势坤，君子以厚德载物"，两千多年前中国古代的著名经典《易经》上的这两句话，鲜明而又生动地表明了中国人的人生态度、立身精神和理想境界。一个人，要对人忠实诚信，兢兢业业，夕惕若厉，敬业乐群，不断地提高自己的品德，努力担负起自己应尽的责任。同时，要以极其宽厚仁慈的爱心，来对待自己的同类，以至一切有生命的东西。"天地之大德曰生"，"民吾同胞，物吾与也"，这是一种非常令人崇敬的高尚境界。当然，在现实的人类社会生活中，最重要、最现实的，还是人如何能够自强不息以及如何对待自己的同类，即怎样对待他人的问题。中国古代传统文化认为，一个人道德修养的最终目的，应当是"与天地合其德"，只有达到了这样的境界，才算是一个有高尚道德的人。

什么是"自强不息"的精神？"天行健，君子以自强不息"的意思是，天道的运行，是刚劲强健的，有道德的人应当效法天道，自强不息。"自强"就是要自我奋发，自主自尊，勇于进取，力图革新。"自强不息"就是要"自知"、"自胜"，矢志"强行"。老子说："知人者智，自知者明。胜人者有力，自胜者强"，要想战胜别人，首先要战胜自己的一切弱点，只有坚忍不拔、强力而行的人，才算是一个有志气的人。孟子说："夫人必自侮，然后人侮之；家必自毁，而后人毁之；国必自伐，然后人伐之。"（《孟子·离娄上》）由此可见，所谓"自强不息"，就是中国传统文化中的奋发图强、独立自主、孜孜不倦、坚忍不拔、百折不挠的一种锲而不舍的精神。中国古人所崇敬的"精卫填海"、"大禹治水"、"愚公移山"和"夸父逐日"等故事中的人物，就生动地体现了这一精神。自强不息的精神，可以说是中华民族的脊梁，是中华民族几千年来所以能够不断发展、壮大的一个重要的精神支柱。中华民族的诚挚的爱国主义精神，为国家、为社会、为民族的整体主义思想，也都渊源于这种自强不息的精神。在中华民族的历史上，无数仁人志士和英雄豪杰，前赴后继、英勇不屈，以至牺牲自己的生命来保卫国家的领土，维护祖国的尊严，都同这种自强不息的精神密不可分。国家要统一，人民要富强，民族要团结，社会要安定，这是中华所有各民族的共同愿望，这一愿望只有涵养和形成了这种"自强不息"的精神，才能成为现实。

什么是"地势坤，君子以厚德载物"？这里的意思是说，大地的气势是宽厚和顺的，一个有道德的人，应增厚美德，容载万物。在中国传统文化中，一方面，要"设身处地、爱人如己"，另一方面，还要有爱护一切生命的博大胸怀。早在公元前 6 世纪的春秋时期，中华民族就形成了所谓"仁"的思想。孔子最早从所有的人都是同一个"类"出发，阐发了"仁"的意义，强调了"仁"就是"爱人"。人为什么要"爱人"，怎么去爱人，以及用什么方法去爱人，孔子都作了经典的说明。孔子已经自觉地认识到，人和己是相互依存的。既然所有的人都是同一个"类"，那么大家就应当相互关心和相互爱护。一个人，要想真正做到去爱他人，就必须要"设身处地"，即把自己放到别人的位置上来考虑，才能够体会到别人的需要。"己所不欲，勿施于人"（《论语·颜渊》），"己欲立而立人，己欲达而达人"（《论语·雍也》），"吾不欲人之加诸我也，吾亦欲无加诸人"（《论语·公冶长》），这三个相互联系而又相辅相成的原则，是孔子爱人思想的集中体现。孔子一而再、再而三地从人和我的既对立又统一、既是主体又是客体、既要去爱人又要受人爱的人我关系中，从所有的人都是同一个"类"出发，来论述他的这个重要思想，即一个人怎样去思想和行动，才能真正达到"爱人"的目的。从上述这些引文中，我们可以清楚地看到，生于公元前 6 世纪的孔子，是一位当之无愧的早期的人本主义思想家。用什么方法来爱人呢？孔子提出了一个方法论的原则，这就是他所说的"能近取譬"，即以自身作譬喻，来考虑如何去对待别人，古人叫做"设身处地"，现在的人叫做"换位思考"。我们可以看到，"能近取譬"这种"设身处地"的方法，可以说是一个极其重要的道德方法论原则，一切人类道德行为的可能与实践，都不可能离开这个最简单、最容易被人们领会的原则。

　　宋代的张载，进一步发展了中国传统文化的这一"厚德载物"的思想，明确地提出了"民，吾同胞；物，吾与也"的思想，他认为，所有的人，都是同一父母（即天地）所生的亲兄弟，一切万物都是人类的朋友。人不仅要爱自己的同类，爱护一切有生命的动植物，而且还要爱护大自然，保护人类生活在其中的生态环境。张载把中国古代的"天人合一"的思想，赋予了有具体内容的"仁民爱物"，达到了一个新的高度。

　　正是从崇尚伦理道德出发，中国传统文化特别重视所谓"内圣外王"之道，即在政治上，要求实行"王道"和"仁政"，要以德治国；而在个人的修养上，要求加强修养，完善人格，以"圣人"为最高的理想境界。"为学"的目的，就是要使自己成为一个道德上的"完人"，成为一个"真人"和"至人"，中国传统文化把"治国"与"修身"紧密地结合在一起，为了"治国"，就必须"修身"，只有努力进行道德修养，使自己成为一个道德高尚的人，才能把国家治好。为了使全国的人民都有道德，国君首先就应当有道德，孔子说："君子之德风，小人之德草"（《论语·颜渊》），就是这个道理。

中国传统文化的第二个基本特点，就是它强调理智和智慧的重要性，强调真理的追求和辩证的思考，有着浓厚的思辨传统。中国先秦的儒、墨、道、法几个最著名的学派，都十分重视理智和智慧的重要，强调人们对真理的认识的重要意义。孔子、墨子都从自己的观点出发，强调知识和智慧在完善自身和完善社会，在修身、齐家、治国、平天下中的意义。中国传统文化中，还包含着十分丰富的辩证法。《易经》中的阴阳两极、对立统一、相辅相成、相因相生的思想，以及六十四卦的生成和变化，都可以说是人类社会生活中丰富而生动的辩证法的体现。中国古代思想家们的辩证思考，在春秋时期的道家学派的思想中，得到了极其全面而深刻的阐发，并在中国传统文化中占有非常重要的地位，发挥着非常深远的影响。但是，在汉武帝"罢黜百家、独尊儒术"之后，居于正统地位的儒家思想占据着意识形态的统治地位，道家的这些极其宝贵的思想，没有得到应有的发展。

战国时期著名的思想家荀子，特别重视理智和智慧在人类认识中的重要性，对人们认识真理的各个方面，作了深入的探讨。从自然观来说，他首先提出了"天人之分"的命题，他说："故明于天人之分，则可谓至人矣。"（《荀子·天论》）这意思是说，在认识真理的问题上，我们必须把自然界和社会、物质和精神、主体和客体区分开来，才能获得真理性的认识。他强调，"天行有常，不为尧存，不为桀亡"（同上），"天不为人之恶寒也辍冬，地不为人之恶远也辍广"（同上），自然界有自己的规律，它是不会因为人的主观愿望而改变自己的规律的。根据上述原理，他认为："凡以知，人之性也；可以知，物之理也。"（《荀子·解蔽》）"所以知之在人者谓之知，知有所合谓之智。"（《荀子·正名》）这就是说，人有认识客观事物的能力，而客观事物是能够为人所认识的；人的认识能够与客观的对象相符合，就是智慧。为了达到对客观事物的正确认识，就必须克服和消除各种片面性，把握事物的辩证发展和相互联系。在长达两千多年的时间里，中国的思想家们，如王充、王夫之等，都对这一思想进行了发展，使中国古代追求真理和智慧的思想，得以不断地发扬光大。

以老子和庄子为代表的道家尤其重视辩证思维。早在公元前四五世纪，道家便把人类的辩证思维发展到一个新的高度。在老庄看来，一切事物都有它的对立面，一切事物都是相互联系的，一切事物都是发展变化的，一切事物都是能够相互转化的，一切事物都既是绝对的又是相对的，在绝对之中有相对、在相对之中有绝对，任何静止、凝固和僵化的观点，都是同客观事物的本来面貌相违背的。不但对自然界的事物，应当这样去认识，而且对一切社会现象，也同样应当这样来认识。尽管在老庄的思想中也包含着某种形而上学和相对主义的因素，但总的说来，他们的辩证思维是非常丰富、深刻的。不仅大小、高低、上下、动静等等是对立统一的关系，而且人类社会生活中的善恶、美丑、得失、祸福、多少、难易等等，也都是相互联系、相互依存、相互渗透和相互转化的。"祸兮，福之所倚；福兮，祸之所伏"（《老子·五十八章》）、"天下皆知美之为美，斯恶已；皆知善之为善，斯不善已"（《老子·二章》）、"有无相生，难易相成，长短相形，高下相倾，音声相和，前后相随"（同上）、"圣人终不为大，故能成其大"（《老子·六十三章》）、"非以其无私邪，故能成其私"（《老子·七章》）、"后其身而身先"（同上）、"欲先民必以身后之"（《老子·六十六章》）以及"多藏必厚亡"（《老子·四十四章》）、"多易必多难"（《老子·六十三章》）、"既以为人，己愈有，既以与人，己愈多"（《老子·八十一章》）等等，《道德经》中的这些对自然界的变化和人类社会的发展变化所作的极其深邃、精辟、睿智、简约的概括，可以说是早期人类的辩证思维的最辉煌的成就，直到今天，仍然闪烁着耀眼的光辉。

中国传统文化中的辩证思维的一个突出特点，是它把自然界和人类社会现象看做一个统一的整体，并力求从整体的相互对立和相互联系上来观察和分析这些现象。人类社会是一个整体，自然界是一个整体，一个国家是一个整体，一个人也是一个整体，因此，人们在了解、观察、分析和认识这些现象时，就一定要从一个统一体的视角来考察它们之间的相互联系，否则，就不能达到正确认识这些现象的目的。中国古代的《内经》从统一的整体出发来考察人体的各个部分，天才地观察到了人体的经络体系，避免了形而上学的种种片面性认识，对现代医学的发展来说，也有很重要的意义。

重视理智和强调智慧的特点，还表现在对人生的真正意义和目的的追求上。中国古代的大多数思想家，都极力探求人在社会生活中的地位、作用、态度以及人所能够达到的自由的程度。道家认为，"道是万物的本源"，人们生活在自然界和人类社会中，必须要遵循自然界和人类社会的规律来行动，即道家所说的"道法自然"，特别是要自觉地掌握它们的对立面必然要相互转化的规律，在祸福、吉凶、得失、荣辱中善以自处，从而可以使人们因祸得福、逢凶化吉、失而复得、辱而后荣。从一定的意义上来说，这些思想，直到今天，仍不失为极其有益的指导人更好地生活的教科书。庄子曾探讨了人类在社会中生活，怎样才能摆脱、超越、克服和解除凌驾于人之上的各种限制，以求达到一种完全自由的境界。他认为，除去个人的欲望，看破世俗的名利，抛弃一己的得失，摆脱荣辱的羁绊，"缘督以为经"（《庄子·养生主》），"胜物而不伤"（《庄子·应帝王》），"有人之形，无人之情"（《庄子·德充符》），从而达到完全"无待"的境地，人们就可以成为他所说的"真人"和"至人"，也就可以"全生"了。道家所主张的消极出世的思想是不正确的，但他们强调要克服物欲和名利的羁绊，则有着合理的内容。儒家在人生问题上，和道家不同，他们认为人生的真正目的，就是要在完善自身的基础上来完善社会，并以个人的"修身"为起点，以"齐家"为中介，以"治国、平天下"为最终的根本目的。《大学》上说："古之欲明明德于天下者，先治其国。欲治其国者先齐其家。欲齐其家者，先修其身。欲修其身者，先正其心。欲正其心者，先诚其意。欲诚其意者，先致其知。致知在格物。物格而后知至，知至而后意诚，意诚而后心正，心正而后身修，身修而后家齐，家齐而后国治，国治而后天下平。"这一段话，比较全面、系统、完整地表达了儒家对人生的根本意义和目的的看法，表达了人应当在完善自身的基础上完善社会，同时，又要在完善社会的过程中，不断地完善自身，永无止境。

在过去比较长的一段时间内，有一些人认为，中国的传统文化只重伦理而不重智慧，这是对中国传统文化的一种严重的误解。中国传统文化中的极其丰富的智慧、理性、思辨和格物致知的内容，是我们应当重新加以认识的。

中国传统文化的第三个特点，就是它有着独特的审美意识和人文精神。中国传统文化在文学、艺术的各个方面，取得了辉煌的成就，是全人类文化中最重要、最灿烂的瑰宝之一。在强调伦理道德和知识智慧的情况下，中国古代的文学、艺术更发挥了它特有的导向作用，形成了中华民族的独特的审美意识和人文精神。从三千多年前的周朝开始，就出现了《诗经》这样一部极其深刻、生动、形象地反映社会生活的诗歌总集，它以其鞭挞社会丑恶、向往美好生活的特有的睿智，审视着人和人之间在各种不同情况下的思想感情。春秋时期的《楚辞》，尤其是其中的《离骚》等篇，更是中华民族爱国主义的千古绝唱，表现了作者关心人民、关心国家、追求理想、改造现实的顽强斗争精神。在中华民族的发展历程中，还出现了"唐诗"、"宋词"、"元曲"和"明清小说"等几个文学艺术的发展高潮，创造了绚丽多彩、辉煌灿烂、具有永久魅力的文学艺术传统。

在中国传统文化中，以诗歌的形式来表达思想感情的特点极其突出。它的渊源可以追溯到《诗经》以前的帝舜时期，并不断发展，历久不衰，贯穿于几千年的中国历史长河之中。更加值得注意的是，自唐代以来，随着新的统一国家的形成和国力的强大，在文学艺术上，出现了一个用诗歌来表达人们的思想情感、人生理想、价值观念和生活情操的空前繁荣的时期。在中华民族的发展历史上，这是一个诗人辈出的前所未有的伟大时代，李白、杜甫、孟浩然、王维、白居易、韩愈等一大批天才的诗人、文学家，创作了数以万计的、影响深远、光辉夺目的著名诗篇，是人类文化史上最为辉煌的一大奇观。仅仅流传下来的唐代诗歌，就有五万多首，其中著名的就有一万多首。这是一个诗歌的时代，大诗人白居易，甚至要把他所作的诗歌，先读给老妇人听，然后进行修改。这些诗篇体现了中华民族热爱和平、不畏强暴、锐意进取、追求理想、淡泊名利、向往自然等民族性格。他们热情地歌颂现实生活中一切美好的事物，极力反抗社会上一切不合理的黑暗势力，赞扬人和人之间真挚的感情和友谊，执着地追求着理想和美好的生活。在这些诗篇中，一方面洋溢着浪漫主义精神，充满理想色彩；另一方面又充满着从实际出发的现实主义的实事求是的精神。这些诗篇，既丰富了人类社会的精神文明，也有力地促进了社会的发展和国家的繁荣，对社会的进步起到了强有力的推动作用。"朱门酒肉臭，路有冻死骨"，"国破山河在，城春草木深"，以及"三吏"、"三别"等脍炙人口的诗篇，表现了伟大诗人杜甫的忧国忧民的思想。"安得广厦千万间，大庇天下寒士俱欢颜，风雨不动安如山。呜呼！何时眼前突兀见此屋，吾庐独破受冻死亦足！"（杜甫：《茅屋为秋风所破歌》）这首感情沉郁的诗表达了诗人虽身处颠沛流离的困境，想到的却是无数有着类似处境的穷人，他甚至不惜以自己冻死为代价，换取那些穷困的人们，都能够有很好的房子居住。诗人对劳动人民的感情，是多么的真挚和深厚啊！"春种一粒粟，秋收万颗籽。四海无闲田，农夫犹饿死。"（李绅：《悯农一》）"锄禾日当午，汗滴禾下土。谁知盘中餐，粒粒皆辛苦。"（李绅：《悯农二》）"父耕原上田，子斸山下荒。六月禾未秀，官家亦修仓。"（聂夷中：《田家》）"二月卖新丝，五月粜新谷。医得眼前疮，剜却心头肉。我愿君王心，化作光明烛。不照绮罗筵，只照逃亡屋。"（聂夷中：《咏田家》）这些唐代诗人的著名篇章，充分体现了劳动人民的思想感情，反映了他们珍惜劳动成果和痛恨剥削的强烈的不满情绪。在唐代的著名诗人中，还有像王维、孟浩然等善于描绘自然景色的田园诗人，他们以与大自然融为一体的情怀，把清新秀丽的景色，同身处其中的诗人的丰富情感结合在一起，从而走进了一个使人回味无穷的新的境界。"春眠不觉晓，处处闻啼鸟。夜来风雨声，花落知多少。"（孟浩然：《春晓》）"桃红复含宿雨，柳绿更带春烟。花落家僮未扫，莺啼山客犹眠。"（王维：《田园乐》），这两首诗把诗人的恬淡、静谧的心情和对生活的思索，同春雨、落花、鸟啼以及桃红、柳绿、莺啼等联系起来，情趣悠闲、清新自然，使人浮想联翩，意味深长。

从唐代开始，用来表达人们思想感情的诗歌已经开始同音乐的音律结合，并用来歌唱。到了宋代，更发展成为一个以"词"为体裁的新的文学风尚，即人们所说的"宋词"，它同"唐诗"相辉映，成为中华民族文化传统的又一灿烂的瑰宝。值得注意的是，"词"在题材选择、艺术风格和思想倾向上，都有着自己独特的传统。它善于用音乐的旋律，来表达人物的细微的心理变化，或者是婉约，或者是豪放，总是同人民的生活、社会的治乱、国家的安危有着密切的关系。继唐诗、宋词之后，在中国历史上，还有"元曲"和"明清小说"等不断发展而且高潮迭起的一个又一个的文学艺术的高峰，并以其独特的方式，形成了一种独特的审美意识和人文精神，熏陶和孕育着中华民族特有的人文素质和民族精神。

二、传统文化与培养高素质人才

从中国传统文化的基本特点来看，中国传统文化对培养和提高人的思想、文化、审美和道德素质，有着极其重要的意义。21世纪是一个在各个方面都必然要发生激烈竞争的时代，如果不能在这个激烈的竞争中得到发展，就可能遭到淘汰。竞争是多方面的，有经济上的竞争、科技上的竞争、管理上的竞争、人才上的竞争等等，其中最重要的是人才的竞争，而在人才的竞争中，思想素质和道德素质占着尤为重要的地位。因此可以说，人的素质如何是关系到一个国家、一个民族的生存和发展的重大问题。中国古代传统文化中的崇尚道德、重视智慧、强调文化艺术修养、注重人文精神和人文素质的培育等思想，有利于新时期的人的思想素质的提高，在未来的21世纪的人才培养中，应当认真地加以弘扬。

在传统文化与培养人才的问题上，我们首先要认识到，既然传统文化仍在今天的现实中发挥作用，我们就必须对传统文化进行辩证的分析。一般来说，传统文化对现实的作用可分为两个方面，它既是人类所创造的宝贵精神财富，是人类继续前进的基础，又是一个可以阻止人们向前发展的包袱。因此，我们在继承传统文化时，就必须强调对一切传统文化进行鉴别和选择，坚持批判继承、弃糟取精、综合创新、古为今用的原则，抛弃其保守的、不符合时代要求的糟粕，吸取其为时代需要的精华，并综合创新，赋予其新的意义。

一切国家在继承自己的传统文化时，都必须要吸收人类历史上所创造的一切优秀文化成果，因此，中国在继承和发扬中华民族的优良传统时，同样要以正确的态度，来对待西方的文化传统和世界各个民族、各个国家的优秀文化传统。西方发达国家，不但有古代希腊的丰富多彩的文化，而且自文艺复兴以来，在长达几百年的时间里，又创造了前所未有的新的文化，这对培养面向21世纪的人才来说，是有重要意义的。

古老的埃及文化、印度文化不但在历史上有着辉煌的成就，就是在今天，仍然是我们应当批判继承的。当然，在继承一切外国的文化遗产时，我们必须坚持"以我为主、为我所用"的原则，在当前，就是要以建设中国特色社会主义的需要为总的原则。一般来说，不同的国家和民族，都必然有自己的传统，都应当受到尊重。随着经济的发展和社会的进步，各种文化之间的交流也必然日趋频繁。文化之间的冲突，也同样是不可避免的，但是，它决不像有些人所认为的，在 21 世纪，将会有某一种文化去战胜其他各种文化、去吃掉其他各种文化。未来的文化的发展，将会是在相互交往和相互冲突中，在相互联系和相互吸收中，日益走向融合。尽管各种社会制度不同，每一个国家、每一个民族的文化，都将会在保持自己的文化特色的同时，既继承本民族传统文化的优秀成果，又吸取人类历史上一切优秀文化的精华，从而使自己的文化更加丰富多彩和更加具有民族的特色。

第四节　传统美德略议

一、忧患意识与居安思危[*]

中华民族在长期的历史发展中，形成了自己特有的民族心理、情感和精神，忧患意识就是这一精神的重要内容。

在我国的传统文化和传统道德中，忧患意识又总是同"居安思危"联系在一起的，这就是说，不但在国家处于困难和遭受外来敌人的侵略时，应当有忧患意识，就是在国家处于安定和强大时，仍然应当想到可能产生的患难，要随时保持高度的警惕，有备无患，使自己能够永远立于不败之地。

（一）《易经》中的忧患意识

中国的忧患意识，在最早的古典文献《易经》中，已经形成。从一定意义上，我们可以说，《易经》的主导思想就是一种"忧患意识"，并由这种"忧患意识"而引发出一种发奋图强的精神。《易经》总结了国

---

[*]　本节原载《做人与处世》2000 年第 7 期。

家、社会治乱兴衰的经验教训，分析了个人成功和失败的各种原因，考察了事物变化的复杂情况，看到了辩证发展的某些因素，提出了"忧患意识"这一极其重要的思想，以求使国家能够繁荣富强和兴旺发达，使个人能够"因时而惕"和"虽危无咎"。也正是由于这样的原因，《易传·系辞》中说："作易者，其有忧患乎？"意思是说，《易经》的作者，是一个有"忧患意识"的人，因为《易经》的全部内容都是从"忧患意识"出发的。

在《易经》"乾"卦中第一次提到"君子"时，首先就说"君子终日乾乾，夕惕若，厉无咎"。这句话的意思是说，一个有道德的人，从早到晚都应当处在"戒慎恐惧"之中，即使到晚上要睡觉了，仍然是心怀忧虑和警惕。也正由于这样的原因，在危险和不利的境遇中，能够没有灾祸。

《易传·象》对这段话的解释，又进了一步。它强调，一个有道德的人，要"进德修业"，加强自身的道德修养，"是故居上位而不骄，在下位而不忧，故乾乾因其时而惕，虽危无咎矣"。这说明，只有时时警惕和忧虑，就是身处险境，也能没有灾祸。

《易经》从事物的辩证发展的过程中，看到了"居安思危"的重要意义，《易传·系辞》中说："是故君子安而不忘危，存而不忘亡，治而不忘乱，是以身安而国家可保也。"这句话的意思是说，一个国家、一个社会和个人的安危、存亡和治乱，都是相互联系和相互转化的，一个安定的社会，可能发展到危险的困境，一个存在的国家，可能走向灭亡，一个治理得很好的社会，可能会出现难以收拾的混乱局面。如何才能避免这种现象发生呢？最根本的就是要有一种"居安思危"的"忧患意识"。所谓"居安思危"，就是要在"安"、"存"和"治"的时候，就要预见到可能发生的"危"、"亡"和"乱"的出现，从而增强人们的忧患意识，使人们能够有预见地克服各种困难。居安思危、就是要在危难尚未到来之时，就要"戒慎恐惧"，就要"如临深渊，如履薄冰"，反对骄傲自满、奢侈淫逸等等。

（二）孔子、孟子对忧患意识的发展

"忧患意识"，在孔子那里，有了进一步的发展。孔子说："人无远虑，必有近忧"（《论语·卫灵公》)，他反对目光短浅，只看到眼前的利益和暂时的富贵，强调从更广阔的视野来观察问题。孔子的"人无远虑，必有近忧"，有两方面的意思，一方面是从国家和社会来考虑，孔子看到当时的一些诸侯国之所以从兴旺到衰败，往往与缺乏"忧患意识"有关，因此他劝告当时的统治者，在筹划政事时，要从国家的长治久安出发；另一方面，他又是从人生观方面来认识这一问题的，他认为，一个人在社会中生活，应当有远大的抱负，有高尚的道德，有崇高的情操，要时时警惕和反省自己。他说："君子忧道不忧贫"（《论语·卫灵公》），对于自己来说，"德之不修，学之不讲，闻义不能徙，不善不能改，是吾忧也"（《论语·述而》），这就是说，在孔子看来，道德必修养而后成，学业必讲习而后得，见义能徙，知过必改，这是一个人能否不断前进的关键，因此他常常以此来鞭策自己。

孟子继承了孔子和儒家的"忧患意识"，提出了"生于忧患而死于安乐"（参见《孟子·告子下》）的著名论断。孟子这一思想，是对事物发展变化规律的总结，其中包含着极其深刻的哲理。大到一个国家，小到任何个人，安逸和快乐，容易使其毁灭和死亡，而忧患意识则能使其更好地生存。从国家来说，他提出"无敌国外患者，国恒亡"（同上），因为在经常的敌国的侵略威胁下，这个国家就一定会有较强的"忧患意识"，就会发奋图强、自力更生，就能打败敌人的侵略，就能坚强地生存下来。对于一个人来说，在忧患之中，最能够锻炼出人的坚强意志，他说"故天将降大任于斯人也，必先苦其心志，劳其筋骨，饿其体肤，空乏其身，行拂乱其所为，所以动心忍性，增益其所不能"（同上），说的也是这个道理。

（三）忧患意识与民族精神

在中国长期的历史发展中，我们可以看到，忧患意识已经成为中华民族精神的一个重要方面，它既是一种忧国忧民的爱国主义精神，又是一种关心国家和人民的责任意识，同时，它也是一种自力更生、艰苦奋斗、发奋图强和无私奉献的精神。正是在这种精神的感召下，许多仁人志士和道德楷模，他们或者是杀身成仁、舍生取义，或者是以身殉国、英勇就义，表现了可歌可泣的精神。

宋代著名的思想家范仲淹提出"先天下之忧而忧，后天下之乐而乐"的思想，强调了一个有道德的人，应当以国家、民族和人民的忧虑为忧虑，体现了他的大无畏精神和博大宽广的胸怀。在这篇《岳阳楼记》中，他说："居庙堂之高，则忧其民，处江湖之远，则忧其君。是进亦忧，退亦忧。"意思是，在朝中做官时，就要时时为老百姓着想；被贬而远离朝廷时，就要经常想到国君的安危。范仲淹的忧国忧民的"忧患意识"，体现了中华民族的民族精神。

清代著名的思想家顾炎武，进一步提出了"天下兴亡，匹夫有责"的思想，把这种忧患意识扩大到所有人民，强调每一个老百姓都应当为国家的兴衰、存亡而忧虑，都应当为国家的繁荣富强而尽到自己应尽的责任。

中华民族的忧患意识在中华民族的发展中，发挥着极其重要的作用。中华民族之所以能历经艰难困苦和内忧外患，遭受千难万险和种种危机；而最终能够保持自己的独立和发展，都是同"忧患意识和自强不息"这一民族精神有密切关系的。

（四）忧患意识与做人处事

从做人处事来说，"忧患意识"和"居安思危"的思想，与一个人的人生道路、事业发展、工作成败，也有着重要的关系。

一个有忧患意识的人，总是能够时时鞭策自己、提醒自己，检查和反省自己在工作和生活中的问题，分析在人生道路中遇到困难和挫折的原因，从而找出改正的方法，克服前进道路上的各种困难。

一个有忧患意识的人，总是能够虚心地、客观地观察问题，能够保持谦逊的美德，在人生道路上，严格要求自己，尽可能地改正自己的缺点和错误。也正是这样的原因，古人常常把忧患意识同个人的"进德修业"联系在一起，强调"进德修业"是一个人能够"转危为安"的重要条件。

一个有忧患意识的人，总是既能够有宽广的视野，善于观察和了解事物发展的全局，又能够自觉地激励自己的意志，紧紧抓住事物进程中的具体环节，把坏事变成好事。人生的道路不可能是平坦、笔直的，只有那些有"忧患意识"的人，才能安全地渡过人生道路中的暗礁和险滩，顺利地到达彼岸。

"生于忧患而死于安乐"这句话，包含着丰富深刻的哲理，不但对个人来说，有指导人生的意义，同时，对国家和民族的生存、发展、富强、振兴，形成自立、自强的民族精神更有着极其重要的作用。中华民族之所以能长期屹立于世界民族之林，就是同这一思想有着密切的关系。

在建设中国特色社会主义的今天，我们应当清醒地看到，我们前进的道路并不平坦，国内的敌对分子，人还在，心不死；西方敌对势力，正在通过各种阴谋手段，对我国进行"西化"和"分化"。在当前，继承和发扬中华民族的"居安思危"的"忧患意识"，有着重大的现实意义。我们一定要发奋图强、自力更生，对可能出现的一切困难和挫折，都要有充分的思想准备，要有战胜一切艰难险阻的大无畏精神。只有这样，我们才能在建设中国特色社会主义的道路上，顺利前进。

二、弘扬中华民族的"公忠"美德[*]

在中国古代所形成的道德规范中，"公忠"这一道德规范占有非常重要的地位。"公忠"是社会道德的最高原则，是对个人道德品质的最根本的要求，"公忠"不仅被人们看做是个人的"修身之要"，而且贯彻于一切道德规范之中。

什么是"公忠"？或者说"公忠"这一道德规范，都包含着什么基本要求呢？

在古代，"忠"往往代表着一种为人处事的态度，古人的解释是"尽己之为忠"。一个人不论做什么事情，一定要认认真真，尽到自己最大的能力，这就是"忠"。孔子的弟子曾子，曾经说过几句很有名的话，周恩来生前也曾引用并肯定过这几句话的积极意义，其中就提到对"忠"的解释。曾子曰："吾日三省吾身：为人谋而不忠乎？与朋友交而不信乎？传不习乎？"（《论语·学而》）这就是说，一个人应该经常反省，为他人做事，是不是尽了"忠"心，即是否尽了最大的力量。现在，我们仍然常常说要"忠于事业"、"忠于同志"、"忠于朋友"、"忠于职业"以至"忠于集体"、"忠于国家"和"忠于民族"等等。由此可见，"忠"是人们在社会相处中最重要、最基本的道德要求。在古代，忠一直是同公和正联系在一起的。所以古人提出"忠，德之正也"（《左

---

[*] 本文原载于 1997 年 3 月 3 日《大众日报》。

传·文公元年》），认为"忠"是所有道德规范中最重要的一种道德规范。隋唐以后出现的《忠经》，对"忠"的意义作了更详细的说明，其中说："天之所覆，地之所载，人之所履，莫大乎忠。忠者，中也，至公无私。天无私，四时行；地无私，万物生；人无私，大亨贞。忠也者，一其心之谓也。为国之本，何莫由忠？"

在中国古代，"公"又是同"私"相对应的一个概念。一般来说，"公"是指氏族、民族、国家的利益。在长期的奴隶社会和封建社会中，国家总是为剥削阶级所掌握，甚至是属于一姓一家的天下，因而，在古代人所说的"公"中，有着封建性的一面，这是我们应当用马克思主义加以分析的。但是，就总体来说，即使是在奴隶社会和封建社会，每当国家面临着内忧外患时，受害最大的又必然是处在最底层的劳动人民，因此，在这种情况下，勇于献身、勇于抵御外侮，以至于为国家存亡而杀身成仁、舍生取义的"公"的精神，仍然是值得肯定的。历史上无数的爱国主义的民族英雄，如苏武、岳飞、文天祥、戚继光等为国为民的不屈不挠的精神，直到今天，仍然是我们应当大力发扬的。

"公"既是同"私"相对应而言的，古人又是怎么理解"私"的呢？在中国传统道德中，"私"一般指私人的利益或个人私利，有时甚至明确指"自私自利"和"损公肥私"的思想和行为。战国时期的思想家韩非曾从中国文字的起源上来说明"公"和"私"所具有的对立、相反的意义。他说："古者苍颉之作书也，自环者谓之私，背私谓之公，公私之相背也，乃苍颉固以知之矣。"（《韩非子·五蠹》）韩非的意思是说，自古以来，"公"和"私"就是对立的，最先造字的苍颉就是按照这个意思而造的"公"和"私"两个字。最早的私字，没有现在的"禾"字偏旁，只有另一半，而这一半就是以自己为起点，划一个圆圈。现在我们大家所熟悉的"八"字，在古代有相背、相反的意思，所以把古代的"厶"字之上，加一个具有相反意义的"八"，就成了我们现在的"公"字了。从韩非的解释来看，至少在很早以前，把"公"和"私"看做是正相反对的两种思想和行为，已经是人们的共识了。汉朝班固所整理撰写的《白虎通义》，实际上是当时的一种标准辞典，其中说"公者通也，公正无私之意也"，也是把"公"和"私"对立起来解释的。

在中国古代传统道德中，很早就把"公"和"忠"联系起来，要求一个人要尽自己最大的努力，去为国家、为民族而献身，要求在"公"和"私"的关系上，要克制、放弃个人的私利，去谋取公家的利益，要"克己奉公"。这种强调为国家、为民族、为社会的"公忠"道德要求，是中华民族特有的整体主义精神的核心，它对国家的兴衰存亡有着重要的意义。

从历史上来看，早在反映中国西周时期政治思想的《尚书·周官》中，就有"以公灭私，民其允怀"的提法，就是说，一个执政者，只有用公心消灭私欲，人民才会信任和归向。在《诗经》中，就有"夙夜在公"的思想。《左传·僖公九年》中又进一步提出"公家之利，知无不为，忠也"，把"公"和"忠"联系起来，这是"公忠"这一道德规范的最初来源。《左传·昭公元年》中又说"临患不忘国，忠也"，把个人对国家的责任，特别是当国家遭遇危险和祸患之时，一个人应当挺身而出，为国献身，当做是最大的"忠"。由于奴隶制时代和封建时代的君主都是剥削阶级，因此，这种"忠"于国家的"公忠"，就包含着需要我们进行分析的精华和糟粕。汉朝的著名政治家贾谊把忠于国家同义、正义联系起来，他说："国尔忘家，公尔忘私，利不苟就，害不苟去，惟义所在。"（贾谊：《新书·阶级》）在这段话里，贾谊强调在个人利益和国家利益发生矛盾时，根据"公忠"的道德规范，应当"国尔忘家"、"公尔忘私"，即一个人不论做任何事情，都要根据原则，该做的就做，不该做的就不做，不能因为对个人有利就去干，对个人不利就不干，这是应当弘扬的。但我们也应当看到，在"公忠"的思想中，有着做臣子的人应当一心一意为君主着想的内容，这就是应当批判和扬弃的了。

在古代思想家那里，"公"、"私"和"善"、"恶"，经常具有相同的意义，这也就是说，"公"就是"善"，"私"就是"恶"。宋代的心学家陆九渊认为"公"和"私"的思想，反映了一个人"心"的"正"、"邪"，他说："为善为公，心之正也。为恶为私，心之邪也。为善为公，则有和协辑睦之风，是之谓福；为恶为私，则有乖争陵犯之风，是之谓祸。"（《陆九渊集·赠金溪砌街者》）这就是说，在中国传统道德中，从来就是把为"公"，把以人民大众和国家民族的利益为重，看做是崇高善良的美德，而把自私自利、损公肥私看做是一种邪恶，是一种罪过，是一种受人鄙视的卑劣的思想和行为。正是在这一传统的长期影响和熏陶下，使我们中华民族形成了一种加强民族团结、褒扬民族和睦、强调国家统一的强大的向心力和凝聚力，这种向心力和凝聚力，对我们中华民族能够几千年来一直屹立于世界民族之林，能够长期保持一个多民族的统一大国，有着重要的作用。

从我国现实情况来看，改革开放以来，为了更快地发展我国的生产力，促进经济的发展，我们较多地强调了个人的利益，在一定时期内，有其积极的作用。但同时也应当看到，随着商品经济和市场经济的发展，特别是在西方思想影响下，一些人迷恋于追求个人享受，斤斤计较个人利益，对于自己应尽的职责往往却消极、敷衍，不能尽心尽力、严肃认真地把自己应做的事做好。特别应当指出的是，在振兴中华的伟大事业中，我们每个人都有对民族、对集体、对国家所担负的各不相同的责任和义务。因此，我们应当把中华民族的"公忠"这一优良道德传统，加以发扬，赋予它新的意义。孙中山先生说到"忠"字时，就曾经说过："我们现在说忠于君，固然是不可以，说忠于民，是可不可呢？忠于事又是可不可呢？我们做一件事，总要始终不渝，做到成功，如果做不成功，就是把性命去牺牲，亦所不惜，这便是忠。"[①]我们正在建设的是有中国特色的伟大的社会主义事业，更要求广大人民群众能够对集体、民族和国家的事业，抱着忠心耿耿、尽心尽力、坚韧勇敢、不屈不挠并为之奋斗到底的精神。如果每一个人都能够自觉地、积极地、严格地去完成自己对他人、对集体、对社会、对国家的责任和义务，那么，我们的社会主义事业，就一定能够蓬蓬勃勃地向前发展，我们的民族，就必将成为世界上大有希望的民族。

三、"孝"与中国传统文化和传统道德[*]

在中华民族的优良传统文化和优良传统道德中，"孝"占有特殊的地位，对"孝"文化的问题，应当进行更深入的研究，力求使其同今天的现实生活紧密结合，并在提高人类的道德水平方面，发挥重要的

---

①　《孙中山选集》，下卷，650 页，北京，人民出版社，1956。

*　本节原载《道德与文明》2003 年第 3 期。

作用。

在中华民族发展的历史上，"孝"在社会生活中，有着一个曲折的发展过程。一方面，它在一定时期内，有力地维护着中华民族的和谐发展，凝聚着以血缘为纽带的宗法关系，为维系家庭团结和保持社会稳定起着特殊重要的作用；同时，在长期等级制度的社会中，主要是自宋明到五四这段时期，它被统治阶级及其思想家们加以扭曲，把"愚孝"当做道德楷模，把牺牲子女的基本权利作为道德教条，压抑人性成为"孝"的必然归宿。因此，我们应当采取全面、科学、辩证和分析的态度，对"孝"在中国社会长期发展中的复杂情况，加以提炼、筛选、消化和吸收，采纳其精华，抛弃其糟粕，以达到"古为今用"的目的。

什么是"孝"？按照中国古代传统道德的理解，"孝"就是"善事父母"，就是要以善意的思想和行为来对待自己的父母，使他们生前能够过幸福的生活，在他们死后给予很好的安葬。

做子女的为什么要"孝顺"自己的父母？从中国传统道德的要求来看，主要是因为父母对子女有三个方面的"恩情"，做子女的长大成人以后，应当进行报答。应当说，"孝"的根据是"报恩"，这是重视血缘关系和宗族纽带的中国社会所形成的道德要求，是带有东方文化和东方道德传统特点的。

父母对子女都有哪三方面的"恩情"呢？一是生育之情，二是养育之恩，三是教育之泽，这三个方面结合起来，就是中国传统道德和传统文化中强调"孝"的最根本、最主要的原因。

《诗经》上说，父母"生我抚我，育我鞠我"（参见《诗经·谷风之什》）。孔子说："子生三年，然后免于父母之怀"（《论语·阳货》）。《孝经》上说："身体发肤，受之父母，不敢毁伤"，等等，这都是说父母对子女的"生育之情"、"养育之恩"和"教育之泽"。的确，在一般情况下，父母对自己的子女，都要在这三个方面付出辛勤的劳动。当然，对于极少数例外的情形，不在我们讨论之内。

由此可见，中国古代的"孝"，就同中国古代伦理思想中的"报恩"思想紧密地联系在一起。在伦理思想中，一直存在着一种看法，就是不同意把"孝"和其他道德同"报恩"的思想联系起来，甚至把"孝"说成是同"报恩"没有什么联系的。我认为，这种看法是值得商榷的。

西方一些学者认为，父母生育子女和教育子女，都是他们对社会所应尽的责任和义务，谈不到对子女有什么恩惠，因此，也不认为子女对父母应当尽孝敬和赡养的义务。一个人老了，丧失了劳动能力，社会和国家应当负责他的生活，子女对此不应当承担任何的责任。他说，这也就是东西文化的一个重大差异，值得我们认真地加以研究。

人到老年以后，在他不能够再为社会做贡献和丧失劳动力的时候，社会和国家应当担负起对他的责任，这当然是正确的。社会愈是进步，经济愈是发展，社会对老年人的保障，也必然愈加完善，这是社会发展的必然趋势，是毫无疑义的。但是，如果说生儿育女是每一个公民的义务，并因此认为父母对子女没有任何恩惠，这却是值得商讨的。难道父母的生育，不是一种亲情？父母的养育不是一种恩惠？父母的教育不是一种恩泽？做子女的，难道不应当对这些"恩惠"予以报答？

自古以来，在人们的道德关系中，能不能对受到"恩惠"加以报答，这是判断一个人有无道德和道德水平高低的一个重要标准。人们在社会生活中，总是要相互发生各种各样的利益关系，除了商品买卖只能进行等价交换以外，在彼此的道德关系中，一个人要想有道德，总是要以或多或少对他人、对社会、对国家做出某些牺牲为前提的。人类社会自古流传下来的社会公德、职业道德、家庭美德，就是调整这些关系的道德要求的规范。父母同子女之间的关系，固然有血缘和亲情的方面，这是应当强调的，同时，不可否认，其中也包含着发自父母的真挚、自愿的牺牲。

一个人有没有道德和道德层次的高低，当然要看许多方面，但是，谁都不能够否认，一个人是否自觉自愿地报答他人对自己的恩惠、是否回报父母、他人、社会、国家在自己成长、发展中的给予帮助，是衡量、测试和评价一个人有没有道德和道德高尚或卑下的一个重要的标准。中国一句著名的道德格言就是"受恩必报，施惠莫记"。如果说，一个人，连父母对自己的"恩惠"都不能够、不愿意报答，甚至虐待父母，我们又怎么能期望他会报答社会、国家、他人对他的"恩惠"呢？这样的人，又怎么可能是一个有道德的人呢？中国传统道德强调"孝"是道德的根本，是一切道德行为的出发点，应当说，是有道理的。

我们还应当看到，在当前市场经济条件下，随着追逐个人利益的发展，西方社会的个人主义、拜金主义和享乐主义的思潮，不断蔓延，等价交换的原则，正日益渗透到人与人关系的各个方面，甚至在家庭关系中，也笼罩着金钱的阴云。为了金钱和私利，不但可以"遗弃双亲"，甚至不惜"杀父杀母"，这种情况，难道还不应当引起我们的严重关注吗？

"孝"是中华民族文化和中国传统道德的一个基本的、重要的内容，是道德行为的生长点，在调整人和人之间的道德关系、维护社会的稳定、提高人的道德素质方面，有着特殊的意义。我相信，不论在当前社会还是未来社会，不论是对海峡两岸的中国人，还是对东方和世界许多国家及民族，对"孝"文化的正确理解、深入研究和大力弘扬，都有着重要的意义。

四、"程门立雪"与弘扬传统美德*

在中国古代的传统道德中，"程门立雪"是尊师的一个著名故事。这个故事说，宋代的杨时和游酢，尽管他们都当了大官，很有地位，但是，当他们在寒冷的冬天去看望他们的老师程颐时，为了不惊动老师的休息，竟然在老师的身旁站了几个小时。他们来时还没有下雪，到走时，门外的雪已经有一尺深了。这充分说明，他们对老师是十分尊敬的。直到今天，他们这种态度仍然是值得我们学习的。

值得注意的是，在最近几年出版的一些有关中国古代传统道德的通俗读物中，对这个故事的解释有夸大事实的地方，与原来的情况有较大的出入。本来杨时和游酢都是站在他们老师的书房里，却被说成是站在门外的雪地里，有的书还配了图画，画着他们二人在冰天雪地中僵立着，脚下被一尺厚的雪埋着。尽管作者的用意都是好的，但是这种不符合原意、望文生义的解释，其效果并不好，是应当纠正的。

这种情况的出现，主要是对古书的理解有问题。这段故事，我们现在能看到的原始资料，主要是从《宋史》和《二程集》中来的。首先，

---

* 本节原载《罗国杰文集》，河北大学出版社 2000 年版，原题为《"程门立雪"立在何处》。

我们看一看《宋史·道学传·杨时传》中的记述：

> 河南程颢与弟颐讲孔、孟绝学于熙、丰之际，河、洛之士翕然
> 师之。时调官不赴，以师礼见颢于颍昌，相得甚欢。其归也，颢目
> 送之曰："吾道南矣。"四年而颢死，时闻之，设位哭寝门，而以书
> 赴告同学者。至是，又见程颐于洛，时盖年四十矣。一日见颐，颐
> 偶瞑坐，时与游酢侍立不去，颐既觉，则门外雪深一尺矣。

这段话的大意是：河南程颢和弟程颐，在宋神宗熙宁和元丰年间，讲授孔子和孟子的学说，中原一带士人都去拜他们为师。杨时调动官职还没有赴任，就去颍昌拜程颢为老师，两人谈得非常投机。杨时走时，程颢目送他离去，说我的学说可以由你带到南方去了。四年以后，程颢去世，杨时于家中设灵位哭泣，十分哀痛。有一天，杨时和游酢二人去见程颐，程颐正坐着小睡，二人就在旁边侍立等着，等到程颐醒来时，门外的雪已有一尺深了。

在《二程语录·侯子雅言》中，我们还可以看到：

> 游、杨初见伊川，伊川瞑目而坐，二人侍立。既觉，顾谓曰：
> "贤辈尚在此乎？日既晚，且休矣。"及出门，门外之雪深一尺。

《侯子雅言》的作者是侯仲良，他是程颐的内弟，这个记载是更加可信的。从这里的叙述来看，杨时和游酢不是站在雪地中而是立在室内，这是十分明确的。何况，当时杨时已经四十多岁，不但学术上有一定成就，况且已有相当的官职。在寒冷冬天，程颐家人是不会让他在门外站着等老师醒来的。

在继承和弘扬中华民族的优良道德传统时，有两个问题值得我们注意。一是要力求用马克思主义的立场、观点和方法来分析和鉴别古代传统道德的糟粕和精华，在吸收其精华的同时，还要根据时代的发展，赋予它以新的意义，使其能更好地为社会主义道德建设服务；二是对于这些优良道德传统的内容，也要实事求是、严肃认真地给予准确说明。对道德楷模的宣传，尤其要注意恰如其分、合情合理。如果有意拔高，反而会使人觉得脱离了生活，产生不好的效果。一切道德典范都是高于生活又源于生活的，只有如实地加以宣传，这些道德楷模才能在人民群众中有强大的生命力。

第十五章
道德建设与治国兴邦

第一节　儒家的德治思想*

中国古代的儒家思想，是同当时社会的政治生活密切相结合的一个独具特色的学术流派。从社会的政治要求方面来看，它的主要目的，就是要在完善个人的同时，还要尽力来匡救时弊和完善社会，并希望能够提出一个系统的治国安邦和济世救民的"纲领"，以达到儒家所说的"格物、致知、正心、诚意、修身、齐家、治国、平天下"的目的。

儒家是怎样来达到他们的这一目的的呢？在儒家的"匡救时弊"和完善社会的要求中，强调"德治"的思想，占有特别突出的地位。我们可以看到，"德治"思想，不但是儒家治国的根本方略，而且还是儒家之所以能够在中国历史上占有重要地位的一个重要的原因。

在中国古代的传统思想中，有着众多的学派，儒、墨、道、法，就是其中最著名的四家，儒家在其中又占有着独特的地位。儒家和墨家，都是春秋时期的所谓"显学"，都是社会上有显著影响的学派，彼此不相上下，互争高低。但是，到了后来，墨家抵不过儒家，在很长的历史过程中，墨家简直可以说是销声匿迹了。在春秋战国时期，法家也是一个很有实力的学术派别，受到当时的一些统治者的青睐。秦国从秦孝公

---

　* 本节原为海峡两岸伦理学研讨会交流论文。

开始任用商鞅变法，在长达一百多年的时间里，经过六代国君的努力，终于在秦始皇的时候，统一了中国。从意识形态方面来看，在这一百多年中，它在政治上的指导思想，就是法家的思想。同样，到了汉代，法家的思想，也被儒家的思想打败了。至于道家，尽管它在长达两千多年的历史中，在知识分子和意识形态领域中有着深远的影响，但是，在政治思想家中间，它始终没有能够占据统治的地位。这样，也就给我们提出了一个问题，中国古代的儒、墨、道、法四大学派，为什么只有儒家学派能够战胜其他三个学派，形成了自汉代以后的"独尊儒术"的情况呢？当然，其中原因是多方面的，我们可以从中国社会的特点，经济和政治的建构的种种特殊情况，以及民族的传统等来加以论述。但是，我认为，其中最重要的有两点：一是，儒家在产生、形成和发展的漫长过程中，始终都十分强调学术思想和理论建树必须与现实的社会政治生活相结合，并力求使自己的思想和理论能够"经世致用"，为当时社会的经济和政治服务；二是，它特别强调道德在人类社会生活中的重要作用，强调"德治"在保持人际和谐、维护社会稳定、加强民族团结和巩固国家统一中的特殊的、不可代替的作用。

由于儒家思想特别强调"道德"（包括道德人格、道德理想、道德教育、道德修养）的作用，我们可以说，儒家学派是一个以伦理思想为中心的学派，或者说它是一个以德性主义为中心的学派。正因为它的整个思想是同人们的社会政治生活紧密地结合在一起的，我们也可以说它的特点就是伦理政治化和政治伦理化。

一、儒家"德治"思想的形成和发展

从中国古代思想发展的历史来看，早在西周的时候，思想家们就提出了道德在治理国家中的重要作用。西周的统治者们，从夏、商奴隶主贵族那里承袭了"王权神授"的思想，把他们对人民的统治说成是"受命于天"的。那么，夏、商的统治者们，不是也说他们的统治是"受命于天"么？为什么他们在人民的反抗下，却又失去了自己的统治呢？因此，西周的思想家们，总结了夏、商所实行的"代天行罚"的"天罚"的思想，提出了"以德配天"和"敬德保民"的新观念。"天"是注意着地上的统治者的道德的，"皇天无亲，唯德是辅"。过去，夏和商的统治者，都曾经是有道德的，所以上天就把统治的权力，交给了他们，但到了后来，由于他们不知道"敬德"，"皇天"也就不再信任他们，从他们那里收回了过去给予他们的权力。现在周王有德，"天命"也就归周而不再归商了。鉴于商代统治者过于强调对老百姓的刑罚，西周的统治者们，在提出"以德配天"和"敬德保民"的同时，还进一步提出要"明德慎罚"，在"德教"和"刑罚"中，更加重视"德教"在治理国家中的作用。

孔子比较完整地提出了"德治"的思想。他在《论语·为政》中说："道之以政，齐之以刑，民免而无耻；道之以德，齐之以礼，有耻且格"。在这段话里，孔子对"德治"和"法治"作了一个比较，并断言"德治"优于"法治"。孔子认为，如果只是用政令和刑罚来治理老百姓，其结果必然是，老百姓虽然不敢犯罪了，但是他们并不知道犯罪是羞耻的，因而在以后，他们仍然可能会继续犯罪。如果能够用道德教育来感化他们的心灵，用道德规范来统一他们的行为，这样，老百姓就会有一种羞耻之心，也就会从此不再犯罪了。孟子继承并发展了孔子的"德治"的思想，提出了"王道"和"霸道"的问题，更加深入和更加全面地阐述了道德在政治管理中的重要性。孟子认为，在治理国家方面，有两种不同的方法和道路，一个是他所赞成的"王道"，一个是他所反对的"霸道"。他反对一个统治者用强力的方法，来压服老百姓；而主张用感化的方法，使老百姓心悦诚服。他说："以力假仁者霸，霸必有大国；以德行仁者王，王不待大——汤以七十里，文王以百里。以力服人者，非心服也，力不赡也；以德服人者，中心悦而诚服也，如七十子之服孔子也。"（《孟子·公孙丑上》）孟子所说的力，也就是人们所说的"刑罚"的统治，他所说的德，大体上相当于我们所说的"德教"。

秦朝灭亡以后，汉代的思想家们，曾经专门讨论秦亡的教训。贾谊的论证，有一定的代表性。在他看来，秦亡的主要原因，就是忽视了道德的重要作用。他说："凡人之智，能见已然，不能见将然。夫礼者禁于将然之前，而法者禁于已然之后，是故法之所用易见，而礼之所为生难知也"（贾谊：《治安策》），又说："然而曰礼云者，贵绝恶于未萌，而起教于微眇，使民日迁善远罪而不自知也"（同上），他认为，一个国家和一个社会的安危，是同它能否重视道德有关的。他说："安者非一日而安也，危者非一日而危也，皆以积渐然，不可不察也。人主之所积，在其取舍。以礼义治之者，积礼义；以刑罚治之者，积刑罚。刑罚积而民怨背，礼义积而民和亲。故世主欲民之善同，而所以使民善者或异。或道之以德教，或驱之以法令。道之以德教者，德教洽而民气乐；驱之以法令者，法令极而民风哀。哀乐之感，祸福之应也。"（同上）自汉代以后，儒家的"德治"的思想，在政治思想领域中的影响越来越大，成为统治者在治理国家中的主要方略。

二、"德治"并不是不要"刑罚"

儒家所提倡的"德治"思想，并不是不要刑罚，只是说，在治理国家中，"德治"比"刑罚"更加重要。孔子是提倡"德治"的，而且也非常强调道德教育的作用，同时，也十分注意刑罚的必要。在孔子活着的时候，郑国发生了"盗"乱，郑国派兵平息了这次"盗"乱。《左传》中记载了这件事，说孔子知道后，说了一段很重要的话：

> 郑子产有疾，谓子大叔曰："我死，子必为政。唯有德者能以宽服民，其次莫如猛。夫火烈，民望而畏之，故鲜死焉。水懦弱，民狎而玩之，则多死焉。故宽难。"疾数月而卒。大叔为政，不忍猛而宽。郑国多盗，取人于萑苻之泽。大叔悔之，曰："吾早从夫子，不及此。"兴徒兵以攻萑苻之盗，尽杀之。盗少止。仲尼曰："善哉！政宽则民慢，慢则纠之以猛。猛则民残，残则施之以宽。宽以济猛，猛以济宽，政是以和。"（《左传·昭公二十年》）

从这里就可以清楚地看出，孔子虽然强调道德教育的重要，但为了维护统治阶级政权的稳定和巩固，对于犯上作乱的人，他还是主张要坚决加以镇压的。孔子也认为，"政宽则民慢"，即只进行道德教育而不用法律制裁，老百姓就会怠慢而不守规矩，甚至会犯上作乱，所以必须"纠之以猛"，即对他们施以刑罚。如果只知道用刑罚来镇压人民，那么老百姓就会残忍和暴戾，应当及时地"施之以宽"。自从孔子讲了这句话之后，"宽以济猛，猛以济宽，政是以和"的思想，就成了儒家的既要"刑罚"又要"德教"的两手并用的思想，人们把它简称为"宽猛相济"的政治原则。

宋代的著名思想家朱熹，对于儒家的德治思想，作过较为全面的解释。他在阐述孔子的有关"道之以政，齐之以刑，民免而无耻；道之以德，齐之以礼，有耻且格"的德治思想时说：

> 圣人之意，只为当时专用政刑治民，不用德礼，所以有此言。谓政刑但使之远罪而已。若是格其非心，非德礼不可。圣人为天下，何曾废刑政来！（《朱子语类》卷二十三）

朱熹当然十分强调道德教育的作用，他说：

> "道之以德"者，是自身上做出去，使之知所向慕；"齐之以礼"者，是使之知其冠婚丧祭之仪，尊卑大小之别，教人所知趋。既知德礼之善，则有耻而格于善。若道齐之以刑政，则不能化其心，而但使之少革，到得政刑少驰，依旧又不知耻矣。（《朱子语类》卷二十三）

朱熹认为，只有道德教化，才能使人明了道德上的是非，知道什么是应当做的，自觉地努力去做；什么是不应当做的，自觉地不去做。如果做错了，也应有羞耻之心，而自觉地改正。他说："耻便是羞恶之心。人有耻，则能有所不为。"（《朱子语类》卷十三）"知耻是由内心以生。人须知耻，方能过而改。"（《朱子语类》卷九十四）在治理老百姓时，如果光靠刑罚而不能"格其非心"，那是防不胜防的。尽管如此，朱熹仍然认为，刑罚是不可缺少的。

三、"德治"并不等于"人治"

在一段时期内，一些人有一种看法，认为"德治"就是"人治"，把"德治"看成是中国古代奴隶社会和封建社会所遗留下来的"糟粕"，同现代的法制社会的要求不相适应，应当抛弃。对于这种看法，应当加以分析。

"德治"并不就是"人治"，把"德治"等同于人治，这是对"德治"的误解。当然，在"德治"的整个思想中，因为强调了统治者的道德品质的重要，强调了对老百姓进行道德教育的重要，因而很容易被人们看成是一种"人治"的思想。孔子也确实曾说过这样的话："文武之政，布在方策。其人存，则其政举；其人亡，则其政息。人道敏政，地道敏树，夫政也者，蒲卢也。故为政在人，取人以身，修身以道，修道以仁"（《礼记·中庸》）。这就是说，周文王、周武王治理国家的办法，都已记载在典籍里。有贤人在位，这种办法就能实行；贤人不在位，这种办法就不能实行。治人的办法，就是要努力搞好政事；经营土地的办法，就是要努力搞好种植。治理国家就应当像细腰蜂对待螟蛉那样。所以要治理国家在于得到贤人，要得到贤人，君主就要修养好自身。要修养好自身，就要实行道，要使道修明，就要靠仁。在这里，孔子所主要强调的是治理国家，最重要的是要得到有道德的贤人，而要想得到有道德的贤人，国君就应当修养好自己的品德。孔子的思想，重点还是在"德"上，这一点也是清楚的。同时，应当指出，孔子和以后的儒家们，尽管也重视刑罚的作用，但忽视了法制或法治的重要，特别是在任命政府官员的方法上，没有能够建立起切实可行的选拔制度，造成了不重视法制的后果，这是应当看到并加以改进的。总之，在儒家的德治思想中，有人治的因素，也有强调道德品质和道德教育的重要思想，因此，我们不应该把德治就当作是人治，更不应该在批评儒家的人治思想时，把儒家德治思想中的合理的思想也统统否定了。

四、既要法治，也要德治

从现代社会的管理来说，没有法制建设，不实行法治，是不可能使社会达到稳定的目的的。社会的进步，交往的频繁，经济的发展，物质欲望对人的诱惑，利益关系的复杂等等，不断地增加着人和人之间的矛盾，随着社会的进步，在人们的道德水平不断提高的同时，人们的犯罪现象，也在不断地增加。因此，为了保持现代社会的稳定、和谐、健康、有序地向前发展，必须加强法治建设，加强立法工作，使法律的条文，尽可能地完善，加强执法力度，力求做到有法可依、执法必严，这是时代的需要。同时，我们也应当看到，没有道德教育，没有广大人民群众的思想素质的提高，要想维护社会的稳定也是不可能的。在很多的情况下，人们违反法律，并不是因为他们不知道什么是违法，而是因为他们的思想道德水平很低，在他们的头脑中，充满了自私自利和损人利己的思想意识。据有关的资料介绍，在犯罪分子中，有不少是党和国家的干部，甚至还有不少执法人员，他们对法律的条文，十分熟悉，他们知法犯法，有时甚至达到了令人发指的程度。这充分说明，只有加强道德教育，不断地提高广大人民群众的思想道德水平，才能从根本上预防人们的犯罪行为的发生。从社会生活的实践来看，在很多情况下，社会治安不好，违法犯罪的现象不断发生，其根本的原因，并不是立法和执法的问题，而是不能够重视或忽视了道德教育的结果。

总之，在现代社会中，加强"法治"建设十分重要，特别是在实现现代化的过程中，加强法制建设对一个国家经济的发展和政治的民主，有着特别重要的意义。在加强法制工作上，一方面，要使立法工作尽可能地完善，力求做到"法网恢恢，疏而不漏"；另一方面，又要严格执法，法律面前，人人平等。同时，我们还必须加强道德教育，不断地提高广大人民群众的思想道德水平，使人人都有一种"羞耻之心"，也就是说，要使他们认识到，在人与人相处的社会生活中，只顾自己、自私自利、损人利己是可耻的，一切损害他人利益和社会利益的违反法律的行为更是卑鄙的。同时，更要使人们懂得，一切关心他人、关心集体、关心社会的思想和行为都是高尚的、令人尊敬的。总之，在实行法制的同时，大力加强全社会的道德教育，使每个人都能够明辨善恶、是非和美丑，就能够减少犯罪，使我们社会中的人际关系得到改善，社会更加稳定和谐。

第二节 "法治"和"德治"应当相辅相成 *

在实现社会主义现代化的过程中，我们不仅需要强调"法治"的重要性，同时也需要强调"德治"的重要性，忽视其中的任何一个方面，都不可能达到使我们的国家经济发展、政治稳定和社会有序的目的。值

---

* 本节原载《伦理学研究》试刊号，原题为《论以德治国——兼论"法治"和"德治"应当相辅相成》。收入本书时略有改动。

得注意的是，在很长一段时期内，我们对法治的重要性，看得比较清楚，而对德治的重要性，则认识得非常不够，其结果是，尽管我们寄希望于法治的应有效果，但由于忽视了德治的作用，法治也没能收到预期的目的。改革开放以来，我国立法已经日趋完善，执法也不断加强，依法治国已经成为我国的一个众所周知的治国方略，我国的社会秩序和政治稳定也已经大大加强，这是值得我们庆贺的。但是，在我国的社会生活中，依然有许多不能令人满意的情况。正像我们大家所看到的，在我们的社会中，一些领域中的道德失范现象比较严重，拜金主义、享乐主义和个人主义有所滋长，以权谋私、行贿受贿、腐化堕落仍然在一些地方蔓延，黄毒赌等社会丑恶现象沉渣泛起，特别值得注意的是，社会主义的是非、善恶、美丑、荣辱等观念，在一些人中界限混淆、认识模糊，如何更全面地来解决这些问题，是值得我们认真而仔细地反思的。

江泽民同志在 2000 年召开的全国思想政治工作会议和 2001 年召开的全国宣传部长会议上，先后提出"德治"和"以德治国"的问题，进一步提出并且明确阐述了在治理国家中必须坚持"法治"和"德治"并重的重要性。应当说，这一思想具有重要的针对性和现实意义。他指出：

> 我们在建设有中国特色社会主义、发展社会主义市场经济的过程中，要坚持不懈地加强社会主义法制建设，依法治国；同时也要坚持不懈地加强社会主义道德建设，以德治国。对一个国家的治理来说，法治和德治，从来都是相辅相成、相互促进的。二者缺一不可，也不可偏废。法治属于政治建设、属于政治文明，德治属于思想建设、属于精神文明。二者范畴不同，但其地位和功能都是非常重要的。我们要把法制建设与道德建设紧密结合起来，把依法治国与以德治国紧密结合起来。①

我们应当认真地领会这一思想的重要意义。

确实，对于一个国家的治理和稳定来说，法律的作用无疑是重要的，我们可以清楚地看到，没有法律、没有刑罚，没有政治管理和强制性的

---

① 《江泽民文选》，1 版，第 3 卷，200 页，北京，人民出版社，2006。

约束，一个国家或一个社会想要保持经济发展和社会稳定，是绝对不可能的，对于那些危害国家、危害人民、违法犯罪的人，必须给以法律的惩罚，否则就不足以维护国家的安定，不能够保护人民的生命财产的安全；同样，我们也决不能因此而忽视甚或否认道德的重要作用，因为，没有广大人民群众道德水平的提高，没有社会道德风尚的改善，没有明确的是非、善恶、美丑、荣辱观念的清楚的界限，不但不能维护社会的稳定，也不可能从根本上杜绝一些人犯罪的思想根源。

因此，我们今天需要进一步提高对道德建设的重要性的认识，提高对道德教育在维护社会稳定中的重要意义的认识。以德治国，就是要加强社会主义道德建设，重视社会主义的道德教育，也就是说，我们要把道德建设提高到治国方略的高度来认识，要把以德治国同依法治国、把法治和德治看作是治国方略的两个同等重要的不可分割的组成部分。

一、当今的"德治"与古代"德治"的区别与联系

我们所说的以德治国的"德治"，同中国历史上儒家的"德治"是什么关系，它们有什么区别和联系？这是我们应当注意的一个重要问题。在某些人看来，由于我国历史上儒家所倡导的"德治"实质上是一种"人治"，是同我们现在所提倡的"法治"相矛盾的，因此，在我国实行社会主义市场经济和实现四个现代化的进程中，只能提倡"法治"，不宜提倡"德治"。这种认识有一定的代表性。为此，认真地探讨一下中国古代儒家的"德治"是什么内容，它和我们今天的社会主义的"德治"究竟有什么不同，是有重要意义的。

在中国古代，"德治"，也就是"以德治国"的思想，有着久远的历史。在一定意义上，我们可以说，德治是儒家政治思想和伦理思想的一项重要内容。从汉代开始，由于儒家思想在意识形态中占有"独尊"的地位，因而，"德治"思想在中国的政治统治中，就有着特别重要的意义。在中国儒家的政治思想和伦理思想中，"德治"主要包含四个方面的要求：

首先，"德治"要求国家的最高领导人和所有官吏，都必须是一个道德高尚或一个有道德的人。中国儒家伦理思想认为，一个人，只有自

己是一个有道德的人，才能参与管理国家的事务，就是"天子"也不能例外。儒家强调，"自天子以至于庶人，一是皆以修身为本"（《礼记·大学》），从"修身、齐家、治国、平天下"的推理出发，只有先把自己修养成一个有道德的人，才能把"家"治理好，只有把"家"治理好，才能把国家治理好，同样，只有把国家治理好，才能治理好天下。

其次，"德治"要求，一个统治者在道德上应当身体力行，应当以自己的榜样和模范行动，来影响广大的老百姓。这就是所谓的"政者，正也。子帅以正，孰敢不正?"（《论语·颜渊》）"其身正，不令而行；其身不正，虽令不从"（《论语·子路》），以及"苟正其身矣，于从政乎何有?"（同上）等先哲警言的应有之义。中国古代儒家认为，一个从政者的威信和力量，既不在于他的权力的大小，更不在于他的地位的高低，而在于他的道德人格。只有高尚的道德品质和自身的道德模范行为，才能影响人民，才能在人民中享有威信，才是一个从政者的真正力量所在。

第三，中国古代儒家的"德治"，十分重视对老百姓的道德教育，重视老百姓的"羞耻心"的培养。一个人，只有有了对一切不道德的事情的羞耻之心，才可能不去犯罪，否则，就是用严刑重罚，也不能从根本上消灭犯罪的根源。孔子曾经说过"道之以政，齐之以刑，民免而无耻；道之以德，齐之以礼，有耻且格"，这句话的意思是说，一个国君，在统治老百姓的时候，如果只用"政令"来指导他们，用"刑罚"来约束他们，老百姓虽然不敢犯罪，但是他们却没有对做坏事的"羞耻之心"；如果能够用"德"来指导他们，用"礼"来约束他们，老百姓才能养成对犯罪的羞耻之心，才能从内心中建筑起抵御一切犯罪的坚固的防线，从根本上消除犯罪。儒家在治理国家中，强调提高人们的道德品质，加强社会舆论和道德感化的力量，是有合理因素的。

最后，儒家的"德治"强调要对老百姓实行"德政"。孔子以后的孟子，更加重视"仁政"的重要，把能否实施"仁政"作为判断一个国君和一个国家能否兴旺发达的重要根据之一。

当然，我们也必须认识到，一些儒家的代表人物，看到了道德和道德教育的重要，这是正确的，但是，他们过分地夸大了道德在社会生活中的作用，由此而否认法治的重要，则是不正确的，尽管儒家在治理国家时，并没有放弃刑罚的作用。我国古代儒家的"德治"思想，是有其阶级的和历史的局限性的，它是为维护封建地主阶级的统治服务的。

我国古代儒家的"德治"，的确是同"人治"联系在一起的。这不是"德治"本身的原因，而是由当时的专制制度所决定的。不论是奴隶主阶级还是封建阶级，皇帝具有最高的权威，就是中国古代的"法治"，又何尝不是同"人治"联系在一起的。因此，在社会主义的中国，在坚持四项基本原则的基础上，在不断发展社会主义民主政治的条件下，实行以德治国的方略，是决不会走向人治的。

对待中国古代儒家的"德治"思想，既要继承它的合理的、正确的方面，又要批判地抛弃其不适应现代社会要求的错误的内容，也就是说，既要继承其优秀的精华，又要抛弃其腐朽的糟粕。

我们所说的新的"德治"思想，一方面批判地继承了我国历史上"德治"思想，同时，是在马克思列宁主义、毛泽东思想和邓小平理论的指导下，根据我国社会主义社会的现实所形成的新的社会主义的"德治"。

首先，我们所说的"德治"中的道德，是代表广大人民利益的社会主义的新道德。这一新道德，是以为人民服务为核心、以集体主义为原则，以爱祖国、爱人民、爱劳动、爱科学、爱社会主义为基本要求的。

其次，我们所提倡的社会主义的"德治"，重视道德教育和道德感化的作用，重视对人民群众的切身利益的关心和爱护，并善于从人民群众的实际利益出发，引导和提高到对社会、集体和国家的关心，从而在人民群众的内心中形成一种崇高的道德意识和道德观念，形成一种明确的善恶、是非、美丑、荣辱的正确标准。正是在这样的氛围中，我们的社会风气才能不断地得以提高和改善，我们社会的人际关系才能愈来愈加和谐。

第三，我们所提倡的社会主义的"德治"，在实际的政治生活中，应当充分运用道德激励的方法，通过道德手段，在提升、降级、任免、遴选政府的官吏时，特别注意他们的道德品质。考察、了解、审核一个政府官员的政绩时，一方面要考察这一官员的行政上的业绩和本人的道德素质、道德品质，另一方面还要考察社会风气是否有明显的改善、人际关系是否协调、社会治安是否良好等方面。强调在选拔干部时，必须坚持德才兼备的标准，坚持领导者和公务员应当以身作则、注意发挥率先垂范的作用。

最后，我们所说的"德治"，是在肯定"法治"的重要意义基础上的"德治"，是把"德治"和"法治"看作具有同等重要意义的"德治"，这是我们的"德治"和中国古代儒家"德治"的重要区别之一。

更重要的是，我们所说的"德治"，是为维护社会主义社会的稳定和发展服务的，这同中国古代儒家所谓的"德治"更有着本质的区别。

在社会主义国家的治国纲领中，"德治"究竟应当占据什么样的地位？我们在强调和加强"法治"的同时，还要不要同时强调和加强"德治"呢？为什么我们要把"德治"提高到治国方略的高度呢？

应当说，在我的治国方略中，为了现代化建设的顺利进行，为了正确解决市场经济条件下的各种矛盾，为了保持我国的社会稳定和政治稳定，强调"法治"的思想，是极其必要的，因为没有健全的法律制度和严格的执法措施，我们就不能给那些违法犯罪分子以应有的惩罚，就不能维护正常的社会秩序。但是，我们决不能也不应当因此而忽视甚至否定"德治"的重要作用。

人们常常说，一些人之所以违法犯罪，是由于他们不懂法，所以要对他们进行普及法律知识的教育。但是，也有很多人的违法犯罪，并不是由于他们不懂得法律，而是由于他们没有道德。他们当中的许多人，对法律十分熟悉和精通，并善于钻法律的空子；有些人还是我们的政法干部，是执法队伍中的成员；有些人，一犯再犯，不知羞耻，直到堕入犯罪的深渊。如果没有道德教育和道德的感化，没有自觉的羞耻之心，要想从根本上解决社会犯罪的问题，那是永远也不可能的。何况，一切法治行为，都是由人来进行的，一个没有道德的人，又怎么能公正无私地执行"法治"的要求呢？

我们强调要"以德治国"和"德治"，决不是、也决不能过分地夸大道德的社会作用，把道德说成是"万能"的，而只是要给予道德在国家的政治生活和人民群众的日常生活中以应有的地位，使它与"法治"并行不悖，并驾齐驱，共同维护和促进社会主义市场经济和现代化建设事业的发展。

二、法律和道德的不同作用

马克思主义强调，法律和道德都是社会上层建筑的重要组成部分，都是维护、规范人们思想和行为的重要手段。强调用法律制度来治理国家，用强制的手段来约束人们的行为，是"法治"的主要内涵。从维护社会的秩序、保障社会的稳定来说，法律具有不可或缺的重要作用。特别是在社会大变动的时期，旧有的各种制度已不能适应社会发展的需要，建立新的法律法规和各种规章制度，有着更为重要的意义。从世界历史的发展来看，无论奴隶制社会还是封建社会的统治者，都十分重视运用法治的手段来治理国家，维护自己的统治。在资产阶级建立了自己的统治以后，资产阶级的思想家们更是强调完备的法律制度和法律体系的重要性，依法治国的思想，遂成为维护资本主义社会的稳定、促进资本主义社会的发展的一个重要的手段。

我国建立社会主义市场经济以来，为了规范人们的行为，我们特别强调，我国的社会主义市场经济，必须是一种法治经济，必须运用法律的强制手段来规范人们的行为。其主要原因就在于，没有完备的法律体系和严厉的制裁措施，我们就不可能保证我国的社会主义市场经济的顺利发展。

按照马克思主义的理论，法律体现着统治阶级的意志，体现着国家对其成员在政治、经济等各个领域的行为的要求，体现着维护社会安定、保护人民生命财产安全、保障国家安全的要求。法律既然是统治阶级意志的体现，它所依靠的手段就必然是带有强制性的国家机器。一个人违反了法律，就必须受到法律所给予的相应的惩罚，国家靠法院、警察等强力工具来保证法律的实施。

道德尽管也是上层建筑的一个重要方面，也同样是规范人们思想和行为的重要手段，但它和法律不同，它的实施，不是依靠某种强制性手段，而是通过道德教育的手段，以其说服力和劝导力来影响和提高社会成员的道德觉悟，使人们自觉地遵守这些行为规范。

道德诉诸人们的"良心"，也就是诉诸人们内心的"道德信念"。

所谓"说服力"，主要是指通过启迪人们的道德觉悟、激励人们的道德情感、强化人们的道德意志、增强人们的荣辱观念，从而使人们在内心中形成道德行为的内在动因。归根到底，也就是要培养和形成古人所说的"羞耻之心"，有了这种"羞耻之心"，也就有了一个人的道德行为的最重要的基础和前提。

所谓"劝导力"，就是通过形成广泛的道德舆论、培育良好的道德环境、增强人们的道德责任感，使人们认识到，如果一个人不能履行自己应尽的道德义务，或者说，如果一个人违反了社会的道德要求，他就要受到舆论的谴责和公众的批评。这种批评和谴责，可能会给他带来羞辱、带来痛苦，会使他在人群中难以容身，甚至会招致他事业的挫折和失败，直至所谓"身败名裂"的严重后果。

一般来说，社会舆论的力量是无形的，似乎是没有什么力量的，事实却并非如此。社会舆论的力量和影响，是决不可忽视的。一种强大的社会舆论，能对社会的一些重大问题，发生极其重要的影响。它能够在潜移默化中，改变人的性情，变化人的气质，移转社会的风气，形成某种道德的氛围。这种社会舆论，如果能够同内心信念相结合，就更能发挥重要的作用。

三、"德治"和"法治"的相互结合

我们在建设中国特色社会主义，发展社会主义市场经济的过程中，正像江泽民同志所指出的，既要坚持不懈地加强社会主义法制建设，依法治国，同时也要坚持不懈地加强社会主义道德建设，以德治国。这两个"坚持不懈地加强"，可以说是我国在治理国家、制定国策中的根本指导思想，是中国特色社会主义的一个突出特点。社会主义的"法治"与"德治"的相互结合，是马克思主义的政治建设、法治建设和道德建设相结合的一种最完善、最有效的治国国策，对我们社会主义国家的治理来说，必将取得前所未有的社会效果。

从维护和保障社会的稳定来说，法律和道德有同样重要的作用，它们相互联系、相互补充。道德规范和法律规范应该相互结合，共同发挥作用。有了良好的道德素质，人们就能自觉地扶正祛邪，扬善惩恶，就有利于形成追求高尚、激励先进的良好的社会风气，保证社会主义市场经济的健康发展，促进整个民族整体素质的提高。

如何才能"把法制建设与道德建设紧密结合起来，把依法治国与以德治国紧密结合起来"呢？就目前的情况来看，应当注意以下几个方面的问题。

首先，要从思想上深入领会江泽民同志所提出的"法治"与"德治"相结合的思想，全面和充分地认识二者所具有的同样重要的意义，避免认识上的片面性。要把"法治"与"德治"、"依法治国"与"以德治国"、"法制建设"与"道德建设"之间的紧密结合看作是我国治国的一个基本纲领和基本手段，从思想、理论的高度来提高我们的认识。从一定意义上来看，我们可以说，由于法律重在惩罚已经违法犯罪的人，而道德建设则是重在教育那些尚未违法犯罪的人，提高他们的道德素质，使他们不去犯罪，因此，我们也可以说，"法治"和"刑罚"重在治标，而道德建设重在治本。只有正本清源，提高人们的思想和道德素质，才能使法制建设和法治得到有力的保证，才能从根本上巩固社会的稳定。

其次，我们要在实际的法制建设和道德建设中，自觉地把"以德治国"和"依法治国"相互联系起来：在立法中，注意法律的道义基础，并且应当把一些最重要、最基本的道德要求，直接纳入到法律的规范中；同时，在道德建设中特别是在道德教育中，要把遵纪守法作为社会主义国家公民的最基本的道德要求提出来，使法治和德治能够相互渗透、相辅相成，更加紧密地结合在一起。例如，我们可以考虑对那些在社会公德、职业道德、家庭美德这三个方面出现的一些严重违反道德的行为和现象，如"见死不救"、"虐待父母"、"破坏家庭"等，在立法中适当地加以注意，这对提高人们的道德素质、改善社会风气、进一步推动法制建设，都是非常有益的。

第三，发展社会主义市场经济，必须在建立与之相适应的社会主义法律体系的同时，努力在全社会形成和建立与之相适应的社会主义道德体系。建设和发展与社会主义市场经济相适应的社会主义道德体系，已经成为现实生活向我们提出的一项重要而紧迫的任务，是关系到我国能否保持社会的稳定、能否更好地发展社会主义市场经济以至能否更好地建设中国特色社会主义的一个具有重大现实意义的问题。市场经济的发展，给道德建设提出了一系列的新问题，特别是如何正确处理各种利益关系，怎样对待公平与效率、道德的广泛性与先进性的关系，如何坚持继承和发扬民族优良道德传统和积极吸收外来的优秀道德文化思想，等等。我们应当按照"社会主义道德建设要以为人民服务为核心，以集体主义为原则"的指导思想，动员各个方面的力量，共同努力，为早日形成和建立与社会主义市场经济相适应的道德体系而努力。

四、几点对策和建议

加强以德治国，我们必须从各个方面，做大量的扎扎实实的工作，从政治、法律、道德、文化、教育，特别是大众传媒和社会舆论等方面形成实施以德治国的强大的合力，以达到提高认识、明确要求、增强信心、认真实行的目的。

第一，在全国范围内，要从保障国家的长治久安、改善社会的道德风尚、提高人民群众的道德水平和社会主义四个现代化能否实现的大局出发，充分认识"以德治国"的重要意义，理解"依法治国"与"以德治国"的相互关系，清除对德治存在的误解，克服把德治看作人治或等同于人治的错误思想。充分领会"以德治国"的精神实质，要认识到我们今天所说的德治，是既继承了中国古人的优良传统，又作了马克思主义的改造和扬弃的新的社会主义的德治。要利用各种大众传播媒体，进行广泛、深入、切实、有效的宣传和教育，克服目前还存在的一些模糊认识，使"以德治国"的思想和理论深入人心。在社会主义市场经济条件下，法治和德治具有同等重要的意义。

第二，要在广大干部中进一步认识和讨论，实施"以德治国"方略，党和国家的干部担负的重要责任。"以德治国"决不是"治民"，更不是用许多道德规范来约束群众，"以德治国"首先要求我们的干部要在道德上以身作则、身体力行，以自己的模范行为来带动广大群众。

第三，实行以德治国，还必须有一套制度和机制做保障。在立法中，最好能增加有利于以德治国的实施的内容，在政治生活中，要重视道德和道德教育的重要性。同时，在党政干部的提升、任免、考核和业绩评定中，更要特别强调干部的道德素质、道德品格的重要性，在评估他们的政绩、业绩和才能时，要把能否以身作则，能否在道德上起到榜样作用，作为一个重要的标准，要把一个党政干部工作地区、单位的精神文明建设和思想道德建设的好坏，当作政绩的一个重要内容，以此作为加强廉政建设的一个重要方面。

第四，在宣传工作中，在一些重大的、总的提法上，可以考虑得更全面一些。过去，我们说市场经济是法治经济，今后，是否可以这样提：社会主义市场经济既是法治经济，同时也是德治经济；当代中国社会，既是一个法治社会，同时也是一个德治社会；我们既要把中国建设成一个法治国家，也要把中国建设成为一个德治国家。

第五，在社会主义精神文明建设中，除了当前所进行的工作以外，在相当长的一段时间内，要进一步提出道德教育的重要性，把道德教育、道德教化当作法治的基础性工作来抓。同时，在衡量和评估各地各部门建设水平时，要把对广大人民群众进行道德教育和道德教化的情况，把道德教育和道德教化在改善社会风气、提高人民群众道德境界方面的作用，作为主要指标之一。

第六，建议在各级党的纪检部门、在各级人民代表大会的常务委员会中，设立专门的道德委员会，像抓法律和纪律建设那样抓道德建设，使道德建设在主要依靠道德教育、道德修养和社会道德舆论的引导的同时，尽可能地纳入制度化的轨道。

第三节　道德建设与治国兴邦*

为了中华民族的振兴和开创中国特色社会主义事业新局面，在大力加强物质文明建设的同时，必须搞好社会主义的精神文明建设，在强调依法治国的同时，也应当强调以德治国的重要性。新中国建立以来的历史经验证明，"只有两个文明都搞好，才是有中国特色的社会主义"，只有在加强社会主义法治建设的同时，大力加强道德建设，实施以德治国，才能使振兴中华、建设社会主义的伟大事业，克服前进道路上的一

＊ 本节原载《中国矿业大学学报》，2003 年第 2 期，原题为《道德建设与治国兴邦——把依法治国与以德治国结合起来》。收入本书时略有删改。

切艰难困苦，直至取得最终的胜利。

一、历史上的争论

关于道德和法律在治国中的作用，是自古以来政治家和思想家们非常关心的一个重要问题。除了依靠"法律"之外，道德和文明在治理国家中究竟应占什么地位，这个问题在中国历史上，曾经有过长期的争论。

早在两千多年前的孔子就提出过一种"宽猛相济"、"德刑并用"的治国方略。他所说的"猛"，就是要用"刑罚"来维护当时社会的稳定，他所说的"宽"，就是要通过道德教育来感化老百姓。他的一句有名的话就是"道之以政，齐之以刑，民免而无耻；道之以德，齐之以礼，有耻且格"。这里的意思是说，一个国君，在统治老百姓的时候，如果仅仅只用"政"来指导他们，用"刑"来约束他们，老百姓虽然可以不至于犯罪，但却不知道犯罪是可耻的；如果能够用"德"来指导他们，用"礼"来约束他们，老百姓不但不去犯罪，而且还知道犯罪是可耻的。照我们今天的话说，"政"就是"政令"，"刑"就是法律（在当时来说，主要就是"刑罚"），这两者合起来，也就是后来人们所说的"法治"；"德"就是我们所说的"道德"，"礼"就是我们所说的规范，这两者合起来，就是我们今天所说的"德治"，也就是孔子所说的"为政以德"和"德政"。

在治国方略上，孔子是主张德刑并用或德法并重的，他认为"刑罚"在约束人们的行为中有重要的作用，但他更重视人们的"羞耻之心"，因为它能提高一个人的道德情操，在一个人的内心中，筑起预防犯罪的堤坝，可以从根本上消除犯罪的根源。

在中国历史上，春秋战国时的秦国，专任"刑罚"，在一段时间内使秦国强大起来，并最终统一了中国。可是，在秦始皇统一中国后只有十几年，一个强大的秦国就在一瞬间灭亡了，这到底是什么原因？贾谊在他的《治安策》中，认为秦朝二世而亡的根本原因，就是秦国在治国方略上，专任"刑罚"而忽视了"道德"的作用。毛泽东对贾谊的这篇论文极为欣赏，他在1958年4月给田家英的信中说：《治安策》一文是西汉时期一代最好的政治论文；全文切中当时事理，有一种颇好的气氛，值得一看。今天看来，这真可说是一篇对中国汉代以前治国方略的经验总结，充分说明了法治和德治并重的重要性。汉代以后，儒家继承孔子和贾谊的思想，在实行"刑罚"的同时，大力提倡"德治"，但也吸取了历史的经验，采取了"阳儒阴法"的策略，在实行封建专制的同时，强调道德感化的重要作用。

二、社会主义社会的"治国方略"

在社会主义的当代中国，我们究竟应当按照什么样的"治国方略"来治理我们的国家呢？

"我们在建设有中国特色的社会主义，发展社会主义市场经济的过程中，要坚持不懈地加强社会主义法制建设，依法治国，同时也要坚持不懈地加强社会主义道德建设，以德治国。对于一个国家的治理来说，法治和德治，从来都是相辅相成，相互促进的。二者缺一不可，也不可偏废。"[①] 这就明确地指出，在我们的社会主义国家，在治国方略上，应当坚持法治和德治并重的思想，克服任何方面的片面性。

"加强社会主义道德建设，以德治国"这一思想，对我国当前的情况，有重要的理论意义和现实意义。法律和道德作为社会上层建筑的重要组成部分，都是规范人们行为的重要手段。从一定意义上来看，法律重在惩罚已经违法犯罪的人，而道德建设则是重在教育那些尚未违法犯罪的人，一个靠国家机器的强制和威严来起作用，一个靠人们内心信念和社会舆论来起作用，二者殊途同归，其目的都是要达到调节社会关系、维护社会稳定的作用，对于一个正常社会的健康运行，各自起着独特的、不可替代的作用。正如江泽民同志指出的："对一个国家的治理来说，法治和德治，从来都是相辅相成、相互促进的。二者缺一不可，也不可偏废。法治属于政治建设、属于政治文明，德治属于思想建设、属于精神文明。二者范畴不同，但其地位和功能都是非常重要的。我们应要把法制建设与道德建设紧密结合起来，把依法治国与以德治国紧密

---

① 《江泽民文选》，1版，第3卷，200页。

结合起来。"① 从治国方略的高度来看，"德治"和"法治"，犹如"鸟之两翼、车之两轮"，相辅相成，相互为用，只有二者很好地结合起来，才能达到维护一个社会的长治久安的目的。

改革开放以来，我国的法制建设取得了重大成就，这是有目共睹的。与之相比，在道德建设方面，确实还存在一些不容忽视的问题，需要我们认真地加以解决。在我国现实生活中，由于个人主义、拜金主义和享乐主义的腐蚀，道德失范现象日趋严重，不仅影响了我国的社会风气和道德风尚，而且妨碍了我国经济建设的正常发展，影响了我国法治建设的顺利进行，这已成为当前迫切需要解决的重要问题之一。"以德治国"正是从我国当前现实问题出发而提出的战略部署，是针对我国当前必须加强道德建设需要的重大举措。

道德和法律，尽管都是上层建筑的一个重要方面，同样是维护和规范人们思想和行为的重要手段，但道德和法律不同，它的实施，不是依靠某种强制性手段，而是通过道德教育的感化，以其说服力和劝导力来影响和提高社会成员的道德觉悟，使人们自觉地遵守这些行为规范。

为什么人们不容易看到"道德"的重要作用？正如汉代的贾谊所说的："凡人之智，能见已然，不能见将然。夫礼者禁于将然之前，而法者禁于已然之后，是故法之所用易见，而礼之所为生难知也"（《贾谊·治安策》）。他说的"礼"就是我们所说的道德，他认为道德的最重要的价值就在于能"绝恶于未萌，而起教于微眇，使民日迁善远罪而不自知也"（同上）。这里的意思是说，道德的作用就在于，它能在人们还未萌生犯罪的念头之前，就消除和断绝他们可能犯罪的思想根源，通过细微的教育诱导，使他们在不知不觉中养成善良的道德，达到远离犯罪的目的。

三、"以德治国"的主要内容

我们所说的"以德治国"的主要内容是什么？

我们今天所说的"德治"，是完全新型的社会主义的"德治"。它既植根于中华民族几千年的优良道德传统，又继承和发扬了中国共产党的

---

① 《江泽民文选》，1版，第3卷，200页。

政治思想工作和精神文明建设的优良传统。它是按照"三个代表"重要思想的要求，站在代表先进文化前进方向的高度，坚持不懈地加强社会主义道德建设的"德治"。

第一，我们所说的"德治"，是社会主义民主政治的一个有机组成部分，是社会主义制度下治国方略的一个重要方面。社会主义的"德治"把道德建设和道德教育提高到治国方略的高度。社会主义的民主政治制度的组织原则是民主集中制，从而决定了今天的"德治"不但不可能导向"人治"，而且，正由于它强调了从政者的道德品质，在遴选和培养干部中，更有利于克服"人治"的弊端。

第二，社会主义的"德治"的根本目的，是要通过加强道德建设，把提高人的道德素质作为实现中华民族振兴的一个重要环节。正如江泽民同志所指出的："有了良好的道德素质，就能使人们自觉地扶正祛邪、扬善惩恶，就有利于形成追求高尚、激励先进的良好社会风气，保证社会主义市场经济的健康发展，促进整个民族素质的提高。"[①]

第三，社会主义的"德治"，在道德建设上，强调要以为人民服务为核心，以集体主义为原则，以爱祖国、爱人民、爱劳动、爱科学、爱社会主义为基本要求。为了更好地推进和加速社会主义现代化建设的顺利发展，我们应当特别强调为人民服务的重要性，充分发挥道德的说服力和感化力的功能，充分利用道德激励的方式，使"为人民服务"和"集体主义原则"在改善社会风气、协调人际关系、维持社会稳定方面，发挥更加重要的作用。

第四，社会主义的"德治"，对党政干部，提出了更高的道德要求。今天的"德治"，是以人民的最大利益为最高的道德准则，因此，"以德治国"首先是针对各级领导干部而提出的思想道德约束，要求各级领导干部率先垂范，不仅要依法管理国家事务、依法行政，而且要以德管理国家事务，以德行政。党政领导干部是否具有一定的道德水平、道德修养和道德境界，不仅是能否达到廉政建设目的的一个重要前提，而且是社会风气能否改善的一个关键所在。所谓"上梁不正下梁歪，中梁不正倒下来"，说的就是这个道理。我们的党政干部，要把"以德治国"当

---

① 《江泽民文选》，1版，第3卷，91～92页。

作是对自己的更严格的要求，不断地激励自己，努力提高自己的道德素质。

第四节　关于"以德治国"的几个问题

在 2001 年初召开的全国宣传部长会议上，江泽民同志强调要把"法治"和"德治"、把"依法治国"和"以德治国"紧密结合起来。党的第十六次全国代表大会报告提出要把依法治国同以德治国紧密结合起来。从"以德治国"作为治国方略提出后，理论界对这个问题进行了热烈的讨论。总的说来，这一提法得到了理论界的普遍认同，但也存在一些不同的，甚至是反对的意见。初步归纳起来，大致可概括为七个问题，对这些问题加以分析、研究和讨论，有助于我们对"以德治国"这一治国方略的理解、贯彻和实施。

一、"以德治国"会不会导向人治?

什么是法治? 什么是"德治"，什么是人治? 我国实行"以德治国"，会不会导向"人治"，这是我们需要探讨的一些重要问题。

法治与德治，是治理国家的两种基本的方法。在建设社会主义的四个现代化的过程中，实行依法治国的同时，还要实行"以德治国"，使"依法治国"和"以德治国"有机地结合起来。

（一）人治总是和专制制度联系在一起的

在讨论"法治"和"德治"之前，我们有必要先谈谈什么是"人治"，在中国历史上，"法治"和"德治"同"人治"有什么样的关系? 现在一些同志对"以德治国"总是存在着一种顾虑，就是怕由此而导向"人治"而影响"法治"的建设。

"人治"是指在治理国家的各级机构中，从上到下，都是以统治者个人的意志来治理国家，其主要特点是，一个国家或一个地区的重大事件、人事任免和刑罚奖惩的权力，都集中在主要领导人的手中。

从历史发展来看，在原始社会时期，人类对自己的管理，是通过氏族的领袖来进行的，这种管理，主要是依靠长期以来所形成的权威、传统和风俗习惯，是依靠氏族酋长在群体中的威望来实现的。在人类生活的这一段漫长的时期中，因为法律还没有产生，也可以说它是一种"人治"。

私有制产生和国家出现以后，在长期的奴隶制社会和封建社会中，由于国家的基本政治制度都是同专制制度联系在一起的，因此，也都不可避免地是同人治联系在一起的。

在奴隶制社会的早期，国家是依照奴隶主阶级的君主的意志来进行管理的，那时还没有法律。法律的出现，既是社会发展的需要，也是社会进步的一种反映。在奴隶社会的长期统治中，人们愈来愈认识到，只有把统治阶级的意志转化为"法律"，才能避免"昏君"的为所欲为，才能防止"贪官"的胡作非为。在当时，主张制定法律并把它公布于众的思想家和政治家是进步的。

不论是奴隶主的国家还是封建阶级的国家，也都要按照法律来治理国家，因为法律本身就是它们的意志的体现。奴隶主阶级和封建阶级，在统治和治理国家时，也需要把自己的意志通过法律的形式，予以固定下来，以便更有利于自己的统治。那么，这是不是我们现在所说的"法治"呢？当然不是。因为，尽管统治阶级制定了法律，但是，最终有决定权力的，不是法律的根据而是统治者的主观意志。

在奴隶社会和封建社会的思想家中，我们也可以看到一些人更强调法律的重要，强调"法不阿贵"、"刑过不避大臣，赏善不遗匹夫"等等，但是，这种在专制制度下的"法家"的思想，同我们今天所说的"法治"是根本不同的。

（二）中国历史上的法治

中国古代的法家思想，是不是一种人治？

长期以来，有些同志认为，中国历史上的法家思想，不是人治，而是一种不同于人治的法治，是强调法律面前人人平等的一种治国的方法和手段。

我们认为，中国古代的法家思想，不是现代意义上的法治，它仍然是一种人治。

在中国历史上，真正实行严格的法律管理的，就是战国时期的秦国。秦国自秦孝公任用商鞅变法开始，中间经过惠王、武王、昭襄王、孝文王、庄襄王到秦始皇，这 150 多年，是中国历史上所谓实施严格"法治"的时期。这个时期的"法治"，并不是我们所说的现代意义上的法治。概括来说，他们主张让人民了解法律，要严刑峻法，要执法必严，以达到"以刑去刑"的目的等等。由于当时的法家，主张用"术"和"势"（君主的权术和势力）来加强执法的力量，因而这种"法治"仍然是一种人治，这是同当时的封建专制主义制度紧密联系在一起的。这种"法治"，发展到最后，不但皇帝，就是权臣赵高，竟然可以"指鹿为马"，这又有什么法治可言呢？商鞅曾经强调，"王子犯法"，要"与民同罪"，但是，在王子真的犯了法以后，却只能惩罚他的师傅公子虔。更值得人们思考的是，坚持实行变法的商鞅，到了最后，在贵族势力的压迫下，也逃不过被"五马分尸"的悲惨的结局。法律不但不能够保护老百姓，而且连倡导"法治"的商鞅，也无法保护。

秦朝的所谓"法治"的主要特点是从人的本性是自私的前提出发，充分利用人的"趋利避害"的本性，运用严刑峻法和封官加爵来奖励耕战，以达到发展生产和加强军备的目的。应当说，这对于发展当时的生产力、增强秦国的军事力量，是有好处的。秦国由此而日渐富强，终于统一了中国。但是，正是因为它在很长的一段历史时期内，让人们的私欲不断膨胀而忽视甚至否认了道德教育的重要性，破坏了当时的伦理道德秩序，使人和人之间的关系，成了一种赤裸裸的利害关系，造成了社会风俗的败坏和政治的动荡，最终导致了秦国的迅速灭亡。

对于中国古代的"法治"，我们应当作辩证的、全面的、历史的分析。

（三）中国古代的德治

中国古代的"德治"思想，可以追溯到西周的初期。当小小的周国终于战胜了强大的商朝之后，他们认识到，要维持自己的统治，仅仅依靠严刑峻法是不行的。商朝之所以灭亡，就是因为统治者没有道德。西周的统治者提出了"敬德保民"、"以德配天"的思想。他们认识到"惟命不于常"（《尚书·康诰》），而"皇天无亲，惟德是辅"（《尚书·蔡仲之命》），只有有德的人，天才会让他们统治老百姓。这就是说，为了维护一个阶级的统治，仅仅依靠严刑峻法是不行的，最重要的是统治者自身要有道德，这就是中国古代"德治"的最早的含义。后来，儒家的创始人孔子又进一步提出，在治理国家中，不仅要求统治者自身要有高尚的道德，而且在运用刑罚的同时，还要加强对老百姓的道德教育，这也就是孔子所说的"宽"、"猛"相济的结合。他说"道之以政，齐之以刑，民免而无耻；道之以德，齐之以礼，有耻且格"（《论语·为政》），认为，仅仅是用刑罚来约束和制裁老百姓，老百姓虽然可以免于犯罪，但是却不知道羞耻；如果能够用道德来教育老百姓，用礼仪来感化老百姓，老百姓就会有羞耻之心。这里的意思很清楚，一个没有羞耻之心的人，不论刑罚多么严厉，只要一有机会，他就会走上犯罪的道路。因此道德教育在治国中，是绝不可少的。

中国古代的德治，是不是只重视道德教育而不重视刑罚？不，中国古代的统治者，就是在强调德治的时期，也仍然是重视刑罚的重要作用的，因为，作为一个剥削阶级，如果离开了刑罚的强制作用，它是很难维持下去的。值得我们注意的是，我国的重要立法，大都是在德治的时期制定的。我国古代最完备的法律"唐律"，就是在最强调德治的时期制定的。

中国古代的德治，是不是同人治联系在一起的？是的。因为在中国长期的奴隶社会和封建社会中，实施的都是君主专制的制度，皇帝和各级的地方首领，在其所管辖的范围内，都有绝对的权力，他们在重大决策、人事任免和刑事判决中，都起着决定的或重要的作用。皇帝的意志就是法律，是高于任何法律的绝对的权威，他甚至决定着任何人的生死存亡。尤其是在官吏的任免上，由于过于强调其道德人格，而道德人格的考核，又是难以确定的，这就给官吏的任免带来一定的主观臆断。

（四）法治是同民主政治联系在一起的

"法治"，是指同人治相对立的一种治理国家的方式，是同民主制度联系在一起的。

法治不仅仅是指要按照"法律"来办事，要"法律面前，人人平等"，而且更重要的是，这种"法治"所依据的法律，必须是经过民主的程序制定的。如果一个国家，法律所规定的制度是君主的专制，君主在管理国家事务中有绝对的权力，尽管它可以说是"依法治国"，但是仍然不能说是现代意义上的"法治"。

现代意义上的法治，主要有以下几个方面的特点：首先，法治依靠国家的权威力量和强制手段来规范和约束社会成员的行为，以保持社会的正常秩序和国家的稳定；其次，法律对于所有的人，都是一视同仁的，也就是人们常说的"法律面前，人人平等"，社会上所有的人，不论属于哪一个阶层，也不论身居任何高位，包括国家最高领导人在内，在法律面前，都不能有任何特权；第三，法律的基本要求是要保证每个人的权利和义务的对等，即只有尽了应尽的义务，才能享受相对应的权利，通过这种对等的关系，力求实现社会成员之间的"公正"，保证利益分配的合理。

现代意义上的法治思想，是近代资产阶级登上历史舞台以后才形成的。资产阶级以代表全人类的名义，高唱自由、平等和博爱，高唱"法律面前，人人平等"，宣传这种法治是真正的法治。但是，我们知道，在现代西方的资产阶级掌握政权的社会中，这种法治，尽管在形式上是无可指责的，在法律面前，是人人平等的，但是，从实质上来分析，在这种表面上的平等之内，却掩盖着实质上的不平等。一个富有的资产者和一个一无所有的无产者，在法律上是不可能也不会完全平等的。富有的资产者，可以用他的钱财来聘请律师，而无产者则只能忍受不公正的对待。更何况，在一个资产阶级统治的社会内，法律本身就是统治阶级的意志的体现，在一些根本的问题上，法律总是向着资产阶级的利益倾斜的。

但是，我们不能不承认，资产阶级的法治的实施，是一个历史的巨大的进步，它在人类社会中，第一次实现了这种表面上的法律平等，使无产阶级也可以以此为武器来为自己的利益进行必要的斗争。

（五）只有社会主义的法治，才是真正的法治

社会主义社会是一种崭新的社会，是工人阶级和广大人民群众当家作主的社会。社会主义的本质，就是要解放生产力、发展生产力、消灭剥削、消除两极分化，最终达到共同富裕。社会主义社会所实行的法治，既没有奴隶社会和封建社会中所具有的人治的烙印，也没有资产阶级法治的虚假的一面，从而高出于现代西方社会所实行的法治。

首先，社会主义的法治的根本目的，是一切从广大人民的利益出发，一切都是为了保护人民的正当权益。建设社会主义现代化，保持社会和国家的稳定，是社会主义法治的重要目的。社会主义的法治，必须

以其权威性和强制力，来维护社会的稳定，坚决制止各种危害社会、危害国家和损害人民利益的违法犯罪活动。

其次，社会主义的法治，实行真正的"法律面前，人人平等"。不论社会地位的高低、不论财富的多少、不论民族的差异、不论职业的不同，在法律面前，都是完全平等的，任何人不得有任何的特权。所有公民的利益，都同样依法受到保护。任何违反法律的人，都将要受到法律的惩罚，不可能有任何例外。

最后，社会主义的法治，是实现社会公正的最有力的手段，它极力保护一切诚实劳动的人，打击和惩罚所有违法犯罪的人。

（六）社会主义的德治，同人治没有任何关系

社会主义社会所实行的德治，是同社会主义法治紧密结合的一种新型的德治。它重视道德教育和道德感化在社会生活中的重要作用，它同法治既相辅相成、又相互促进，既相互区别、又相互联系。社会主义的法治和德治，犹如鸟之两翼和车之两轮，相互结合，则相得益彰，彼此分离，则寸步难行。如果认识不到二者相辅相成的道理，对社会主义社会的建设和稳定，都是极其不利的。

社会主义的德治，彻底抛弃了奴隶社会和封建社会所具有的人治的影响，它在实行德治的同时，不但不轻视法治，而且强调把法律的权威性和强制作用同道德教育的说服力和感召力，有机地、密切地融合在一起。把加强道德教育和道德感化作为提高广大人民群众的道德素质、提高他们的辨别是非、善恶的能力，从而达到预防犯罪的目的。

社会主义的德治的基本要求包括三个方面。一是所有党和国家的干部，都必须在道德上严格要求自己，坚决履行社会主义道德和共产主义道德的规范，公正廉洁，大公无私。二是在管理国家的事务中，要全心全意为人民服务，关心人民群众的利益，把管理国家的工作同提高人民群众的切身利益紧密结合起来。三是要大力加强对全体人民的道德教育，提高人民的道德素质，培育人民群众的道德责任心，形成鲜明的善恶、荣辱观念，增强广大人民群众抵御各种腐朽思想侵蚀的能力。总之，要通过强有力的道德教育和道德感化，在广大干部和人民群众的内心中，筑起一道抵制一切不道德行为的坚固防线，为社会主义的四个现代化建设创造更好的条件。

（七）把依法治国和以德治国紧密结合起来

江泽民同志以德治国思想，第一次明确把以德治国提高到社会主义的治国方略的高度，强调"以德治国"和"依法治国"的相辅相成和相互促进，明确了二者的"缺一不可"和对任何一方的"不可偏废"，提出了必须使二者"紧密结合"的重要意义，是对马克思主义关于国家学说和治国理论的一个重要贡献。

法治与法制不同，法制一般是指国家的法律和制度，是指统治阶级把国家的管理制度化和法律化；而法治所强调的是按照法律来治理国家的一种治国方略。从这个意义上来看，"法治"和"依法治国"是同一个意思，都是指要把严格按照法律办事作为一种"治国方略"。

同样，德治和以德治国，也是同一个意思，都是指要通过道德教育来治理国家，把道德教育提高到治国方略的一个重要组成部分。"依"有依靠、依从和依照的意思，"以"有用和按照的意思，在这里，它们都强调德治和法治的同等重要地位，并没有轻和重的区别。有的人认为，"依"比"以"更加重要，有的人认为，要在依法治国下以德治国，这些理解都是不正确的。

我们应当从战略的高度来认识和理解依法治国和以德治国的相辅相成与紧密结合的重要意义。在社会主义市场经济条件下，为了保持我国的经济发展、国家振兴，抵御西方敌对势力对我国的西化和分化，在坚持不懈地加强社会主义法制建设，依法治国的同时，坚持不懈地加强社会主义道德建设，以德治国，并使二者"紧密结合"，它将会更迅速地提高全国人民的思想道德素质，加强我国的廉政建设，调整社会主义社会中各种利益关系，更有效地保持整个社会的稳定。

总之，"德治"和"人治"，是两个完全不同的范畴，有着不同的内容，在中国古代的奴隶制度和封建制度下，由于社会的根本制度是君主专制制度，因此，古代的"德治"，总是和这种"人治"结合在一起的。因此，也给一些人带来一些误解，认为在社会主义的当前社会中，实施"德治"，仍然会产生"人治"的后果，这种认识是不符合事实的。如果我们能够用历史唯物主义的观点和方法来考察中国古代的"德治"和"法治"，我们就能够清楚地看到，就是古代一些国家所实行的"法治"、甚至包括如商鞅变法在秦国所实施的"法治"，也都是同奴隶主专制所实行的"人治"结合在一起的。当然，我们也应当看到，当时的"法治"，和当时的"德治"是不同的，它明确强调"刑罚"的重要，强调"法律"在治理国家中的重要作用。

二、提倡"以德治国"会不会影响"依法治国"的实施？

在"法治"和"德治"的关系上，有的同志认为，我国是一个长期以来缺乏"法治"传统的国家，现在迫切的问题是要加强社会主义法制建设。党的十五大提出了"依法治国"，九届人大在修改《宪法》时，将这一治国方略写进了新《宪法》。依法治国和建设社会主义法治国家，是我国当前和今后一个时期的主要目标。因此有的同志存有疑虑，认为提倡"以德治国"必然会影响到"依法治国"的实施。

应该说，之所以产生这样的疑虑，主要还是对"德治"与"法治"、"以德治国"和"依法治国"关系的模糊认识造成的。"以德治国"不是高于、凌驾于"依法治国"方略之上的治国方略，而是在加强"依法治国"的同时，加强"以德治国"，把"依法治国"同"以德治国"相结合，是对治国方略的更加全面、更加科学、更加完整的认识和表述，是治国理论的发展，是政治上成熟的表现。法治和德治相结合，不仅是一个国家治国方略成熟的标志。在一个健全的社会中，法治和德治，确如车之两轮、鸟之两翼，一个靠国家强力机器的强制和威严，一个靠人们的内心信念和社会舆论，殊途同归，其目的都是要达到调节社会关系、维护社会稳定的作用，对于一个正常社会的健康运行，各自起着独特的、不可替代的作用。由此可见，它们只有相辅相成、相得益彰，才能确保社会调节手段的完备和有效。

提出"以德治国"，不但不是对依法治国的削弱或否定，而且是对依法治国的进一步肯定和强有力支持。强调以德治国，从法律规范和道德规范相互关系的角度看，本身就是对法律规范的一种强化，是通过加强道德建设，特别是加强道德教化的功能，巩固法律的道德基础，以道德的正当性保证法律的正当性，尤其是保证立法和执法的正当性。提出"以德治国"，不是超越法制，而是在施行社会主义法制的同时加强道德建设，施行德政和德教。

相对于法律规范而言，德治以其说服力和劝导力，提高社会成员的思想认识和道德觉悟。以德治国，更多地是充分运用道德的说服力和劝导力的功能，调节和规范社会利益关系中的各种矛盾，发挥精神的积极作用，特别是强调提高各级领导干部的思想道德觉悟，发挥领导干部率先垂范的榜样激励作用。

实行"以德治国"，会不会影响我国的"依法治国"的实施？答案是：不会的。

第一，提出"以德治国"，不但不会对"依法治国"有任何的削弱，而且必将更有利于"依法治国"的进一步加强。在一定意义上，我们可以说，道德是法律的基础，没有道德的法律，只能是建筑在沙滩上的建筑物，是不可能稳固的。道德的教化，在立法和执法的领域，主要是针对立法和执法人员的道德素质的，立法和执法人员提高了执法守法的觉悟和境界，就能够为他们自觉遵守"有法可依，有法必依，执法必严，违法必究"的方针，创造最良好的道德前提。

第二，提出"以德治国"，不是超越法制，而是在实施社会主义法制的同时，加强道德建设，实施德政和德教。法律和道德的作用是不同的。法治以其权威性和强制性手段规范社会成员的行为，用法律规范的强制性和权威手段来管理国家事务，管理经济文化事业和管理社会事务。德治以其说服力和劝导力，提高社会成员的思想认识和道德觉悟。道德是否有效，归根到底，只能取决于人们的道德责任心，即通常人们所说的"良心"。

第三，提出"以德治国"，不是否认"依法治国"的重要地位，而是使"依法治国"与"以德治国"紧密结合，共同构成一个完整的治国方略。我们在强调"以德治国"的同时，决不应当忽视"依法治国"的重要地位，因为如果没有强有力的法律保障，任何一个政权，都是不可能维持和巩固的。同时，如果忽视道德的作用，缺乏道德的教化，不以人民群众的道德素质的普遍提高为前提，一个社会的政治稳定和长治久安，同样也是不可能的。

三、提倡"以德治国"会不会妨碍中国的民主政治进程？

党的十五大提出，要推进政治体制改革和建设社会主义民主法制。

发展社会主义民主政治，是我们党始终不渝的奋斗目标。发展民主必须同健全社会主义法制相结合，因此党的十五大提出了"依法治国"，建设社会主义民主法治国家的治国方略。

发展社会主义民主，政治文明、制度建设更带有根本性、全局性、稳定性和长期性的特点。制定宪法和法律，并在宪法和法律范围内活动，这就从制度和法律上保证党的基本路线和基本方针的贯彻实施。也就是说，广大人民群众在党的领导下，依照宪法和法律的规定，通过各种途径和形式管理国家事务，管理经济文化事业，管理社会事务，保证国家各项工作都依法进行，逐步实现社会主义民主的制度化、法律化，使这种制度和法律不因领导人的改变而改变，不因领导人的个人的看法和注意力的改变而改变。这正是依法治国的重要内容。

提倡"以德治国"并不与发展社会主义民主、健全社会主义法制相矛盾。没有民主法制建设就没有社会主义，就没有社会主义现代化。同样，没有道德建设，也不会有社会主义，也不会有社会主义现代化。

强调"德治"和"以德治国"，是在强调社会主义民主法治建设的基础上、是在重视政治文明和制度建设重要作用的同时，把社会主义的民主法治建设同道德建设紧密结合起来，使民主法制建设能够更加完善、有序地进行。法制的监督同道德的监督，制度建设同道德建设相辅相成。我国进入改革开放新时期以来，法制建设取得了重大成就，已初步形成了"有法可依，有法必依，执法必严，违法必究"的局面。这些年，我国立法的速度是惊人的，普法和执法的力度也是巨大的，法制建设的成就有目共睹。

然而，相比较而言，道德建设这一手就比较软弱，其成就与实际的要求相差较大，急需加强。除了对广大人民群众的道德教育不够以外，就是执法部门的道德建设也不够有力。比如，现在违法犯罪的一个特别值得关注的现象，是执法人员的违法犯罪案例明显上升，海关、公安、法院、检察院等部门，近几年都有震动全国的大案要案发生。执法人员的知法犯法、执法犯法，将使人民群众对法律实施的公正性产生怀疑，甚至会对法律的道德基础的正当性产生怀疑。

"以德治国"的实施，必将极大地有利于全民族的思想素质的提高，有利于广大干部和人民群众的道德水平的增强，能够更好地培育他们自强、自尊、自重、自信的觉悟，也就提高了他们尊重他人和发扬民主的精神，有利于我国的民主的发扬。

四、怎样认识中国古代的"德治"和"法治"？

在中国历史上，有所谓"法治"和"德治"的不同，这是大家都承认的。人们把主张法治的思想家称为"法家"，把主张"德治"的思想家称为"儒家"。

我国古代法治的思想可以追溯到管仲、子产等。春秋时期，法治思想的主要代表人物有吴起、商鞅、申不害、慎到等，而战国末期的韩非，是先秦法治思想的集大成者。

德治思想可以追溯到西周的周公，他所提出的"皇天无亲，唯德是辅"、"以德辅天"、"敬德保民"、"明德慎罚"等思想，可以说是德治思想的滥觞。春秋时期的孔子，是儒家德治思想的重要代表。他提出来的"为政以德，譬如北辰，居其所而众星共之"（《论语·为政》），"道之以政，齐之以刑，民免而无耻；道之以德，齐之以礼，有耻且格"（同上），以及"君子之德风，小人之德草。草上之风，必偃"（《论语·颜渊》）的思想，可以视为儒家德治思想的圭臬和代表。毫无疑问，孔子和儒家的德治是同人治联系在一起的，但是，不能据此简单推论出德治就是人治或德治必然导致人治的结论。

（一）什么是中国古代的"人治"？

简单地说，所谓人治就是由一个人或者少数人掌握国家的最高权力，凭个人的好恶来管理、决策国家的事务。"其人存，则其政举；其人亡，则其政息"（《礼记·中庸》）、"君贤者其国治，君不贤者其国乱"（《荀子·议兵》）、"有乱君，无乱国，有治人，无治法"（《荀子·君道》），说的都是这个意思。

在中国历史上，孔子以后，历代儒家思想的代表人物，均把国家和天下治理的希望，寄托于圣人、贤人、君子身上，认为统治者的道德水平与国家的治乱安危紧密联系在一起。儒家的德治思想把国家的治理寄托于圣人、仁君以及各级官员的道德品质上，这的确是人治思想的表现。然而我们在评价这种人治式的德治思想时，要更深入地认识到当时社会制度特别是社会政治制度的根源。无论是奴隶制社会还是封建社会，建立的都是剥削阶级的专制制度。在这种制度下，周公旦执政的奴隶制国家和秦始皇执政的封建制国家的基本治理方式，都是君主和皇帝的一人之治，他们是凌驾于国家和法律之上的。在这种专制制度下，君主和皇帝个人的道德品质对于国家的安危福祸，不能不具有重要的影响，仁君、明君则兴邦，暴君、昏君则丧邦，这几乎成为中国古代历史上的一个普遍的现象，尽管只是表面性的现象。

（二）什么是中国古代的"法治"？

在中国古代，"法"是与"刑"联系在一起的。根据《说文解字》，古代的"灋"（法），就是"刑也"，就是"罚罪"的意思。应当说，自从有了阶级社会和阶级统治以后，也就有了"灋"，据中国古代文献记载，夏有《禹刑》，商有《汤刑》，但对于这些，我们已经无法知道其内容。早在西周，就有所谓"九刑"，根据《尚书·吕刑》中所说，有所谓"五刑之属三千"的记载。这都充分说明，"法"是与阶级社会同时并存的，应当注意的是，当时的"灋"，因为主要是"刑罚"，它只是掌握在统治阶级的手中，而不对老百姓公布。大约在春秋后期，出现了一批要把法律公布于众的思想家，如子产、邓析等。后来，一些思想家为了维护国家的政治稳定，主张对老百姓实行严刑峻法，如李悝、商鞅等，这就形成了法家。

在奴隶社会的末期，法家的著名代表商鞅，适应了当时新兴封建地主阶级的需要，用赏罚的两种手段，奖励耕战，主张通过严厉的"刑罚"来防止老百姓犯罪，强调要剥夺贵族的特权，主张贵族犯法，也要与老百姓一样受到惩罚等等。这些措施，是有利于社会进步的。

商鞅及其以后的法家，如韩非等，基本上都沿着这些思想，并随着时代的发展而有不同的损益。

法家思想一个很重要的特点，就是它由于过分强调"刑罚"的作用，而忽视了道德在社会生活中的重要意义。他们从人的本性自私自利的思想出发，认为道德教育、道德感化、道德养成、道德自觉、道德信念等，都是无用的"空谈"，只有"刑罚"才是唯一有效的手段。他们都极力反对儒家所宣扬的"仁义道德"，甚至走上了完全否认道德的非道德主义泥潭。

（三）中国古代社会的德治、法治都是人治的表现形式

中国古代社会，不但儒家的德治归结为人治，就是法家的法治，也不可避免地成为人治的另一种表现形式。

中国古代的法家，一方面强调"刑罚"和"法律"的重要性，主张把法律公布于众，让老百姓都能知道和了解"刑罚"和"法律"的内容，主张用法律甚至是"严刑峻法"来管理社会，主张"法不阿贵"，对所有的人，只要违犯了法律，都要给予同等的处罚。这一切，在特定的条件下，确有进步的意义。但是，我们必须了解，这里所说的"所有的人"，是不包括"皇帝"和"君主"这些国家的最高领导人的。相反，所有法家的思想家们，都极端强调"君主"的个人专制，认为个人独裁和个人专制，是实行法治的最重要的基础和前提。

从上述角度来看，儒家的德治同所谓的"人治"联系在一起，是制度性的原因，它并不是说"德治"本身就必然要形成"人治"。社会制度原本就是人治的制度，在这种制度下的德治，也必然就而且只能是人治的德治。不是儒家的德治思想导致了中国古代人治的制度，恰恰相反，正是中国古代的奴隶制度和封建制度，使儒家的德治思想不能不同人治联系在一起。中国古代社会的专制制度由最高的权力在君主和皇帝手中，而且这种权利是不受任何国家机关和人员监督的，所以无论采用什么办法来治理国家，都只能是"人治"的不同手段而已。因此，从根本上来看，"德治"是一种人治，"法治"也同样是一种人治。

法家"法治"讲的"法"，包括儒家比较轻视的"法"，在中国古代社会的主要内容是"刑"，即刑罚，中国古代的"法"，主要是从"刑罚"引申而来的。中国古代系统的法律，也主要是"刑律"，因此，在中国古代，法家的法治，更多的是刑罚，是专制制度针对百姓违背统治阶级利益的言论和行为的手段，是人治下的"治人"即"治民"的专制手段，这与现代意义上的法治所强调的社会公正精神是不可同日而语的。

五、"以德治国"与古代的"德治"有什么区别？

我国实施的"以德治国"方略与中国古代的"德治"有着根本区

别，因此不但不会导向"人治"，而且还必将有利于进一步发扬民主。

第一，古代儒家的德治，是人治的一种具体实施形式，导致儒家的德治归结为人治的，是皇帝一人家天下之治的封建专制制度；而今天的德治，就治国方略说，是社会主义民主政治的一个有机组成部分，是与社会主义法治不可分割的治国方略的一个重要手段。今天"德治"的一个重要方面，是要加强领导者的道德水平和道德人格，其中也包含着领导者的民主作风，包含着对他人意见的尊重，它只能更有利于民主而避免不应有的个人专断；今天的德治是社会主义条件下的德治，社会主义的民主政治制度，决定了今天的德治不会由于社会制度的原因而打上"人治"的烙印。

第二，古代儒家的德治虽然以"民本"思想为一块重要基石，强调要"惠民"、"利民"、"安民"和"富民"，但儒家之所以重视要"惠民"、"利民"、"安民"和"富民"，主要是为了更好地"使民"和"用民"，主要是从维护和巩固统治阶级的利益出发，是一种统治之术和"治民"之策，主要不是从人民的利益出发，也不可能是真正的"以民为本"，这一点，我们必须要有一个正确的认识。今天的德治，是以人民的最大利益为最高道德准则，德治不是权宜之计，不是"治民"之术，而是治国方略，全心全意为人民服务是最大的德政和真正的仁政，因此，德治是首先针对各级领导干部而提出的思想道德约束，要求各级领导干部率先垂范，不仅要依法管理国家事务、依法行政，而且要以德管理国家事务、以德行政。

第三，古代儒家的德治、"民本"，尽管在一定时期内，在一些特定的情况下，也曾使老百姓得到某些利益，缓和了社会和阶级的矛盾，出现了某些历史上的"治世"，但是，到头来都只能是"昙花一现"的暂时现象，最终总是成为骗人的"空话"；今天的德治，由于有社会主义基本制度的保障，不再只是圣人、明君之治的理想，而是社会的现实生活，是从根本上把领导者的道德品质同能否实现广大人民群众的利益挂起钩来，是以能否真正让人民群众生活富裕作为考察和衡量干部的标准的。今天的"德治"是与社会主义法治相辅相成、相得益彰、使人民更快富裕起来的治国安邦的重要措施。

六、提倡"以德治国"是治民还是治官?

要实施"以德治国"的治国方略,就必须对执政党提出更高、更严的要求,因此"以德治国"既是"治民",也是"治官",从一定意义上,我们可以说,"以德治国"主要是治官而非治民。

在这一点上,中国古代"德治"的以下两方面的内容,是应该借鉴的:

首先,中国古代的"德治",要求国家的君主和所有官吏,都必须是一个道德高尚的人。从国家官吏的任免来说,要求所有官吏和一切行政人员的遴选和任命,不论通过何种方式进行,所遴选和任命的都应当是一个有道德的人。

其次,中国古代的"德治",要求国家的官吏在道德上要身体力行,应当以自己的榜样力量和模范行动,来影响广大的老百姓。这就是孔子所谓的"政者,正也。子帅以正,孰敢不正?"(《论语·颜渊》)"其身正,不令而行;其身不正,虽令不从"(《论语·子路》),以及"苟正其身矣,于从政乎何有?"(同上)等。中国古代的"德治"认为,一个从政者的威信和力量,既不在于他的权力的大小,更不在于他的地位的高低,而在于他的道德人格,只有高尚的道德品质和自身的道德模范行为,才能影响老百姓,才能在老百姓中享有威信,才是一个从政者的真正力量所在。

社会主义的"德治",对党政干部,提出了更高的道德要求。党政领导干部的道德水平、道德修养和道德境界,不但是能否达到廉政建设目的的一个重要前提,也是社会风气能否改善的一个重要的关键。我们的党政干部,要把"以德治国"当作是对自己的更严格的要求,不断地激励自己,努力提高自己的道德素质。

在党政干部的提升、任免、考核和业绩评定中,要坚持"德才兼备"的标准,不仅要看才,而且要强调干部的道德素质、道德品格的重要性。要克服一些人的重才不重德的偏向。在评估党政干部的业绩和政绩时,都要把能否在道德上以身作则,能否在道德上起到榜样作用,作为考核的重点之一,把加强党政干部的思想道德建设作为加强廉政建设的一个重要方面。

七、社会主义"以德治国"的科学涵义到底是什么？

"以德治国"，就是要把加强道德教育和加强道德建设提高到治国方略的高度，从战略的意义上来认识社会主义道德建设在中华民族伟大复兴中的巨大作用。

以德治国是"两手抓"、"两手都要硬"在治国方略上的根本体现。一手抓法制建设、一手抓道德建设，把法律制裁的强制力量和道德教育的感化力量，紧密地结合起来，把硬性的律令和软性的规范有机地融合在一起。既要广大人民群众自觉地遵守法律，又要培育对违犯法律的羞耻心和遵纪守法的荣誉感，从而达到在根本上维护社会和国家稳定的目的。

以德治国的重要目的之一，就是要从加强道德建设和道德教育入手，进一步弘扬民族精神，丰富人民群众的精神生活、增强人民群众的精神力量，在物质生活不断提高的同时，精神生活能够不断充实。古人说"富润屋、德润身"，道德水平的提高，能够使我们的人民在精神上得到升华。一个民族，只有具有高尚的道德，才能实现自己的复兴。以德治国，加强道德建设，必将成为中华民族伟大复兴的一个重要精神支撑。

中国共产党在 80 年的光辉历程中形成的一整套思想道德的优秀传统及规范，既是对中国古代以儒家道德为主体的优秀传统道德和外国优秀传统道德的批判继承，更是在中国现、当代的革命和建设事业中总结创造出来的，反映和维护的是最广大人民群众的根本利益。首先，就是要坚持社会主义共产主义理想信念，确立科学的世界观、人生观、价值观；坚持走中国特色社会主义道路；抵制一切反马克思主义思想和一切腐朽思想的侵蚀。第二，要坚持社会主义道德建设的核心（为人民服务）、原则（集体主义）和基本要求（爱祖国、爱人民、爱劳动、爱科学、爱社会主义），要建立新型的社会公德、职业道德和家庭美德。第三，要继承和弘扬中华民族的传统美德，大力培育和弘扬中华民族的民族精神。

从"治国方略"的高度来看，社会主义"德治"的这些内容和要求的实施，还必须强调以下几个方面。首先，要求我们的党政干部和一切政府工作人员，要能够率先垂范，身体力行，以身作则。如果没有党政干部和一切政府工作人员的"以身作则"，没有领导者崇高道德的"人格力量"，"德治"就必然沦为一种空洞的说教，国家也就不可能得到真正的"治理"。从这方面来看，以德治国的治国方略，是同我们的廉政建设密不可分的。其次，要对全国人民进行认真的、切实的、有效的思想道德教育，克服"一手软、一手硬"的现象，并力求使这些教育的内容能够内化到人民的心中，成为人们的理想和信念。最后，国家和社会还要运用一切激励和惩罚的手段，对人们的道德行为，加以赞扬、鼓励和褒奖，对人们的不道德行为，进行批评、斥责和惩罚；在党和国家干部的任免中，在对干部政绩的考核中，更要充分考虑到他们自身的道德修养、道德品质的状况，以及所属地区、单位的精神文明建设的状况。

本章结语

"加强法治建设，依法治国"，"加强道德建设，以德治国"，这是关于国家治理的一个重要思想，它一方面强调了法治的重要，必须继续加强我国的法治建设；另一方面，强调了"德治"的重要。江泽民同志把"以德治国"提高到同"依法治国"同等重要的地位，把二者看作是治国方略的整体的两个不可分割的组成部分，是有着重要的现实意义和理论意义的。

改革开放以来，我国在法治建设上所取得的成绩是十分显著的，也是有目共睹的；但是，在一段时期内，由于"一手软、一手硬"的原因，我国的精神文明建设和道德建设虽然也取得了可喜的成绩，同法治建设相比，就有些相形见绌，道德失范的现象，影响着我国的人际关系、道德风尚和社会稳定，拜金主义、个人主义和享乐主义不断蔓延，一些早已绝迹的现象，如黄、毒、赌等又得以滋生。在经济交往中，伪劣假冒严重妨碍着我国市场经济的发展，由于等价交换的原则，侵入我们的政治生活中，腐败现象也在不断发展。重视个人利益的思想，在一部分人那里，成了不顾国家和集体的利益，一心追逐私利的借口。江泽民同志的"加强道德建设，以德治国"的思想，体现了人民群众的心愿，体现了我国市场经济现阶段发展的迫切要求，体现了我国历史进程的必然和时代的需要。人们愈来愈认识到，如果我们不能进一步加强道德建设，我们的法治建设也必然要受到影响，进而会影响到我国的经济发展和社会稳定。因此，把"加强道德建设，以德治国"提高到治国方略的高度，是从全局出发的高瞻远瞩的举措，是对我国现实道德状况急需改善、道德建设急需加强的一种深刻的认识。

"加强道德建设，以德治国"的实施，主要包括三个方面的内容。

首先，要求党和国家的一切干部，要身体力行社会主义的道德要求，要坚持为人民服务的宗旨，要根据"三个有利于"和"三个代表"重要思想，为广大人民群众的利益而奉献，要以身作则，以自己的道德品质和人格力量来影响人民群众。我们可以回顾，五十年代社会风气和道德风尚之所以令人称赞，一个主要的原因，就是当时的党员和各级政府工作人员，都能够以身作则，公正廉洁，不谋私利、不徇私情。党员和政府各级干部在道德上的垂范作用，形成一种高尚的人格力量，使他们在人民群众中享有一种道德上的"威望"。广大群众，积极响应，奋力效法，从而迅速改变了旧社会的习气，形成了新的社会风气和道德风尚。这一切都说明，今天要改变我国当前的社会风气、提高人们的道德水平，党和国家的干部、共产党员和政府所有工作人员，都必须重视自身的道德修养，提高自己的道德觉悟，从而为"以德治国"创造良好的条件，建立坚实的基础。

其次，要高度重视对广大人民群众进行道德教育的特殊重要意义。从治国方略来说，我们不仅要靠法律来治理社会，达到维护社会稳定的目的，而且要善于用启发、引导、劝告、说服的手段，通过潜移默化的方法，培养人民的向善避恶的道德良心，只有这种"道德良心"，才能知耻，才能在内心中筑起抵御一切不道德行为的堤防，才能从根本上维护社会的稳定。这种培养道德良心的工作，是要从一个人的幼年时期开始，直到终身，只有这样，才能提高人们的道德品质和道德境界。从治国方略的高度来理解"以德治国"，决不仅仅是制定一些道德规范来让群众遵守，更重要的是要启发人民群众的思想觉悟和道德责任心，使他们能够自觉地履行应尽的道德义务。

第三，我们还必须大力运用奖励和惩罚的机制，来促使以德治国的有效实施。社会舆论、特别是大众传媒，要对一切道德行为、特别是那些道德楷模和崇高的英雄行为，予以表扬，给以荣誉，激励更多的人向他们学习，对那些不道德的行为，要给以斥责、批评、告诫，一致采取必要的手段，使他们感到羞辱，受到惩罚，甚至使他们身败名裂。尤其重要的是，在党和各级政府干部的任命、免除、提升、调动中，要把能否在道德上以身作则、是否身体力行地奉行社会主义的道德要求作为重要的标准；同时，在考核他们的政绩时，更要考虑到在精神文明建设特别是在道德建设上，是否有相应的业绩。只有如此，社会风气和道德水平乃至社会稳定，才能真正得到保证。

每一个共产党员都应当从以德治国的高度，严格要求自己，认清自己所担负的历史使命和神圣职责，在一切思想、言论和行动中，时时处处都要以社会主义和共产主义的道德作为立身行事的标准，既要坚持建设中国特色社会主义的共同理想，又要以共产主义的道德要求来鞭策自己，发扬为集体、为国家的献身精神，要尽职尽责，廉洁奉公，以自己的高尚的道德行为和人格力量，赢得群众的信任，为社会主义现代化、为党的事业作出自己应有的贡献。

图书在版编目（CIP）数据

传统伦理与现代社会/罗国杰著. —北京：中国人民大学出版社，2012.8
（哲学文库）
ISBN 978-7-300-16287-4

Ⅰ. ①传… Ⅱ. ①罗… Ⅲ. ①伦理思想-思想史-研究-中国 Ⅳ. ①B82-092

中国版本图书馆 CIP 数据核字（2012）第 206754 号

哲学文库
传统伦理与现代社会
罗国杰　著
Chuantong Lunli yu Xiandai Shehui

出版发行	中国人民大学出版社		
社　　址	北京中关村大街 31 号	邮政编码	100080
电　　话	010 - 62511242（总编室）	010 - 62511398（质管部）	
	010 - 82501766（邮购部）	010 - 62514148（门市部）	
	010 - 62515195（发行公司）	010 - 62515275（盗版举报）	
网　　址	http：//www.crup.com.cn		
	http：//www.ttrnet.com（人大教研网）		
经　　销	新华书店		
印　　刷	北京联兴盛业印刷股份有限公司		
规　　格	155 mm×235 mm　16 开本	版　次	2012 年 10 月第 1 版
印　　张	28.5 插页 1	印　次	2012 年 10 月第 1 次印刷
字　　数	435 000	定　价	68.00 元